주거건축으로 본
근·현대 건축

PHILIP WEB TO REM KOOLHAAS
1850~2000

지은이 **이호정**

태림문화사

서문
(Preface)

건축의 역사는 인류의 역사 즉 인간이 살아온 문화의 총체로서, 그 귀결은 주택(住宅) 혹은 주거(住居)로 나타난다. 주택은 건물 그 자체로서 무기적인 의미를 갖는 반면에 주거는 주택에 사람이 들어가 살면서 만들어내는 모든 문화적 요소를 포함한다고 볼 때 나는 주택(住宅, House) 보다는 주거(住居, Housing)라는 말이 좋다.

"주택은 삶을 담는 그릇"이라고 말한 꼬르뷔제의 말처럼 주거는 건물을 설계하는 것이 아니라 거기에 들어가 사는 사람들의 문화(文化)를 표현하지 않으면 안 된다. 여기서 문화(文化)가 그 시대 혹은 그 지역의 관습, 풍습, 가치관, 사상, 종교관, 기후, 지리적 위치, 철학, 예술 등의 여러 요소가 혼합되어 만들어내는 집적체라고 볼 때 주거는 참 많은 것을 포함하지 않으면 안 된다.

주거를 형성하는 가장 기본적 요인은 인간의 생활행위이며 인간의 생리적, 물리적 욕구에 대한 충족의 결과로, 일정한 모습을 지닌 건축물이 세워지게 된다. 그러나 사회가 다양화되고 복합화 되면서 주거는 단순히 기본적 욕구 이외에 많은 것을 요구했을 것이라 생각된다.

집을 짓는 행위가 근본적으로 한 개인의 창작행위가 아닌 집단적 창조이고 한 사회의 문화현상이라고 한 아모스 라포포트(Amos Rapoport, 『주택의 형태와 문화』)의 말처럼, 주거를 고찰하는 관점은 문화사의 일부로서, 사회구조의 동적 변천과정 내에서 그 시대의 주거가 갖는 특성, 의미 그리고 그 계보를 규명하여야 할 것으로 생각된다.

또 인간은 사회를 형성하고 개개인의 집합과 그 총체로서 개인 간 행위의 상호관계 속에서 하나의 동질성을 지닌 공동체를 형성하게 된다. 이러한 속에서 이루어진 건축 또한 개인적이 아닌 사회 속에서 인간관계를 전제로 하여 형성되는 것이며, 일반화하여 보면 "주거문화"(또는 인공환경 built environment)라는 "문화"의 개념으로 이해될 수 있다.

그러나 한편으로 주거는 건축가로서 그들의 건축적 관념을 표현할 수 있는 궁극적 목적으로서 그 시대의 정신을 표현하는 중요한 수단이 되었던 것도 우리는 역사적 사실을 통해서 알 수 있다. 대부분의 근 · 현대 건축가들의 대표작이 주택이라는 것도 그러한 사실을 확실하게 하고 있다. 즉 주택은 20세기의 건축적 원칙(principle), 이론(theory) 그리고 사상(thought)의 시험대가 되었다. 지난 100여 년 동안 가장 영향력 있는 주택들을 통해서, 건축의 사상적 접근이 잘 나타나고 있는 것이다. 지어졌건 혹은 지어지지 않았건 간에, 이러한 작품들은 건축의 중요한 요소를 규정할 뿐만 아니라, 필립 웨브(Philip Webb), 프랭크 로이드 라이트(Frank Lloyd Wright), 게리트 리에트펠트(Gerrit Thomas Rietveld), 르 꼴뷔제(Le Corbusier), 미스 반 데르 로에(Mies van der Rohe), 알바 알토(Alva Aalto), 로버트 벤츄리(Robert Venturi), 찰스 무어(Charles Moore), 마리오 보타(Mario Botta), 마이클 그레이브스(Michel Graves), 피터 아이젠만(Peter Eisenman), 리차드 마이어(Richard Meir), 프랭크 게리(Frank Gehry), 안도 다다오(Ando Tadao), 렘 쿨하스(Rem Koolhass)와 같이 대부분 유명한 건축가를 탄생하게 했다. 그러나 근대주거의 이상은 인류가 민주주의, 자유, 위생과 같은 새로운 사회의 목표를 달성할 수 있도록 하는데 도움을 줄 수 있는 '보편적(普遍的)' 주거의 창조에 있었다. 근대주거는 그것을 확인하려는 열망을 표현하고 추상화하려는 것 이상으로, 건축가의 대중적 이미지를 나타내는 아이콘(Icon)이 되었으며, 어떠한 비평이나 여과장치를 거치지 않고 전 세계 많은 나라들의 선언에 의해 하나의 아이콘(Icon)으로 확립되었다.

근대건축의 사례 중에서 특히, 르 꼴뷔제의 빌라 사보아(Villa Savoy) 혹은 미스 반 데르 로에의 환스워스(Farnsworth) 주택과 같은 모더니티의 수많은 영웅적 사례들은 국제주의적 현실에 들어맞는 모델이 되었다. 이러한 수많은 사례들로 인해, 전 세계의 사용자들은 동시대성에 대한 새로운 방법을 찾았다. 근대건축과 그 패러다임(paradigm)은, 적어도 건축적 이미지에 대해서는 이제 한 시대에 있어서 변화의 결과물이 되었으며, 이러한 열망이, 변화를 위한 하나의 엔진이 되었던, 개발도상국에 있어서도 역시 변화의 촉진제가 되었다.

그러나 많은 경우에 있어서, 지역적 참조의 결여, 그 지역에 맞는 적절한 재료의 사용, 사용에 대한 관습의 차이 그리고 표준화된 산업의 부재는 각기 지역에 맞는 모범을 만들어내는 결과를 초래하기도 했다. 이러한 이유로, 건축가들은 모더니티(modernity)에 의해 제안된 불변의 모범에 대한 연구를 멈췄으며, 장소의 정신에 대해 시대의 정신을 경시하는, 그들만의 선언을 하기 시작했다. 루이스 바라간은 자기의 주택에서 '적절한 모더니티'를 실험한 최초의 건축가들 중 한 사람이었다. 그는 멕시코의 색깔, 빛, 재료 등 뿐 만이 아니라 그곳의 거주 방법을 찾아내려 했다. 그것은 '길들인' 모더니티와 동시대성에 보다 근접한 답을 찾은 최상의 시도 중 하나가 되었다. 아쉽지만 바라간의 사례는 본서에서는 예외가 되었다. 후에 예술적 역류로서의 건축의 포스트모던(post-modern)은 사용과 유형의 전위와 이미 시대에 뒤떨어진 역사가들의 코드를 제안하면서 모더니티에 의해 이룩한 수많은 진보의 부정을 수반하게 되었다.

이러한 보수주의적 물결 내에서, 유형학(typology)이 새로운 패러다임이 되었으며, 다시 한번 현대의 주거와 그것을 다루는 새로운 방법에 대한 논쟁이 역사의 중요성(건축 텍스트 혹은 도상학적 표현으로서의 버려진 역사적 패턴과 언어의 복구 대한 중요성)에 대한 대화로 생략되었다. 이것에 대한 좋은 예가 바로 그의 자저에 대해 고전주의적 리모델링을 한 마이클 그레이브스이며, 혹은 그의 어머니의 집에서 미국의 전통(傳統)을 복구한 로버트 벤츄리다. 그것은 패러다임에 있어서 하나의 변화이었으며, 그것은 심도 있는 수정도 아니고 하물며 '주거'를 만드는데 있어서 어떤 진보도 아니었다. 이번에는 장소(場所)의 정신이 시대(時代)의 정신을 압도하게 되었다. 그 토론이, '해체주의(解體主義)'라는 단기간의 양식사적 기간과 더불어, 근대건축의 가치와 근본적인 취지를 회복한 것은 90년대가 되어서의 일이다.

그러나 근대의 미학이 새로운 미학적, 공간적 그리고 시각적 정점에 도달한 것은 내부공간과 외부공간의 한계, 사적공간과 공적공간의 한계를 다루었던 렘 쿨하스의 빌라 dall'Alva와 카드보드 혹은 포스트 텐션 콘크리트를 사용한 시게루 반의 '미니멀' 주택과 같은 건축 작품이 출현한 이후이다. 이러한 변화가 나타난 것을 분명히 설명할 수 있는 것은 'The Un-Private House'라 불리는 1999년 뉴욕근대미술관(MoMa)의 전시회에서였다. 거기서 건축가들의 세기말을 표현하는 주거의 새로운 비전이 제시되었다.

이러한 많은 예들은 그들의 조형적 형태에 있어서 다른 해결책을 갈구했었던 것뿐만 아니라, 더욱이 익명의 사용자 혹은 비 사적인 것과의 관계와 더불어 주거계획의 탐구를 조장했기 때문에 특별하다.

그럼에도 불구하고, 주거의 실제 미래와 그 가능성이 의문시 되었던 것은 오직 20세기말의 일이다. 이런 이유로 다양한 경향과 비전이 건축의 학문적 의미를 무시하고, 이미 폐기되었던 '주거'의 의미에 대한 일부 부수적 측면들을 토론의 테이블로 다시 나오게 했다. 예를 들어 '기계주의자'인 꼴뷔지안적 패러다임을 구하려는 시도는, 사용자들의 커뮤니케이션과 지역개발 사이의 관계를 이해하기 위한 시작점으로서 기술적 진보를 통합시킨 카사 'N'과 같은 프로젝트로 나타나게 된다. 흥미로운 것은, 기껏해야 벅크민스터 풀러의 미래주의적 환상의 '향상' 혹은 완벽한 미래, 안락함을 주는 하나의 거대한 액세서리와 같이 기능하는 객관적이고 활기찬 '미래주거'와 같은 50년대의 대중적 이미지로의 접근을 이야기 하는 것이다.

설사 그 이미지가 하나의 간단한 장치로서 종말을 맞는다 하더라도, 그것은 특히 문화와 '팝'

아트를 다루는 첫 번째 그룹 중의 하나로, 인간공학적 공간과 유기체적 공간의 한계를 연구하는데 관심을 가졌으며, 결국 그 영향이 건축, 도시 특히 주거에 미쳤던, '아키그램(Archigram)'이라는 그룹으로부터, 60년대의 건축적으로 흥미로운 제안들을 가져다 줄 것이다. 최근, 이러한 경향 안에서, 연중행사를 갖는 '아키랩(ArchLab)'은 '거주'의 한계 뿐 아니라 집합적이고 사회적 측면에서 주거의 보다 수사적(修辭的) 변화에 그리고 오늘날과 같이 보다 적어지고 제한된 세계인, 통합된 글로벌한 세계로부터의 진화에 대해 깊은 연구를 하고 있다.

본서에서는 이상과 같은 내용을 전부 다루지는 못하고 있다. 그것은 아마도 본인의 능력의 한계에 대한 소치라고 밖에 할 수 없을 것이며, 앞으로 본인이 끊임없이 연구에 매진해야 하는 이유이기도 하다. 본서가 세상에 나올 수 있도록 물심양면으로 힘써주신 태림문화사 정헌준 사장님에게 깊은 감사를 드리며, 내가 가장 사랑하는 우리 아이들 건우(建宇)와 현우(賢宇)가 인생을 사는데 본서가 작은 잣대가 되었으면 한다.

2006년 7월

공주대학교 연구실에서

저자 이 호 정

목차 (contents)

1 근대주거의 형성 : 고딕 리바이벌 vs. 아트 앤 크라프트

–필립웨브의 붉은 집/ Philip Web, Red House. 1860

필립 웨브(Philip Speakman Webb 1831~1915)

As an architect, Philip Webb is best known for his unconventional country houses which were unpretentious and informal. He was a pioneering figure in the English domestic reviva movement. Although influenced by medieval styles and the Gothic revival movement championed by John Ruskin, his highly original, yet practical designs incorporated the use of contrasting materials such as white interior walls and bare brickwork. This practical approach, material usage and exposure of structural elements is similar to the concepts embraced by 20th-century Functionalism. Webb was a close friend of Pre-Raphaelite designer William Morris. They were among the founders of Morris, Marshall, Faulkner & Company in 1851 which specialized in stained glass, carving, furniture, wallpaper, carpets and tapestries. Webb and Morris also founded the Society for the Protection of Ancient Buildings in 1877. Webb's first commission was for Morris' eclectic country house and gathering place for the Pre-Raphaelites, the Red House(1859). For the company, Webb designed household furnishings and decorative accessories in metal, glass, wood and embroidery. He is particularly famous for his table glassware, stained glass, jewelry and his rustic adaptations of Stuart period furniture.

Webb was the only Pre-Raphaelite to design a church, St. Martin's Church, Brampton (1878). The church includes a set of stained glass windows designed by Edward Burne-Jones and executed in the company's studios.

그림 1-1 붉은 집 정원 측 외관, 필립 웨브

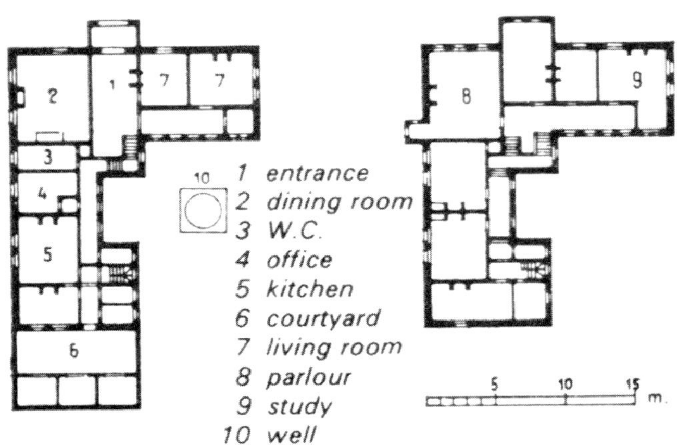

그림 1-2 붉은 집 평면, 필립 웨브

영국 주택부흥운동의 선구자로서 주택만을 설계한 근대 건축가이다. 그는 붉은 집(Red House)의 설계, 고건축보존 협회 창설(1877) 사회주의연맹 창설 등으로 역사적인 명성을 얻었다.

1861년 4월 모리스상회가 설립되자 왕조풍의 가구, 식탁용 유리그릇 금속세공품 등을 디자인하였다 웨브는 주로 근교주택, 전원주택을 설계하였으며, 그의 설계는 **중세양식적인 요소와 비 관습적인 구성에 대한 18세기의 추억이 융합된 것**이 특징이다.

필립 웨브는 1831년 의사의 아들로 옥스퍼드에서 태어났다. 그의 건축가에의 길은 1849년 한 지방 사무소에서의 연계봉사로 시작된다. 그 후 1852년에 고향으로 돌아온 그는 고딕 리바이벌(Gothic Rival)의 건축가 스코트의 제자이며 그가 일찍부터 존경했던 조지 스트리트(G. E. Street) 사무소에 입소한다. 1년 정도 chief draftman으로 일한 후 1855년에는 옥스퍼드의 학생신분으로 견습을 하며 거기서 윌리엄 모리스를 만나게 된다. 모리스는 화가 로제티(Rossetti, Dante Gabriel: 1828~1882)의 설득도 있고 해서 건축가에의 꿈을 버리지만, 웨브는 사무소에 있으면서 건축가에의 수업을 계속하고 있었다.

그리고 1859년을 맞이해서 그는 스트리트(G. E. Street)의 사무소를 나와 독립하면서 처녀작 "붉은 집"을 설계한다. 그러나 그 이후 건축 작품에 대해서는 10여 개 남아 있는 주택과 2개의 점포와 하나의 교회를 설계했음에도 불구하고 별로 알려지지 않았다. 그 이유로는 그가 몇 개의 작품을 제외하고 작품의 공개를 허용하지 않은 점도 있지만 여기서 주목해야 할 것은 그의 건축에 대한 지향일 것이다.

건축을 대할 때, 반 고전주의와 함께 그를 분리시킬 수 없었던 것은 건축의 익명성에의 지향이며, **보통인 것보다 토착적인 것**에의 지향이었다. 이처럼 스스로를 제한하지 않고 투명하게 하려는 그의 지향은 이름을 밝히지 않은 작품을 발표했으며, 동시에 그에게 끊임없는 도정을 지향했던 것이다. 케네스 프램프톤(Kenneth Frampton)은 그를 다음과 같이 평하고 있다. "영원에 만족하지 않는 건축가는 생기를 부여하려고 하면 풍화해 버리는 다수의 버내큘러(Vernacular)를 재해석하려 하지만 결국 성공한 적이 없었던 인물로 간주될 수 있을 것이다."

모리스와의 지속적인 친교 중에서, 그는 모리스를 위해 주택과 가구뿐만 아니라 마차까지도 디자인했다. 그럼에도 불구하고 모리스는 건축가로서의 그를 세상에 소개는 하지 않았다고 말한다. 또 그는 모리스와의 협동을 제외하고서는 어떠한 건축가의 조직에도 가담하지 않았다고 말한다. 이렇게 했던 것도 또한 그의 익명성에의 지향으로부터 초래했던 것일지 모른다.

산업혁명과 함께 19세기 후반 유럽에서는 철의 시대로서 거대한 상업건축과 공공건축이 건축의 **대**

중성과 합리성의 원리로서 대두되기 시작했다. 뿐만 아니라 근대적인 신예술조류의 확립을 위해서 미의식을 새로운 조형원리로 수용하였고, 기계문명으로 인하여 요구되는 공간의 필요성과 재료구법에 있어서의 기능성으로 오토 와그너(Otto Wagner), 오귀스트 페레(Auguste Perret), 베를라헤(H. P. Berlage) 등의 유럽 선구자들이 근대건축을 태동시켰다.

Otto Wagner : 1841~1918 was an Austrian architect. Wagner was born in Penzing, a suburb of Vienna. He studied in Berlin and Vienna. In 1864, he started designing his first buildings in the historicist style. In 1884, he became a teacher in the school of architecture of the Academy of Fine Arts Vienna. In 1890s, he designed several building in Art Nouveau style. He was very interested in urban planning-in 1890 he designed a new city plan for Vienna, but only his urban rail network, the Stadtbahn, was built. In 1897, Otto Wagner, Gustav Klimt, Joseph Maria Olbrich, Josef Hoffmann and Koloman Moser founded the "Vienna Secession" artistic group. Wagner died in Vienna)

Auguste Perret : 1874~1954 was a French architect and a leader and specialist in concrete construction. In 2005 his post-WWII reconstruction of Le Havre was declared by UNESCO one of the World Heritage Sites. He was born in Ixelles, Belgium. He was the brother of the architect Gustave Perret. He worked on a new interpretation of the neo-classical style. He built a cathedral in Le Raincy, France, named "Notre-Dame du Raincy" (1922-1923). He helped with the reconstruction of the French city of Le Havre after more than 80,000 inhabitants of that city were left homeless following World War II.

Hendrik Berlage was born in Amsterdam in 1856. He studied architecture under Gottfried Semper at the Zurich Institute of Technology during the 1870s after which he travelled extensively through Europe. In the 1880s he formed a Partnership in Holland with Theodore Sanders which produced a mixture of practical and utopian projects. A published author, Berlage held memberships in various architectural societies including CIAM. A visit Berlage made to the U.S. in 1911 greatly affected his architecture. He was particularly influenced by the organic, wood-based work of Henry Hobson Richardson, Louis H. Sullivan, and Frank Lloyd Wright. Considered the "Father of Modern architecture" in the Netherlands and the intermediary between the Traditionalists and the Modernists, Berlage's theories inspired most Dutch Modernist groups including De Stijl, the Amsterdam School and the New Objectivists. He received the British Royal Gold Medal in 1932. Berlage died at The Hague in 1934.

이와 함께 **고전주의(Classicism)의 대안으로서 낭만주의(Romanticism) 운동**이 영국에서부터 싹트고 있었다. 이러한 움직임은 중세의 경직된 이미지를 바꾸고자 하는 중요한 창조원리로 19세기말 20세기 초까지 진행되었다. 이러한 낭만주의 발전에 있어서 존 러스킨(John Ruskin: 1819~1900)의 혁신적인 이념과 실행을 겸하여 적극적인 건축을 시도한 선구자로서 윌리엄 모리스(William Morris: 1836~1896)를 들 수가 있다. 특히 윌리엄 모리스는 **"예술과 수공예 운동(Art and Craft Movement)"**을 주창하여, 신 재료와 신기술의 발전과 더불어 순수 근대건축 운동을 부흥시키게 된다. 윌리엄 모리스는 당시 일반적이었던 아카데믹한 설계 규범으로부터 자기해방, 철저한 기능주의 형태의 개방적 구성 그리고 재료의 산지를 활용한 이용 등이다. 1859년에 켄트 주의 백스리히스에 필립 웨브와 공동으로 설계한 붉은 집(Red House, Bexleyheath, in Kent, England, 1859)이 성립하는 배경에는 이러한 종류들의 요인이 작용하고 있었다. 그리고 그 사상적인 흐름과 도시화에 따른 중규모 주택 수요의 증가를 배경으로 1870년경부터 주택부흥(English Domestic Revival)이 일어난다. 이 시기에 쇼우(R. Norman Shaw 1831~1912), 프라이어(Edward S. Prior 1852~1932), 레더비(William R. Lethaby 1857~1931), 보이지(Charles F. Annesley Voysey 1857~1741), 맥킨토시(Charles Rennie Mackintosh 1869~ 1928), 루티엔스(Edwin L.Lutyens 1869~1944) 등 많은 건축가가 등장하여 다양한 주택이 만들어졌다.

Charles Mackintosh was born in Glasgow, Scotland in 1868. In 1884 he began an apprenticeship with John Hutchinson and began attending evening classes at the Glasgow School of Art. In 1889 he became an architectural assistant with Honeyman & Keppie. He also enrolled at the Glasgow School of Art. In 1890 he won a travelling scholarship and toured Italy

그림 1-3 붉은 집 내부 살롱의 벽난로, 필립 웨브

그림 1-4 붉은 집 내부 살롱, 필립 웨브

before settling down into practice. While enrolled at the Glasgow School of Art, Mackintosh developed an artistic relationship with Margaret MacDonald, Frances Macdonald and Herbert McNair. Known as "The Four", they exhibited posters, furnishings, and a variety of graphic designs in Glasgow, London, Vienna and Turin. These exhibitions helped establish Mackintosh's reputation. With a design philosophy solidly rooted in Scottish tradition, Mackintosh disregarded the architecture of Greece and Rome as unsuitable for the climate or needs Scotland. He believed that a revival of the Scottish Baronial style, adapted to modern society would meet contemporary needs. His buildings clearly demonstrate this belief. Mackintosh created buildings notable for the elegance and clarity of their spatial concepts, the skillful exploitation of natural and artificial lighting, and skillful detailing. He felt that each design should work as a whole to which each carefully contrived detail contributes. In 1913 Mackintosh left the firm of Honeyman, Keppie & Mackintosh where he had been a partner since 1904. After unsuccessfully trying to establish his own practice, he dedicated his time to landscape painting. He returned to England in 1927 for treatment of cancer of the tongue. An outstanding architect, furniture designer, and painter, who pioneered the Modern Movement in Scotland, Mackintosh's works exist as the greatest flowering of the British Arts & Crafts movement in either Scotland or England. Mackintosh died in London in 1928.

반면에 19세기 중엽 유럽의 건축계는 낭만주의 건축과 함께 **절충주의(Eclecticism: 1820~1900)**의 과도기적인 양식도 등장하였다. 1859년에는 당시 일반적이었던 양식모방과는 달리, 신 양식의 상품만을 취급한 **"아르누보(Art Nouve)"**점이 파리에서 개점했으며, 1896년이 되어, 뮌헨에서는 아우구스트 앤델(August Endell 1871~1925), 리하르트 리마슈미트(1868~1957), 헤르만 오브리스트(Hermann Obrist 1863~1927)에 의해 "유겐트 Jugend"가 발간되었다. 이 잡지명으로부터 독일에서의 신양식의 호칭 **"유겐트스틸 Jugendstil"**이 탄생하기도 했다.

Jugendstil: The Art Nouveau began in London and is also known as 〈Jugendstil〉 in Austria and Germany, as Modernism in Spain, and as Stile Liberty in Italy. The term Art Nouveau refers to an avant-garde art movement, which began in Western Europe around 1880. With this style, artists rebelled against the way of classic art. It is a style in architecture, sculpture, paintings, and the applied and decorative arts. Artists and architects were proud to be craftsmen at the same time an Art Nouveau artist often mastered different artistic skills This is why this style can be found in a variety of forms especially in the decorative arts until today. The style is ornamental and asymmetrical and artists used dreamlike and exotic forms with symbols of sexuality, death, and resurrection. It was influenced by the newly in fashion Japanese Art, by the English poet-painter William Blake and also by the Pre-Raphaelites.

산업혁명은 인류역사에 커다란 변혁을 가져왔다. 산업혁명으로 인한 공업화사회의 도래는 사회구조의 변화에 엄청난 영향을 주었고, 서구사회는 근대사회로 진입하게 되었다. 산업혁명의 결과로 도시의 규모는 확대되었고, 농촌에서 도시로의 인구유입이 가속화되었으므로 도시는 과밀화하고 슬럼화 하였다. 중산계층들은 도시의 황폐화를 피해서 다투어 교외르 이주하였으므로 주거지의 교외로의 확산현상이 일어났다. 당시 중산층은 주로 넓은 정원을 가지는 단독주택에 거주하기를 원하였으므로, **교외형 단독주택**이 새로운 주거유형으로 자리하였다. 그들은 주택을 통하여 자신의 사회적 지위와 부를 과시하려는 경향이 강하였는데, 주택의 외관과 내부시설을 통하여 이를 추구하였다. 공간 구성에 대한 요구도 변화하였는데, 프라이버시와 공간적 여유, 그리고 안락함과 편리함 등이 새롭게 요구되는 조건들이었다. 동시에 주택의 평면구성도 과거의 격식에 얽매인 것보다는 기능성을 중요시하는 방향으로 변화하였다. 기능성과 효용성을 중시하는 경향은 1859년 건축가 웹(P. Webb)이 설계한 **'붉은 집(Red House)'**에서 집약적으로 표출되었는데, 이러한 이유에서 이 주택은 현대주택의 효시가 된다고 할 수 있다

자유로운 비대칭의 평면 형태, 쾌적하게 서로 관계하고 있는 모든 실, 교묘한 방향성의 결정, 내외가 일체가 되는 표현, '성실한' 재료의 사용, 그리고 과시하지 않는 파사드는, 이 붉은 기와의 주택을 역시 고딕 리바이벌의 테두리 안에 있게 하며 주택 혁신의 최초의 시도 중 하나인 것을 여실히 보이고 있다.

또한 공학기술과 자연과학이 비약적인 진보를 보였다. 다수의 발견, 연구가 일상생활과 산업에 혁명적 변화를 촉진해서, 그 대규모적인 현실화의 움직임이 건축에도 새로운 척도를 부여했다. 철도시대와 도시기간구조의 거대한 시대에 들어서서, 지역의 변화 혹은 지역 상호의 정보교환이 격화되었다. 그러

그림 1-5 붉은 집 내부 현관 홀, 필립 웨브

그림 1-6 붉은 집 내부 실내의 가구, 필립 웨브

나 당면은 조형예술도 이 새로운 시대의 움직임을 교묘하게 표현할 수는 없었다. 조형 예술은 과거에의 회고 중에서, 과거의 옛 이상을 현실과는 거리를 두고 사적으로 재생시킨 것에 의해, 스스로를 사회 일반의 상업주의적 경향으로부터 격리시켰다. 이 퇴행적 자세에 대해 상징적인 것은 **〈라파엘로 전파 (1848~ 1854)〉**의 존재이다.

The Pre-Raphaelite Brotherhood was a group of English painters, poets and critics, founded in 1848 by John Everett Millais, Dante Gabriel Rossetti and William Holman Hunt. The group's intention was to reform art by rejecting what they considered to be the mechanistic approach adopted by the Mannerist artists who followed Raphael and Michelangelo. They believed that the Classical poses and elegant compositions of Raphael in particular had been a corrupting influence on academic teaching of art. Hence the name "Pre-Raphaelite". In particular they objected to the influence of Sir Joshua Reynolds, the founder of the English Royal Academy of Arts. They called him 'Sir Sloshua', believing that his sloppy technique was a formulaic and clich d form of academic Mannerism. In contrast they wanted to return to the abundant detail, intense colours, and complex compositions of Quattrocento Italian and Flemish art. The Pre-Raphaelites have been considered the first avant-garde movement in art, though they have also been denied that status, because they continued to accept both the concepts of history painting and of 'mimesis', or imitation of nature, as central to the purpose of art. However, the Pre-Raphaelites undoubtedly defined themselves as a reform movement, created a distinct name for their form of art, and published a periodical, The Germ, to promote their ideas. Their debates were recorded in the "Pre-Raphaelite Journal"

그것은 1848년에 창설된 영국의 화가 조각가 시인의 공동체적 그룹이다. 그들의 규범이 되는 것은 라파엘로 이전에 나타났던 사람들의 정신이다. 라파엘로 이전의 시대에는, 자연, 종교, 장식, 미학적 작용에 의한 정신의 변화와 예술의 예술다운 향상, 즉 예술의 내면적 변혁을 추구하는 노력이 존재한다고 생각했던 것이다.

이것에 관련해서 1885년경에는 **상징파(symbolism)**의 운동이 나타났다. 이 운동은 우선 프랑스에 있어서 인상주의 특히 리얼리즘에 대항한 움직임으로 발생해서 결국 유럽으로 확대되었다. 상징파의 작가 화가는 하나의 목표를 공유하고 있다. 즉 현실적, 시각적 세계의 객관성을 파악하는 것으로 자기를 해방해서 보다 자유스런 경지에 도달해서 상상, 공상, 마술적 세계를 현실적으로 존재할 수 있도록 표현하는 것이다.

Symbolism originated in France, and was part of a 19th-century movement in which art became infused with mysticism. French Symbolism was both a continuation of the Romantic tradition and a reaction to the realistic approach of impressionism. It served as a catalyst in the outgrowth of the darker sides of Romanticism and toward abstraction. The term Symbolism means the systematic use of symbols or pictorial conventions to express an allegorical meaning. Symbolism is an important element of most religious arts and reading symbols plays a main role in psychoanalysis. Thus, the Symbolist painters used these symbols from mythology and dream imagery for a visual language of the soul. Not so much a style of art, Symbolism was more an international ideological trend. Symbolists believed that art should apprehend more absolute truths which could only be accessed indirectly. Thus, they painted scenes from nature, human activities, and all other real world phenomena in a highly metaphorical and suggestive manner. They provided particular images or objects with esoteric attractions. There were several, rather dissimilar, groups of Symbolist painters and visual artists. Symbolism in painting had a large geographical reach, reaching several Russian artists, as well as American. The closest to Symbolism was Aestheticism. The Pre-Raphaelites, also, were contemporaries of the earlier Symbolists, and have much in common with them. Symbolism had a significant influence on Expressionism and Surrealism, two movements which descend directly from Symbolism proper. The work of some Symbolist visual artists directly impacted the curvilinear forms of the contemporary Art Nouveau movements in Europe and Les Nabis.

건축에서 이것은 **과거의 어법으로부터 자유로운 형태 언어**를 이용하는 것에 의해 역사주의로부터 이탈하려는 움직임이 나타난다. 이론적 배경은 특히 철학자 데오도르 립스(Thedor Lipps)가

1903~1906년에 출판한 『미학, 미와 예술의 심리학』에서 감정 이입이 전제되었다. 이 미학은 미적 감각의 기본적 채택 법으로서 形態, 事象, 生物에의 정신적 이입을 제시했다. 대상은 관찰자의 감정에 의해 충족되며,

그 결과 수평선, 수직선, 사선, 곡선 혹은 평면 색채가 각각에 의미를 부여한다. 이상의 제 형태 혹은 상징이 심리학적 연상의 도움을 받아 건축 형태의 해석도 가능하게 된다. 19세기 말에 심층 심리학을 기초로 한 **지그문트 프로이트(Sigmund Freud : 1856~1939)**의 영향은 분명했다.(그의 영향은 30년대 이후 나치스가 대두하면서 프로이트를 비롯한 모든 프로이트 주의자들이 영미권으로 망명하여 각종 학파로 갈라져 확대되고, 정착되고 혁신되게 되었다. M. 하이데거의 철학과 결부되어 정신분석을 현상학적 정신의학과 실존분석으로 전개하는 것도 이 혁신에 합류된다. 단 이것은 J. P. 사르트르의 존재론적 인간이해, M. 푸코 등의 구조주의에서 결실을 보았다. 프로이트주의는 20세기 사상의 근저로부터의 전환을 가져와 사회학 등 모든 분야에 커다란 영향을 끼쳤다.)

분명 새로운 건축의 가장 중요한 개척자는 영국의 미술가, 저술가, 사회개혁자인 **존 러스킨**일 것이다. 그도 또한 라파엘로 전파이었다. 그는 역사주의로부터 이탈한 것이 아니라, 19세기의 철골 건축을 경멸하고, 건축의 공업화를 건축가의 예술성추구와는 결코 양립할 수 없는 것으로서 탄핵했다. 외부에 표현된 미로 내면의 심화와의 대응을 구하는 것에 의해 그는 건축에도 도덕적 진보를 요구했다. 1851~1853년에 출판된 『베니스의 돌(John Ruskin, The Stones of Venice, 1851~1853, On the Nature of Gothic)』 중에서 그는 유명한 章 「고딕의 본질에 대해서」를 쓰고, 중세건축의 미를 직인이 하나의 작품을 완성했을 때에 느끼는 기쁨과 동일시했다.

John Ruskin was a Victorian writer, critic, scientist, poet, artist, environmentalist and philosopher. As the most important art critic of his time, he gained respectability for the Pre-Raphaelites and rescued J. M. W. Turner from obscurity. After trips to France and Italy, where Ruskin sketched the romantic beauty of medieval architecture and sculpture, he wrote a book on Gothic Architecture entitled The Seven Lamps of Architecture (1849) which documented and characterized a generation of medieval architectural work. In the fall of 1849, he traveled to Venice and applied the general principles of The Seven Lamps of Architecture to Venetian architecture and how it related to the rise and fall of spiritual forces. This research was published in The Stories of Venice (1851). Ruskin became a champion of the Gothic Revival style in Britain, a style which drew its inspiration from medieval architecture such as he had studied in Europe. Besides his continuing work on his volumes of Modern Painters and sorting and arranging the work that Turner had left to the National Gallery, one of Ruskin's chief interests was the construction of the Oxford Museum of Natural History. He worked with the support of his old friend, Sir Henry Acland, then Regius Professor of Medicine, to bring his vision of Gothic beauty to this building. Despite considerable opposition from Oxford traditionalists and financial constraints, the museum remains one of the finest example of the middle Victorian Gothic Revival style in Britain.

이 미의 이해야말로 아트 앤드 크라프트 운동을 진행시킨 윌리엄 모리스(William Morris)의 행동의 원점이었다.

아트 앤드 크라프트운동과 유겐트스틸 운동의 뿌리는 다음과 같다.

1. 우선, 19세기 중반에 역사주의의 테두리 중에서 부상하고 있는 중세 예술에 대한 정신적 고양은 고딕 양식의 평가와 결부되고 있다. 이 모멘트는 유겐트 스틸 내부에서도 계속되고 있다. 예를 들면, 건물의 力線의 강조, 구조의 표현, 형태 재료의 '성실한' 이용, 그리고 외적 조형과 내적 공간구성의 일치를 추구하는 윤리적 요청, 특히 정신적으로 가까운 사람들의 동동체적(수공예적) 작업 중에 충족 해방의 기쁨을 나타낼 수 있다는 사회적 요청 등이, 중세 예술 평가 중에 포함되고 있다.
2. 이국적 취미가 강하게 작용하고 있는 것. 이집트, 북미, 독일, 토르코 특히 일본의 건축이 수용 변용된다. 그리고 대칭성이라는 르네상스의 이상과는 직접 대립하는 **비대칭성의 원리**가 재평가 된다.
3. 마지막으로, 새로운 건축은 자연의 형태 연구로부터 인스피레이션(inspiration)을 얻고 있다. 그러나 회화의 영역에서 인상주의가 시도되기 위한 형태의 직접적 재현은 없었다. 유기적인 성장과정의 관찰로부터 상징적 요소 군이 추출된다. 이 경우도 이 추출된 것과 자연은 단순히 형태상의 어프로치에서만 결부되고 있다.

그림 1-7 힐 하우스 외관1, 맥킨토쉬

그림 1-8 힐 하우스 외관2, 맥킨토쉬

그림 1-9 힐 하우스 내부, 맥킨토쉬

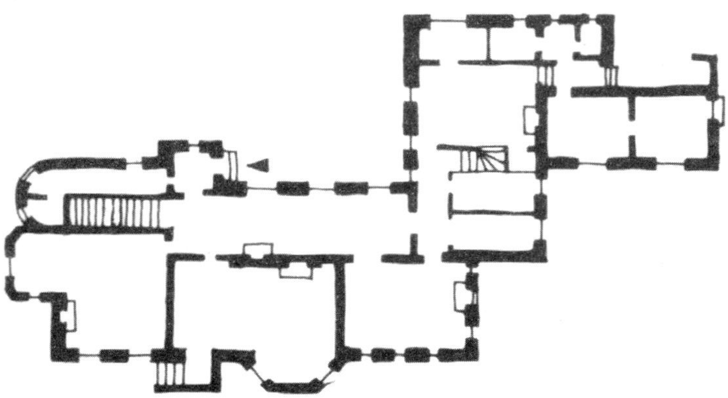

그림 1-10 윈디 힐 평면, 맥킨토쉬

이렇게 해서 발달한 형태언어에 대해서는 2개의 형태 특성을 지적할 수 있다. 양자는 시대로서 나타난 경우 연속될 수 있다. 그 하나는 요철, 곡선, 만곡, 파동으로부터 결정된 현상군이며, 또 하나는 직선 그리고 기하학 형태의 조합에 의해 나타나는 현상군이다. 이 양자에 공통되는 것은, 엄격한 고전주의 역사주의의 평면형성으로부터 탈피해서 보다 건물의 과제에 어울리는 공간 조직을 실현시키려는 노력이다. 그 이외에 조직되는 힘의 표현, 건축 구상의 지침으로서의 선에 대한 착안, 장식 형태 색채 고가의 재료를 사용하는 기쁨 조형 구성을 포괄적으로 진행시키려 한다.

"붉은 집(1860: Red House, Bexleyheath, Kent)"은 당시 일반적이었던 이형의 플랜이 아니라, L자형의 플랜을 사용하고 있으며, 이것은 모리스(William Moris)가 4각형 상자로 집을 짓기 싫어했기 때문이었다. L자의 굴곡 점에는 작고 가늘고 긴 홀과 계단이 배치되며, 1층, 2층도 여기서부터 동과 남으로 늘어뜨린 복도를 따라 북과 서향으로 필요한 방을 놓은 단순한 평면구성을 취하고 있다.

각 실의 배치는 이 집이 특히 더운 여름에 건설되었다는 것과 모리스가 여름을 싫어했기 때문이었다. 그러나 5년 후 모리스가 류머티즘에 걸리고 한기를 참을 수 없었던 것이 이 집을 수리한 이유 중 하나가 된 것은 어쩌면 당연한 것이었을 것이다. 훨씬 고딕적 경향을 남긴 붉은 돌의 외관도 모리스가 스터코(stucco) 외관을 싫어한 까닭이며, 특히 눈에 띄는 장식적 요소는 없으며, 전체의 프로포션(proportion)이 이집의 아름다움의 근원이었다 할 수 있다.

붉은 집(Red House)은 설계자의 역량 이상으로, 건축주의 역량에 의해 근대건축사 속에 이름을 남겼던 드믄 건축이었다. 건축주였던 윌리엄 모리스는 영국 산업혁명의 말기 자본주의 정착의 과도기가 한창일 때 사회사상가로서 이름을 남겼었다. 사회사상사(社會思想史)에 반드시 등장하는 인물이었지만 특별히 내세울 저작은 없었다. 영국 근대미술 초기의 개화 "라파엘 전파 Pre Raffaelite(19세기 중엽 영국에서 일어난 예술운동으로, 라파엘로 이전처럼 자연에서 겸허하게 배우는 예술을 표방한 유파임)"의 중심인물이기도 했으며, 미술사에 반드시 논해지는 인물이지만, 그 자신의 작품은 없다.

라파엘 전파(Pre Raffaelite)는 윌리엄 홀먼 헌트(W. H. Hunt), 존 에버렛 밀레이(J. E. Millais), 단테 가브리엘 로세티(D. G. Rossetti) 등 영국 왕립아카데미에 다니던 젊은 화가들이 1848년에 결성한 단체이었다. 당시 영국의 '감상적이고 맥 빠진 예술'이나 '고전고대(古典古代)나 미켈란젤로 또는 티치아노를 모방하는 예술'에 반발하여 **'라파엘로 이전처럼 자연에서 겸허하게 배우는 예술'**을 표방한 운동이었다.

깊은 내적 의미를 가진 주제를 선명하게 묘사하고, 작가는 서명과 함께 'PRB'라는 이니셜을 넣어 작품을 발표하였다. 한편 기관지 『**맹아(萌芽)**』를 간행하여 미술뿐만 아니라 시 분야에까지 그들의 주장을 펼쳤다.

많은 비판에도 불구하고 미술 평론가인 존 러스킨(J. Ruskin)은 이 유파를 옹호하였으나, 불명확한 주장과 주제의 통속적인 해석 및 번거로운 묘사법 때문에 당초의 목표와는 동떨어진 방향으로 나아갔다. 1854년부터 작품을 함께 전시하지 않고 개별적으로 활동하게 되어 사실상 해체되었다.

그러나 그들의 화풍은 1850년대와 1860년대 초반에 광범위하게 영향을 미쳤고 많은 사람들이 그들을 모방하였다. 이 예술운동의 후기 단계는 번 존스의 그림에 잘 요약되어 있다고 할 수 있는데 그의 작품들에는 약간 진부하지만 서정적인 중세풍에 감각적인 느낌이 종종 가미되어 있다.

한편 모리스는 미술에 깊은 관심을 갖고 예술가 지망의 젊은 친구들을 많이 갖고 있었으며 아카데믹한 고등학교 교육을 받지 않고 건축가를 지망했었다. 당시 독립해서 바쁜 건축가 죠지 에드몬드 스트리트(G. E. Street)를 옥스퍼드로 방문해서, 친구인 필립 웨브(Phillip Webb)와 함께 최초의 조수로서 제자의 길을 자처했다. 당시 모리스는 18세였다. 3년 후 스트리트(G. E. Street)는 활동의 장을 런던으로 옮겼다. 모리스와 웨브도 따라갔지만 모리스는 자신의 적성의 한계를 이미 알고 있었다. 시내에 아틀리에를 열어 화업에 종사하려던 것이 1857년의 일이다. 그러나 이것도 결말을 보지 못했다. 이윽고 사랑에 빠져 결혼을 결심했다. 그러나 모리스가 무엇을 생각해서 자기 자신의 집을 지으려 했었는지는 자세히 알 수 없으나, 거기서부터 모리스의 길이 열리고 있었다. 모리스의 신축건물이 어째서 아프톤에 자리 잡게 되었는가는 현재로서도 알 수 없다. 켄트 주 벡스리히스의 아프톤은 현재도 런던으로부터의 통근권으로 묶여 있다.

모리스는 자신이 설계하지 않고 웨브에게 의뢰했다. 물론 모리스가 전혀 설계를 하지 않았다는 것은 아니다. 그러나 어째서 자택은 웨브에게 의뢰했는가, 이것도 확실하지는 않다. 그러나 결과적으로는 그것이 올바른 것이었다. 모리스와 웨브가 스승 스트리트와 함께 한 이상 건축에의 지향성에 공통성이 있다고 하면 반 크라시시즘(Anti Classicism)의 정신이라 할 수도 있다.

러스킨(J.Ruskin)의 영향

내 생각으로는 건축이 모든 미술의 모태가 되어야 하며, 화화나 조각 등은 적절한 시기에 적절한 방식으로 건축의 뒤를 따라야 한다. 회화나 조각의 여러 유파에 대한 논의야 빈번하겠지만 이들의 존재 자체에 대해서는 아무도 부인하지 못할 것이다. 다만 궁극적으로 이들의 흥망성쇠는 건축이 어떻게 되느냐에 달려있다. 건축이 우위에 서지 않는 한 모든 미술이 침체할 것이라고 나는 믿고 있다. 뿐만 아니라 우리가 건축을 만인의 상식이라고 하는 제1원칙에 과감히 종속시키지 않는다면, 그래서 형태와 작업의 보편적인 체제를 채택하여 모든 곳에 적용시키지 않는다면 건축마저도 쇠퇴하여 먼지로 화해버릴 것이다.(이 점은 비단 내가 믿는 바가 아니라 사회의 안전을 위해서는 강력하고 납득 받는 정부가 필요하다고 단언하는 만큼이나 확실하게 주장하는 바이다.) 그러므로 다른 어떤 미술보다도 그 생산의 영역이 가장 널리 퍼져 있고, 가장 빈번하며, 인간 집단의 협동을 통해서만 제작이 가능하며 또한 여러 세대의 인내로서만 완성된 형태에 도달할 수 있는 건축은 활발히 번성되어 나가야만 한다. 여기다가 우리가 건축에 대해 자주 관찰해 왔던 사실들, 즉 건축이 일상의 감정에 지속적으로 영향을 미친다는 사실과 건축은 그에 비하면 얘기와 꿈의 표현에 불과한 조각과 회화라는 두 자매 장르와는 대립된다는 현실을 함께 생각해 볼 때, 조각과 회화에 적용되는 것보다는 더욱 엄격한 법칙이 건축의 활동과 건강을 지배하게 되기를 미리 기대해 볼 수 있겠다. 개인의 능력 하나만으로 만들어지는 예술작품에 적용될 수 있는 어떤 양보 같은 것은 건축에서는 있을 수 없다. 인간에게 보편적으로 중요한 모든 것과 건축이 갖는 관계는 더욱 분명해질 것이며, 그렇게 될 때 건축은 당당하게 인류의 행복과 사회적 힘을 좌우하는 그 무엇과 유사한 것임을 증명하게 될 것이다. 그러므로 우리는, 설사 경험에 비추지 않는다 하더라도, 건축은 종교, 정치, 사회관계를 규제하는 법칙만큼이나 엄격하고 면밀한 국가적 법률의 규제를 받아야 한다는 조건하에서만 융성할 것이라는 결론을 내려도 될 것이다.

여기에서 더 나아가 건축을 지배하는 법칙은 앞에 예를 든 다른 법칙들 보다 더 엄격하여 더 수동적인 대상에도 보다 절대적으로 적용될 수 있어야 할 것이다. 왜냐하면 건축의 법칙은 이런 저런 법칙들 중에서 가장 순수한 하나의 유형인 것이 아니라 모든 것에 적용되는 절대적 규범이기 때문이다.

건축가와 대중으로부터 하나의 양석을 선택하여 그것을 보편적으로 사용한다는 동의를 받아낼 때어야 이런 모든 것이 가능할 것이다.

존 러스킨(JOHN RUSKIN)의 「건축의 일곱 등불(The Seven Lamps of Architecture)」에서 발췌

고딕 리바이벌(Gothic Rivival)의 시대

18세기 영국에서 일어난 고딕풍의 유행과 그에 따른 건축양식으로, 이 양식은 낭만주의의 한 현상

으로 일어났는데, 1755년경 영국의 소설가 H.월폴이 스트로베리힐에 지은 고딕풍의 별장에서 발단하여 그 후 대지주들 사이에는 정원 안에 고딕풍의 저택을 짓는 일이 유행하였다. 19세기에 접어들자 이 양식은 주택건축과 교회건축에까지 확대되었으며, 공회당 · 병원 · 역사(驛舍) 등의 공공건물도 이 양식을 따랐다.

이 무렵의 건축가로는 영국의 퓨진(Augusts W. N. Pugin), 프랑스의 **E.비올레르듀크**(1845년 파리의 노트르담대성당 복원 현상설계에 당선하여, 1853년 고건축 감독국 총감으로 임명되었다. 이리하여 생드니 수도원, 아미앵대성당, 카르카손 성채, 피에르폰 성 등의 복원에 관여하였다. 1863년부터는 에콜 드 보자르에서 미학과 미술사교수를 지냈다), 미국의 R. 크램과 B. 구드휴 등이 유명하다. 이러한 풍조는 전반적으로 신고전주의라고 볼 수도 있다. 중세를 동경하는 낭만주의 사조를 기반으로 하여, 하나의 개성적인 양식을 조형예술(造形藝術)에서도 찾아보려는 끈질긴 의욕의 표현이었다.

건축 이외에 공예나 회화에서도 같은 경향을 찾아볼 수 있고, 아르누보(art nouveau)운동과는 밀접한 관계를 갖고 있다고 할 수 있다.

당시 영국 사회일반의 풍조도 또 anti classicism으로 옮겨가고 있었다. 예를 들면 월터 스코트(Walter Scott)는 중세를 무대로 한 문예(文藝)를 퍼뜨렸다. nationalism건축으로서 혹은 크리스트교적인 건축으로서 영국 고딕은 의식을 나타내고 있었다. 마침내 국회의사당을 바리와 함께 설계한 퓨진(Augusts W. N. Pugin)은 고딕파의 거목이었으며, 스트리트(G. E. Street)도 또한 기수이었다. 이 사람은 감리교회파가 로마에 만든 교회를 "이탈리아 고딕"이라 하고 본래 있을 수 없는 양식에 따라서 설계를 할 정도이었다(성 폴 아메리카교회).

모리스가 거주하기 위해 웨브가 설계한, 그 집이 고딕풍이 된 것은 이미 충분히 예상된 것이다. 그러나 고딕에 있어서의 주택이란 무엇인가, 그것이 과제이었다. 참으로 그 이상에서 "주택"이란 무엇인가는 당시 풍미했던 과제이었다. 이미 휠씬 이전에 철도가 개통되었다. 이 정세를 먼 안목으로 본다면 이것은 사람이 살 수 없는 건물의 만연이다. 최초 그것은 청사와 공공건축으로서 당시의 조류를 나타내며 공장, 거래소, 백화점, 사무소, 학교, 병원과 같은 모습으로 도시를 매장시키고 있었다. 도시의 중심부는 이미 사람이 거주할 수 없는 장이 되어버렸다.

그림 1-11　브래들리 하우스, 보이지

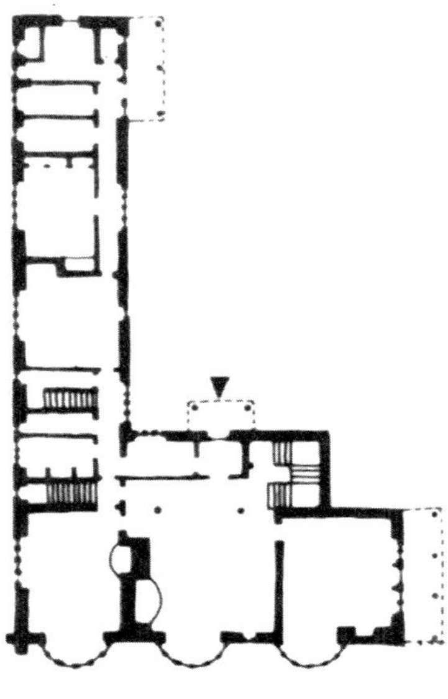

그림 1-12　브래들리 하우스 평면, 보이지

아트 앤 크라프트(Arts and Crafts)와 모리스

수공예운동이란 현대 이 사회에 있어서의 간결성이나 성실성, 정직성이라는 우리들의 감각을 치료하기 위해서 나타난 것이다. 만약 이것이 완치되면 우리들의 문명생활 전체는 속속들이 영향을 받게 될 것이다. 우리들의 운동의 최종목표는 단지 주택이나 집합주거의 외관을 바꾸려는 것이 아니고 한 세대 전체의 성격에 직접 영향을 주는 것이다. 만약 이 새로운 동향이 진실한 것이라면 거기에서 독자적으로 영속될 양식이 나타날 것이다. —H. Muthesius, 1907

영국에서 19세기에 일어났으며 산업혁명의 물결 속에서 가구 등의 일용품과 건축시장에 범람하기 시작한 값이 싸고 저속하며 조잡한 기계생산 공예품에 대한 반작용으로서 시작이 되었다. 따라서 이 운동은 기계를 부정하고 중세시대의 수공예 생산방식으로 복귀하는 것을 주장하고 있다.

기계의 추악하고 퇴폐적인 측면을 비판하였으며 '반기계'라고 하는 시대착오적이고 퇴행적인 측면을 옹호한 것이다.

수공예의 부흥의 대표적인 선구자 **윌리엄 모리스**(William Morris: 미술공예운동의 대표적인 사상가였으며 러스킨의 영향을 받았다. 러스킨의 이론을 실천하기 위하여 노력하였으며 수공예가 유일하게 만족스러운 생산수단이라고 믿고 있었다. 예술과 유용성이 서로 손을 잡고 있던 중세처럼 공예와 예술이 서로 밀접하게 협력하도록 노력하였다. 그는 예술이 일을 숭배하고 있다고 생각하였다. 수공기술과 재료 속에 내재하는 질과 성실성을 목표로 하였다. 미술공예운동의 결과물은 일반대중의 손이 도달하지 못하는 곳에 있었다. 제품들은 일부 특권층만을 기쁘게 할 뿐이었다. 공업이 급진적으로 발전하여 그 경쟁자들의 창조물을 따라잡고 이를 쓸모없게 만들었다. 공예가의 작품은 곧 값이 싼 재료로 모방되었으며 대량으로 생산되었다. 미술공예운동은 유럽, 미국에도 영향을 미쳤으며 건축에 있어서 새로운 발전을 자극하였고 19세기의 공예운동은 현대건축의 참된 근원이었다)는 시인이자 사회개혁자, 사회사상가인 존 러스킨(John Ruskin)과 고딕 부흥양식의 대표적인 건축가인 퓨진(Augusts W. N. Pugin)의 영향을 받았다. 그는 미적가치의 쇠퇴를 국가의 도덕적 기준의 쇠퇴와 결부시키고 있으며, 19세기중반에는 '한 국가의 예술은 그 국가의 도덕적 건전함의 상징이다'라는 믿음이 확산되었다.

그는 고딕미술과 건축으로 복귀해야 19세기의 병폐, 타락을 극복할 수 있다고 믿었으며 중세미술을 강력하게 옹호하는 지도자가 되었다. 그의 가장 유명한 계획안은 화재로 파괴된 원래의 건물을 대체하기 위해서 재건축된 새로운 국회의사당(영국)의 장식 디자인이었다. 이 고딕양식은 국가의 양식과 동일시되었으며 이것은 19세기 산업주의의 어두운 공장의 분위기와는 대조적인 장식적이고 도덕적인 승화된 모습으로 간주되었다.

모리스는 1861년 **마샬 포크너 상회**(Morris, Marshallm, Faulkner Co : 창조적이고 예술적인 제품을 수공업의 형식으로 제작한 것 런던의 레드 라이온 스퀘어에서 운영되었고 신 고딕 및 중세양식의 물품을 전문적으로 디자인하고 제작하였으며, 모리스가 "공식가구"라고 부르던 것은 장엄하고 정교하며 반면에 "일상가구"라고 묘사하였던 유형은 극도로 단순한 것이다. 부유층의 지나친 사치심을 조장하리라는 측면을 인정하였던 공시 가구는 모든 효과들이 풍요로운 상태를 성취하는 것을 목표로 하고 있었다.

윌리엄 드 모르강은 모리스의 친구이자 동료이며 그는 미술공예운동의 이념에 의해서 영향을 받았고 도자기 사업은 모리스의 도자기 제작에 기여하였다. 주로 사용하는 모티브는 꽃, 식물, 동물에서 유래한 것 이지만 신화적이고 문장학적인 동물, 고대 북유럽의 영웅이야기의 낭만을 상기시켜 주는 범선들도 그의 디자인에서 적절히 사용되고 있다)라는 회사를 설립하고 질이 높은 벽지, 염색직물, 스테인드글라스, 양탄자, 실내장식용품 등을 스스로 디자인하고 제작하였다. 이 당시에 "미술공예"라는 명칭이 "미술공예 전람회 협회"라는 단체의 이름으로 최초로 사용되었다.

이것은 곧 딜레마에 빠지게 되었는데 수공예에 의해서 생산한 제품이 기계에 의해서 생산된 제품보다 값이 매우 비싸며 수공에 의존하다 보니 소량만이 생산 가능하므로 대중의 수요를 충족시킬 수 없었다. 시대의 흐름에 역행하면서 기계에 반발하였으나 이 운동은 현대예술운동에 막대한 영향을 미치게 되었다. 이것은 아르누보, **반데벨데**, 헤르만 무데지우스라고 하는 독일건축가에 의해서 독일에 소개되고 미술, 공예, 건축이라는 3가지의 상관된 개념이 그에 의해서 종합되어 1907년에 창설된 **독일공작연맹**에서 구체적으로 표현되게 된다.

Henry Van De Velde was born in Antwerp, Belgium in 1863. The son of a wealthy chemist, he initially studied painting. Influenced by his admiration for Rusking, Morris and Voysey, he redirected his efforts as a designer. In 1901 Van de Velde was invited to Weimar as consultant to the craft industries of the Grand Duchy of Saxe-Weimar. Five years later he became director and designer of the new Grand Ducal School of Arts and Crafts which he based on

Mackintosh's Glasgow School of Art. Van de Velde adhered to the Utopian idea that architects could reform society through design. He believed that 'Ugliness corrupts not only the eyes, but also the heart and mind'. Borrowing from his own Flemish background and the English Arts & Crafts movement, Van de Velde developed a highly detailed, style. Using concrete as an expressive element, he created ornamental designs and ornate interiors which directly influenced the Art Nouveau movement. Van de Velde left Germany when World War II broke out. He died in Oberagen, Switzerland in 1957.

Deutscher Werkbund: The Deutscher Werkbund (German Work Federation) was a German association of architects, designers and industrialists, an important precursor to the Bauhaus. It was founded in 1907 in Munich at the instigation of Hermann Muthesius, existed through 1934, then re-established after World War in 1950. Muthesius was the author of the exhaustive three-volume "The English House" of 1905, a survey of the practical lessons of the English Arts and Crafts movement. Muthesius was seen as something of a cultural ambassador, or industrial spy, between Germany and England. The Werkbund was less an artistic movement than a state-sponsored effort to integrate traditional crafts and industrial mass-production techniques, to put Germany on a competitive footing with England and the United States. Its motto "Vom Sofakissen zum St(from sofa cushions to city-building) indicates its range of interest. The organization originally included twelve architects and twelve business firms. The architects include Peter Behrens, Theodor Fischer (who served as its first president), Josef Hoffmann and Richard Riemerschmid. Other architects affiliated with the project include Heinrich Tessenow and the Belgian Henry van de Velde. The Werkbund commissioned van de Velde to build a theatre for its 1914 Cologne Exhibition in Cologne, the theatre which turned out to be his best work, and which only stood for one year before being destroyed as a result of World War I.

1907년 Herman Muthesius(1861~1927)의 제창으로 건축가, 공예가들이 모여 결성하였다. 무테지우스는 건축가로서 영국의 합리적인 주택건축이나 명쾌한 공예품 생산에 감명을 받아, 강연과 논문 등을 통하여 독일 공예계에 미술의 실 생활화, 기계생산품의 미적 규격화 등을 주장하였다. 특히 생활 속에 미술을 도입하자는 사상은 영국의 시인이며 공예미술가이자 건축가인 William Morris의 미술공예운동'미를 위한 미술이 아니고 실생활의 미화 운동'에서 영향을 받았다. 특히 합리적 공장건축의 최초인 Peter Behrens의 AEG터빈공장(1909)과 베렌스의 제자인 Walter Gropius의 파구스 제화공장(1911), 설리반의 시카고파 건축과 Otto Wagner의 비인 세제션에 영향을 받아 1908년 논문 '장식과 죄', 라움플랜 사상을 발표하고 슈타이너 저, 트리스턴 차라 저를 설계한 Adolf Loose가 있다

사생활의 장으로서의 주택

중세의 농노제와 청부제 등의 노동형태 혹은 생산형태에 대체되어 임금노동의 사회가 이제 성립된 것이다. 누구라도 사생활의 장으로부터 나가서 생산에 종사할 수 있으며, 거기서 노동은 시간을 측정해서 매매된다는 사회관계에 결부되고 있다. 그것은 2세기 전 궁전에서 성립된 "사생활"을 누구에게나 부여한 것이다.

바꿔 말해서 전면적인 현상이었으며 결국 "생활"은 현재의 "사생활"과 "공적생활"을 분리시키고 말았다. "주택"은 이렇게 해서 출현했으며 거기에 어떤 건축표현이 나타날 수 있는가가 당시의 과제이었다. 즉 의식하지 않았던 문제들이었다. 문제가 이처럼 발전한 것 대신에 "젠틀맨"이 살 수 있는 집, 그것은 어떤 건축이어야 하는가, 윌리엄 모리스와 필립웨브는 당시 그러한 생각에 몰두하게 된다.

교외 입지의 의미

"신사"라는 단어가 나타나면서 이미 18세기에 성립하고 있던 Honnete Homme과 19세기에 나타난 개념이 확정한 Gentleman은 실상을 달리하고 있었다. 전자는 "청렴한 남자"이며 사랑의 방법이 성실하고 가문도 좋고 자신도 분분하며 매너도 취미도 고상한 교양인 즉 귀족사회의 영예로움이다. 후자는 다르다. 그들은 실업가, 법률가, 의사, 학자, 예술가 등 자신의 자질과 노력에 의해 지위를 사회에서 누렸던 사람들이며 그것이 귀족사회에도 끼어 대등하게 인지될 수 있는 조건이다. 확실히 "온화한 남자"이며 교양이 있고 기지가 풍부하며 계약을 준수하며 사람에게 의혹을 갖지 않게 한다. 근대사회를 구성하는 중추인 이 계층이야말로 "Gentleman"에 지나지 않는다. 물론 임금노동을 기초로 하는 새로

그림 1-13 레스우드 주택, 쇼

그림 1-14　솔베이 주택 외관, 빅터 호르타

그림 1-15 솔베이 주택 계단실, 빅터 호르타

운 사회관계 내부에서 생활할 수 있는 사람들이다. 이 사람들의 사생활의 장이야말로 인류가 비로소 영위한 "주택"이라는 건축물의 기점이 되었던 것이다. 더 자세히 말하면 귀족사회에 있어서는 직장과 사생활은 분리시킬 수 없으며 "궁전" 안에서 전적으로 영위되고 있었다. 뒤이어 나타난 산업자본가들은 재력의 힘을 가지고 궁전을 모방해서 사생활의 장을 영위하고 있다. 그러나 모방하려 해도 모방할 대상이 없던 것이 중산계급이었다. 젠틀맨의 프라이비트에 의해서도 독자적인 존재 표현을 하지 않을 수 없는 것이다.

그 독자적 표현과 고딕 리바이벌을 모리스와 웨브는 이중 복제하고 있었다. 고딕의 시대 고딕의 사원과 함께 성립한 건축양식은 목조건축이다. 도버해협을 건너서 영국 프랑스의 부르타뉴 그 숲 동쪽으로 연결되는 독일 각지의 목조건축은 이 일련의 지역으로 각기 표현을 수반해서 꽃 피워왔다. 급구배의 지붕을 갖는 내력벽의 목조가옥이다. 다수의 큰 목재가 종횡으로 조합되어 흰색의 벽과 대비되고 있다.

모리스와 웨브의 꿈은 거기에 "주택"을 집중시킬 수 는 없을까 하는 것이다. 이와 같은 목조의 집을 영국에서는 "컨트리 하우스"라고 부른다. 촌락의 의미와 비슷하다. 풍부한 녹지가 펼쳐진 전원에서, 이와 같은 집들이 촘촘히 모여 있는 것이다. "주택"도 또한 그것이 본질적으로, 교외입지인 이상 이와 같은 풍경을 형성하도록 지어질 수 있다. 런던은 산업혁명을 기점으로 해서, 거대한 스프롤(Sprawl)을 시작하고 있다. 교외에서 교외로 주택지는 팽창하면서도 실은 사람이 살 수 없는 건축 군이 북적대는 근대도시로 성장하고 있는 것이다. 주택지역과 상업지역의 분리는 **CIAM(근대건축 국제회의)**이 1934년 채택한 "아테네 헌장"에 의해 방향이 잡혔던 것은 아니다. 헌장은 상황을 추인했던 것뿐이다.

"붉은 집"은 1860년에 준공한다.

CIAM, international congress of modern architecture

architecture should be put 'back in its true sphere which is economic, sociological, and altogether at the service of humanity' (La Sarraz Declaration, 1928) "The undersigned architects, insist particularly on the fact that 'building' is an elementary activity of man intimately linked with evolution and the development of human life. The destiny of architecture is to express the orientation of the age. Works of architecture can spring only from the present time.... Thus architecture must be set free from the sterilizing grip of the academies that are concerned with preserving the formulas of the past.... Modern architects having the firm intention of working according to the new principles can only regard the official academies and their methods tending towards aestheticism and formalism as institutions standing in the way of progress." (La Sarraz Declaration, 1928) The original International Congress of Modern Architecture in 1928 was appropriate for the time. The declaration-turn-manifesto of La Sarraz, while mocking the modern academies and their stifled architecture, only turned around to do the same thing. At this point of development of the machine age, the so-called avant-gardes (a-hem, Mr. Crow) were advocating an architecture for the new demands of the age utilizing the new materials and the new construction techniques in an attempt to design for the future, yet neglected that little known fact that creations bring about their own pathetic and oh-so-anticipated destruction. Fumbling with the new materials and fumbling with the new form and fumbling (repeatedly) with a new urbanism, the early CIAM was far from successful in realizing their mighty endeavors of minimal housing and utopian city planning. In the declaration of La Sarraz, CIAM lashes out against aestheticism and formalism, yet in the declaration itself the members begin outlining what it is that avant-garde architects have to do if they want to maintain such a title and be accepted.

CIAM meeting every year of European vanguards, fourth congress 1933 Charter of Athens joining modern city and general town-planning principles:

"Today, most cities are in a state of total chaos. These cities do not come anywhere near achieving their aim, which is to satisfy the biological and psychological needs of their inhabitants. From the beginnings of the machine age this situation bespeaks the proliferation of private interests....

On a spiritual a material level, the city should ensure individual freedom and the benefits of collective action. Reorganization within the urban pattern must be regulated on the human scale only. The key points in town planning lie in the four functions: living, working, recreation (in free time), circulation....

The basic nucleus of town planning is the living cell (a dwelling) and its introduction into a group constitutes a unit of habitation of suitable size. Starting from this unit, the relations between living place, place of work and place of recreation can be worked out. To solve this serious problem it is vital to utilize the resources of modern technological progress. In the Charter of Athens, the fourth meeting of CIAM in 1933 begins to brainwash the latest generation of avant-garde 'gonna-be-a-modernist' architects with a detailed one hundred eleven proposition outline of how to plan. These propositions collectively functioned in only a theoretical sense (without this being the only purpose) and were so utopian, rigid, and cold that no city plan following these rules was ever built. Le Corbusier, finishing the Ville Radieuse, was especially influential (read: manipulative) in the outcome of the congress, for he had been developing his notions on town planning ever since his Contemporary City for Three Million Inhabitants resulted in absolutely nothing. In the Charter, CIAM divided building typology into five categories: historic, dwelling, recreation, work, and transportation. I can see somewhat the need to set aside historic buildings, but I do not really buy it. There are certainly ways to incorporate so-called historic buildings into modern lexicon. Much of the charm of cities like New York and Paris is seeing old buildings alongside brand new ones. The juxtaposition only enhances the temporal and stylistic placement. Yet this is most successful when historic buildings are acknowledged in both the historic and modern context, not left autonomous and doomed to oblivion. CIAM already brings on its own wretched decay when it refuses to acknowledge that what its architects build will be old school (the latest tradition for future avant-gardes to mock and destroy, as CIAM advocated in 1928) and a new wave of modern architecture will set in with a new demand for typology and its appropriate form. "hygienic, correctly spaced, with excellent wide roads. What was missing was man." Peter Smithson on Charter of Athens purist urbanism "problems of the human habitat" is Team X's main concern, spearheaded by Alison and Peter Smithson as the younger and more realistic second generation of CIAM. Early generation CIAM, following prey to the blanket statement of "pre-war utopia", failed in its execution of finding the ideal city form because it did not organize the five basic types in a way that would directly effect people on a daily basis. Le Corbusier's

Contemporary City for Three Million Inhabitants was a ridiculously idealized concept, which he did realize and reworked into a more credible scheme, The Radiant City. In the Doorn Manifesto of 1954, CIAM distinguished a different set of typologies, that of house, village, town, city which developed into a hierarchy of house, street, district, city. Although this derivation seems trivial if not obvious, it is far more realistic than any previous urban plan (or even theory) that came out of CIAM previously because it not only concerns itself with, but centers on the human element. Using Le Corbusier as a springboard, Team X utilized the lessons of Unite d'Habitation at Marseilles (brut beton and 'peasantism' revisited that developed into New Brutalism) for approaching the demand for a new form with an insight into the increased importance of acknowledging and even glorifying the human being when his presence is all the more challenged with the developing dependence on the automobile. Impressive indeed is the tenacious Team X under the pressure of the second machine age to deliver a new formal language. Applying Corbu's idea of the "object-type" to contemporary demands, Team X adopted the credo that people behave in relation to the built form the interaction with daily objects across the whole scale should be the basis for an urban plan that hopes to have any credibility.

Team X rejecting The Garden City and Rationalism:

The social driving force of this movement was slum clearance, the provision of sun, light, air, and green space in the over-populated cities. This social content was perfectly matched by the form of functionalist architecture, the architecture of the academic period which followed the great period of Cubism and Dada and De Stijl, of the Esprit Nouveau. This was the period of the minimum kitchen and the four functions, the mechanical concept of architecture. Today in every city in Europe we can see Rational Architecture being built. Multi-story flats running north-south in parallel blocks just that distance apart that permits winter sun to enter bottom storeys, and just high enough to get fully economic density occupation of the ground areawhere the extent of development is sufficient we can see the working out of the theoretical isolates, dwelling, working, recreation (of body and spirit), circulation; and we wonder how anyone can possibly believe that in this lay the secret of town building. Although the Golden Lane never fully took off, another member of Team X, Aldo van Eyck in works such as the Arhhem Pavilion, stressed the vernacular in his philosophy. Van Eyck wanted a return to the basic, "primitive" needs of man, which he felt could resolve these universal problems with a universal language incorporating contemporary grammar. His spiritual approach to the individual's place is reminiscent of Le Corbusier, with the post-war rebirth of Utopianism encouraging such. "a direct expression of a way of life" (Team X)

"Whichever technique he chooses, the architect's function is to propose a new way of life." (Peter Smithson, 1963) "Each period requires a constituent languagean instrument with which to tackle the human problems posed by the period, as well as those which, from period to period, remain the same, i.e., those posed by manby all of us to gather the old into the new; to rediscover the archaic qualities of human nature, I mean the timeless ones…." (Aldo van Eyck, 1959 CIAM congress at Otterlo)

모리스는 이 집에서 사용해야할 가구를 찾아 런던을 헤매고 다닌다. 그리고 절망한다. 시장은 이미 기계 생산되는 가구가 석권하고 있었다. 싸구려가 도처에 널린 것을 보고, 모리스는 한탄을 하며, 핸드 크라프트의 부흥을 마음속으로 다짐한다. "아트 앤드 크라프트(ART AND CRAFT MOVEMENT)"는 멀리 이 집의 피니싱(내부마감)을 기점으로 그리고 20년 후 유럽 전역에 널리 아르누보의 시작을 알리게 된다.

Art nouveau: decorative-art movement centered in Western Europe. It began in the 1880s as a reaction against the historical emphasis of mid-19th-century art, but did not survive World War1. Art nouveau originated in London and was variously called Jugendstil in Germany, Sezessionstil in Austria, and Modernismo in Spain. In general it was most successfully practiced in the decorative arts: furniture, jewelry, and book design and illustration. The style was richly ornamental and asymmetrical, characterized by a whiplash linearity reminiscent of twining plant tendrils. Its exponents chose themes fraught with symbolism, frequently of an erotic nature. They imbued their designs with dreamlike and exotic forms. The outstanding designers of art nouveau in England include the graphic artist Aubrey Beardsley, A. H. Mackmurdo, Charles Ricketts, Walter Crane, and the Scottish architect Charles R. Mackintosh; in Belgium the architects Henry Van de Velde and Victor Horta; in France the architect and designer of the Paris métro entrances, Hector Guimard, and the jewelry designer René Lalique; in Austria the painter Gustav Klimt; in Spain the architect Antonio Gaudí; in Germany the illustrator Otto Eckmann and the architect Peter Behrens; in Italy the originator of the ornamental Floreale style, Giuseppe Sommaruga; and in the United States Louis Sullivan, whose architecture was dressed with art nouveau detail, and the designer of elegant glassware Louis C. Tiffany. The aesthetics of the movement were disseminated through various illustrated periodicals including The Century Guild Hobby Horse (1894), The Dial (1889), The Studio (begun, 1893), The Yellow Book (1894~95), and The Savoy (1896~98). The works of Beardsley and Tiffany were especially popular.

2 유동하는 공간01: 유기적 건축 1 Organic architecture

–프랭크 로이드 라이트의 로비하우스/ Frank Lloyd Wright, Robie House. 1909

프랭크 로이드 라이트(Frank Lloyd Wright, 1867~1959)

Frank Lloyd Wright was born in Richland Center, Wisconsin in 1867. He and his family settled in Madison, Wisconsin in 1877. He was educated at Second Ward School, Madison from 1879 to 1883. After a brief sting at the University of Wisconsin where he took some mechanical drawing and basic mathematics courses, Wright departed for Chicago where he spent several months in J. L. Silsbee's office before seeking employment with Adler and Sullivan. Wright evolved a new concept of interior space in architecture. Rejecting the existing view of rooms as single-function boxes, Wright created overlapping and interpenetrating rooms with shared spaces. He designated use areas with screening devices and subtle changes in ceiling heights and created the idea of defined space as opposed to enclosed space. Through experimentation, Wright developed the idea of the prairie house – a long, low building with hovering planes and horizontal emphasis. He developed these houses around the basic crucifix, L or T shape and utilized a basic unit system of organization. He integrated simple materials such as brick, wood, and plaster into the designs. In 1914 Wright lost his wife and several members of his household when a servant burned down Taliesin, his home and studio in Wisconsin. Following the tragedy, he re-directed his architecture toward more solid, protective forms. Although he produced few works during the 1920s, Wright theoretically began moving in a new direction that would lead to some of his greatest works. Walter Burley Griffin was among the many notable architects to emerge from the Wright studios. In 1932 Wright established the Taliesin Fellowship – a group of apprentices who did construction work, domestic

그림 2-1　프랭크 로이드 라이트(Frank LIoyd Wright, 1867~1959)

chores, and design studies. Four years later, he designed and built both Fallingwater and the Johnson Administration Building. These designs re-invigorated Wright's career and led to a steady flow of commissions, particularly for lower middle income housing. Wright responded to the need for low income housing with the Usonian house, a development from his earlier prairie house. During the last part of his life, Wright produced a wide range of work. Particularly important was Taliesin West, a winter retreat and studio he built in Phoenix, Arizona. He died at Taliesin West in 1959.

프랭크 로이드 라이트, 이 이름은 건축과 관련 있는 사람이라면 누구나 아는 이름일 것이다. 라이트는 미스(Mies van der Rohe), 꼬르뷔제(Le Corbusier)와 함께 3대 거장으로 들 수 있으며, 많은 추종자들에게 길을 개척한 공헌자이기도 하다. 그러나 다른 두 사람과 크게 다른 점이 두 가지 있다. 첫째는 그가 1860년대 태생이고 20세나 연상이라는 점 오히려 그들의 스승 베렌스와 동년배인 것이다. 실제로 라이트는 전 세기부터 일을 하고 있었고, 현대건축의 선봉적 역할을 해 왔다고도 말할 수 있을 것이다.

둘째는 미스, 꼬르뷔제가 유럽에서 태어난 것과는 달리 라이트는 신대륙 미국에서 태어나 미국에서 자란 건축가였다는 점이다. 그러므로 1930년대 말기 그로피우스에 이어 미국으로 건너간 미스처럼 유럽적 규범에 바탕을 두고 미국 건축을 창조한 것이 아니라, 즉 수입물이 아닌 **미국 본래의 문화표현**으로서 건축을 의식하고 그것을 만들어 냈던 것이다.

펼쳐진 대초원 멀리 계속된 지평선, 점점이 무리를 이룬 농가의 수목 넓은 창공이 바탕이 되어 미국 풍토와 비슷하게 라이트에게 영향을 준 것이 어머니 안나이다.

그녀는 태어날 아들이 위대한 건축가가 될 것이라 확신하고 있었다 한다. 또 그녀는 독실한 프뢰벨리안(Froebelian)이었다. 그것은 독일 교육가 프리드리히 프뢰벨(아이들의 자기활동 · 연속발전 · 사회화 · 노작(勞作) · 체험 등, 그의 이론 모두가 유아의 신성에 관한 확신에서 생긴 것이라고 할 수 있다. 한편 유아교육의 실천면에서 구체(球體) · 점 · 선 · 정육면체 등의 장난감을 사용하는 유희를 통하여 인간성을 배양할 것을 제창하였다. 저서로는 『인간교육 Die Menschener-ziehung』(1826), 『어머니와 애무의 노래 Mutter und Koselieder』(1844) 등이 있다)의 교육이론에 추종하는 사람들로 바우하우스(bauhaus)의 기초조형 교육에도 이 이론이 사용되고 있었다. 그녀는 그 프뢰벨 시스템(Froebel system)에 따라 어린

아들 라이트에게 디자인 감각의 기본을 단단히 가르쳤다. 이러한 토양 위에 세워진 라이트는 18세에 대도시 시카고로 가서 실스비(Joseph Lyman Silsbee), 설리반(L. H. Sullivan)의 사무소에서 일하지만, 설리반의 노여움에 24세에 독립하는 과정에서 스스로의 주장을 관철시키기 위한 기초를 흡수하고 숙성시켰다. 특히 '리벨 마이스터'라 부른 설리반(Sullivan, Louis Henry, 1856~1924)과의 겨우 7년의 교제로 설리반의 근대건축사상이 직접 라이트에 의해 계승되고 한층 발전되어 유기적 건축에로 대성시켜간 것이다.

라이트만큼 주택작품이 많은 건축가는 드믈 것이다. 설리반 사무소에 의뢰된 1888년 이후의 주택은 라이트가 설계를 맡고 있었다. 이후 잊혀질 때까지 한때 휴식하던 시기(라이트가 희망했던 것은 아니지만)를 제외하고 차례차례로 작품을 발표해 간다. 1909년까지의 소위 "라이트 제1기 시대"의 사이에 라이트는 명확한 주택건축에 대한 주의(Ism)를 확립했다. 초원주택(Prierie House)이 그것이다.

Prairie School was a late 19th and early 20th century architectural style, most common to the Midwestern United States. The style is marked by horizontal lines, flat roofs with broad overhanging eaves, solid construction, craftsmanship, and discipline in the use of ornament, in contrast to previous 19th century design. Horizontal lines were thought to evoke and relate to the native prairie landscape. It is most associated with residences around Chicago built by a generation of architects trained, employed or influenced by Louis Sullivan, but does not include Sullivan himself.

1889년 라이트는 그의 아내 캐서린과의 생활을 위해 오크파크(Oak Park)에 자신의 주택을 짓는다.

Wright Home and Studio, Oak Park, Illinois. Frank Lloyd Wright lived and worked here from 1889 until 1909. He and his first wife, Catherine, raised six children in this home which received several additions and modifications, including the barrel-vaulted playroom on the second floor which served as a gymnasium, kindergarten, concert hall and theater. In the adjacent studio, Wright developed the Prairie style and formulated the principles of an organic architecture that he would continue to develop during the rest of his career.

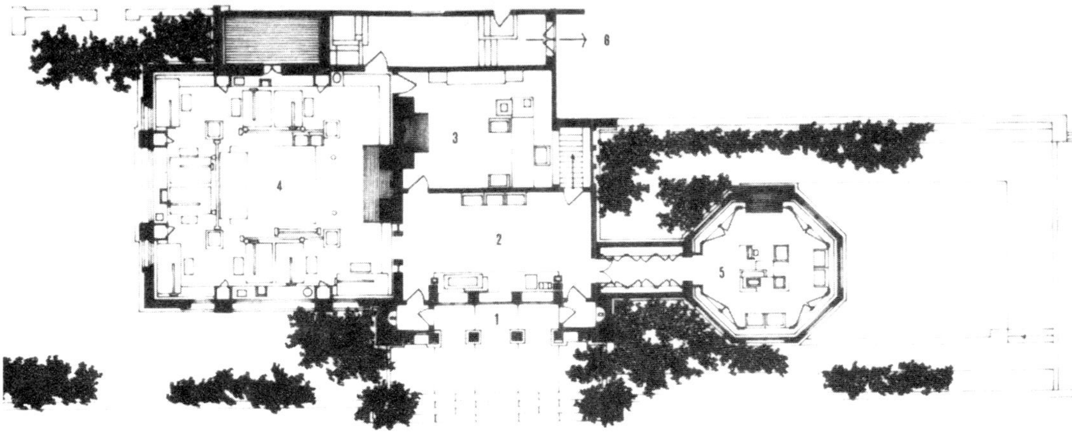

그림 2-2 라이트 자저 및 그의 스튜디오(Wright Home and Studio, Oak Park, Illinois 1889)

그림 2-3 오크파크(Oak Park, Illinois)지도

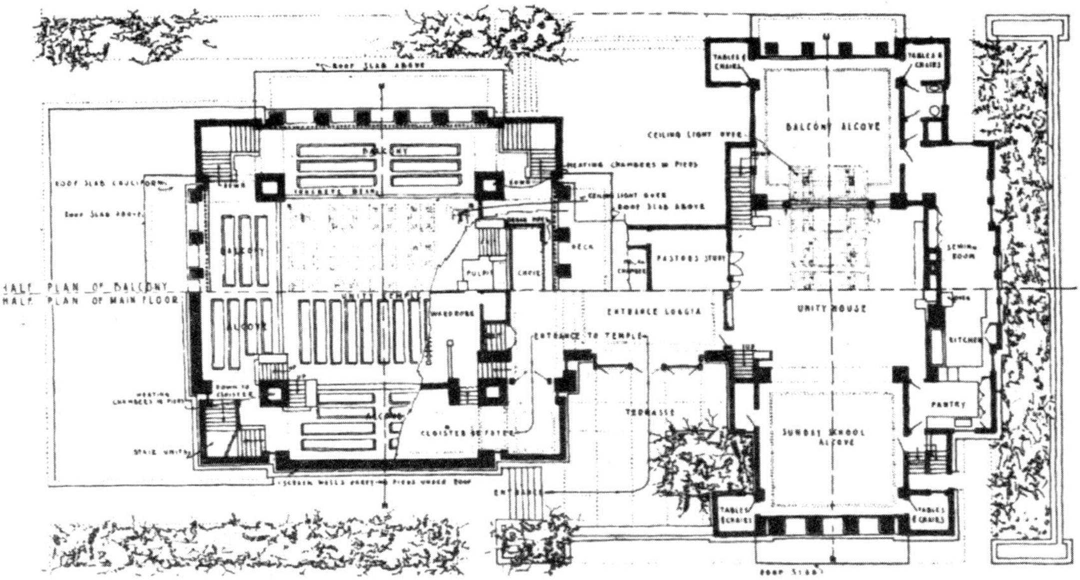

그림 2-4　유니티 템플(Unity Temple 1905) 평면도, 라이트

그림 2-5 토마스 주택(Thomas House 1901), 라이트

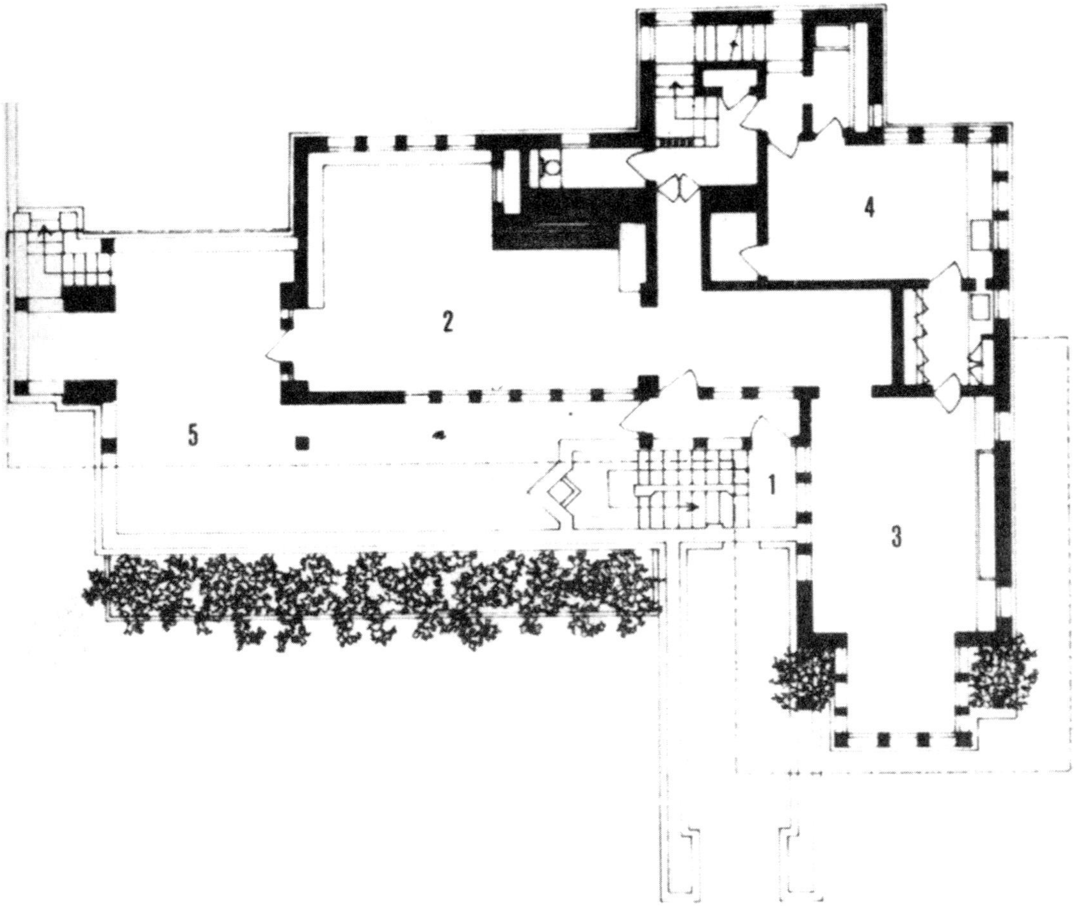

그림 2-6 토마스 주택(Thomas House 1901) 평면도, 라이트

그는 평면계획에서 중심이 되는 장소에 벽돌조 아치난로를 설치한다. "유틸리티 코아(Utility Core)"의 원형(prototype)의 출현이다. 이후 작품에서는 이 코아를 중심으로 자유로이 유동하는 공간을 구성하고 또 정신적인 의미에서도 이 장소(場所)가 중심적(中心的) 요소가 되어간다. 이 주택은 제1기 시대 주택의 집대성, 초원주택에의 전개를 엿볼 수 있는 작품이었다.

20세기에 들어와 최초의 10년간에 클렌 저(1908), 로비 저(1909)를 포함한 초원주택의 대표작이 연속적으로 세워졌다. 라이트는 주택 이외에도 이 시기 몇몇 작품을 더 남기고 있다. 라킨빌딩(1904), 유니티 교회(1907) 등등 특히 유니티 교회는 제1기 시대의 걸작이라기보다는 라이트 전 시대 중세서도 중요한 작품이다.

Unity Temple

In 1905, after the original Unity Church burned down, the Unitarian congregation of Oak Park, Illinois turned to architect Frank Lloyd Wright to design them a new structure. The result was Unity Temple. Wright was not only living in Oak Park, but was himself a Unitarian, so the choice seemed to be a good fit. The congregation needed a space of worship, as well as a community room. There were several immediate problems that the architect had to work with in order to satisfy the client. The budget for the Unitarian congregation was rather small for its needs: $40,000 US dollars; and the proposed building site was long, but not very wide. Additionally, the building site stood on a busy street. And finally, the architect was expected to design not only the structure, but furniture and stained glass for the building. To accommodate the needs of the congregation, Wright divided the community space from the temple space through a low, middle loggia that could be approached from either side. This was an efficient use of space and kept down on noise between the two main gathering areas: those coming for religious services would be separated via the loggia from those coming for community events. This design was one of Wright's first uses of a bipartite design: with two portions of the building similar in composition and separated by a lower passageway, and one section being larger than the other. The Guggenheim Museum in New York City is another bipartite design. To reduce construction costs, Wright chose steel-reinforced concrete as the main building material for Unity Temple. In fact, Unity Temple is thought to be the first building in the world built from reinforced concrete poured on the site; that is, wooden forms were built on site, and concrete was poured into them in order to create the walls. This greatly reduced the cost of shipping materials. The outer walls of Unity Temple show the layers of poured concrete, and this was an effect that the architect seems to have encouraged. Interior of Unity Temple. To reduce noise from the street, Wright eliminated street level windows in the temple. Instead, natural light comes from stained glass windows in the roof, or clerestories along the upper walls. Because the members of the parish would not be able to look outside, Unity Temple's stained glass was designed with green, yellow, and brown tones in order to evoke the colors of nature. The main floor of the temple is accessed via a lower floor (which has seating space), and the room also has two balconies for the seating of the congregation. These varying seating levels allowed the architect to design a building to fit the size of the congregation, but efficiently: no one person in the congregation is no more than 40 feet from the pulpit. Wright also designed the building with very good acoustics. The design of Unity Temple represented a leap forward in design for the architect. In recounting his experiences with Unity Temple, Wright said that this design was the first time he ever realized that the reality of a building is its space, not its walls. This would be a principal the architect would retain throughout his life. The building was completed in 1908. The original Unitarian congregation still owns and uses Unity Temple, although another organization is in charge of restoring it. They are currently undertaking a $15 million restoration effort and hope to complete restoration by 2008, the 100th anniversary of the building's completion. The building is a United States National Historic Landmark and was chosen in a 1991 poll in the magazine, Architectural Record as one of the 100 most significant buildings in the United States of the previous 100 years. Additionally, Unity Temple was chosen by the American Institute of Architects as one of 17 buildings by Frank Lloyd Wright that should be retained as his architectural contribution to American culture.

여기서 수평선의 강조는 엿볼 수 없다. 이것은 노자(Lao Tzu)의 말대로, 건축의 본질은 내부공간에

있다는 것을 이즈음 모두 터득하고, 그의 작품 속에서 전개해나가기 시작한 것을 나타내고 있다

(30개의 수레바퀴살이 수레바퀴의 중심에 모인다. 수레바퀴 중심축의 유용성은 그 중심 구멍에 있다. 우리들은 진흙덩어리로 그릇을 만든다. 그릇을 쓸모 있게 하는 것은 그릇내부의 빈 공간이다. 우리들은 방을 위해 문과 창을 만든다. 그 방에서 살 수 있도록 하는 것은 그 방의 아무것도 없는 빈 공간이다. 그러므로 형체가 있는 것은 이로움을 지니지만 형체를 쓸모 있게 만드는 것은 무형의 것이다 : 노자 도덕경 제11장)

한편 노자는 자연을 카오스(chaos)로 인식하는 여타 제자백가들과는 반대로 자연을 최고의 질서 즉 코스모스(cosmos)로 인식했다. 그런 점에서 '노자'의 세계는 반문화적(反文化的) 세계이다. 건축의지(建築意志)에 대한 거부이다. 계몽주의든, 합리주의든, 기존의 인위적 구조를 이루고 있는 일체의 건축적 의지를 해체(解體)하여야 한다는 해체론(解體論)이다.

유니티 교회(Unity Temple)에 있어서 공간의 유동(流動)은 초원주택에서 보여주었던 수평방향으로의 전개뿐 아니라 수직방향으로 확대되었다. 반복하는 창도 높고, 전체적으로는 폐쇄적인 벽으로 외부를 감싸고 있다. 그러나 실내에서는 위쪽으로 향하는 공간의 유동을 확실히 의식할 수가 있다. 내부공간은 천창(top light)이나 측벽의 고창(**clerestory**: 고딕성당에서 아일 부 지붕 위로 돌출한, 커다란 내부공간에 있어 상부의 창문부분, 특히 바실리카 건물에 있어서 아케이드와 트리포리움 상부의 창문열을 말함)을 거쳐 외부공간과 융합되어 있다. 이렇게 라이트는 제1기 세대 중에 수평방향만이 아니라 수직방향으로의 전개에도 관심을 갖고 있었다. 거기에는 라이트가 말하는 "**형태(form)와 기능(function)의 일치**"를 엿볼 수 있다.

그러나 라이트는 그의 건축주인 젊고 아름다운 처 에드윈 체니부인(Mamah Borthwick Cheney)과 불타는 듯한 사랑에 빠졌다. 그리고 이어서 1909년 현재 연예리포터와 같은 매스컴으로부터 도망치기 위해 가정을 버리고 독일로 도피여행을 떠난 것이었다.

주변의 경향들

근대건축 발전의 본거지인 서구유럽에서는 점차로 근대건축의 개념이 고정되어가고 있었다. 영국에서는 윌리엄 모리스(William Morris)를 종주로 하는 여명기 운동이 맥킨토시(C.R. Mackintosh)를 통해 근대건축의 선구를 이루었고, 프랑스에서는 오귀스트 페레(Auguist Perret)나 **토니 가르니에(Tony Garnier)**를 통해 르 꼬르뷔제(Le Corbusier)에 이르는 동안에, 독일에서는 피터 베렌스(Peter

***Mamah Borthwick Cheney*, photograph from the period 1911. (Photo: Chicago Tribune)**

그림 2-7 체니(Cheney) 부인

Behrens)와 무테지우스(H. Muthesius)에 이어 그로피우스(W. Gropius)에 이르렀고, 신대륙 미국에서는 설리반(L.H. Sullivan, 설리반의 건축 수습기간은 보자르식의 영향을 크게 받았지만, 시대적인 시카고의 재건사업 아래 기능적이고도 유기적인 조직원리를 건축론으로 삼아 개인주의적이고도 창조적인 양식을 추구하였다), 휘트만(Whitman)의 詩, 다윈(Darwin)의 進化論 그리고 스펜서(Spencer)의 自然觀에 영향을 받고 니체(Nietzche)에 의해 자연 형태의 유추를 통하여 **건축을 인간 내부의 생명력과 구조적 논리의 표현이라고 정의**하는데 도움을 주었으며 그는 자신의 건물들을 영원한 생명력의 발산으로 여겼다. 그에게서 자연은 예술에 있어 구조와 장식을 통하여 스스로를 명백히 하는 것이었다. 장식 면에서도 자연 속에 존재하는 형태의 원리를 통해 파생되는 예술을 애호하여 단조로운 철골 구조의 생명을 위해 자연 속의 식물의 무늬를 사용하는 진보적인 수법을 채택했다. 그런 면에서 그는 1890년 유럽에서 일어난 아르누보 양식에 영향을 받은 것도 같다.

Chicago school

Chicago architecture is famous throughout the world and one style is referred to as the Chicago School. In the history of architecture, the Chicago School was a school of architects active in Chicago at the turn of the 20th century. They were among the first to promote the new technologies of steel-frame construction in commercial buildings, and developed a spatial aesthetic which co-evolved with, and then came to influence, parallel developments in European Modernism. Detail of Reliance Building with flat and projecting "Chicago windows "Some of the distinguishing features of the Chicago School are the use of steel-frame buildings with masonry cladding (usually terra cotta), allowing large window areas and the use of limited amounts of exterior ornament. Elements of neoclassical architecture are reflected in Chicago School skyscrapers, as many resemble a column. The first floor functions as a base, the middle stories act as a verical shaft, and the building is capped with a semi-traditional cornice. The "Chicago window" originated in this school. It is a three-part window consisting of a large fixed center panel flanked by two smaller double-hung sash windows. Architects whose names are associated with the Chicago School include Daniel Burnham, Dankmar Adler, John Root, William Holabird Martin Roche, William LeBaron Jenney, Louis Sullivan. Frank Lloyd Wright started in the firm of Adler and Sullivan but created his own Prairie Style of architecture. Ludwig Mies van der Rohe, who had run Bauhaus in Germany before coming to Chicago, is sometimes credited with creating a second Chicago school. Carson, Pirie, Scott & Co. Building The Home Insurance Building, often regarded as the first skyscraper in the world, was built in Chicago in 1885 and was demolished in 1931. Today, you will discover different styles of architecture all throughout the city, such as the Chicago School, neo-classical, art deco, modern, and post-modern.

Tony Garnier(1869~1948) was a noted architect and city planner.

He is considered the forerunner to the 20th century French architects. After extensive study of sociological and architectural problems, he began in 1901 to formulate an elaborate solution to the perceived issues and published his treatsie Une cit industrielle in 1918.

루이스 헨리 설리반(L.H. Sullivan)은 **시카고파(Chicago School)**를 대표하는 건축가이다. 그는, 단기간 매사추세츠 공과 대학에서 수학했으며, 그 후 리차드슨과 똑같이 파리에서 공부했다. 그 사이 제니 밑에서 일을 했으며, 1881년에 단쿰 아들러(Dankmar Adler)와 공동으로 사무소 경영에 들어갔다. 그가 건축의 조형 부분을 담당했다. 1890~1891년 세인트루이스에서 웨인라이트 빌딩(Wainwright Building, at St. Louis, Missouri)이 지어졌다. 상승감이 있는 철골 구조의 건물이다. 파사드에는 이미 설리반 특유의 중2층의 중후한 기초부, 사무 공간이 들어간 수직성의 높은 중간부 그리고 설비 기계가 들어가는 옥상층이라는 3층 구성법이 펼쳐지고 있다. 1899~1906년에 설리반은 카슨 필리 앤드 스코트 백화점(Carson, Pirie, Scott and Company Building)을 완성시켰다. 시카고파의 특징이라고도 평가할 수 있는 이 작품도, 내부는 단지 넓은 종래의 창고 건축의 계보가 갖는 것이었다. 유일한 가치는 파사드가 있는 것이다. 내부의 골조 구조를 표현에 까지 높이고, 수평 방향 수직 방향의 긴장감으로 충만한 격자상 구조는 합리적이며 동시에 우아함을 포함하고 있다. 수평의 시카고 창은, 가는 금속제 테두리로 이루어지고 있지만 하층의 경우는 테라코타의 가는 띠형 장식으로 서로 결합해서 수평성이 강하게 표현된 것처럼 고안되고 있다. 특히 억제된 디자인이 일전하는 것은 쇼윈도가 있는 기초부였으며, 여기서는 유겐트스틸풍의 풍부한 주철 장식으로 시공되고 있다.

그림 2-8 시카고만국박람회 교통관(1893), 설리반

그림 2-9 웨인라이트(Wainwright 1891)빌딩, 설리반

설리반은 창작 활동과 더불어 집중적으로 계몽 활동을 행하고 있었다. 그의 사상은 저술을 통해서도 알 수 있지만, 그 핵이 되는 〈형태는 기능에 따른다(Form follows Function)〉라는 테마는, 여러 경우 잘못 인용되고 있다. 설리반 자신은 단순히 건물이 그 용도를 외관에 표현할 수 있다고 생각하는 것이 아니라, 형태는 과제로부터 도출될 수 있다고 주장했던 것이다. 게다가 과제라는 개념은 기능적 기술적 경제적 심리적 그리고 미학적 요청을 내포하는 것이었다. 그는 20세기 건축의 중심 명제 중 하나인 기능주의에 대한 중요한 논술을 행했었지만, 그의 기능주의는 대단히 풍부한 의미를 내포하고 있었다.) 을 통해 라이트(F. L. Wright)에까지 이르는 동안 소위 국제주의 건축양식이라는 근대 초기를 결정지은 유형들이 형성되었다.

Louis Sullivan was born in Boston, Massachusetts in 1856. He studied architecture at the Massachusetts Institute of Technology for one year. He then worked as a draughtsman for Furness and Hewitt in Philadelphia and for William Le Baron Jenney in Chicago. In July 1874 Sullivan travelled to Europe where he studied in the Vaudremer studio at the Ecole des Beaux Arts in Paris. He returned to Chicago a year later. In 1883 Sullivan became a full partner with Dankmar Adler. They remained together until 1895 when Adler retired. Although Sullivan was usually viewed as the designer being backed by Adler's engineering skills, Adler's work showed an individual strength that has often been ignored. A notable designer who moved up within the office, eventually going out on his own, was Frank Lloyd Wright. Sullivan's designs generally involved a simple geometric form decorated with ornamentation based on organic symbolism. As an organizer and formal theorist on aesthetics, he propounded an architecture that exhibited the spirit of the time and needs of the people. Considered one of the most influential forces in the Chicago School, his philosophy that form should always follow function went beyond functional and structural expressions.

그는 초기 작업에서 분명 설리반의 영향을 받고 있다. 특히 설리반의 극치의 개념을 따르고 있다. 라이트는 어떤 유형의 표준화나 획일성에도 반대하고 있지만, 기계를 "건축의 가장 좋은 친구"라고 할 만큼 기계에 대해 낙관론을 갖고 있다. 원초적인 쉘터(Shelter)로서의 입구개념은 동굴의 입구를 통과

하듯이 오크파크의 토마스 주택에서도 간단한 테두리가 둘러진 목조아치를 통해서 내부로 들어가게 된다. 목조테두리, 지붕 등 전체적으로 풍화된 그린 색, 그것은 대지의 일부로 대지 속에서 튀어나온 느낌을 받기에 충분했으며, 초기의 프렐리주택이 직면했던 문제는 평면의 낮은 토지에서는 어떤 집이라도 지상에 있어야 한다. 땅 밑의 다습한 지하실을 갖지 않은 것 그것이 출발점 이다. 이 사고방식은 토마스 주택(Thomas House, Oak Park, Illinois 1901, The Frank Wright Thomas Residence, 210 Forest Ave., was built in 1901. Also known as "The Harem", this was the first Prairie style house built in Oak Park)에서 실행되어 지하실은 사라지고 집은 대지 위에 놓여졌다. 습기가 찬 지하실, 머리를 부딪치는 다락방, 가정부는 언제나 다락방에서 기거하고 세면실은 일반적으로 지하실에 있는 것이 그때까지의 주택의 상식이었다. 이러한 관행을 깨뜨리는 데 도전을 하고 해결하려 했던 것이다.

1907년에서 1차 세계대전의 발발까지 음악과 회화의 아방가르드(Avant-Garde)는 원초적인 것과 기계적인 것, 신성한 것과 세속적인 것 간의 수사적인 진자를 움직이는 것에 두었다고 언급될 수 있다. '봄의 신성'(1912~1913년에 작곡되었으며 니진스키 안무, 몽퇴 지휘로 발레뤼스에 의해 1913년 5월 29일 파리의 샹젤리제극장에서 초연되었다. 음악은 2부 14곡으로, 제1부는 〈대지 예찬 : L'Adoration de la terre〉, 제2부는 〈희생 : Le Sacrifice〉으로 되어 있다. 러시아 이교도들의 대지와 태양신에 대한 찬미를 제재로 한 회화적인 곡으로, 그 강렬한 리듬과 원시주의적 색채가 강한 선율로 당시 대단한 반향을 불러일으켰다. 20세기 음악의 혁신적 작품이다)은 대위법적인 관계로서 해명할 수 없게 연결된 것으로서 다채로운 민속학과 흑백의 기계적인 현대성을 제시하지는 못하는가? 1913년으로 기록되어 있고 신성한 봄에 대한 '스트라빈스키의 연주'로 명명된 쟝 콕토(Jean Cocteau)의 그림은 피아노의 건반을 치는 작곡가를 표현하고 있었다.

Stravinsky, Playing Le Sacre du Printemps : Classica presents a history of the origin and reception of Igor Stravinsky's "The Rite of Spring" (Le Sacre du Printemps) in a three-hour program. An introduction to the work, one of the most important 20th-century compositions, is given by French conductor and composer Pierre Boulez, who then leads the London Symphony Orchestra in a concert performance of the piece. The documentary "Les Printemps du Sacre" takes a look at some of the most epoch-making choreographies of this ballet, including those by Maurice B?art, Mats Ek and Pina Bausch. Anthony and Joseph Paratore are then featured playing the "Sacre" in a version for two pianos before the program ends with a concert performance of the work given by the Chicago Symphony Orchestra under Daniel Barenboim. Igor Stravinsky began to conceive the idea for a new stage work shortly after completing his ballet "The Firebird" in 1910. It was to be a kind of ritual dance in which a virgin is sacrificed to appease the god of spring. Although the rhythmically emphatic music which Stravinsky composed for the "Pictures of a Pagan Russia" (thus the work's sub-heading) elaborates a few folk melodies, its originality sets it apart from everything that had been seen in ballet music up to then. The 1913 world premiere in Paris was one of the greatest scandals in music history, partly because of Vaslav Nijinsky's innovative choreography for the Ballets russes. The audience protested vociferously, and the press labeled the evening "Le Massacre du Printemps." From a present-day point of view, the world premiere symbolized the beginning of the modern era. The ballet, consisting of the two sections "The Adoration of the Earth" and "The Sacrifice", has lost none of its originality and freshness to this day and has long been one of Stravinsky's most popular works, both on the stage and in the concert hall)

건축 그리고 유기체 Architecture is an organic body

건축은 하나의 유기체(with the parts working in coordination)이다.

전통적으로 동양인들은 자연을 살아 있는 대상물로 보았다. 중국의 고대 사상에서 우주의 3가지 근원을 뜻하는 삼재(三才) 즉 중국 사상의 특징으로서 인간은 천지자연과 대립해서 이를 정복하는 존재로 생각할 수는 없었다. 인간은 자연에 순응해야 하는 존재, 또한 스스로 만물을 기르는 천지의 작용에 참가해야 하는 존재이며 그렇게 함으로써 인간의 존엄성을 발견할 수 있다. 천지의 움직임은 무한한 조화와 목적이 있는 법칙성을 포함하고 있으며 그것은 인간 세계에도 공통되는 것이다. 다시 말해서 하늘(天)과 땅(地)과 사람(人)은 하나이며, 결국 그러한 모습이 되었을 때 비로소 가장 이상적임을 의미하는 것이다. 철학가 바슐라르는 '空間의 詩學'에서 집은 우리의 첫 번째 우주이며 코스코스(cosmos)를 담고 있다고 했다

그림 2-10 유기적 조직(Organic Body)

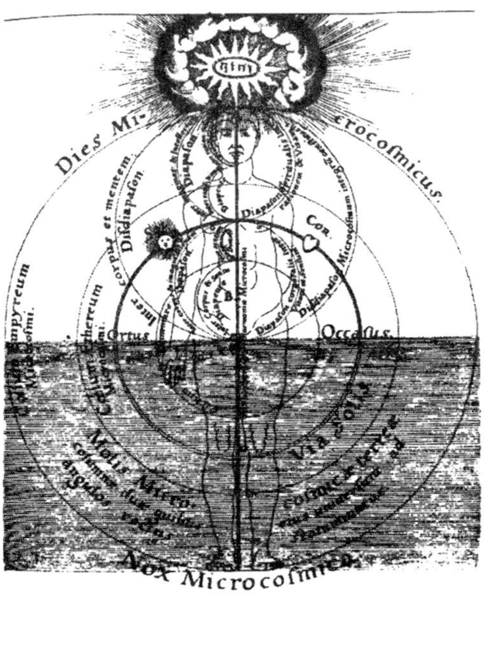

그림 2-11 인간과 우주(Man and Universe)

Bachelard(1884~1962) was a postmaster in Bar-Sur-Aube before studying physics and then finally becoming interested in philosophy. He was a professor at Dijon from 1930 to 1940 and then became the inaugural chair of history and philosophy of the sciences at the Sorbonne. Bachelard's studies of the history and philosophy of science in such works as Le nouvel esprit scientifique and La formation de l'esprit scientifique was based on his vision of historical epistemology as a kind of psychoanalysis of the scientific mind. He argued against positivism and influential forms of neo-Kantianism that science always leaves epistemology behind. Kant and Comte had simply extrapolated on the work of Newton, but Newton had been left behind by the Theory of Relativity. This position should not be confused with empiricism. Bachelard was a rationalist in the Cartesian sense. Thomas S. Kuhn used Bachelard's notion of "epistemological rupture" as re-interpreted by Alexandre Koyr to develop his theory of paradigm shifts. In the English-speaking world, the connection Bachelard made between psychology and the history of science has been little understood. His work is often perceived as dealing with many diverse topics such as poetry, dreams, psychoanalysis, and the imagination, rather then the single topic of epistemology. His works on The Psychoanalysis of Fire and The Poetics of Space are among the most popular of his works in English.

또한 중국의 고대사상 중에서 풍수는 다음과 같은 의미를 내포하고 있다.

"Feng shui is based on the concept that man is the product of the universe. Hence his house or burial place must be so arranged as to be in harmony with the universe"

위의 내용에서도 인간은 우주에서 왔으며 우주의 부산물이라 했다. 그래서 그들이 사는 집이나 혹은 그들이 죽어서 들어가게 되는 묘소(죽은 자의 집) 또한 우주의 조화와 법칙에 맞게 정리되지 않으면 안 된다고 한다. 즉 인간이 살아있는 유기체인 이상, 인간은 살아서나 죽어서나 가장 유기적이어야 한다는 것이다. 즉 우주의 조화와 자연의 섭리에 맞아야 한다는 것으로 우리는 해석하고 있다. 그래서 건축은 하나의 소우주(小宇宙)라고 하지 않던가.

인간이 우주의 이치를 닮을 때 가장 자연스러우며, 건축이 가장 우주적일 때 가장 자연스럽다 할 것이다. 결국 인간과 더불어 건축이 가장 우주스럽고 가장 자연스러울 때 그리고 가장 인간적일 때 가장 이상적이라는 말과 같다. 건축이 유기적이라는 것은 바로 자연의 부산물(product)이라는 것과 같다. 자연에서 자란 것 같은 그런 건축 그것이 바로 유기적인 건축의 지향점일 것이다.

라이트는 일찍이 윈슬로 주택(The William H. Winslow Residence, 515 Auvergne Place, was built in 1893. Designed for the publisher of House Beautiful, the Winslow Residence was Wright's first independent commission after leaving the employment of Adler & Sullivan and is constructed of brick with stone and plaster. This house has been designated by the American Institute of Architects as one of seventeen buildings designed by Wright to be retained as an example of his architectural contribution to American culture)에서, 선택된 대지는 아름다운 느릅나무가 자라면서 자연과 조화를 이룬다고 했다. 이 집의 성격은 어느 정도 이 나무의 성격에 비유되고 있다. 나무와 주택 사이에 생겨난 동질감은 일종의 같은 장소에서 작용하는 나무와 같은 자연의 유기적 힘이다. 이 동질감은 주택의 외관에서 느릅나무와 같은 느낌을 준다. 주택 전체와 주변 환경과의 관계와 마찬가지로 이 주택의 디테일은 전체의 부분에서 제 위치를 갖고 있고, 자체로 일관되게 서로 연속하고 있다. 라이트는 자연과의 공감을 보여주고 있다. 나무에의 은유는 라이트 사상의 중심으로, 거기에는 질서(秩序)가 뿌리박고 있으면서도 성장(成長)과 변화(變化)의 여지가 있다는 것이 포함되어 있다. 결국 그의 건축 원리는 자연의 유기적인 질서체계를 그 모델로 하고 있다는 것이다.

유동하는 공간 로비 저, 1909

라이트의 초원주택은 미국 중서부의 대초원을 항해하는 기선(汽船, steamship)그 자체이었다. 그 공간은 방에서 방으로 유동하고, 크게 열려진 개구부에서 테라스와 발코니 혹은 정원 즉 외부공간과 융합해서 대초원에까지 연결된다. 이들 방과 방의 연속성 혹은 내부공간과 외부공간의 상호관입 등이 완벽히 해결된 것이 바로 초원주택(Prierie House, Prairie houses were characterized by low, horizontal lines that were meant to blend with the flat landscape around them. Typically, these structures were built around a central chimney, consisted of broad open spaces instead of strictly defined rooms, and deliberately blurred the distinction between interior space and the surrounding terrain. **Wright acclaimed "the new reality that is space**

그림 2-12 로비 하우스(Robie House 1908), 라이트

그림 2-13 로비 하우스(Robie House 1908) 외관

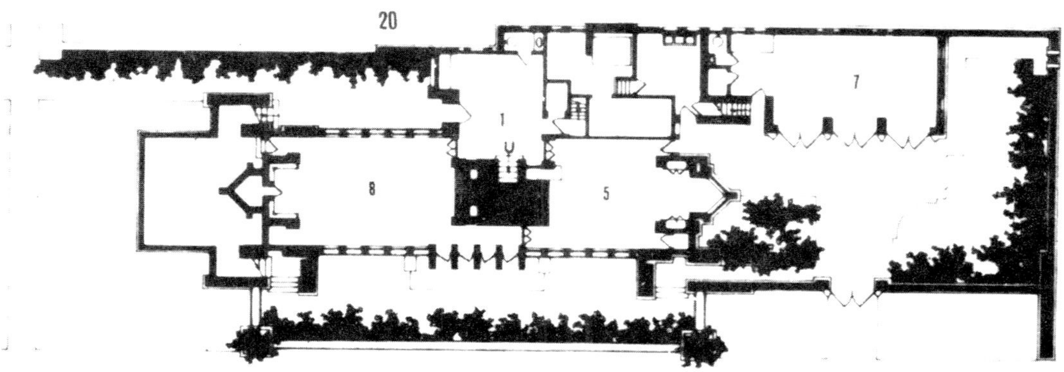

그림 2-14 로비 하우스(Robie House 1908), 1층 평면도

그림 2-15 로비하우스(Robie House 1908) 내부

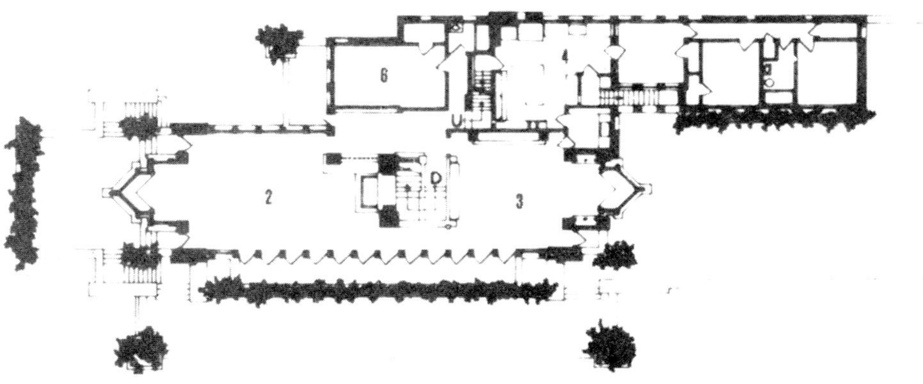

그림 2-16 로비하우스(Robie House 1908), 2층 평면도

instead of matter" and, about architectural interiors, said that the "reality of a building is not the container but the space within." The W.W. Willits house, built in Highland Park, Illinois in 1902, was the first house that embodied all the elements of the prairie style. His masterpiece of the prairie style is the Robie House, built in Chicago in 1909. Wright did not aspire simply to design a house, but to create a complete environment, and he often dictated the details of the interior. He designed stained glass, fabrics, furniture, carpet and the accessories of the house. Legend has it that, in at least one case, he even designed the gowns of his client's wife. The controlling factor was seldom the wishes of the individual client, but Wright's belief that buildings strongly influence the people who inhabit them. He believed that "the architect is a molder of men, whether or not he consciously assumes the responsibility.")이다. 로비 저(Robie House, 1909)는 쿤레이 저(Coonley House, 1907)와 함께, 라이트 제1기 시대의 걸작이고 초원주택의 정점이기도 하다. 라이트 40세 때에 준공한, 이 주택의 거실 주위는 아름다운 스테인드글라스(stained glass)에 둘러싸여 있었고, 창 주변에서 한 단계 내려가 있는 천정은, 그 공간을 단축시키고 신선한 유리 모양을 더욱 강조하는 역할을 하고 있었다. 또 세부 마감은 모두 거칠게 깍은 가로판 벽을 붙인 것으로 천정과 들보사이에 공간을 잡아 낮에는 천정을 낮아 보이게 하고, 밤에는 조명에 의해 높아 보이게 하는 효과를 겨냥하는 듯 디테일의 도처에서 얄미울 정도로 완벽한 연출을 보여주고 있다.

대 초원을 항해하는 기선(汽船)

로비 저에 이를 때까지, 라이트는 꽤 많은 시행착오를 반복하고 있었다. 1889년 20세의 라이트는 17세의 캐서린과 결혼한다. 설리반(Louis. H. Sullivan)으로부터 돈을 빌려서 시카고 교외의 오크파크에 신혼집을 지었고, 여섯 명의 아이와 함께 19년 동안 살았던 이 집은 싱글 스타일이었다. 설리반 밑에서 라이트에게 맡겨진 주택도 같은 모양이었다. 라이트도 또한 여기서부터 출발한 것이다.

윈슬로 저(Winslow House, 1893)가 지어진 1893년, 주택 아르바이트를 한 것에 힐책받고, 라이트는 설리반의 밑에서 떠난다. 아버지처럼 사랑한 설리반에게는, 소액이긴 했지만 빚을 남겨두고 있었다. 어차피 Oak Park나 River Forest 일대를 라이트 주택으로 채워가는 실마리는 이 윈슬로 저였다.

『Lady's Home Journal』 1901년 2월호에 "대 초원의 집"을 제안할 즈음(Through the turn of the century, Wright's distinctively personal style was evolving, and his work in these years foreshadowed his so-called "prairie style," a term deriving from the publication in 1901 of "A Home in a Prairie Town" which he designed for the Ladies' Home Journal.) 라이트는 "초원주택"의 원형을 이미 확립하고 있었다. 윌리트 저(Willetts House, 1902)나 **쿤레이 저**(Coonley House, 1908)에서 유감없이 발휘된 라이트 제1기의 건축원리는 "로비 저"에서 개화하고 있었다.

The Avery Coonley House is a building designed by famous architect Frank Lloyd Wright. Constructed in 1907~1908, this is an estate of several buildings built on the banks of the Des Planes River in Riverside, Illinois a suburb of Chicago, Illinois. Avery Coonley was heir to an industrial fortune and had an unlimited budget. The Coonleys had investigated Wright's other homes and told him that they saw in his work "the countenances of principle". Wright stated in his biography that "This was to me a great and sincere compliment. So I put my best into the Coonley House." The lower exterior is stucco rising to a ceramic tile banding with a geometric pattern. The gardens contain terraces, shallow planters and a large reflecting pool. For the education of the Coonley's young daughter Wright designed a playhouse nearby.

당시에도 그랬지만 우드로운 가(街) 그 자체가 시카고의 시가지이다. 교외 입지가 아닌 시가지 입지인 것이 이 집을 역으로 "초원주택"의 전형으로 만든 점이었다. 거실 딸린 계단이 2층에 들어 올려져 있다. 이 주변을 돌아 건물에 반쯤 들려있는 발코니를 의식하고 만들어진 프라이버시 확보의 장치이다. 여기에 강한 수평선이 그려지고, 또 그 지붕에 수평선이 그려지고 그 위 3층에 모이는 개인방의 지붕도 또 수평선을 그리고 있다. 도로에 따라 난 울타리까지를 포함하면 4층으로 그려진 수평선이 이 집을 강하게 성격 지어주는 것이다. 마치 그것은 대 초원을 항해하는 기선(汽船)과 같이 사람들의 눈에는 비치고 있었다.

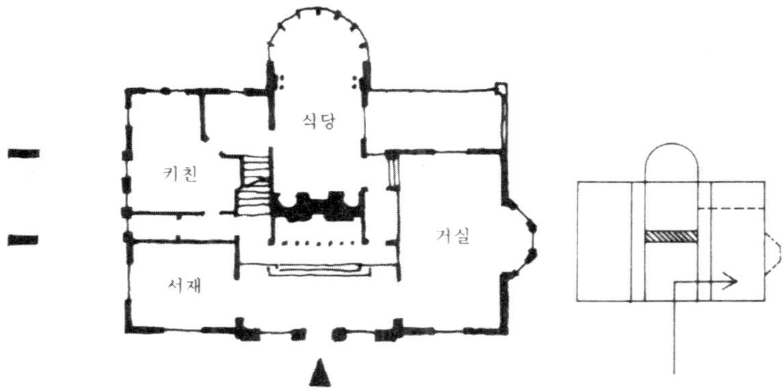

그림 2-17 윈슬로우 주택(Winslow House 1893) 평면도, 라이트

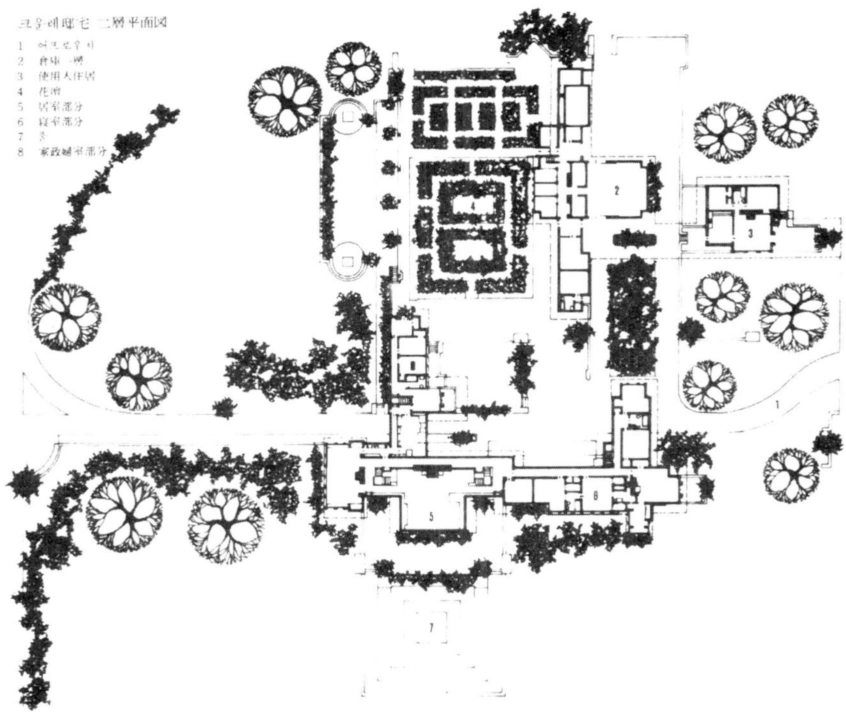

그림 2-18 쿤레이 저택(Coonley House 1908) 평면도, 라이트

그림 2-19 쿤레이 저택(Coonley House 1908) 외관, 라이트

상호관입(相互貫入)하는 공간

라이트가 불륜의 사랑에 빠진 것은 이즈음의 일이다. 건축주의 부인 체니(Mamah Borthwick Cheney)를 나비시트에 실어 시카고 가(街)를 달리는 모습을 지역의 사람들은 설마하며 숨죽이고 주시했다. 캐서린에게 이혼을 거절당하고, 라이트는 이제 체니를 데리고 도망가는 수밖에 없었다.

이 도피여행이, 라이트를 유럽에 알리는 결과가 되었다. 정착한 곳 독일에서 잇달아 2권의 작품집이 간행되고, 네덜란드에서는 베를라헤(Hendrik Petrus, Berlage : 암스테르담 출생. 취리히의 공예학교에서 공부하였다. 1889년부터 암스테르담에 사무소를 열어 네덜란드 근대건축계의 선구자로서 활약하였다. 작품으로는, 암스테르담 증권거래소(1898~1903)가 가장 유명하며, 그 밖에 라이프치히와 헤이그의 화재보험회사(1902 · 1909), 런던의 홀란드 하우스(1914), 헤이그의 크리스찬 사이언스 교회(1927) 및 많은 주택들이 있다. 저작활동과 강연도 정력적으로 했으며, 그때까지의 단순한 역사 양식의 모방에서 벗어나, 그 시대 건축의 논리적인 구축을 설명함으로써, 후대의 건축가들에게 지침을 제공하였다. 저서에 『건축양식에 관한 고찰』(1905), 『건축의 기초와 발전』(1908) 등이 있다)가 열렬한 환영을 하고 전람회를 열어준다. 암스텔담파의 총사 베를라헤가 마음속으로 의도하고 있던 건축, 그것이 한발 빠르게 신대륙에서는 이미 존재하고 있었던 것이기도 하지만 대초원에서 생겨나기 시작한 수평선의 건축에는 또 하나의 중요한 열쇠가 숨겨져 있었다.

Hendrik Berlage(1856~1934) was born in Amsterdam in 1856. He studied architecture under Gottfried Semper at the Zurich Institute of Technology during the 1870s after which he travelled extensively through Europe. In the 1880s he formed a Partnership in Holland with Theodore Sanders which produced a mixture of practical and utopian projects. A published author, Berlage held memberships in various architectural societies including CIAM. A visit Berlage made to the U.S. in 1911 greatly affected his architecture. He was particularly influenced by the organic, wood-based work of Henry Hobson Richardson, Louis H. Sullivan, and Frank Lloyd Wright. Considered the "Father of Modern architecture" in the Netherlands and the intermediary between the Traditionalists and the Modernists, Berlage's theories inspired most Dutch Modernist groups including De Stijl, the Amsterdam School and the New Objectivists. He received the British Royal Gold Medal in 1932. Berlage died at The Hague in 1934.

수평선의 강조는 단적으로 입면의 만드는 방법을 가리키고 있는 것만은 아니다. 낮고 길게 사방으로 넓게 연장되는 평면계획과 단단히 연결되어 있다. 천정과 바닥에만 한정되어 넓게 연장되는 공간에는 제대로 된 칸막이조차 없다. 방을 어떻게 잡을 것인지의 방 배치가 아니라 어떻게 공간을 나눌 것인지 하는 평면계획이다. 뿐만 아니라 내부공간을 담는 곳에서 외부공간에 연속하고 상호적으로 뚫고 들어간다.

라이트는 그것을 더욱 확장한다. 공간의 구석을 개구로 해서 밖에서 보아 요철의 모서리가 만들어지는 것이다. 게다가 내부에서 계속해서 평평한 지붕이 돌출한다. 내부공간은 끝없이 외부공간에 연속해 간다. 요철의 모서리는 유니티 교회(Unity Temple, 1907)에서 확립된 건축술이며, RC조의 경우는 가로세로로 넓게 연장되는, 앞으로 튀어나온 지붕 슬라브에 의해 보다 강조되기도 한다. 그 결정판이 바로 "로비 저(Robie House, 1909)"였다.

서구의 건축에 있어서 이것은 혁명적인 일이었다. 특히 네덜란드 건축가에게 있어 놀랄만한 일이었다. 제1차 대전을 둘러싸고 이 나라에서 일어난 **"데 스틸파(De Stijl)"**는 명백하게 라이트의 그것을 모방한 디자인 경향이었던 것이다.

데스틸적 건축은 반 육면체(anti-cube)적이다. 즉, 그것은 단일하고, 폐쇄된 육면체 속에 다른 기능적 공간 단위를 포함시키려고 애쓰지 않는다. 그러나 육면체의 중심에서 기능적인공간을 표출시킨다. 따라서 높이, 폭, 길이에 시간이 더해져 개방된 공간에서 완전히 새로운 조형적 표현이 된다. 이렇게 하여 건축은 다소 부양(浮揚)된 양상을 요구하며, 그것은 소위 중력이라는 자연적인 힘에 반해서 표현되어진다. 또한 그들의 건축은 건축의 양상으로서 공간뿐 아니라 시간도 고려한다. 시간과 공간의 통일은 건축의 외관에 완전히 새롭고 조형적인 양상(시간과 공간이 형성하는 4차원적 양상)을 부여한다.

이 그룹의 건축가들인 아우트(J. P. Oud), 빌스, 로버트 반 토프(Robert Van't Hoff)등은 분명히 라이트의 영향을 보다 많이 받고 있었다. 아우트는 라이트를 데 스틸의 형태언어(形態言語)를 제공하는 제2의 원천이라고 생각하였다. 실제로 라이트는 그들의 잡지에 작품이 실린, 데 스틸(De Stijl) 그룹 이외의, 그 당시 생존한 유일한 건축가였다.

이 경향에서 조금 떨어진 곳에 있던 미스 반 데르 로에(Mies van der Rohe)도 연와조 전원주택(Brick Country House, 1923) 등의 프로젝트에서 이것을 실현시킨다. 그것은 미스가 말하는 **"유니버설 스페이스(Universal Space)"**의 먼 원형이기도 했던 것이다.

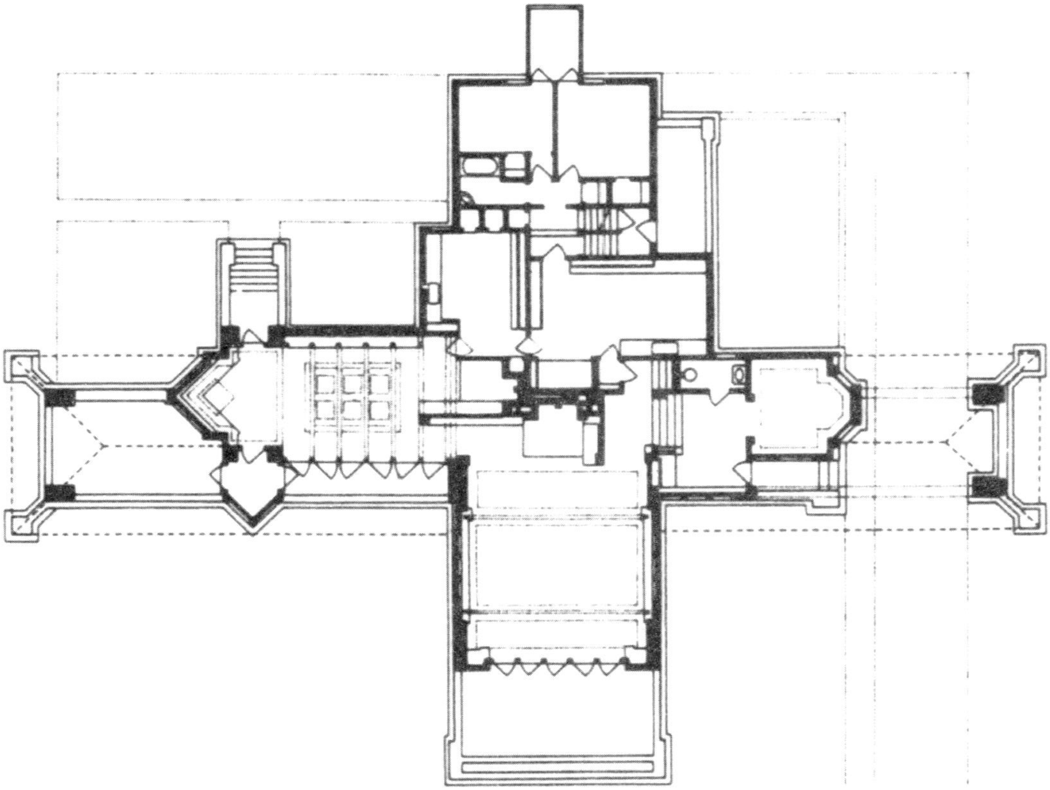

그림 2-20 윌리트 저택(Willetts House 1901) 평면도, 라이트

그림 2-21 마린군청사, 캘리포니아 주 선 라파엘(1957), 라이트

그림 2-22 미드웨이 가든(1914), 시카고, 라이트

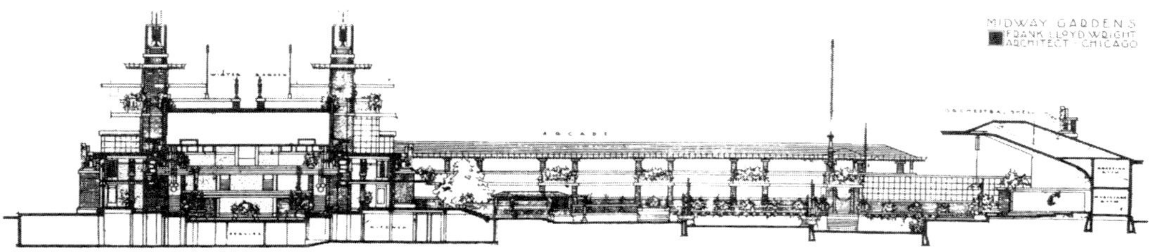

그림 2-23 미드웨이 가든(1914), 시카고, 라이트

그림 2-24 하이드 저택(Villa at Huister Heide 1916), 반트 호프

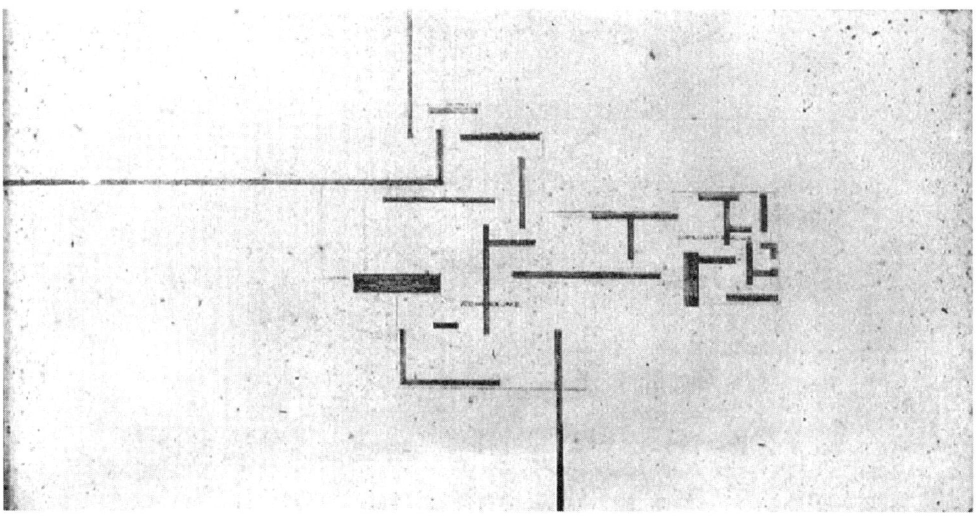

그림 2-25 연와조 전원주택(Brick Country House 1923), 미스 반 데르 로에

제2차 대전 후 라이트가 만든 이 공간원리는 **"유동하는 공간 space in motion"**이라 명명되며, 근대건축에 있어서 주요한 원칙의 하나로 꼽히는 것이다.

3 유동하는 공간02: 데 스틸

– G. T. 리에트펠트의 슈레이더 하우스/Gerrit Thomas Rietveld, Schroder House. 1924

G. T. 리에트펠트(Gerrit Thomas Rietveld 1888~1964)

Gerrit Thomas Rietveld was born in Utrecht in the Netherlands in 1888. After working in his father's joinery business, he apprenticed at a jewellery studio. In 1911 he started his own cabinet-making firm, which he maintained for eight years. In this same period, he studied architecture. Through his studies he became acquainted with several founders of De Stijl. In 1917 Rietveld designed the Red Blue Chair, which signalled a radical change in architectural theory. His unusual furniture designs led to several housing commissions which he invariably designed in a Neo-plastic style. The designs utilized the free and variable use of space and showed a profound understanding of dynamic spatial ideas. In the late 1920s architecture in the Netherlands focused on the idea of "dematerialization". This idea influenced a series of terrace houses with which Rietveld was involved. In 1928 Rietveld acted as a founding member of CIAM. With a few exceptions, the 1930s and 1940s were not particularly productive for Rietveld. Between 1942 and 1948, Rietveld taught at several institutions in the Netherlands. In 1963 he was elected an honorary member of the Bond van Nederlandse Architecten and in 1964 he received an honorary degree from the Technische Hochschule in Delft.

Rietveld died in Utrecht in 1964.

길고 긴 제방, 끝없는 평탄한 국토, 거기에 있는 나무와 건물.

데스틸의 근저에는 이와 같은 네덜란드 특유의 경관이 있었다. 그의 이념인 "구성(composition)"을 가장 직접적으로 묘사한 사람이 화가 **피에트 몬드리안(Piet Mondrian)**이었다.

그림 3-1 몬드리안(Piet Mondrian 1872-1944)

그림 3-1 적/청의 의자, 리에트펠트(Red/Blue Chair, Gerrit Thomas Rietveld) 1917~18

리에트펠트는 1888년, 네덜란드의 고도(古都) 유트레히트(Utrecht) 에서 태어났다. 가구제작자인 아버지 밑에서 학교를 졸업하고 일을 배우기 시작했다. 1906년부터 1911년까지 C.J.헤겔 보석점에서 일을 했으며, 야간학교에서 제도를 배우고, 1919년 독립해서 가구점을 운영하기에 이르렀다. 이 사이에도 그는 야간학교에서 P.J.크라르하멜에게 지도를 받아 건축을 공부하고 있었다.

1918년, 가구제작자 리에트펠트는 **적(赤)과 청(青)의 의자(Red/Blue Chair, Gerrit Thomas Rietveld 1917~18)**를 만들었다. 이것은 그가 데 스틸(De Stijl)에 참가하기 이전이었음에도, 그 이념이 이미 나타나고 있었다. 그때까지의 "中空(void)"의 고전적 공간개념과 결별을 하고, 선과 면이라는 요소를 가지고 "앉는" 공간을 인식시켰던, 새로운 개념에 의해 만들어진 이 가구는, 그와 데 스틸의 더 나아가서는 **모더니즘(Modernism)의 공간개념**을 표현했던 것이라 할 수 있다. 그는 일관된 수법으로 가구를 지속적으로 만들어 나아갔으며, 이듬해에는 결국 데 스틸 운동에 참가하게 되었다. 이 의자가 세간에 알려진 이후, 보석점의 내부 장식 등을 하였으며, 결국 그는 **슈레이더 주택(Schroder House, 1924)**을 발표하면서, 건축가로서의 명성도 얻게 되었다. 1928년에는 CIAM에 창설멤버로 참가하기도 했으며, 이후 건축에 있어서도 PC콘크리트판, 코아시스템의 도입과 가구에 있어서는 한 장의 판을 가공한 의자 등, 선구적이고 실험적 작품을 계속 발표하여, 모더니즘의 개척자로도 잘 알려지게 되었다. 그리고 1940년대부터 죽기 전까지, 로테르담과 헤이그 등의 교단에서 후학을 가르쳤고, 수많은 상과 명성을 얻게 되었다.

리에트펠트의 연구전문가 T.M.브라운은, 그를 "**a man of action, not a man of thought**"라고 평했다. 데 스틸의 활동가들이 건축에 있어서 표현 하려했던 사상을, 그는 미리 달성했었다. 그리고 협의의 기능주의에 빠지지 않았으며, 시대의 요구에 맞는 공간에서의 유동성을 지속적으로 추구했다.

리에트펠트는 말한다, "진실한 창조란, 단지 그 요구를 만족시키는 것이 아니고, 그 시대(era)를 정복하지 않으면 안 된다"

Piet Mondrian : The 20th century is distinguished in art history for one invention above all: abstraction. The Dutch artist Piet Mondrian (1872-1944) was a pioneer in this development. His reputation rests on about 250 abstract paintings dating from 1917 to 1944, a modest number for over 25 years of work. Each painting was worked and reworked, built layer by layer toward an equilibrium of form, color, and surface. Mondrian named his style "neoplasticism." That is how he translated his own Dutch phrase nieuwe beelding, which also means "new form" or "new image." The style was based, he explained, on an absolute harmony of straight lines and pure colors underlying the visible world.

시대적 상황들

1920년대에는 근대건축의 주류인 합리주의 이론이 형성되었으며, **바우하우스(Bauhaus)**의 창시자인 그로피우스는 바우하우스 신교사(1925~26)등의 많은 작품에 이 이론을 적용하기 시작하였다. 또한 바우하우스와 함께 근대건축양식에 큰 영향을 준 것은 데스틸(De Stijl)운동이었다. 이는 추상회화에서의 절대조화를 이상으로 하는 순수한 표현을 건축형태구성에 적용하여, 가장 순수한 기하학적인 형태의 건물로서 볼륨을 형성하였다. 입체적 형태와 교차된 면의 구성은 근대건축의 특징을 짓는 요소로서 1917년에서 1923년까지 전 세계적으로 보급이 되었으며, 이러한 데 스틸 운동은 건축표현으로서 1931년까지 지속되었다. 이 실험적인 표현형식의 추구는, 국제적인 성격을 점차 띠게 되면서 그로피우스는 이를 "**국제건축(international style)**"이라고 명명하였으며, 그것은 재료, 기술 등의 국제적으로 공통적인 건축양식으로 성장하게 되었다. 또한 국제주의 양식은 수직, 수평의 간결하고 명확한 직선적 구성으로서 장식하지 않은 벽면, 연속되는 창, 평지붕, 담백한 색채 등의 특징을 가지고 있으며, 국제 전람회나 현상설계를 통하여 활발한 근대건축의 교류가 이루어졌다. 이렇게 건축가의 교류가 국제적으로 활발해지면서 1928년 **CIAM(근대건축국제회의)**이 결성되고 이를 통한 상징적인 조형을 추구하게 되었다. 형태의 자유로운 구사로 인하여 거의 모든 점에서 근대의 조건을 만족시키고, 보다 높은 예술성을 가진 작품이 설계되었다. 미스 반 데르 로에(Mies van der Rohe)가 설계한 바르셀로나 국제박람회 독일관(1929)이나, 르 꼬르뷔제(Le Corbusier)의 사보아 주택(1930) 등이 그 대표적인 예이다.

바우하우스 : 1919년 건축가 발터 그로피우스(Walter Gropius)가 미술학교와 공예학교를 병합하여 설립하였다. '바우하우스(Bauhaus)'라는 이름은 독일어로 '집을 짓는다'는 뜻의 하우스바우(Hausbau)를 도치시킨 것이다. 주된 이념은 건축을 주축으로 삼고 예술과 기술을 종합하려는 것이었다.

바이마르에서 출발한 바우하우스에서는 요하네스 이텐(Johannes Itten), 라이오넬 파이닝거(Lyonel Feininger), 폴 클레(Paul Klee), 오스카 슐레머(Oskar Schlemmer), 바실리 칸딘스키(Wassily

Kandinsky) 등이 교육을 담당하였다. 초기에는 공예학교 성격을 띠다가 1923년에 이르러서야 예술과 기술의 통일이라는 연구 성과를 평가받기 시작하였다. 그러나 그로피우스와 이텐 사이에 대립이 생겨 이텐이 바우하우스를 떠난 뒤에는 모홀리나기(Moholy-Nagy)가 후임으로 참가하였다.

이때부터 비로소 교육방침이 정착되어 바우하우스의 특색으로 자리 잡았는데, 교육과정은 다음과 같다. 우선 예비과정에서 반년 간 기초 조형훈련을 받고 토목 · 목석조각 · 금속 · 도자기 · 벽화 · 글라스그림 · 직물 · 인쇄의 각 공방으로 진급한다. 거기서 형태교사에게 조형 이념을 배우면서 공작교사에게 실제적인 기술을 배워 익히는 것이다.

1925년에는 경제적 불황과 우파의 출현, 정부의 압박 등으로 폐쇄 위기에 처했으나 데사우 시(市)의 주선으로 시립 바우하우스로 재출발하게 되는데, 이 시기를 데사우기(期)로 부른다. 이 시기부터는 이미 종합적 안목을 갖춘 인재를 육성하였기 때문에 각 공방에서 3년의 과정을 마친 다음에는 모든 것을 통괄하는 건축과정으로 넘어갔다. 바이마르 시절의 졸업생들이 교수진으로 참여하면서 바우하우스는 다시 활기를 띠기 시작하였고, 새로운 생산방식에 따른 디자인 방식의 도입은 물론, 공업화를 추구해 실제로 산업계와 제휴하기도 하였다. 이 시기를 상징적으로 보여주는 것이 1926년 그로피우스가 설계한 교사(校舍)로, 공업시대 특유의 구조와 기능미가 잘 나타난다. 그리고 1925년부터 『바우하우스 총서』 14권을 간행하여 디자인 사고의 형성에도 기여한다.

1928년 그로피우스가 떠난 뒤에는 스위스 건축가 한네스 마이어(Hannes Meyer)가 그 자리를 이어받아 바우하우스는 다시 한 번 그 성격을 바꾸게 된다. 마이어는 바우하우스의 형식주의적인 면을 공격하고, 민중에 대한 봉사야말로 디자인의 역할이라는 것을 강조하면서, 건축이 모든 의미의 미적 과정이라고 역설하였다.

1930년 마이어가 데사우 시와 관계가 좋지 못하여 바우하우스를 떠난 후에는 미스 반 데어 로에(Mies van der Rohe)가 교장으로 부임하였다. 그는 1932년 나치스의 탄압으로 데사우를 쫓겨나면서도 베를린에 사립 바우하우스를 설립하였으나 1933년 나치스는 이마저도 완전히 폐쇄하였다. 그러나 이후에도 망명 교사나 졸업생들이 그 명맥을 계속 이어 나갔으며, 1955년에는 바우하우스 졸업생 막스 빌(Max Bill)이 다시 울름조형대학을 설립하기도 하였다.

그러나 바우하우스의 이념은 이후 독일보다는 오히려 미국에서 꽃을 피우게 된다. 이는 설립자 그로피우스가 하버드대학교 건축부장으로, 마지막 교장이었던 미스 반 데어 로에가 일리노이공과대학 건축학부장으로 각각 부임하고, 모호이너지가 시카고에 뉴 바우하우스를 개설한 데 힘입은 바 크다. 즉 이

들로 인해 미국 동부에서는 하버드대학교를 중심으로, 중부에서는 일리노이 공과대학을 중심으로 건축의 양대 산맥을 형성할 수 있었던 것이다. 특히 미스 반 데어 로에는 위원회를 결성해 시카고의 건축가들을 일리노이공과대학으로 초빙, 시카고 철골 고층 건물의 신기원을 마련하는 역할을 하였다.

이렇듯 바우하우스는 1933년에 완전히 폐쇄되기는 했지만, 이곳에서 제작한 제품들은 많은 곳에서 모방되었다. 또 일상생활에 사용하는 물건들을 단순하고 편리하게 설계하는 방법 역시 바우하우스의 영향을 받은 것이며, 교수법과 교육이념 역시 세계 곳곳에 널리 보급되어 오늘날에도 대부분의 예술 교육과정에 포함될 만큼 현대 조형예술 분야에 많은 영향을 미쳤다.

CIAM(근대건축국제회의) : 유럽각지의 신진건축가들이 발족한 회의로서, 근대건축 및 도시계획의 이념을 제시하고, 그 실현을 도모함을 목적으로 1928년 발족되었다. '국가적 계획 위에 정신적 · 물질적 희망을 실현하기 위하여 제휴한다'라는 라사라 선언을 기초로 출발하였다.

CIAM은 미스, 꼬르뷔제, 기디온에 의해 만들어졌고, 중심과제는 주거에 대한 제 문제를 해결하려 노력한 점이 보인다. 주제를 대별해 보면, 서민주택의 최소한 주거, 토지이용의 문제, 기능적인 도시, 주택과 여가주택의 연속성, 주택의 핵 그리고 인간의 Habitat 등이었으며 이상을 보아도 당시의 주요 관심사가 주거 문제였던 것도 엿볼 수 있다. 그러나 CIAM의 활동도 근대화 초기에 발생되었던 주택과 환경에 대한 광범위한 문제에 많은 기대를 모았지만, 발전위주의 사회상과 기능주의의 개발에 한계를 갖고 있었던 것도 사실이었다. 그런 이유로 CIAM은 1953년 10차 회의를 마지막으로 해산에 오르게 되고, 그 단체는 TEAM-X으로 이양되면서, 지역문화의 특수성과 인간성 회복, 전체에 대한 부분적 기능 중시, 그리고 다원적 건축전개, 유동성, 다양성을 중시한 도시계획추구를 위해 힘쓸 것을 표방하기에 이른다.

의미의 세계관

플랑드르의 16세기 이색적 화가, **보쉬(Hieronymus, Jerome, Bosch, c.1450~1516)**의 평가가, 최근 급속하게 변화하고 있다. 그림 전체에 흐르고 있는 요염한 분위기로부터 이단종파에 속했던 것이 거기에는 없다는 확신에 이르렀다. 당시 최대의 수집가는 스페인 국왕 필립 2세였지만, 이 사람 또한 구교도였다. 그럼에도 불구하고, 이코노그라피(Iconography: 도상학 圖像學(iconography) 상징성 · 우의

그림 3-3　슈미트, 의사선생님과 하녀, 꼭두각시 인형. 1924

그림 3-4 바우하우스 교사동, 그로피우스(W. Gropius, Bauhaus) 1926

성(寓意性) · 속성 등 어떤 의미를 가지는 도상을 비교하고 분류하는 미술사 연구 방법으로 아이코노그래피는 그리스어의 에이콘, 즉 이콘(이미지 · 상 등의 뜻)에서 유래한 말로, 이 말이 도상학의 의미를 지니게 된 것은 19세기의 고대학에서, 회화나 조각 · 화폐 · 메달 · 보석 등의 조상(彫像)을 대상으로 그리스 · 로마의 초상을 연구한 데서 비롯되었다. 미술사의 도상학은 그리스도교 미술에 관한 것이 보통이나, 초기 그리스도교 미술의 원시적인 상징에서 바로크 미술의 복잡한 우의도(寓意圖)에 이르는 폭넓은 도상의 해석 또는 동일주제에 대한 도상의 지역적 · 역사적 변화 등이 연구대상이 되었다. 1570년에 출판된 J.포르크레의 노작(勞作)을 시초로 17세기 프랑스의 A.N.디드롱, A.크로즈니에의 성자도상(聖者圖像)의 연구는 특히 유명하다. 이어 독일에서도 A.슈프링거나 F.X.크라우스에 의하여 중요한 연구업적이 나타났다. 현대미술에서의 도상학은 어떤 특수한 정신적 내지는 사회적인 의미와 연관이 있는 특정한 이미지를 표현하는 술어로 쓰이기도 한다. 예를 들면, 팝아트의 도상학은 공업제품의 소비 또는 메커니즘적인 결정론과 광고심리학이라는 확고한 사회적 연계에 기반을 두고 있다)에 대한 최근의 성과가, 보쉬의 그림에 숨어 있었던 "의미"를 명쾌하게 규명했던 것이다. 예를 들면 "쾌락의 정원(The Garden of Earthly Delights)"의 경우, 유리구 속의 남녀는, 사랑을 의미하는 즉 간음하고 부정하는 것이었다. 또한 산포도 군락에 있는 나체의 남녀가 의미하는 것은 포식의 죄였다.

히에로니무스 혹은 제롬 보쉬(Hieronymus, Jerome, Bosch, c.1450~1516)는 초 현실 이전의 환상적 예술가에 속하는 화가로서 15세기 프랑스 화가이다.

Hieronymus (or Jerome) Bosch : A great contrast to the painting by Memling is the one by Hieronymus (or Jerome) Bosch. He was a Dutch artist who lived somewhat later than Memling. His work was influenced by the Flemish school of painting. But whereas the Flemish painters created a world of serenity and reality, the world of Bosch is one of horror and imagination. His Vision of Tondalys both amuses and frightens us. We see a strange animal forcing a sharp stick through a large ear. A creature with a great head stretches open its mouth to show a table with people both behind and under it. A man caught in a big hat finds that one of his legs is sprouting roots. People fly through the air. In the background fire lights up the sky. We marvel at the extraordinary fantasy of the artist. We also feel that the man himself must have been very morbid to have been so concerned with pain. Although his pictures, with their weird animals and monsters, look as if they belong to the Middle Ages, they are not too unlike some of the paintings that are being produced today by painters who are called surrealists. They too paint a world of fantasy. Bosch lived at a time when the medieval period was giving way to a new age. His paintings undoubtedly reflect his concern for a changing world. Looked at in this way Bosch and his fantasies are curiously up to date.)

「쾌락의 정원」같은 작품을 통해 중세인들의 가장 깊은 희망과 공포를 상징적으로 표현했는데 그는 무의식과 의식의 세계를 상징으로 연결시킬 수 있는 재능을 보여주었다. 작품에 사용하는 수많은 상징들은 고딕 예술에서 따온 것이 많은데 상상의 천재인 보슈는 그것을 재발견(구성)하여 자연, 인간성이 넘치는 삶, 비이성의 보편적인 승리 등을 강박관념적인 장면으로 묘사하였다. 특히 그의 그림에서는 무관심한 끔찍함이 두드러지게 나타나고 있다.(15세기의 화가인 히에로니무스 보쉬의 유명한 3부작 회화 「쾌락의 정원」을 토대로 하여 코리 요지가 창작한 초현실주의 애니메이션 이웃집 토토로, 기생충의 하룻밤이 제1회 뉴욕 애니메이션 영화제 우수작품상과 오버하우젠 영화제 은상을 수상하였다. 여기에서 쿠리 요지는 보쉬의 환상적인 그림을 현대적으로 해석하고 영화화하였다.

하룻밤의 악몽 같은 이 작품 속에서는 곰보 투성이의 인간들이 괴물의 입안으로 줄지어 기어들어가 먹히는가 하면, 여럿이 고리 모양으로 엎드려 줄지어가면서 앞사람의 배설물을 받아먹기도 하고, 아기가 아버지의 몸속에서 기생하다가 그 살을 뜯어먹고 성장한다. 더욱이 갖가지의 흉측한 괴물들이 인간을 창으로 찔러 꼬치를 만들거나 팔다리를 사정없이 절단시킨다. 난해한 압축과 전치의 메커니즘을 거쳐 복잡하게 가공된 이 영화는 인간 개체와 시스템 사이에 잠재된 폭력적이고 충돌적인 상호 작용을 가시화하는 한편, 그것을 다시 인간 내부에 존재하는 이성과 비이성의 분열적 관계, 무의식 속으로 소외된 주체의 욕망과 중첩시킨다. 카메라의 횡 방향 등속 트래킹은 작품의 도입에서 결론에 이르기까지 팽팽한 장력을 유지시키며, 쿠리 요지의 정신분열증적인 조형언어는 역겨운 사도-마조히즘의 세계를 끊임없이 펼쳐낸다. 인간 및 사회에 대한 프로이트적 분석이며, 15세기 환상을 통한 20세기 현대의 투시도와 같은 작품이다.)

생각해보면, 이코노그라피라는 학문으로서, 이와 같은 의미가 해석되어지는 것은, 당시를 사는 사람들에 대해, 그것은 설명 없이 이해할 수 있는 공통의 인식에 지나지 않았다. 건축도 또한 그와 같은 것이 파노프스키에 의해, 고딕의 성당을 인용함으로 해서 설명될 수 있을 것이다.

그림 3-5 garden1, 히에로니무스 보쉬 〈쾌락의 정원〉 제단화를 닫았을 때 모습
1505~10 년경, 220×194cm, 패널에 유채, 마드리드, 프라도 미술관

Erwin Panofsky1892~1968 : 독일 하노버 출생. 뮌헨 대학 · 베를린 대학 · 프라이부르크 대학 등에서 미술사를 배웠다. 1921년 함부르크대학 강사, 1926년부터 동 대학 교수로 재임 중 1933년 나치스의 유대인 공직 추방 때 미국으로 이주, 1935~1962년 프린스턴 대학 고등연구소의 교수로 있었다. 처음에는 양식(樣式) 연구에서 출발하였으나, 후에는 도상학(圖像學)에 대하여 도상해석학(圖像解釋學)을 제창하고 그 방법론을 확립하였으며, 고대에서 근세에 걸치는 다양한 저작과 논문을 남겼다. 주요 저서로 『조형미술에 있어서의 양식의 문제 Das Problem des Stils in der bildenden Kunst』(1915) 『아이커놀러지의 연구 Studies in Iconology』(1939) 『시각예술의 의미 Meaning in the Visual Arts』(1957) 등이 있다

현대예술(modern art) 일반이, 문제가 되었던 것은 **"오브제(object)"**였다. 오브제란 영어의 Object로 즉 대상이다. 보는 사람 앞에 놓인 물체는, 오로지 대상으로서 보는 사람의 시선을 받고 있으며, 보는 사람과의 관계를 갖는다.

미술에 있어서 "의미"의 세계는 적극적으로 단절되고, 변화되어, 의미의 발생 없이 대상(Object)의 세계가 거기에 나타나고 있다. 이와 같은 미술적 방법은 오로지 풍경화라는 영역이 도입될 때 시작된다. 이것도 또한 영국에서 발생한 최초의 근대회화이었다. 그러나 터너(Turner, Joseph Mallord William 1775~1851) 이외에 누구도 흥미롭게 볼 수 없는 풍경을 묘사한 화가가 어째서 후세에 이름을 남길 수 없었는지, 당시로서는 아주 신선한 진보적 회화이었을 것이다.

TURNER, Joseph Mallord William1775~1851

Turner is perhaps the best-loved English Romantic artist. He became known as 'the painter of light', because of his increasing interest in briliant colours as the main constituent in his land- and seascapes. His works include water colours, oils and engravings. Turner was born near Covent Garden in London and entered the Royal Academy Schools in 1789. His earliest works form part of the 18th-century topographical tradition. He was soon inspired by 17th-century Dutch artists such as Willem van der Velde, and by the Italianate landscapes of Claude and Wilson. He exhibited watercolours at the Royal Academy from 1790, and oils from 1796. In 1840 he met the critic John Ruskin, who became the great champion of his work.

Turner became interested in contemporary technology, as can be seen from 'The Fighting Temeraire' and 'Rain, Steam and Speed'. At the time his free, expressive treatment of these subjects was criticised, but it is now widely appreciated. Turner bequeathed much of his work to the nation. The great majority of the paintings are now at Tate Britain.

오브제의 세계관

의미 없는 대상의 의장원리란 무엇인가. 그것이야 말로 바로 "구성"이다. 구성(Composition)이란 원리, 합성, 조립, 배치를 의미하는 것으로, 혹은 작문법, 작곡법등도 의미하고 있다. 디자인을 포함하는 근대미술 일반에 있어서, 이것은 단지 하나의 미학적 문법에 지나지 않았다.

제1차 대전 중 네덜란드에서 그 "구성"만을 순수하게 테마로 했던 "데 스틸"파는 **데오 반 도스 부르그(Theo van doesburg)**를 중심으로 해서 성립하게 된다. 당시, 그는 또한 화가이었다. 동시에 피에트몬드리안(Piet Mondrian), 시인 **바트 반 데 렉크(Bart van der Leck)**, 그리고 건축가 J. J. P.아우트, 미국으로 귀화한 반 토프(Robert Vant Hoff) 등이 당초의 멤버였다. 리에트펠트와 반 에스틸렌(Van Esteren)이 가담했던 것은 그 후의 일이었다.

이 운동을 광범위하게 도스부르그는, 이윽고 각지로 여행을 한다. **다다이스트(dadaist)**인 **한스 아루프(Arp, Hans 1887~1966)**와 만나서 "아베티(Cafe L'Aubette, Strasbourg, Van Doesburg 1928~29)"의 실내장식을 했고, 바이마르에서 엘 리시츠키(El Lissitzky, 1890~1941)와 미스(Mies van der Rohe, 1886~1969)와도 만나서 생각을 같이하기도 했다.

Dada, 1916~1924

Dada was a protest by a group of European artists against World War I, bourgeois society, and the conservativism of traditional thought. Its followers used absurdities and non sequiturs to create artworks and performances which defied any intellectual analysis. They also included random "found" objects in sculptures and installations. The founders included the French artist Jean Arp and the writers Hugo Ball and Tristan Tzara. Francis Picabia and Marcel Duchamp were also key contributors. The Dada movement evolved into Surrealism in the 1920's.

그림 3-6 제3 인터내셔널 기념탑 모형(사진으로만 존재), 타틀린, 1919
제3차 인터내셔날을 위해 블라디미르 타트린이 고안한 이 기념물은 조각품인가 건축물인가? 총 높이가 400m가 될 것으로 예상되는 이 기념물을 통해 이 러시아 조각가가 예술과 기술의 종합을 꾀하려 했다는 점에서 이는 조각이라 할 것이다. 한편으로는 금족 골조 안에 와선형으로 배치되어 있는 세 부분이 회의실로 쓰인다는 점에서는 건축물이라고도 볼 수 있다.

그림 3-7 공식 Y=ax(2)+bx+18에서 파생된 구성, 반 톤겔루 1930

El Lissitzky (1890~1941)

El (Elizar or Lazar or Eliezer) Marcovich Lissitzky was a designer, typographer, artist, photographer, architect, and teacher (among other jobs). He had a great influence on the design work from the Bauhaus and De Stijl movements, and on modern commercial art and design. Here we present in full one of his great books, as well as other examples of his work in various media. In addition, we present art from other Suprematist painters, especially Kasimir Malevich.

몬드리안(Piet Mondrian, 1872~1944)은 그 후 미스와 같이 미국으로 건너간다. 서로 변하지 않는 "구성(Composition)"으로 명명하여, 회화에서는 볼 수 없었던 평면구성의 순화에 노력을 했으며, 모던 아트의 한 축이 되기도 했다.

Theo van doesburg : Theo van Doesburg is best known as a painter and as the founder and editor of the avant-garde magazine De Stijl (The Style, 1917~28). But van Doesburg was also active in other fields: literature, philosophy, architecture, typography. This film explores his life and work, with the emphasis on his architecture, through posthumous works and documentary evidence about the artist and his wife recently given to the Netherlands.

Bart van der Leck : Dutch painter (1876~1958) Bart van der Leck has been one of the founders of "De Stijl" ("The Style"), together with Piet Mondriaan and Theo van Doesburg. But contrary to those two, van der Leck left the movement at an early stage, in 1918. Rather than being part of a movement, he chose to go his own way

Arp, Hans 1887~1966 : 바이마르 미술학교와 파리의 아카데미 쥘리앵에서 배웠다. 1912년 독일 표현파의 뮌헨 '청기사(青騎士)' 운동에 참가하였고, 제1차 세계대전 중에는 취리히에서 시작(詩作) · 삽화 · 콜라주 · 채색 릴리프 등과 같은 다채로운 작업으로 다다이즘(dadaism) 운동을 일으켰다

Mondrian, Piet 1872~1944, Dutch painter. He studied at the academy in Amsterdam and passed through an early naturalistic phase. In 1910 he went to Paris, where the influence of cubism stimulated the development of his geometric, nonobjective style, which he called neoplasticism. He and Theo van Doesburg leaders of the so-called Stijl group of artists founded (1917) a magazine De Stijl, in which Mondrian published articles until 1925. In 1920 he published a book on his theory that appeared as Le Neo-Plasticisme in French and as Neue Gestaltung in German. His art and theory influenced the Bauhaus movement and the development of the International style in architecture. In 1940 he settled in New York City. Typical of his art are compositions employing only vertical and horizontal lines at 90췝 angles and using only the primary colors and sometimes grays or black against a white background. Sensuality, three-dimensionality, and representation are utterly eliminated from his works, as is the curved line. Within these restrictions, his paintings are executed with consummate perfection of design and craft. Much of Mondrian's work is in American and European private collections. He is well represented in the Museum of Modern Art, New York City, and in the Art Institute of Chicago.

이 그룹에 영향을 준 사람이 있다면, 그것은 바로 반 토프(Robert Vant Hoff)에 의해서도 알 수 있는 프랭크 로이드 라이트(Frank Lloyd Wright, 1869~1959)이다. 라이트의 "유동하는 공간(space in motion)"을 도형화해 보면, 거기에 표현된 것은 바로 "구성" 그 자체라는 것을 우리는 알 수 있다.

구성파의 전성기인 1920년대, 2권의 라이트 작품집이 네덜란드에서 출판되었다. 그러나 이미 양식화 된 "데 스틸(De Stijl)"의 영향을 받아들였던 것이, 때마침 혁명기에 있었던 러시아 사람들이었다.

타트린(Tatlin, Vladimir Evgrafovich, 1885~1953)의 제3인터내셔널 기념탑이, 어디까지 "데 스틸"의 영향 하에 있었는가는 논의에서 제외시키려 한다. 그러나 미학적 원리로 해서, 이것이 입체 오브제 이었다는 것은 절대적인 사실이었다. 리시츠키는, 양식화된 "데 스틸"과는 되도록 절연해서, 구성적인 구상을 건축 그 자체에 추구했던 것이다. 그 의미에는, 인테리어 디자인 풍의 한계를 벗어나지 못하는 "데 스틸"을 건축스케일, 혹은 도시스케일에 가깝게 확대해서, 형태의 미래를 예언했을지도 모른다.

그럼에도 불구하고, form follows function의 쉐마(schema)에서 비교적 자유롭게, 건축형태를 모색하여 얻었던 드문 예의 사람들이, 일련의 구성파의 세계이었다. 의미의 표출 없이 대상(Object)의 미학적 혹은 의장학적 원리 그자체야말로 "구성"인 것이다.

데 스틸(De Stijl)

데 스틸 건축이 현대건축을 이해하는데 중심적인 역할을 수행하지는 않는다. 다만 새로운 공간실험을 통해서 건축의 영역을 확대함으로써 근대를 포함한 현대건축의 다양한 건축 활동의 가능성을 제시하였다는 데에 그 중요성이 있다. 특히 근대 아방가르드의 치열한 활동 중 '추상성'에 집중했으며, '생산성'의 문제에 집중했던 한네스 마이어(Meyer, Hannes 1889~1954)를 비롯한 좌파계열의 아방가르드(avant gard)와 대립을 이루어, 근대건축이론의 한 축을 형성함으로써 근대건축의 중요한 기준점이 되었다.

데 스틸 그룹은 다양한 분야의 예술가들이 모여서 한 유파를 형성했기 때문에 처음부터 마지막 까지 일관된 이념이나 원칙을 가질 수 는 없었고, 각각의 구성원들 간의 상호보완적 역할과 영향을 주고받으면서 정체되지 않고 끊임없이 새로운 양식을 추구할 수 있었다.

몬드리안의 신조형주의 개념에서 건축가와 화가의 공동작업이 이루어졌고, 상호간의 절제된, 추상적 요소를 적용함으로써 새로운 '요소주의(Elementalism)' 개념이 형성되었던 것이다. 이러한 일련의 과정 중에 나타난 데 스틸(De Stijl)의 작품은 근대건축 중 중요한 위치를 차지하게 되며, 특히 **입방체를 해체하여 밖을 향해서 원심적으로 방사하는(exploding box)** 새로운 조형적 형태는 그 자체로서 특별한 형태일 뿐만 아니라, 형태구성 요소로서의 면들에 대한 공간과의 관계에 대한 실험은 데 스틸을 이해하는데 중요한 단서가 된다. 이러한 공간적 원리는 라이트의 "내부공간이 외부 혹은 대지를 향해 끝없이 뻗어나가는 공간의 유동성"과도 관계를 맺을 수 있을 것이다. 이러한 것이 라이트가 데 스틸 혹은 네덜란드에서 중요한 의미를 갖는 이유가 될 것이다.

데 스틸 건축으로 대표되는 '추상(abstract)'의 문제는 데 스틸(De Stijl)과 바우하우스(Bauhaus)의 대립에서 분명하게 드러난다. 데 스틸의 실질적 지도자이었던 도스부르그는 바우하우스를 비판하기 위해 바우하우스의 모홀리나기(Moholy-Nagy 1895~1946, 바우하우스의 교사협의회 Council of Masters of Bauhaus의 대표)에게 보낸 편지에서 '형이상학적 문제, 정치적, 종교적 혹은 기타 다른 문제의 발전에 비해서 조형의 본질적인 문제에 대한 밀도 있는 논의의 부재'를 지적하였다. 즉, 데 스틸은 근대의 아방가르드 중에서 조형에 관한 문제를 추상적 표현으로 다루었으며, 이 때문에 데 스틸은 다른 유파와는 달리 조형적 특성으로써 특징지어진다.

데 스틸은 하나의 단체로서 활동하였지만 구성원들 간의 반목과 갈등, 다른 아방가르드의 이념의 수용 등으로 해서 그들의 이념이 일관성을 유지하지 못하였다. 단체로서 데 스틸이 결성될 때 몬드리안은 '신조형주의'의 이념을 주장하였고 도스부르그는 '합동작업에 의한 총체적 예술'을 주장하였다. 그 내용을 살펴보면 '신조형주의'는 '건축, 조각, 회화 각각은 응용미술의 형태가 아닌 순수한 구성적 요소로서 하나의 환경형성에 조력하여야 하며 그 결과 단순히 기능적, 합리적이 아닌 순수하면서도 완벽한 미를 부여할 것'이다. 그러므로 그 원리는

1. 원색과 무채색을 사용하여야 하며 원색은 회화에서 무채색은 건축의 공간에 해당된다.
2. 조형수단의 상호 등가성이 요구된다.
3. 이원적 구성이 필요하다
4. 균형은 대립적 관계에서 얻어지고 직선과 사각형 속에 포함된다.
5. 화해, 중화되는 개념은 비례관계로부터 발생된다.
6. 모든 대칭성은 배제된다.

이러한 내용은 몬드리안이 데 스틸에 가담하기 이전의 작품 해체적 성격이 강하였으며, 같은 목적(환경창조)의 모든 수단을 막아버리는 결과를 초래하였다. 그 결과 1924년 도스부르그와의 불화가 발생되었고 몬드리안이 데 스틸을 탈퇴하는 원인이 되었다. 이러한 신 조형주의는 J. J. P.아우트, 반 에스틸렌 등의 건축가와 반 데 랙크, 도스부르그, 몬드리안 등 화가의 합동작업으로 몇 개의 작품이 실행되었으나 리에트펠트의 '적/청의자'의 출현으로 결정적인 변화를 맞이하게 되었다. 이 의자에 대해 N.페브스너는 '최초의 신조형주의의 원리가 적용된 작품'으로 평가하였으며, 이 작품은 결국 맥킨토쉬의 골조의 강조와 데스틸의 전위적 표현이 포함된 것이었다.

데 스틸의 전반부의 활동에서는 몬드리안의 추상적 환경창조를 목표로 한 '신조형주의'와 도스부르그의 각 분야의 예술가들의 합동작업에 의한 일체의 개인적 세계가 배제된 '보편적 세계창조'가 서로 맥을 같이 하면서 화가와 건축가의 합동작업이 이루어졌으나, 각 구성원들의 폭넓은 활동과 외부 이론의 수용으로 신조형주의는 변화를 겪게 되는데, 이때 중요한 동기가 된 것이 러시아 구성주의자 엘 리시츠키(El Lissitzky)이다. 리시츠키는 '매일의 생활을 위하여 예술도 과학이나 기술같이 나타나는 것이다. 예술은 꿈이 아닌 일반적이고 실질적 보통의 진보과정의 도구로서 존재하여야 한다.'라는 논리

로 '**프라운(the 'station' of transfer)**'은 몇 개의 방사하는 축에서 '회전성', '정면성'이 제거된 균형적 구성으로서, 회화와 건축 사이에 위치하는 공통의 드로잉 요소의 새롭고 급진적인 통합을 이루어 두 영역의 예술의 혼합을 시도하였다. 결국 리시츠키는 프라운에 대한 정의를 "회화에서 건축으로 변화되는 과정의 한 상태"로 정의하고 있다

프라운(Proun)에의 기본요소의 적용에 자극된 도스부르그는 '색채의 건축적 적용'과 '그 적용방법의 요소화'를 새로운 쟁점으로 부각시킨 바, 선언I에서의 '…개인적인 것이 모든 영역에서 모든 것을 파괴한다.'가 선언V에서 '파괴의 시대는 끝났다. 새로운 시대가 밝아온다. 그것은 구성의 시대이다.'로 나타났다. 신조형주의의 막연한 교조를 실험을 거쳐 '요소주의'로 변경시키게 되고, 그것이 작품에서 'Counter Construction'(1923)으로 표현된 것이다. 로젠베르그가 주최한 파리 전시회에서 에스틸렌과 도스부르그가 공동으로 시도한 일련의 주택작품들과 리에트펠트의 '슈레이더 주택'이 새로운 이념의 대표적인 예가 되며, 특히 '슈레이더 주택'은 **도스부르그의 〈조형적 건축을 향하여 Towards a plastic architecture, 1924〉**에 발표된 16개 조항을 철저하게 수행한 작품으로 평가되었다. 즉 요소적, 경제적, 기능적, 비기념적, 반 입방체적, 반 장식적, 가변적 평면들을 성공적으로 조합한 작품으로 간주되었다.

The Proun is the station where one changes from painting to architecture : "Prounen are suprematist planes that acquire depth, architectonic dimensions and a value in cosmic space. at the last station on the suprematist journey we have torn up the old painting and turned it into a world which floats in cosmic space. the prounen have no fixed top or bottom; their inner balance depends on the very strong force of attraction between the different geometrical bodies. they are equally valid seen from different angles and at different levels. Prounen are, a method of creative thinking"

Towards a plastic architecture

1. Form
2. The new architecture is elemental
3. The new architecture is economic
4. The new architecture is functional

그림 3-8 주택을 위한 공간다이어그램, 반 도스 부르그(Spatial Diagram for a House, Theo van Doesburg) 1924

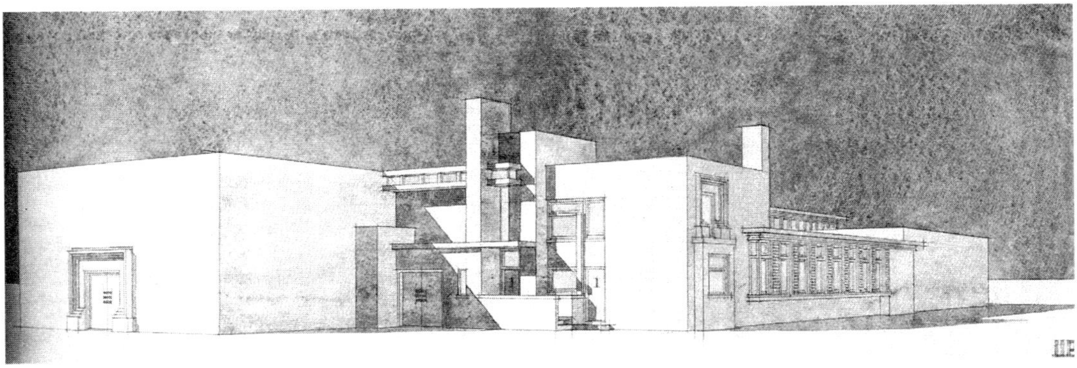

그림 3-9 공장계획안, 피터 아우트(project for a factory, J.J.P. Oud) 1919

그림 3-10 카페 드 유니, 피터 아우트 1925

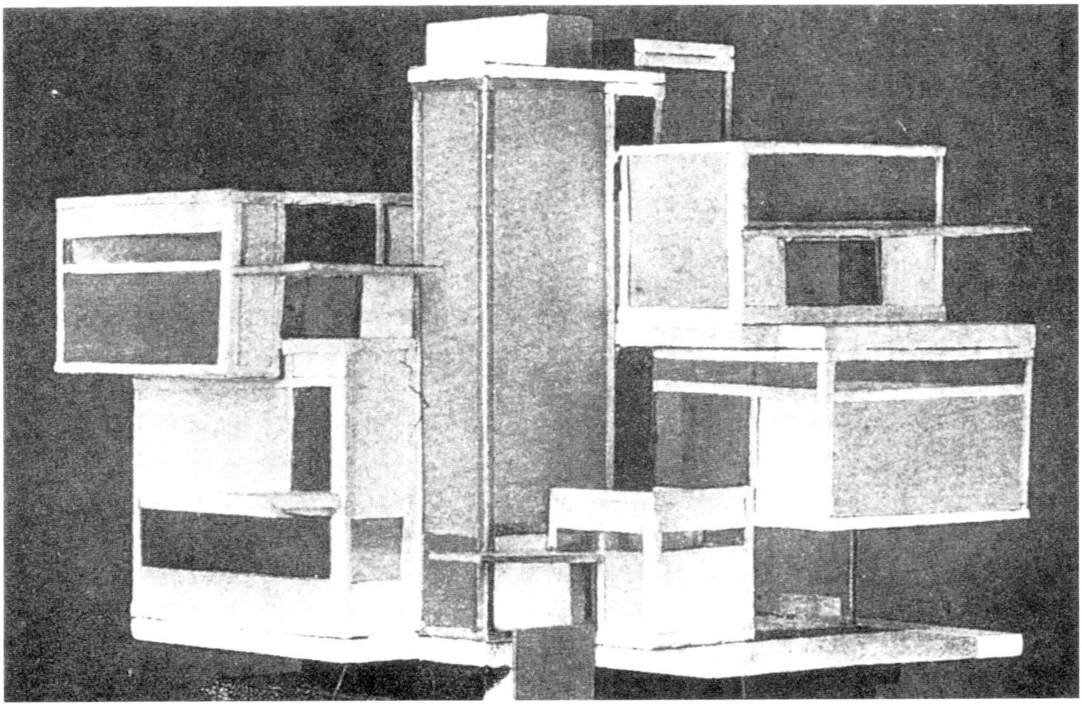

그림 3-11 주택모형, 반 도스부르그, 리에트펠트, 에스틸렌 1923

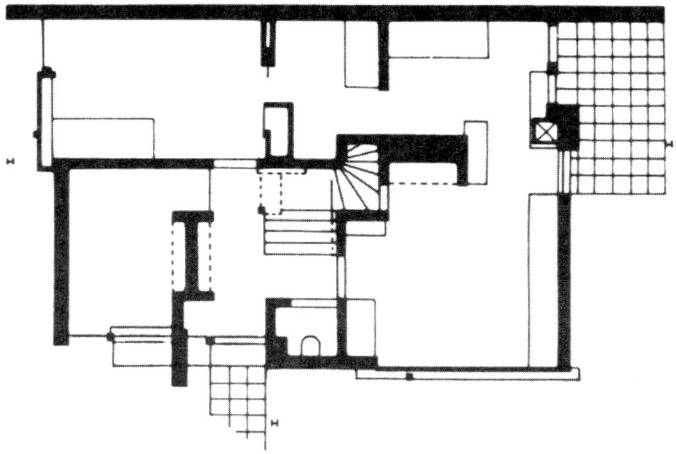

그림 3-12 슈레이더주택 1층평면도(Gerrit thomas rietveld. Schroder house)

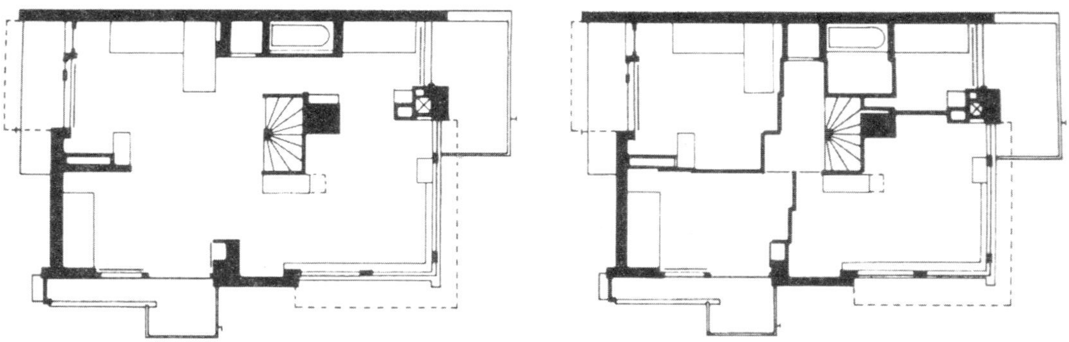

그림 3-13 슈레이더 주택 2층 평면도, 칸막이가 닫혀졌을 때와 열려졌을 때를 비교한 평면, 리에트펠트(Gerrit thomas rietveld. Schroder house)

그림 3-14 슈레이더주택, 리에트펠트 1(Gerrit thomas rietveld. Schroder house, utrecht) 1923~24

그림 3-15 슈레이더주택 내부, 리에트펠트(Gerrit thomas rietveld. Schroder house, utrecht) 1923~24

그림 3-16 슈레이더주택, 리에트펠트 2(Gerrit thomas rietveld. Schroder house, utrecht) 1923~24

그림 3-17 슈레이더주택 전경, 리에트펠트(Gerrit thomas rietveld. Schroder house, utrecht) 1923~24

5. The new architecture is formless and yet exactly defined
6. The new architecture has rendered the concept monumental independent of large and small
7. The new architecture possesses no single passive factor
8. The ground-plan.
9. The new architecture is open.
10. Space and time.
11. The new architecture is anti-cubic
12. Symmetry and repetition
13. In contrast to frontalism
14. Colour
15. The new architecture is anti-decorative
16. Architecture as a synthesis of Neo-Plasticism

유동하는 공간, 변화하는 간막이벽 슈레이더 주택

Schroder House, Utrecht, The Netherlands, 1924~1925

Gerrit Rietveld belongs to the De Stijl movement. Other famous artists and architects involved were Piet Mondriaan and J.J.P. Oud. As part of the movement, primary colors such as red, blue, and yellow, are used predominantly.

Gerrit Rietveld designed the Schroder house for Mrs. Truus Schroder-Schroder. After her husband passed away she required a smaller house for herself and three children. She lived in the house from its construction in 1924 to her death in 1985.

The house has two levels. The lower floor consists of the kitchen/dining/living area, a reading room, a studio space which until 1933 Gerrit Rietveld used for his own office, the servant's bedroom, and a storage room. The upper floor was considered attic space according to the building code. All the sleeping areas were located up in that space and the bedrooms were divided only by portable partitions. The concept was used so that the children could have a bigger open space to play during the day and then close it up to have a more private bedroom at night. Mrs. Schroder provided criteria for the design of the rooms: 1. A bed should be able to fit in the room in at least 2 different positions. 2. Each room should have direct water supply and drainage. 3. Each room should have a door that gave access to the outside. Gerrit Rietveld was able to meet all the criteria and created a masterpiece by paying a lot of attention to details, including the paint color on the wall. It might seem like a mural canvas, but each area is painted a certain color for specific reasons. For example, on the door there is an area painted black because it is likely the area that is accessed the most and therefore most likely to be soiled. Gerrit Rietveld started out as a furniture maker and that shows up in a lot of the detailing of the house. The design of the portable partitions, the window screen, the table for the children and many more of the details show his ingenuity. The location of the house used to be considered as the outskirts of Utrecht, and has an unobstructed view. Rietveld designed the house with that in mind, with a window on the upper floor that opens up the corner of that floor to the exterior. It was used to provide Mrs. Schroder with a great view, until a highway was constructed in front of the house.

유트레히트 근교 프린스 핸드릭 로에 면한 연와조의 육중한 저층집합주택 끝에 위치한 슈레이더 주택(Utrecht, The Netherlands, 1924~1925) 은 마치 오브제처럼 위치하고 있다. 건축주 슈레이더 부인이 원했던 것은 도시적이지도 않고 시골적이지도 않은 그 중간적 관계로서 그 주택이 자리하기를 원했다.

이 주택은 건축으로서 데 스틸의 이념을 가장 명쾌하게 표현하였으며 평면과 직선에 의한 파사드(facade) 구성에는 기존의 건축이념이었던 **구심성(求心性)과 중력(重力)으로부터의 해방** 그리고 이동칸막이의 도입과 개방된 창의 고안 그리고 공간구성 등에는 유동성이 의도되고 있었다.

리에트펠트(Gerrit Thomas Rietveld)는 원래 가구제작자이었다. 인테리어 디자이너인 슈레이더 부인과 그 어린애들을 위한 주택을 어째서 리에트펠트에게 맡겼는지는 아직도 알 수 없다. 유트레히트 시내의 부지 물색과정을 거치면서 순조롭게 이 명작은 탄생하게 된다. 배면에 연와조의 집합주택을 얻고, 세 방향이 도로에 둘러싸인 부지에서, 사방을 정면으로 하는 것이 구성파다운 입체 오브제를 만드는 방법이다.

1층에 그녀의 스튜디오를 만들고, 변화하는 계단을 만들어, 2층에는 가족생활의 장이 되도록 했다. 그러나 플랜에 표시된 침대는 2층에 4개, 1층에는 2개가 있다. 어쨌든 그와 같은 생활이 이 가족의 모습이었다. 이 침대의 대부분은 여분의 침대이며, 미래예측상황을 가정했고, 간막이벽은 마치 마법의 벽처럼 변화를 할 수 있었다. 그러나 침대는 스튜디오 내에서조차 나타나고 있다. 이것은 리에트펠트의 관념적인 표시, 관념적인 조작인 것일까, 생각해 볼 일이다.

침대와 욕실과의 관계도 애매하다. 통상적인 생활에서는, 누가 어디에서 잘 것인지, 그리고 어떻게 생활이 영위되는 것일까. 현지를 방문해서 촬영해 보면, 리에트펠트의 연구실로 알려진 브라운에서조차, 그 문제에 답을 할 수 없다. 슈레이더 부인은 건설 당시는 과부였을까, 어린애들은 누구의 애들이었을까.

도면에, 예를 들면 '침실(bed room)'과 같이 표시하지 않았다. '잠자는 곳(sleeping)'이라고 표시되고 있다. 훨씬 뒤에, 보편 공간(universal space)을 부르짖은 미스가, 방의 명칭을 규정하지 않은 것처럼, 대 공간 속에 직접 행위에 대응하는 가구를 배치하는 것을 시작했던 것이, 아무래도 미스의 영향인가 아니면 그의 관념적인 수단인가.

그렇다면, 침대의 수는 당시의 가족 수와는 관계가 희박하며, 상당 부분 관념적으로 변화하는 간막이벽이 의도된 것으로 보인다. 더욱이 이 주택은 목조이다.

현대건축가 쉬퍼필드(David Chipperfield)가 1997년 독일에 설계한 주택에서 그도 그의 공간에 대한 관념적 성취를 위해, 그 건물이 주택임에도 각 공간에는 명확한 기능을 설정하지 않고 있다.

"Each room is considered in its sequence and composition. The spatial structure establishes a series of volumes that present both abstract and physical qualities. As far as possible the rooms are not given form by precise functional description, although the planning responds to a very particular domestic programme. All spaces are considered by their own spatial discipline."(David Chipperfield, House in Germany 1997)

4 유동하는 공간 03: 건축에서의 입체파 cubism

–르 꼬르뷔제의 사보아 주택/ Le Corbusier, Villa Savoye. 1929

르 꼬르뷔제 Le Corbusier(1887~1965)

Charles-Edouard Jeanneret-Gris was born in La Chaux de Fonds, Switzerland, 1887. Trained as an artist, he travelled extensively through Germany and the East. In Paris he studied under Auguste Perret and absorbed the cultural and artistic life of the city. During this period he developed a keen interest in the synthesis of the various arts. Jeanneret-Gris adopted the name Le Corbusier in the early 1920s. Le Corbusier's early work was related to nature, but as his ideas matured, he developed the Maison-Domino, a basic building prototype for mass production with free-standing pillars and rigid floors. In 1917 he settled in Paris where he issued his book Vers une architecture [Towards a New Architecture], based on his earlier articles in L'Esprit Nouveau. From 1922 Le Corbusier worked with his cousin Pierre Jeanneret. During this time, Le Corbusier's ideas began to take physical form, mainly as houses which he created as "a machine for living in" and which incorporated his trademark five points of architecture. During World War II, Le Corbusier produced little beyond some theories on his utopian ideals and on his modular building scale. In 1947, he started his Unite d'Habitation. Although relieved with sculptural roof-lines and highly colored walls, these massive post-war dwelling blocks received justifiable criticism. Le Corbusier's post-war buildings rejected his earlier industrial forms and utilized vernacular materials, brute concrete and articulated structure. Near the end of his career he worked on several projects in India, which utilized brutal materials and sculptural forms. In these buildings he readopted the recessed structural column, the expressive staircase, and the flat undecorated plane of his celebrated five points of architecture.

그림 4-1 르 꼴뷔제(Le Corbusier)

그림 4-2 르 꼴뷔제(Le Corbusier) : 구성, 1942. 개인소장

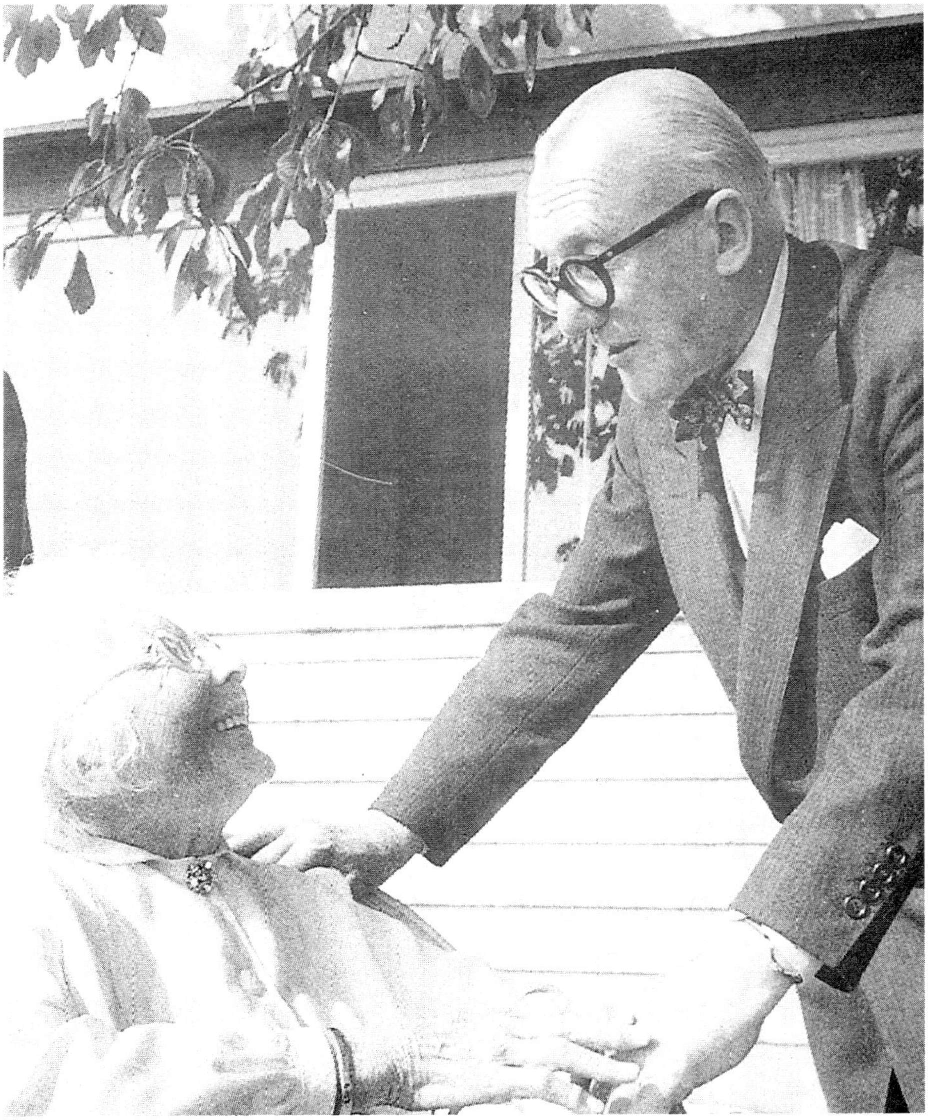

그림 4-3 르 꼴뷔제와 그의 어머니

Le Corbusier did not fare well in international competition, but he produced town-planning schemes for many parts of the world, often as an adjunct to a lecture tour. In these schemes the vehicular and pedestrian zones and the functional zones of the settlements were always emphasized.

샤를르 에드와르드 잔 누레(Charles-Edouard Jeanneret 나중, 르 꼬르뷔제 Le Corbusier 1887~1965)는 1887년 시계제조로 유명한 스위스의 라 쇼드 퐁(La Chaux de Fonds)에서 태어났다. 라 쇼드 퐁은 유그노교주의 분파이고, 이단으로서 박해 당했던 아르비파가 일으킨 도시였으며, 19세기에는 유럽 **아나키즘**(Anarchism : 모든 정치조직 · 권력 · 사회적 권위를 부정하는 사상 및 운동)의 중심지이기도 했다. **장 자크 루소**(Rousseau, Jean-Jacques)나 크로포드 킴도 거기에 속했었다. 이러한 이단과 혁명 그리고 시계=기계의 이미지를 가지는 도시에서 잔 누레는 성장했다. 이 이미지는 후에 르 꼬르뷔제의 상(像)과 겹쳐져 나타나는 계기가 되었다.

Jean-Jacques Rousseau (June 28, 1712 July 2, 1778) was a Franco-Swiss philosopher, writer, political theorist, and self-taught composer of The Age of Enlightenment. Rousseau's political ideas influenced the French Revolution, the development of communist and socialist theory, and the growth of nationalism. His legacy as a radical and revolutionary is perhaps best demonstrated by his most famous line, from his most important work, The Social Contract: "Man is born free but everywhere he is in chains."

1900년 고향의 미술학교에 입학한 잔누레(Charles-Edouard Jeanneret)는 스승 샤를르 레프라토니에(Charles L'eplattenier)와 만나 건축의 길을 걷게 된다. 그리고 1911년 잔 누레는 연수형태의 여행인 "동방으로의 여행" 즉 이탈리아, 발칸반도, 이스탄불, 아도스 산, 아테네의 아크로폴리스 등지를 두루 여행하게 된다. 고향과는 다른 풍경 다른 광선. 이 여행은 잔 누레의 의식을 각성시키게 된다. 파르테논은 "놀랄만한 기계"였고 건축은 "광선속에 있는 거대한 포름예술이고, 건축이야말로 정신을 표현하는 하나의 갈래이다"라고 생각했다.

"동방으로의 여행" 그것은 잔 누레 에 있어서 르 꼬르뷔제로 변해가는 계기가 되었다. 그 이후 꼬르뷔제는 빈의 **요셉 호프만(Josef Hoffmann 1870~1956)**과 친분관계를 맺고 있었으며, 파리의 **오귀스트 페레(Auguste Perret 1874~1954)**와 베를린의 **피터 베렌스(Peter Behrens 1868~1940)**와는 도제(doge 라틴어(語)의 '둑스(dux)'에서 나온 말로서 '지도자'라는 뜻) 관계를 맺었다. 이 밖에 독일의 미술 공예 개혁운동의 지도자들과 조우하게 되었고, **독일공작연맹(Deutscher Werkbund)** 소속의 헤르만 무테지우스(Hermann, Muthesius 1861~1927) 등을 만나게 된다.

어쨌든 1917년 잔 누레는 파리에 정주하게 되고, 다음해 화가 오장팡(Amedee Ozenfant 1886~1966)과 만났으며, 드디어 두 사람은 폴 데르메(Paul Dermeé)를 끼워 넣어 『에스프리 누보(L'Esprit Nouveau 新 精神)』지를 발간한다.

Amedee Ozenfant (1886~1966) was a French cubist painter.

His book, "The Foundations of Modern Art", in which he expounds his theory of Purism, is remarkable for its idiosyncratic and aphoristic style.

이 잡지에서 그는 처음으로 르 꼬르뷔제(Le Corbusier) 라는 작명을 사용한다. 이렇게 잔 누레는 르 꼬르뷔제로 모습을 바꿔나갔다. 꼬르뷔제는 "신 정신"의 건축을 목표로 삼았다. 신 정신은 "**제1기계시대(Theory and Design in the First Machine Age by Reyner Banham)**"와 레이너 번햄(Reyner Banham 1922~1988)이 부른 시대에 알맞은 정신을 이르는 것이다. 꼬르뷔제는 신 정신에로 의식을 개혁해야할 단어, 즉 "주택은 살기 위한 기계이다 **"machine a habiter," a machine for living (in).**" 그리고 신 정신을 투영한 건축단어 도미노 시스템(Maison-Domino, a basic building prototype for mass production with free-standing pillars and rigid floors)을 원형으로 하는 근대건축의 5원칙 등 이 양자를 좇아 그 활동을 개시한다. 그것은 바로 "기계"를 신 정신의 규범으로 만드는 것이었다. 이렇게 해서 시트로안(1927 Citroen)주택을 시작으로 하는 일련의 백색 Prism Pure인 주택이 만들어지기 시작한다. 그리고 동시에 근대건측의 언어 그 자체로서 퍼져갔다.

1922년 르 꼬르뷔제(Le Corbusier)는 "300만 명의 현대도시"를 살롱 드 톤누(Salon D'Automne: 해마다 가을에 개최되는 프랑스 미술단체 전시회. 봄 전시회인 '살롱 드 라 소시에테 나시오날 데 보자르'의 보수성에 반발하여, 1903년에 프랑시 주르당을 주도자로 한, 보다 진보적인 제작을 목표로 하는 사람들인 데스피오 · 카므왕 · 프리에스 · 파티스 · 마르케 · 루오 · 야르 등에 의해서 조직되었다. 이후

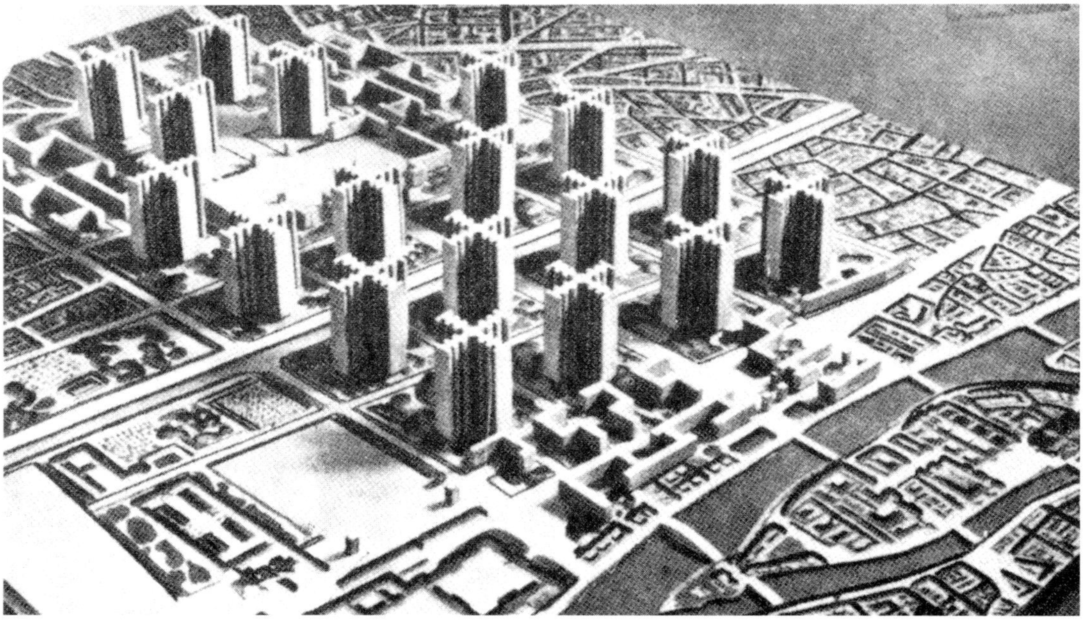

그림 4-4 르 꼴뷔제. 빛나는 도시(Ville Radieuse), 꼴뷔제가 빛나는 도시의 개념을 파리에 적용시킨 보아잔 계획 (Plan Voisin 1925)

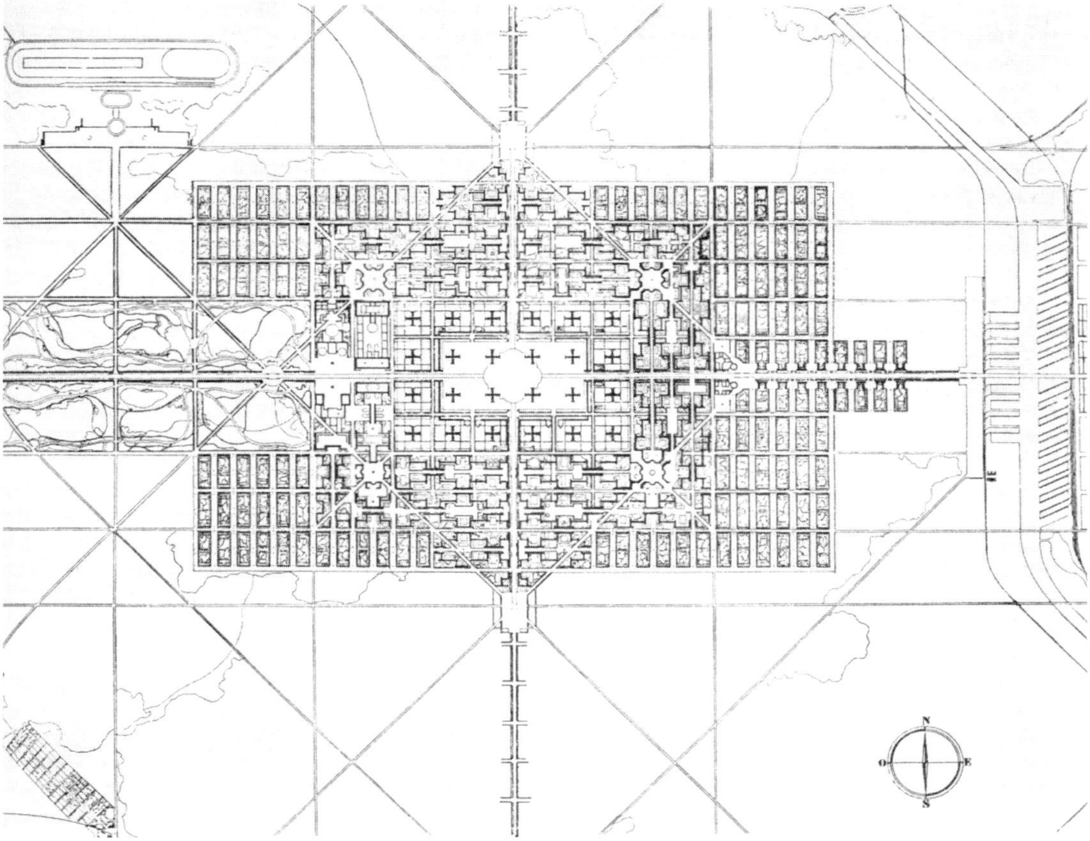

그림 4-5 르 꼴뷔제. 300만인을 위한 현대도시. 1922

그림 4-6 르 꼴뷔제. Trois bouteilles. 1926

르누아르, 르동도 때때로 참가했고 점차 두랭, 블라맹크, 브라크, 피카소 등 혁신적 작가가 많이 참가하여 이곳을 무대로 포비슴이나 큐비즘 등의 운동을 전개하여 근대 회화사상 큰 업적을 남겼다. 현재는 전날의 전위적 성격은 흐려지고 상당히 보수적인 성격을 보이며 구상미술의 거점이 되었다. 회화 이외에 판화 · 조각 · 무대장식 · 건축 등 광범위한 부문의 미술활동을 소개한다)에 출품했다. 그 도시상은 "신 정신(에스프리누보)"가 도시로 투영된 것이고, 그것은 산업혁명에 의해 탈 코드화된 도시에 다시 질서의 빛을 비추는 것이었다. 그리고 이 "300만의 현대도시"가 바로 꼬르뷔제가 그렸던 최초의 도시상이었다. 그는 생애 그 도시 상을 계속해서 발표해간다. 즉 "보아잔 계획(Plan Voisin 1925)", "빛나는 도시(Radiant City 1930-1935)" 등이 바로 그것이다. 이런 계통은 이윽고 CIAM(근대건축국제회의)으로 계속 이어져갔고, 결국 꼬르뷔제의 도시상은 근대도시계획의 원형(prototype)이 되었다.

한편 1927년 국제연맹본부 현상설계에 관련된 사건 즉 꼬르뷔제의 계획안이 우수함에도 불구하고 아카데미스트에 의해 현상설계에서 제외된 사건은 아카데미스트에 대한 근대주의 건축가의 단결의 장으로서 CIAM의 주도권을 잡게 되는 계기가 된다. 이렇게 해서 D.P.L.G.(프랑스정부 공인건축사)의 자격마저 가지지 않은 꼬르뷔제는 근대건축 운동의 중심에서 근대건축의 거장으로서 명성을 얻게 된다. 어디까지나 이단과 혁명 그리고 기계이미지를 수반하면서, 그의 이미지는 센트로소유즈 계획(1928), 소비에트 팔레스 계획(1931), 알제계획(1947) 등을 둘러싸고, 자주 반복되어져 갔다.

꼬르뷔제에 있어서 "신 정신"의 참조로서의 기계란, 반 개인주의를 상징하기 위한 모티브였을 것이다. 꼬르뷔제에게서 데뷔 당시의 기계에 대한 조정과 기계의 미학으로, 그 의식은 변화하기 시작했다고 말할 수 있겠다. 꼬르뷔제에의 건축은 "퓨어 프리즘"과 "기선의 메타포"로 대표되는 은유적 표현으로 변용되어간다. 이렇게 해서 "부르탈리즘"의 시대를 맞이하게 된다.

요셉 호프만

필니츠 출생. 빈의 응용미술학교에서 오토 와그너의 지도를 받은 후 학우인 J.M.올브리히 등과 함께 젊은 예술가를 규합하여 과거양식으로부터의 탈피를 목표로 세제션(Sezession:分離)운동을 일으켰다. 그러나 얼마 뒤 이 그룹에서 손을 떼고 영국의 러스킨과 모리스의 공예운동에 자극받아, 1903년 빈공방을 창설, '유겐트 슈틸(젊은 양식)'의 지도자가 되었다. 그는 이 공방에서 가구 · 공예품 등의 설계 지도를 담당하였으나 1933년 후원자가 원조를 중단하였기 때문에 공방을 폐쇄하였다. 그 동안 1914년 독일공작연맹이 쾰른에서 개최한 박람회의 오스트리아관에서는 세제션이래의 성과를 전시해보였고, 그 밖에 브뤼셀에 있는 슈토클레트 저택(1905~1911) 설계에서는 근대건축의 기능주의적 발전을 시사하였다.

오귀스트 페레

브뤼셀 출생. 1902년 이후에는 파리에서 활약하였다. 철근 콘크리트에 의한 근대 건축의 발전을 꾀하여, 콘크리트 소재의 순수성을 확보하면서 구조를 단순화한 새로운 조형성 창조에 힘썼다. 파리의 프랑클랭가(街) 아파트(1903), 퐁튀가 갈레지(1905) 등에서 그 성과를 볼 수 있다. 또 그때까지 석조였던 교회당 건축에 철근 콘크리트를 사용하여 랭시의 노트르담 성당과 몽트 마니의 생 텔레즈 성당에서 볼 수 있는 새로운 양식을 확립하였다. 그 밖에 샹젤리제 극장, 카사블랑카의 도크 설계를 하였고, 제2차 세계대전 후에는 르아부르의 시청 청사와 생 조제프 성당의 조영을 담당하였다.

피터베렌스

함부르크에서 태어났다. 처음에는 화가를 지망하여 고향에서 미술학교를 다녔고, 1897년 뮌헨으로 이주하였다.

1899년에 헤센공(公) 루트비히의 부름으로 다름슈타트의 예술가촌(村)에 참가하여, 자기 집을 설계하였는데(1901), 이것이 계기가 되어 건축의 길을 택하였다. 이어 뒤셀도르프의 공예학교장이 되었고(1903~1907), 이어서 베를린으로 가서 전기회사 AEG의 디자인 책임자가 되어, 유명한 터빈 공장(1909)을 비롯한 공장건축과 사원주택, 제품 디자인 등에서 고전적 형태의 명쾌함과 근대 합리주의와의 융합을 이룩함으로써 다가올 기계공업 사회에서의 디자인과 디자이너의 가능성을 실증하였다.

이 시기 그의 사무소에는, 후일 근대건축의 세 거장이 된 그로피우스, 미스 반 데어 로에, 르 꼬르뷔제가 있었다. 제1차 세계대전 후에는, 1922년부터 빈 아카데미의 건축과 주임교수가 되었으며, 당시 유행하던 표현파(表現派)의 영향을 받아 헥스트 염료회사(1925)와 같은 작품도 만들었으나, 고전적인 뼈대는 여전히 버리지 않았다. 1936년, 프로이센 예술 아카데미의 건축과 주임이 되었다.

독일공작연맹

1907년 뮌헨에서 H. 무테지우스(1861~1927)의 제창으로 건축가 · 공업가 · 공예가들이 모여 결성하였다. 무테지우스는 건축가로서 영국의 합리적인 주택 건축이나 명쾌한 공예품 생산에 감명 받아, 강연과 논문 등을 통하여 독일공예계에 미술의 실생활화, 기계생산품의 미적 규격화 등을 주장하였다. 특히 생활 속에 미술을 도입하자는 사상은 영국의 시인이며 공예미술가이자 건축가인 W. 모리스의 미술공예운동(미를 위한 미술이 아니고 실생활의 미화운동)에서 영향을 받았다.

독일공작연맹은 근대사회에서 기계화의 의의를 적극 인정하여, 규격화된 기계생산품의 질적 향상을 강력히 주장한 점에서, 이제까지의 신공예운동보다 한 걸음 앞섰다고 할 수 있다. 이 주장으로 미술과 근대공업이 결합한 공업디자인의 기초가 마련되었다. 연맹의 영향력은 1914년 쾰른에서 열린 '산업미술 및 건축전시회'를 계기로 더욱 커졌는데, 전시된 건물 중에는 근대건축의 본보기가 되는 반 데 벨데의 극장과 발터 그로피우스의 관청 건물 등이 있다.

독일공작연맹의 취지와 사상은 DWB 연감(年鑑)의 발행, 전람회 등으로 일반에게 알려졌으며, 유럽 각지에 많은 영향을 주어 1910년 이후에는 오스트리아 · 스위스 · 스웨덴 · 영국 등에도 비슷한 조직이 결성되었다. 1933년 나치스에 의하여 해체되었다가 1946년에 재건되었으며 본부는 뒤셀돌프에 있다.

Theory and Design in the First Machine Age by Reyner Banham

He begins with the "Predisposing Causes," the academic and constructive traditions of the later 19th and early 20th century. Of particular note is the relation between the English Arts and Crafts Movement and the Deutscher Werkbund through Hermann Muthesius. He follows with a section on the "Italian Futurists," whose work was widely misunderstood at the time and now widely emulated, as many of the their principles of design have been absorbed by the Deconstructivists. Next is a section on Holland and "The Legacy of Berlage and De Stijl." This is a particularly interesting chapter as he notes the influences of Frank Lloyd Wright and Cubism on this Dutch abstract movement. He also describes how De Stijl went international, influencing many other movements in Europe. The fourth section describes "The World of Art and Le Corbusier" in Paris. Here he gets into his fullest exploration of the role Cubism had in shaping architecture. Cubism had had an influence on Futurism and De Stijl, but it was the analytical branch of Cubism, led by the Duchamp brother, that would have the most impact as Le Corbusier absorbed many of these ideas into his work, evolving Cubo-Futurism into what he and Ozenfant called "Purism." The last section charts the course of the Bauhaus in "The Victory of the New Style." This is where all the separate strains came together in an international school which would have a profound influence on the shape of architecture in the 20th century.

오장팡과 위대한 건축가 잔 누레

그들은 일차대전 동안 저서 〈큐비즘 이후〉(Apres le cubisme, 파리, 1918)를 매개로 정신적 결합을 이루었다. 이 결합은 그들의 평론지 "에스프리 누보"(L' Esprit Nouveau, 파리, 1920~25년, 29호)에서 그 절정을 이루었다. 이 평론지는 1920년대의 정기 간행물 중에서 가장 뛰어났고 가장 영향력이 컸던 것으로 손꼽힌다. 이 글의 출처인 "현대의 회화"(La Peinture Moderne)의 대부분이 처음에는 L'Esprit Nouveau에 소개되었다. 이 평론지의 편집인들은 회화, 조각, 건축, 디자인, 과학 등의 분야에서 가장 선진적인 경향들을 재빨리 발견하여 지지했다. L'Esprit Nouveau라는 이름은 아폴리네르(Apollinaire, Guillaume 1880~1918)가 쓴 에세이의 제목에서 따온 것이다. 그러나 오장팡(Amedee Ozenfant 1886~1966)과 잔 누레에게는 그것이 아폴리네르가 그것에 부여했던 문학적 자유와 잠재적 초현실주의라는 일반적 의미와 상이하고 그보다 더 명료한 의미를 가졌다. 오장팡과 잔 누레는 기술, 순수한 디자인에 기초를 두며 모든 생활 분야가 계획에 의해 이루어지는 사회와 문화를 건설하려고 노력하고 있었다.

두 사람은 미술가였고, 잔 누레는 일찍이 1912년에 파리의 살롱 드톤누에 사실주의적인 수채화를 출품했다. 1920년에 이르면 이 두 사람은 '순수주의'라고 불리는 프로그램을 말과 행위 모두에서 공식화시켰다. 이들의 희망인 즉, 순수주의가 시각 예술에서 큐비즘을 승계해 주었으면 하는 것이었다. 처음으로 오장팡의 논문 '큐비즘에 대한 메모'(Notes sur le cubisme)를 통해 선언되었고 그 후 〈큐비즘 이후〉에서 좀더 정교하게 다듬어진 순수주의는 몬드리앙의 신조형주의와 마찬가지로 큐비즘의 구조적 측면을 지속시키면서도, 그것을 넘어서 그것의 개발되지 않은 의미를 찾아 나섰다. 불행하게도 오장팡과 잔 누레의 순수주의적 회화는 공간적, 형태적 긴장과 재치 그리고 다양성이 결여된 큐비즘, 즉 일종의 이교적이며 칼빈주의적인 큐비즘에 지나지 않는다.

〈큐비즘 이후〉에서 선언했듯이 오장팡과 잔누레는 큐비즘이 지나치게 장식적이고 지나치게 무질서하다고 생각한다. 그리고 그들은 구조 및 구성의 제 법칙에 기초를 두는 좀 더 엄격한 양식을 추구할 시기가 왔다고 믿었다.

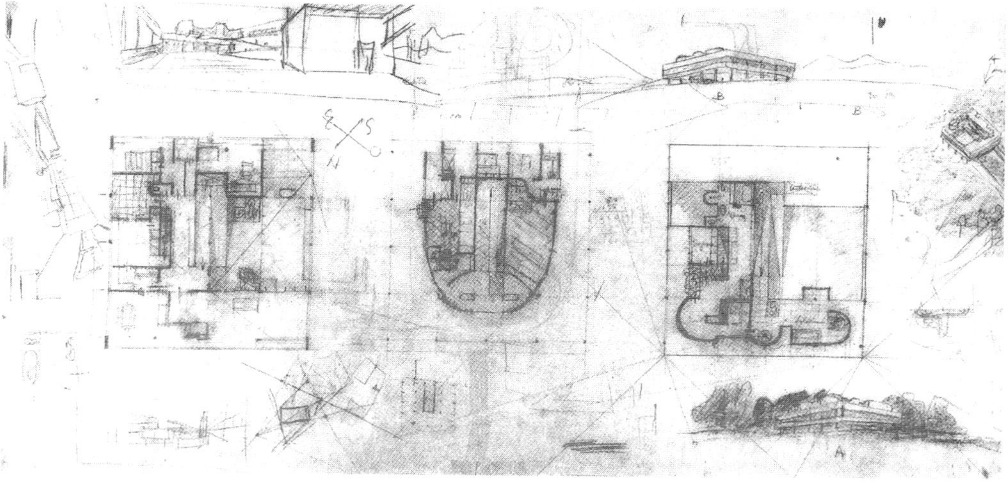

그림 4-7 르 꼴뷔제. 빌라 사보아의 발전 스케치. 1928년 9월에 종이위에 연필로 그린 후 채색. 르 꼴뷔제 재단 소장. 파리

그림 4-8 르 꼴뷔제 : 프와시에 건설한 사보아 주택. 1931

그림 4-9　르 꼴뷔제. 사보아주택 전경. 1931

그림 4-10　익티누스/칼리크라테스. 파르테논신전. 아테네 아크로폴리스

그림 4-11 르 꼴뷔제. 사보아 주택 테라스 부분. 1931

순수주의는 1920년대 초에 큐비즘에서 나타난 위기의 몇 가지 증세 중의 하나였다. 피카소의 1925년도 〈세 명의 무용수〉에서 그런 위기가 결정적으로 나타난다. 하지만 그 위기는 1925년 보다 훨씬 이전에 순수주의자들이 아닌 다른 미술가들에게서 좀 더 규율이 강화되고 그 원칙이 성문화된 큐비즘 미술에 대한 요구라는 형태를 띠고 나타났다. 큐비즘의 정설을 지향하는 경향은 즉시 인정받았고 양식의 결정화로서 간주되었다. 1924년에 들로네는 이것을 위험스런 조짐이라고 믿었다. 오장팡과 잔 누레는 여기에서 설명하고 있듯이 드디어 큐비즘이 '순수주의' 쪽으로 방향을 수정하기 시작했다고 믿고 용기를 얻었다. 그러나 이러한 방향 수정은 새로운 단계의 큐비즘을 예고하는 것이 아니라 한 양식으로서의 그것의 생명에 종말이 찾아올 것임을 예고하는 것이었다.

아폴리네르(Apollinaire, Guillaume 1880~1918)

본명 Wilhelm Apollinaris de Kostrowitzki. 로마 출생. 아버지는 시칠리아 왕국의 퇴역 장교이고, 어머니는 폴란드 귀족 출신이었다. 로마에서 출생한 그는 19세 때 파리로 나와 유럽 여러 곳을 여행하였다. 초기 작품인 시편이나 단편소설에는 당시 여행에서 얻은 인상과 이국의 전설 · 민화를 주제로 한 것이 많으며, 첫사랑의 영국 여성과의 실연을 감상적으로 노래한 장편의 시도 있다. 파리로 돌아온 그는 M.자코브, A.살몽 등의 시인과 피카소, 브라크 등의 화가와 함께 새로운 예술운동을 시작하여, 입체파, 야수파 화가들과 친교를 맺고 여러 잡지에 시 · 평론 · 소설을 기고하였다.

소설 『썩어가는 요술사(妖術師) L'Enchanteur pourrissant』(1909) 『이교(異教)의 교조(教祖)와 그의 일파』(1910) 『학살당한 시인』(1916) 등에서 그의 중세 취미 · 괴기(怪奇) 취미와 공상이나 시상(詩想)을 애호하는 특이한 경향을 볼 수 있다. 시집으로는 『동물시집 Le Bestiaire』(1911) 외에 『알콜 Alcohols』(1913) 『칼리그람 Calligrammes』(1918)의 두 대표 시집이 있다. 새로운 예술과 정신의 고취자이며 실행자인 그의 시에서는 중세 이래 19세기까지의 서정적인 시에서 볼 수 있는 애정 · 별리 · 회한 등을 다룬 내용을 많이 볼 수 있으나, 그는 확실히 20세기의 새로운 예술창조자의 한 사람이며, 평론 『입체파 화가 Les Peintres cubistes』(1913) 『신정신(新精神) L'Esprit nouveau』(1918)은 모더니즘 예술을 발족시키는 데 큰 영향을 끼쳤다.

주택- 살기 위한 기계

사보아 주택(Villa Savoye, suburb near Paris)

'주택은 살기 위한 기계이다 machine a habiter," a machine for living (in)'라는 말은 그저 근대 사회를 주도한 기계를 건축의 내부에 끌어들이기 위한 은유로서 지나치기 쉽다. 그러나 그것은 기계가 주도하는 직주분리의 근대사회 속에서 변화해 가야할 주택의 모습을 구체화한 것이다.

그리고 그는 이 주택을 번잡한 도시주거를 위한 원형으로 생각했다. 그것은 이 주택이 파리 근교의 특정한 장소를 떠나 '대량 생산'이라는 목적에 초점을 맞추어 볼 일이 아니라, 변화하는 '도시주거의 원형'을 창출한 건축가의 의지라는 입장에서 되새겨 봐야 할 것이다. 현대를 사는 우리에게 근대화는 다른 기계와 기술적 산물에 둘러싸여 살고 있는 것일 것이다. 그러나 오히려 우리의 건축적 현실은 자동차라는 기계의 시적이며 다이나믹한 번역을 통해 새로운 도시와 건축을 그리는 일은 고사하고 '주차장'을 해결하는 것이 건축설계의 절반쯤으로 여겨지고 있다. 새로운 기계로서의 자동차를 번역하여 표현하는 사보아 주택과 차를 주차장으로 해결하는 일로 건축설계를 마쳐 버리는 우리의 건축계 사이의 차이는 바로 이 점에 있는 것이다.

이 주택을 면밀하게 살펴보면 각종의 '체계'가 서로 겹쳐 있음을 알 수 있다. 1층은 밖으로 노출된 구조 속에 볼륨이 내포되어 있으나, 2층은 평탄한 면으로 둘러싸인 완전한 입체 속에서 자유로운 구성이 구사되어 있으며, 옥상에서는 단지 볼륨의 다양한 구성으로 이루어져 있다. 말하자면 이 주택은 구조와 면과 볼륨이 각층의 주제가 되어, 수직적으로 종합되며 서로 충돌하고 있는 것이다.

또한 이 주택의 내부에는 그가 가장 중요하게 여겼던 '건축적 산책로(Architectural Promnade)'가 완성되어 있다. 1층 한가운데를 관통하는 램프(Ramp)는 주택 전체를 조직하는 골격이 되어, 시선의 높이에 따라 연속적으로 이동하는 시선에 따라 변화하는 장면을 통합해 준다. 옥상의 풍경은 마치 하얀 입체가 군집해 있는 지중해의 마을을 연상시켜 준다. 그러나 이는 이 옥상에만 한정되어 있는 것이 아니라, 내부와 외부 공간 전체의 특징으로서 반복되고 있다. 그렇지만 이것은 어디까지나 역학적인 합리성을 전제로 한 구조의 통일과, 램프를 중심으로 한 여러 볼륨들의 배치에 의해 얻어진 산물이었다. 그 결과 이 주택은 적어도 구조와 기능적인 볼륨, 기하학적인 입체와 인간의 순환이라는 네 가지의 질서가 중합됨으로써 결정되어 있다. 또한 이와 함께 기둥의 규칙성과 벽의 불규칙성이라는 대립, 표면의 전체적인 질서와 내부를 분단하는 부분의 질서가 서로 충돌함으로써, 전체는 정연한 가운데에서 끊임없이

그림 4-12 르 꼴뷔제. 메종 라 로쉐/ 잔누레. 파리. 1923-5

그림 4-13 르 꼴뷔제/피에르 잔누레. 라 로슈 주택 내부. 1923

질서로부터의 이탈을 되풀이하고 있다. 평면은 가로 세로가 정확히 4.75m로 각각 4등분되어 있다. 이처럼 바깥쪽의 기둥은 규칙적이지만, 슬로프 부분과 주차장 부분은 기둥의 간격이 흔들려 있다.

사보와 주택에는 길게 잘려진 개구부가 있다. 이 개구부 옆에는 널찍한 탁자가 놓여 있는데, 이것은 안에서 밖으로 응시하는 전원의 풍경과 다양한 건축적 체계가 종합되어 내부에 전개되는 건축적 풍경과의 간격을 나타내면서 동시에 두 풍경 사이의 은유적 관계를 나타내는 것이다. 태양광이 내려 비추는 테라스에 앉아 느긋하게 커피를 마시며 안과 밖을 왕복하는 시선 속에는 새로운 정신에 고취된 근대인의 생활이 내재되어 있다. 바로 이러한 시선의 관계를 건축적으로 완성한 작품이 **사보와 주택 (Villa Savoye, suburb near Paris)**이다.

이처럼 이 주택은 이제까지 잘못 이해해왔듯이 근대 기능주의 건축의 대표적인 작품이 아니라, 르 꼬르뷔제의 초기 조형언어와 근대건축 형태의 양식적인 언어를 집대성한 것이다. 그러나 이보다 더욱 중요한 것은 이 주택이 단순히 기하학적인 요소만으로 구성된 것이 아니라, 구조와 면과 볼륨 및 공간 속에서의 사람의 운동이라는 서로 다른 '체계'를 각각의 질서로서 분리한 다음 이를 중합해 감으로써 얻어졌다는 사실이다.

사람의 뇌는 물질적인 세포로 구성되어 있지만, 그것은 또한 생리적인 기능과 생각하고 의미를 생산하는 작용이라는 서로 다른 질서가 중합됨으로써 정상적인 작용을 한다. 건축도 이와 마찬가지로 서로 다른 독립된 '체계'가 겹치고 충동하며, 때로는 그 안에서 절충되거나 수정되는 가운데 하나의 전체를 만들어가는 것이다.

Villa Savoye

One of the most famous houses of the modern movement in architecture, the Villa Savoye is a masterpiece of LeCorbusier's purist design. It is perhaps the best example of LeCorbusier's goal to create a house which would be a "machine a habiter," a machine for living (in). Located in a suburb near Paris, the house is as beautiful and functional as a machine.

The Villa Savoye was the culmination of many years of design, and the basis for much of Le Corbusier's later architure. Although it looks severe in photographs, it is a complex and visually stimulating structure. As with his church of Notre Dame du Haute, Ronchamp, the building looks different from every angle. After falling into disrepair after the war, the house has been restored and is open to the public.

The design features of the Villa Savoye include:

modulor design – the result of Corbu's researches into mathematics, architecture (the golden section), and human proportion

"pilotis" – the house is raised on stilts to separate it from the earth, and to use the land efficiently. These also suggest a modernized classicism.

no historical ornament

abstract sculptural design

pure color – white on the outside, a color with associations of newness, purity, simplicity, and health (LeCorbusier earlier wrote a book entitled, When the Cathedrals were White), and planes of subtle color in the interior living areas

a very open interior plan

dynamic, non-traditional transitions between floors – spiral staircases and ramps

built-in furniture

ribbon windows (echoing industrial architecture, but also providing openness and light)

roof garden, with both plantings and architectural (sculptural) shapes

integral garage (the curve of the ground floor of the house is based on the turning radius of the 1927 Citroen)

유티테 다비타숑(Unite d' Habitation)

도로에 면해 2층 높이의 객석이 있고, 안에는 주방이 있으며, 그 높이는 객석의 반 정도, 주방 위는 갤러리가 되며, 객석으로 열려 난간이 있다. 결국 이러한 공간구성은 매우 이상적이다. 베란다가 있는 거실, 그 안에 주방, 그 위에 침실로 이루어진 구성은, 이렇게 해서 시작되며, 이것은 "스튜디오 타입(Studio Type)"이라는 명칭이 붙게 된다. 아틀리에 풍과 비슷한 의미이다. **라 로슈**(La Roche), **잔누레**(Jeanneret 1912. 외부에 대해서는 하얀 입방체가 동서 선형 축을 구성하는 돌출부로서 형태의 대조를 표현한다. 그는 표면구획에 있어 고전적인 디자인 원칙에 따라, 요소의 신중한 전개를 위해 패턴 및 텍스추어에 기본을 둔 장식을 포기하였다. 베렌스, 호프만, 팃세나우의 주거는 이러한 디자인의 영향으로 제시되며, 프랭크 로이드 라이트의 윈슬로우 주거에 있어서 일반적인 처리의 모사 역시 존재한다. 이 주거는 유사한 돌출지붕을 포함하며 이 지붕에는 하부에 띠를 두른 창이 존재한다), **가르쉐**(Garche 1927. 기둥의 규칙적 배열과 명확한 윤곽에 의한 전체의 규정, 불명확하게 공간을 한정하면서 대각방향에 유동 시킨다-중심의 해체, 무력화. 대칭성이 강한 외형에 대해서 내부는 비대칭, 복잡한 경로, 계단, 보이드(void)에 의한 시퀀스(sequence)로 나타난다), **사보아**(4.75m의 균등 그리드, 1.25m의 캔틸레버, 경사로와 서비스 스페이스 주변에서 그리드를 붕괴한다. 기둥의 규칙적 배열과 명확한 윤곽에 의한 전체의 규정. 경사로와 편심으로서 잘라 낸 테라스에 의해 각기의 공간을 통합하여 중심의 편심을 기한다. 대칭성이 강한 외형에 대해 내부는 비대칭. 경사로에 의한 시퀀스 등이 나타난다)로 계속되는 단독주택 중에서 이러한 구상이 차례차례 실현된다. 그러나 모든 시대의 요구인 서민주택을 어떻게 지을 것인가, 그런 의식 중에서 그 "고안"이 나오게 된다. 어떻게든 집의 양단 벽을 우선 쌓고, 거기에 규격화된 프리캐스트 콘크리트판을 끼워 넣어 2층 바닥과 지붕을 만드는 프리패브방식을 고안해서, "메종 시트로안(1919. 골조, 계단, 도아, 창문 등의 골조 콤포넌트는 모두 표준화되었다. 또 대지에서 집이 떠있게 되었고, 필로티가 여기서 비로써 사용되었다)"이라고 명명했다.

이즈음 유럽 대륙최초의 대중 차 시트로엔이 시장에 공급되기 시작했다. 같은 방법으로 주택도 공급할 수는 없는가, 꼬르뷔제는 꿈을 펼친다. Citroen에 대해, Citrohan이라 명명한 꼬르뷔제였지만, 동시에 재래 "건축" 기억과 분리된, 기계미의 세계를 겹쳐서 꿈꾸고 있다. "사는데 필요한 기계"로 주택을 정해놓고, 세상에 엉뚱한 오해의 소지를 불러일으키기도 했다. 제1차 대전 후의 병기관련 산업의 말로에도 주목하면서, 꼬르뷔제는 기업과의 접촉도 반복했지만 그것이 "상품"이 될 수 있다고 판단하는 사람은 없었다(레이너 번함) 불운을 둘러싼 시대이기도 했다. 이 시기, 이 테마에 관련된 주택의 프로젝트는 몹시 많았다.

또한 발코니가 있는 스튜디오 타입(studio type)의 건축원리를 지닌 주택, 그것은 단독주택만의 건축술이 아닌 것을 꼬르뷔제는 일찍부터 의식하고 있었다. 1925년, 파리에서 열린 국제 장식전 아르데코전에 꼬르뷔제가 출품한 **에스프리누보(L'Esprit Nouveau)**관은 집합주택에 적용된 스튜디오 타입의 한 세대 실험주택(mock up)이었다.

2층 분의 발코니는 넓은 테라스에도 영향을 주어 입체정원이 된다. 옥상정원의 표현이다. 주호는 상당히 넓어서, 주 침실에는 드레싱 룸도 있고 아이는 3명, 식모한명까지 있을 수 있는 형편이다. 원래 이 집합주택만이 immeubles-villas(독립주택을 쌓아올린 공동주택, 1922) 즉 집합빌라라고 명명되었던 까닭을 알 것이다. 주호가 메조네트이므로, 공공복도를 2층마다 만든 계획 원리는 적어도 당시에는 신선했을 것이다. 이런 와중에서 꼬르뷔제가 창안한 것이 바로 깊은 처마를 갖는 "브리이즈 솔레이유(brise soleil : French: "breaks the sun", Sun baffle of vertical or horizontal louvers outside the windows or extending over the entire surface of a building's facade, especially precast concrete grids of the type developed by Le Corbusier.

Many traditional methods exist for reducing the effects of the sun's glare, such as the projecting upper-story window of latticework (mashrabiyah or mushrabiyah) used in Islamic architecture, pierced screens as used at the Taj Mahal or blinds of split bamboo (sudare) as used in Japan.)"이다. 태양을 차단하고, 브리이즈를 넣는 루버이며, 이러한 장치까지 포함해서 꼬르뷔제의 근대건축은 보다 적응하는 폭을 넓혀갔다. 메조네트 시스템과 더불어, 이번에는 제2차 대전 후 전재 부흥주택건설을 꿈꾸기도 했다.

그 꿈은 전후 프랑스 문화정책 중에서 대담하게 실현되었다. 앙드레 말로(Andre Malraux) 문화부장관은 국제연합시설 건설위원에 꼬르뷔제를 임명하고 클로디우스 푸치 부흥장관은 마르세이유의 공영주택건설을 맡긴다. 당시 유럽 최대의 마천루로서 개방된 콘크리트의 거대한 매스가 세워졌다. "파다의 집(la maison du Fada)" 혹은 마르세이유에 건설한 "찬란한 주택단지(Cite Radieuse)" 이것은 20층짜리 350세대, 계획인구 1400여 명 규모이었다. 3층을 한조로 중간계단에 중앙복도를 통해 거기에서 올라가면 한 세대, 내려가면 한 세대 각각 메조네트가 된다. 이 기획은 정말 획기적이었다. 폭이 단지 3.7m, 길이 18.3m라는 믿을 수 없는 치수 속에 꿈이 있는 4명의 가족생활이 들어가게 되는 것이다. 그러나 이 계획이 이루어지기 위해 주동은 정 남북축위에 배치되어야만 했다.

르 꼬르뷔제는 그의 주거단지에 "찬란한 주택단지"라는 이름을 붙인 것은 이 건물이 실제로는 2층짜리 작은 별채인 각 숙소가 전체 구조 안에 파상형으로 끼어들어 있어 다른 숙소와 완전히 분리되어 있는 주택단지이기 때문이다. 이러한 구조가 그에게 떠오른 것은 전쟁 전, 미국으로 가는 여객선 "노르망디" 호를 탔었던 때인 듯싶다. 그때 그는 거기서 온갖 서비스가 집약되어 있는 구조를 관찰했고, 또한 선상에 각종 편의시설이 자리 잡고 있음에 감탄해마지 않았었다고 한다.

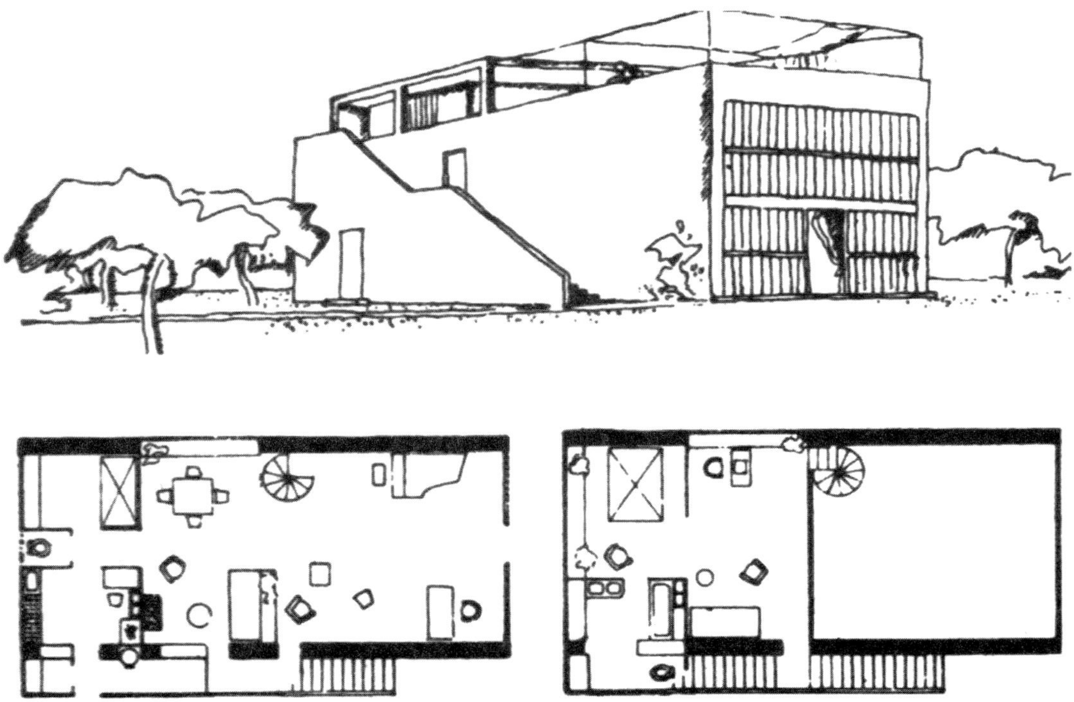

그림 4-14 르 꼴뷔제. 메종 시트로안 투시도와 평면. 1920

그림 4-15 르 꼴뷔제. 에스프리누보관. 파리. 1925

그림 4-16　르 꼴뷔제. 에스프리누보관 내부. 파리. 1925

에스프리누보(L'Esprit Nouveau)관

페레는 "예술에의 사랑" 5월호에서 "장식미술이라는 갈은 없어져야 한다. 도대체 누가 미술과 장식이라는, 이 두 단어를 붙여서 이 같은 말을 만들었단 말인가? 정말 말도 안 되는 이야기다. 진정한 미술이 있는 곳에는 이미 장식이라는 것은 더 이상 불필요한 것이다."라고 단언하고 있다. 또한 르 꼬르뷔제도 이 의견에 동의하고 있는데, 〈오늘날의 장식 미술〉에 관한 연구서를 통해 그는 "솔직히 말하자면, 장식 미술은 하나의 도구에 지나지 않는다."라고 밝혔다.

그에게 있어서 집이란 "현재의 시간을 질서정연하게 하고자" 하는 일종의 "거주용 기계"가 되어야만 하는 것으로, 건물을 짓는다는 것은 일종의 생물학적 행위이지 "미학적 과정"은 아니라는 것이 그의 생각이다. 그는 오로지 기준화된 요소들만 구성된 독립가옥 "에스프리 누보"를 지어보임으로써 그의 생각을 증명하고 있는데, 이 집안에는 복잡하게 만드는 가구란 찾아볼 수 없고 대신에 적절하게 배치된 정연함이 있을 뿐이며 벽에는 브라크, 후앙 그리, 오장팡과 피카소 등의 그림이 걸려 있었다.

근대건축의 5원칙/ Five Principles of Architecture

"근대건축의 5원칙", "퓨어 프리즘 Pure Prism"을 주장한 초기 꼬르뷔제의 정점을 나타내는 작품이 바로 사보아 주택이다. '사보아 주택'은 파리 교외 포와시의 초원 속 완만한 언덕 위에 세워져 있다. 기둥 위에 세워 진 별장 그것도 도면이 자동차가 최소회전 반경으로 회전할 때 그리는 원형을 따라 작성된 도면에 의해 지어진 집. 이것이 많은 반박을 받고 있는 피에르 사보아(Pierre Savoye) 부부와 그 아들 로제를 위해 막 완공한 건물이다. 사보아 가족은 포와시에 숲으로 둘러싸인 6헥타르에 달하는 거대한 녹지를 소유하고 있었다.

1층 현관 주변의 유리곡면은 자동차가 회전하는 최소한의 반경에서 이끌어내고 있다. 그리고 필로티는 차를 대는 기능을 수행함과 동시에 차로로 인도하는 장치로 되어 있다. 주 층은 필로티에서 들어올려져 있고, 지붕 위 정원에서는 멋진 조망을 얻을 수 있다. 수평인 3개의 공간 층은 경사로에 의해 수직적으로 이어지고 아라비아 건축에서 배웠다는 "건축적 산책길(Promnade)"을 구성한다. 꼬르뷔제는 29세 때의 동방여행 중 터키의 사원을 지나면서 건축적 산책로의 개념을 정립하였으며, 이는 아크로폴리스(Acropolis) 광장의 축을 설명하는 가운데 구체화된다. 꼬르뷔제의 풍경론의 사고는 스스로 자주 언급한 바 있는 우주법칙과 조화되는 전체를 구성하는 것이다. 이곳에는 역사적으로 등장하는 모든 요소들이 포함된다. 자연도 큰 부분을 차지한다. 요소들은 기하학적인 구성 원리에 근거하여 배열되며 서로 대비되면서 자체적인 모양들이 나타나게 되는 것이다.

이 주택에서는 3층 구성 4개의 입면을 가지는 정면성 등 팔라디오의 빌라 로톤다와의 유사성도 지적되고 있으며, "주거기계"라는 모뉴멘탈리티는 후에 꼬르뷔제에 작품에서의 변용을 암시하게 된다.

건축에서의 입체파

G. Braque의 "레스타크의 집 또는 에스타크의 풍경"을 살롱 드 톤누(Salon D'Automne)에서 갖고 와서 부탁한 것은 1908년의 항례의 심사 때였다. 물론 거절된다. 심사원의 한 사람 마티스가 "작은 입방체의 모임"이라 조롱했다 한다. 그림이 아니라고 거절당한 것이다. 브라크가 이 그림을 그린 것은 전해 여름이었지만, 이번 해 1907년 봄에는 피카소도 또 "아비뇽의 여자들"을 그리고 있었다. 가면과 같은 우측의 두 사람의 얼굴은 원통형의 일부이고 신체 그 자체도 대담하게 단순화되어 화면에서 불거져 나올 뿐이다. 상호무연에 같은 회화적 주제를 바라는 두 사람의 청년을 끌어들인 것은 화상 **칸 바일러(D. G. Kahnweiler 1884~1979)**이었다 한다. 그리하여 근대회화에 있어서 미학원리의 근본적인 변혁에 이어지는 "큐비즘"의 막이 올랐다. 현실에 있는 복잡한 형태를 기하학형태로 환원시켜 미를 묻는다. 투시화법에서 독립한 관찰안을 가지고 대상을 보고 시점을 이동시켜 대상의 직접적인 미에 다가온다. 이러한 미의 주장이 큐비즘의 본의 이다.

같은 시기 빈에서 한명의 청년건축가가 "장식과 죄"라는 캠페인을 벌이고 있었다. 이름은 **아돌프 로스(Adolf Loss 1870~1933)**라 한다. 미개인을 보라, 신체에마저 장식을 하고 있다. 문명인에 있어서 장식 그 자체가 죄악이라는 주장이다.

로스의 이 캠페인에는 약간의 이유가 있었다. 비인에서는 이전부터 명성 있는 지조적 근대건축가 오토 와그너가 일찍이 "Artis Sola Domina Necessities 예술은 필요에 의해서 지배 된다"를 좌우명으로서 "필요건축 Nutzstil"을 설명하고 있다. 공업학교에서 건축을 배우고, 더욱이 미국으로 그랜드 투어를 한 로스에게 와그너는 유언불실행의 모습으로 비춰지고 있는 것이다. 가령 이 눈으로 본 시카고 파의 건축은 와그너가 말하는 대로일지도 모르나 와그너가 만드는 건축은 말만 있을 뿐 허사가 많다. "분리파"를 이끌고 비인에서 석권하고 있는 와그너에게 어쩐지 반격하고 싶다. 이러한 울적한 감정이 "장식과 죄"와 같은 캔딜리스적인 언동과 결부되어 있는 것이다. 1910년 로스는 드디어 장식이 한조각도 없는 건축을 비인 시내에 세울 기회를 맞는다. 바로 슈타이너(Steiner)저 이다. 이것은 단순히 장식이 없는 것만이 아닌 건축에 있어서 입체파(큐비즘)의 성립이었다.

칸바일러 (Kahnweiler, Daniel-Henry 1884~1979)

1884년 독일 만하임에서 태어났다. 런던에서 은행 업무를 배우다 화상(畵商)이 되기로 결심하고 1907년 파리에서 화랑을 열었다. 야수파와 입체파 화가들 중 특히 피카소, 브라크, 그리스 등과 교유하였다. 일찌감치 입체파의 예술성을 간파하고 피카소와 브라크를 비롯한 많은 입체파 화가들을 후원하고 작품을 구입하였다. 그리고 수집한 그림들을 일반에게 공개 전시하여 입체파가 당시를 대표하는 전위적 예술로 자리매김하는 데 이바지하였다. 그를 모델로 그린 피카소의 『칸바일러 초상』(1910)은 분석적 입체주의의 대표적인 작품으로 유명하다. 제1차 세계대전 당시를 제외하고는 줄곧 파리에서 살았으며, 제2차 세계대전 이후에는 파리에서 루이즈 레리스 화랑을 경영하였다. 주요 저서로 『큐비즘으로 가는 길』(1920), 『후앙 그리스 Juan Gris』(1946) 『피카소의 조각』(1949) 등이 있다.

아돌프 로스 (Loos, Adolf 1870~1933)

브르노에서 태어났다. 드레스덴에서 건축을 배운 후 미국으로 가서 시카고파의 기능주의를 배웠다. 유럽으로 돌아온 후, 빈을 무대로 엄격한 합리주의에 바탕을 둔 건축 활동을 펼쳤으며, 혁신적인 근대 건축가로 알려졌다. 평론 『장식과 죄악』(1908)에서 빈의 심미적 경향을 맹렬하게 비난하고, 스스로 슈타이너 저택(1910) 등에서 순수형태의 우위를 실증하였다. 파리의 차라 저택(1926)이나 프라하의 뮐러 저택(1930)에도 이러한 정신이 담겨 있다.

분리파(제체시온 Sezession)

1897년 빈에서 시작되었고, 분리파(分離派)라고 번역된다. 과거의 예술 전반에서 분리하여 건축 · 공예 · 회화 조각 등을 새로운 시대에 즉응(卽應)한 예술로서 만들어내려고 하는 종합적 운동으로, 건축가 J.올브리히, J.호프만, 조각가 메슈트로비치 등이 중심이 되었다. 이 영향을 받아서 독일 · 오스트리아의 여러 도시에서 분리파 운동이 행하여졌으며, 그 중에서도 다름슈타트의 제체시온이 이름 높다. 이것은 19세기 말에 일어난 일련의 건축, 공예미술의 혁신운동, 즉 파리의 아르누보, 영국의 미술공예운동, 독일의 유겐트스틸 등과 본질을 같이하는 것이며, 근대 디자인 혁신의 계기가 되었다.

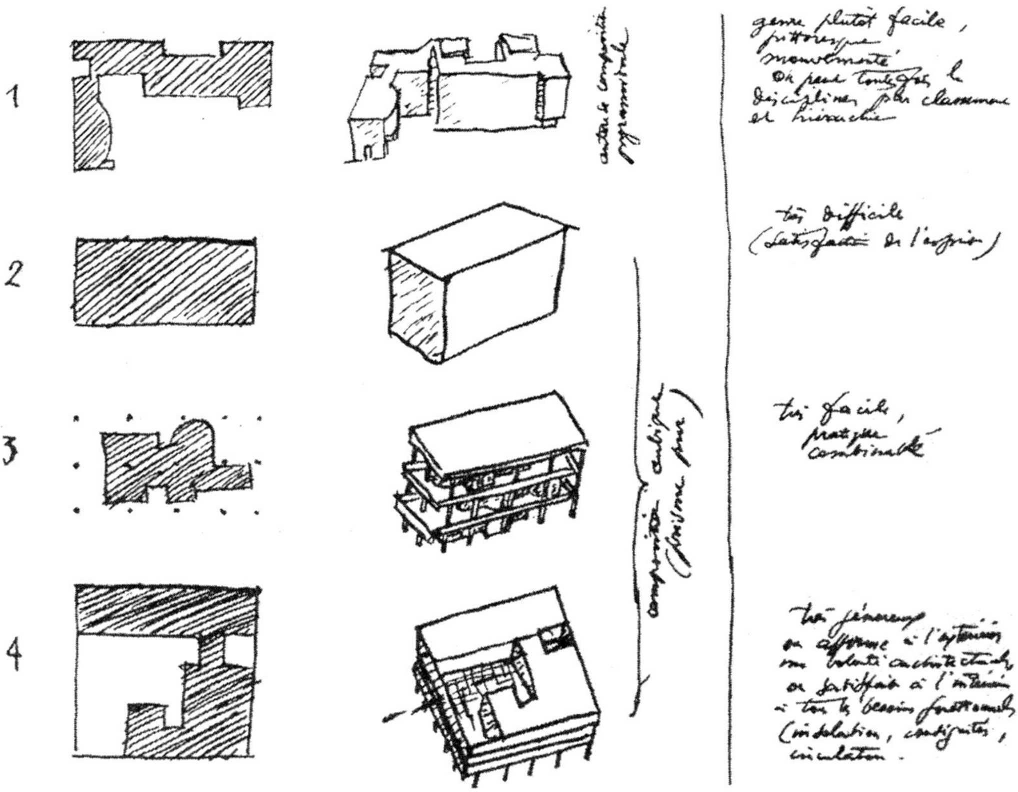

그림 4-17 르 꼴뷔제. 4개의 구성(1930). 네가지 예는 1. 라로슈 주택 2. 가르슈주택 3. 슈트투가르트주택 4. 사보아 주택

그림 4-18 그로피우스, 프라우 그로피우스 그리고 르 꼴뷔제, 파리의 한 카페.

그림 4-19 안드레아 팔라디오. 빌라 로톤다(Villa Rotonda). 비첸차(Vicenza). 1550~1551
빌라 로톤다는 돔을 가진 원형의 홀로 이끌어주는 4개의 사원형태의 포티코(portico)로 구성되어 있으며, 이들은 주변의 경치를 포용하고 있다.

순수형태로 향한 두 가지 길

돌이켜 보면 그것은 개화주의 건축가들의 이상이었다. **부레(E. L. Boullee 1728~1799)**나 **루드워(C. N. Ledoux 1736~1806)**가 종이 위에 그린 단순형태야말로 이성시대 건축가의 심상풍경이었음에 틀림없다.

그 심상풍경을 어떻게 현실적인 것으로 할 것인가. 오토 와그너(Otto Wagner 1841~1918)는 "필요건축Nutzstil"으로 그리고, 설리반(Louis Henry Sullivan 1856~1924)은 "Form Follows Function"으로 설명을 한다. 건축가의 자의를 무시하고 실용을 관철하려는 것은, 이성의 형상을 바라보게 하려한 것이다. 합리주의를 최상으로 삼고 "효율"을 추구하는 사회에서 이것은 시대의 의지로 봐야 할 일이다.

로스(Adolf Loos 1870~1933)의 방법은 달랐다. 유럽의 아름다운 도시 비인의 번화가에 돌연 생기발랄한 순수형태를 출현시킨 것이다. 이것은 스캔들이다. 우량주택지의 한 가운데에 가스탱크 모양의 구축물이 갑자기 나타난다고 하면 오늘날이라도 대소동이 일어날 만하다. 브라크나 피카소가 관영전을 쫓아 인디펜던트 전(Salon Des Independants)에서밖에 작품을 발표할 수 없었던 것과 같은 구조 속에 로스(Adolf Loss 1870~1933)는 건축 그 자체를 잡아 끌어내어 버렸다. 그것은 아방가르드가 더듬어 갈 길이었다.

제1차 대전 후 본격적인 건축 활동을 시작하는 르 꼬르뷔제에게 있어서 문제는 "A Presle Cubism 큐비즘 이후"에 있었다.

합리주의 노선도 아방가르드 노선도 모두 차치하고 건축을 어떻게 표현할 수 있을까?

즉 필연적으로 유도되는 순수형태도 자의에 의해 유도되는 순수형태도 모두 포함하는 건축방법은 무엇일까, 이것이 거장의 시대 즉 라이트(F. L. Wright 1867~1959), 꼬르뷔제(Le Corbusier 1887~1965), 미스(Mies van der Rohe 1886~1969) 시대의 과제였다. 이러한 역사적인 운명 위에 거장들의 시대가 개화하고 있었다. 꼬르뷔제의 경우는 구조적 명제를 내놓는 일부터 시작된다. "근대건축의 5원칙"은 본래 그런 종류의 명제였다.

부레(E. L. Boullee 1728~1799)

부레는 우주에 대한 명료한 개념과 단순하고 입체기하학적인 형태(stereomatric form)가 가지는 아름다움에 의해 시사되며, 그로부터 그는 화가가 대칭성과 빛 그리고 그림자로 접근하는 것처럼, 보다 기술적인 문제에로 생각을 진행하고 있었다. 그는 심볼릭한 구체를 통해서 확대, 영원, 무한을 표현하려 했다. 이것은 그의 “Newton기념당”에 있어서 가장 현저하게 나타난다.

루드워(C. N. Ledoux 1736~1806)

루드워는 기능주의적 양식(functional style)을 주창했다. 그것은 단순성을 강조하고, 실리적인 필요에 기본을 두고 있지만, 도덕원리와 감정 그리고 개인의 인격에 대한 새로운 사회적 인식을 표현하고 있다. 그는 그 뛰어난 예술적 기능과 입방체와 그 이외의 입체기하학적인 기본적 형태의 강조로 유명하다.

아돌프 로스(Adolf Loos 1870~1933)

1908년에 발간한 저서『장식과 죄』로 유명한 오스트리아 출신 건축가 아돌프 로스가 파리에 온 후 시인 트리스턴 짜라(Tristan Tzara)의 개인주택을 건축하였다. 로스의 “건물의 형태는 그 기능을 제대로 표현할 때만이 아름다운 것이며, 이럴 때만이 서로 분리될 수 없는 단일체를 이루는 것이다.”라는 건축관은 잘 알려져 있다. 그런 정신에 입각하여 이번 짜라의 집을 설계했는데 이는 1916년에 짜라가 취리히에서 창시했던 다다이즘운동의 정신과는 정반대되는 것이었다. 또한 로스는 1910년에 비엔나에서 슈타이너의 집을 건축한 바 있는데 그것은 철근 콘크리트를 재료로 사용하고 일체의 장식을 배제한 최초의 개인주택이었다.

볼륨과의 유희

1. 필로티
2. 골조구조
3. 자유스런 평면
4. 자유스런 입면
5. 옥상정원

통상 이 5개를 “근대건축의 5대원칙”이라 하는데 꼬르뷔제는 여기에 이르기까지 여러 가지 변천을 했다. “유리벽면”, “리본창”, “수납 벽에 의해 가구로부터 개방된 공간” 등의 항목도 있었던 것이다.

그림 4-20 르 꼴뷔제. 마르세이유 아파트(Unite d'Habitation), 찬란한 주거단지

그림 4-21 르 꼴뷔제. 마르세이유 아파트(Unite d'Habitation) 남쪽파사드. 프랑스. 1945~52

그림 4-22 르 꼴뷔제가 마르세이유에 건설한 찬란한 주택단지(Unite d'Habitation). 파다의 집이라는 별명이 붙었다.

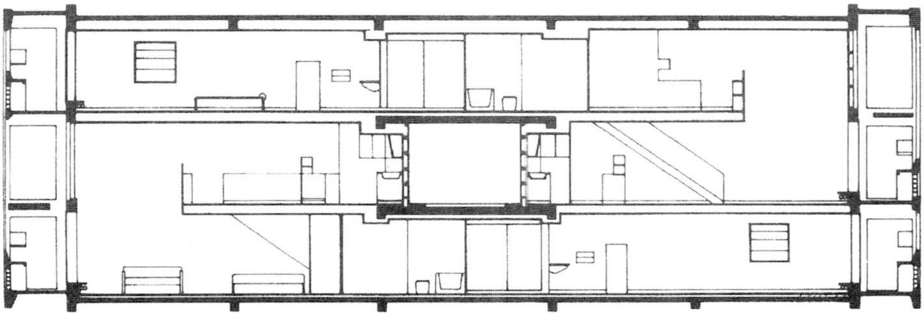

그림 4-23 르 꼴뷔제. 마르세이유 아파트(Unite d'Habitation) 주거단위 단면도. 프랑스. 1945~52

그림 4-24 르 꼴뷔제. 마르세이유 아파트(Unite d'Habitation) 루프테라스. 프랑스. 1945~52

그림 4-25 르 꼴뷔제. 가르슈주택(1926-27). 옥상테라스, 공장형태의 간결성

그림 4-26 부레((E. L. Boullee 1728-1799). 뉴톤 기념당. 1784

그림 4-27 아돌프 로스. 트리스턴 짜라(Tristan Tzara) 저. 파리. 1925~26

그림 4-28 아돌프 로스. 슈타이너(Steiner) 저. 비엔나. 1910

요컨대 서구에 있어서, 건축의 전통인 조적조를 폐하고 RC 나름대로의 골조구조를 사용하라고까지 하고 있다. 한 그리드 위에 기둥이 서지만 그 그리드와 방 배치와는 관계가 있어도, 없어도 상관없다. 자유자재로 계획을 세우라고 한다. 입면도 같아서 조적조로는 절대 불가능한 리본창을 만드는 것도 유리 벽면을 붙이는 것도 골조구조에 있어서 입면은 커튼월이므로 그것을 알고 하라는 것이다. 필로티를 취하는 것도 골조구조이기 때문이지만, 이것은 입지에서 건축을 분절하라는 의미의 적극성이다. 옥상정원은 평평한 지붕으로 한다는 의미이다.

나는 조금 전 "구조적 명제"란 단어를 사용했는데 그 의미는 가구를 의미하는 것은 아니다. 가령 "필로티"처럼 실체적인 것을 관념으로 바꾸어 통념화한다는 식의 의미를 포함하고 있다. 즉 5대원칙과 같은 문제의 제 기법 그 자체가 구조적인 것이다. 이러한 PR재에 꼬르뷔제는 뛰어나다.

꼬르뷔제가 필로티를 실현한 것은 라 로슈 잔누레 저(1923)이다. 쿡저(1926)에서 리본창, 자유스런 평면, 옥상정원 등을 실현하고 가르슈의 집(1927)에서 일단 종합을 실현하고, "사보아 저"에서는 세련되어졌다. 정방형의 평면을 필로티에 의해 공중에 뜨게 하고 "순백에 빛나는 양감과의 놀이"는 이것의 극치이다. 꼬르뷔제 자신이 "Pure Prism"이라 부르는 순수형태에의 추구는 이 집으로 종점을 향한다. 더 깊게 생각해 보면 "Pure Prism"을 실현하는 방도가 "근대건축의 5대원칙"이었는지도 모른다. 이 이후에 바로 꼬르뷔제는 작품을 바꿀 것을 계획한다. 이제까지의 작품경향으로는 상상도 할 수 없는 풍토적 표현이 계속적으로 나타난다.

꼬르뷔제의 영결식 – 앙드레 말로(Andre Malraux)

프랑스 정부가 르 꼬르뷔제에게 장중한 경의를 표시하기로 결정한 것과 때를 같이하여 그리스로부터 "그리스의 건축가 일동은 심심한 조의와 함께 아크로폴리스의 흙을 그의 무덤에 뿌리기 위해서 건축가 대표를 파견하기로 결정했습니다."라는 전문을 받았습니다. 그리고 어제는 "르 꼬르뷔제가 세운 여러 걸작품이 있고 그가 세운 수도, 샹디가르가 있는 인도에서는 그에 대한 최대의 경의를 표하기 위해 장례에 참석하여 그의 재위에 갠지스 강물을 뿌릴 것이다."라는 전보도 받았다.

그는 화가였고 조각가였으며, 더 비밀스럽게는 시인이었습니다. 그는 그림이나 조각, 시를 위해 투쟁한 것은 아니었다. 그는 오직 건축만을 위해 싸웠습니다. 건축만이 사람들을 위해서 할 수 있는 것에 대한 정열적이고 복잡한 그의 희망을 충족시킬 수 있었기 때문에 다른 어떤 것에 대해서도 느낄 수 없었던 격렬함을 갖고 건축에 임했었습니다.

"집은 살기 위한 기계"라는 그의 유명한 구절은 그에 관한 것을 제대로 표현하지 못합니다. 정말로 그에 관한 것을 제대로 표현하지 못합니다. 정말로 그를 나타내는 말은 "집은 삶의 보석 상자이어야 한다"라는 말이라 하겠습니다. 행복의 기계라고 할까, 그는 항상 도시를 꿈꿔 왔다. 그의 "찬란한 건물군" 건설안은 거대한 정원에서 솟아나는 탑들입니다. 이 불가지론자는 이 세기의 가장 매혹적인 수도원과 교회를 지었습니다. 그는 말년에 이르러 "나는 오늘날의 인류가 가장 필요로 하는 것, 고요와 평화를 위해서 일했다"라고 말하곤 했습니다. 그래서 샹디가르의 주요 건물 위로는 거대한 "평화의 손"이 솟아오를 것이며, 그 위에 히말라야의 새들이 날아와 쉴 수 있을 것입니다. "평화의 손"은 아직 제자리에 놓여지지 못했습니다.

가끔 이러한 무의식적인 고귀함은 예언자적이고 거의 언제나 공격적인 이론과, 격분한 논리와 일치하며, 이것들은 금세기의 근간을 이루고 있습니다. 모든 이론은 걸작이 되거나 혹은 망각 속에 사라져 버리기 마련입니다. 그러나 이론들은 건축가에게, 오늘날 그들의 것이 된 위대한 책임감과 정신에 의한 대지의 정복을 가져다주었습니다. 르 꼬르뷔제는 건축을 그리고 건축가를 변화시켰습니다. 이런 이유에서 그는 이 시대에 가장 큰 영향을 끼친 사람 중의 하나가 되었습니다.

르 꼬르뷔제 나는 당신이 브라질에서 그들의 우애 깊은 예우에 크게 감명 받는 것을 보았습니다. 지금은 온 세계의 경의가 당신 앞에 있습니다.

그리고 이제야 프랑스가 종종 당신의 진가를 알아보지 못했던 프랑스가, 또한 200년 후에나 프랑스 사람이 다시 되겠다고 결정했을 때 당신의 마음속에 안고 있었던 프랑스가 당신에게 프랑스의 가장 위대한 시인의 목소리를 통해 죽음의 준엄한 문턱에서 당신께 인사를 드립니다. "나의 위대한 스승이자 나의 오래된 친구여 안녕히 가십시오. 좋은 밤이 되길 빕니다."(루불궁에서 있었던 꼬르뷔제 영결식에서의 연설, 발췌)

그림 4-29 르 꼴뷔제. 빌라 쇼단(Villa Shodan). 아메다바드. 1952~56

그림 4-30 르 꼴뷔제. 빌라 쇼단(Villa Shodan). 아메다바드. 1952~56

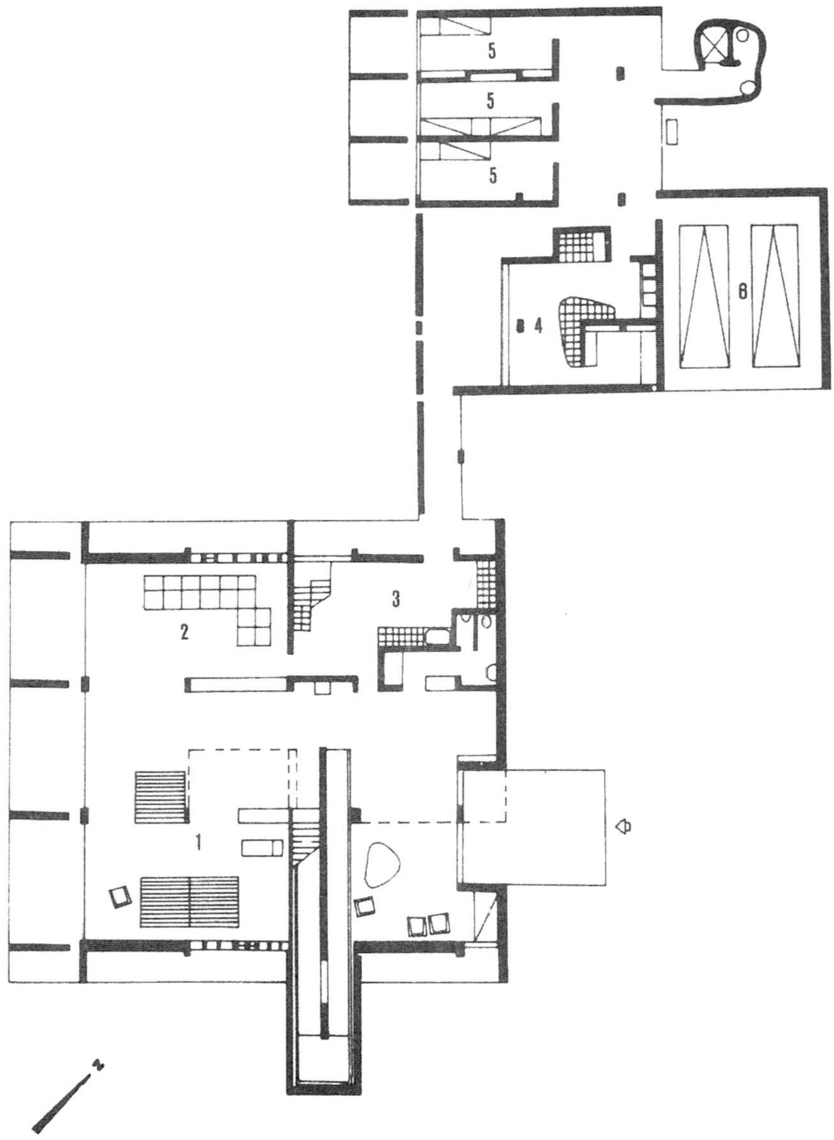

그림 4-31 르 꼴뷔제. 빌라 쇼단(Villa Shodan) 평면도. 아메다바드. 1952~56

그림 4-32 르 꼴뷔제. 샹디가르 시의 사무국.

5 유동하는 공간 04: 비 대상의 세계 non-objective world

– 미스 반 데르 로에의 환스워스 주택/ Mies van der Rohe, Farnsworth House. 1950

Ludwig Mies van der Rohe 1886~1969

Ludwig Mies Van der Rohe was born in Aachen, Germany in 1886. He worked in the family stone-carving business before he joined the office of Bruno Paul in Berlin. He entered the studio of Peter Behrens in 1908 and remained until 1912.

Under Behrens' influence, Mies developed a design approach based on advanced structural techniques and Prussian Classicism. He also developed a sympathy for the aesthetic credos of both Russian Constructivism and the Dutch De Stijl group. He borrowed from the post and lintel construction of Karl Friedrich Schinkel for his designs in steel and glass. Mies worked with the magazine G which started in July 1923. He made major contributions to the architectural philosophies of the late 1920s and 1930s as artistic director of the Werkbund-sponsored Weissenhof project and as Director of the Bauhaus. Famous for his dictum 'Less is More', Mies attempted to create contemplative, neutral spaces through an architecture based on material honesty and structural integrity. Over the last twenty years of his life, Mies achieved his vision of a monumental 'skin and bone' architecture. His later works provide a fitting denouement to a life dedicated to the idea of a universal, simplified architecture. Mies died in Chicago, Illinois in 1969.

미스(Ludwig Mies van der Rohe 1886~1969)는 1886년에 석공인 부모님을 아버지로 아헨에서 태어났다. 이것은 정규건축교육을 받지 못했던 그가 위대한 건축가가 되는 데 중요한 일이었다. 아버지에 의한, 석공으로서의 단순하지만 고된 훈련은 그에게 디테일에의 엄격함을 몸에 익히게 하였고,

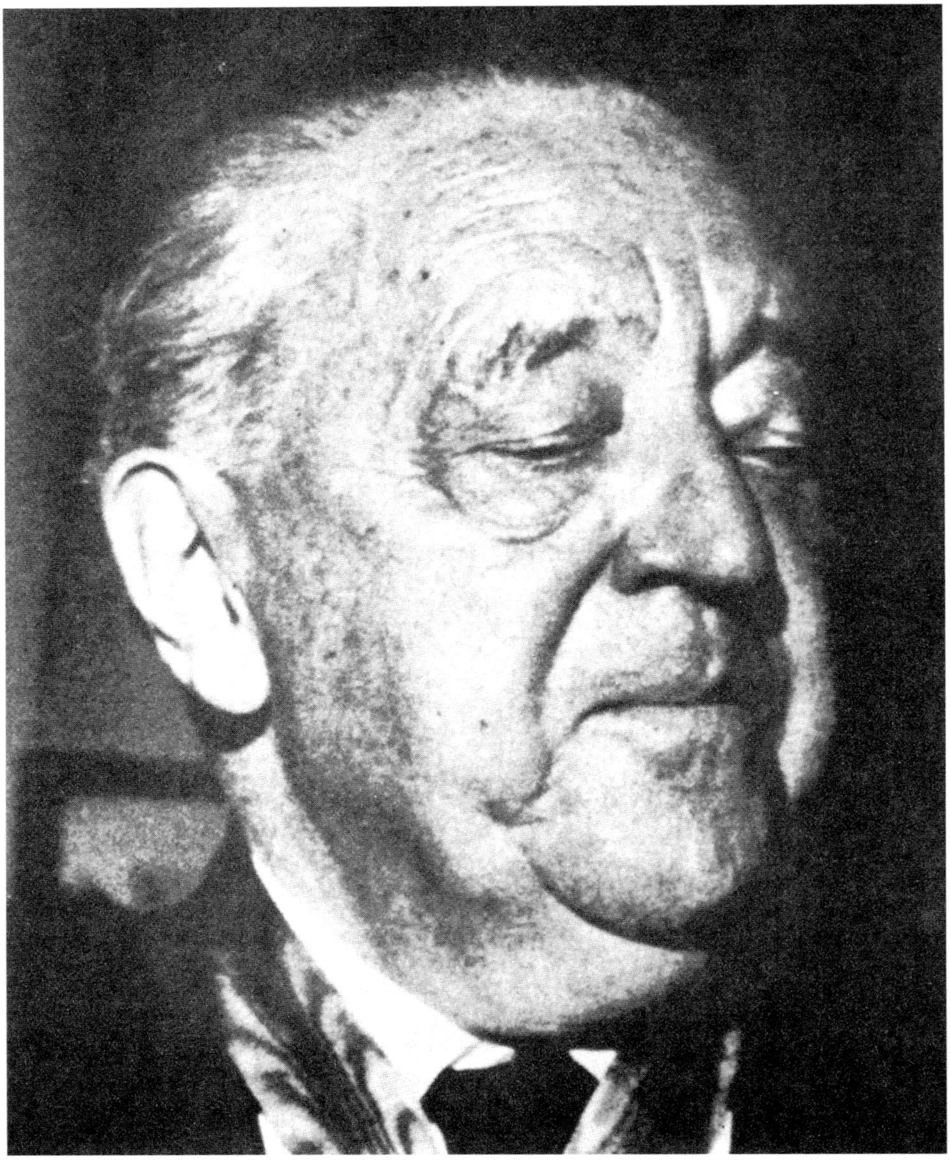

그림 5-1 Mies van der Rohe

그림 5-2 Mies van der Rohe

그림 5-3 미스 반 데르 로에와 르 꼴뷔제

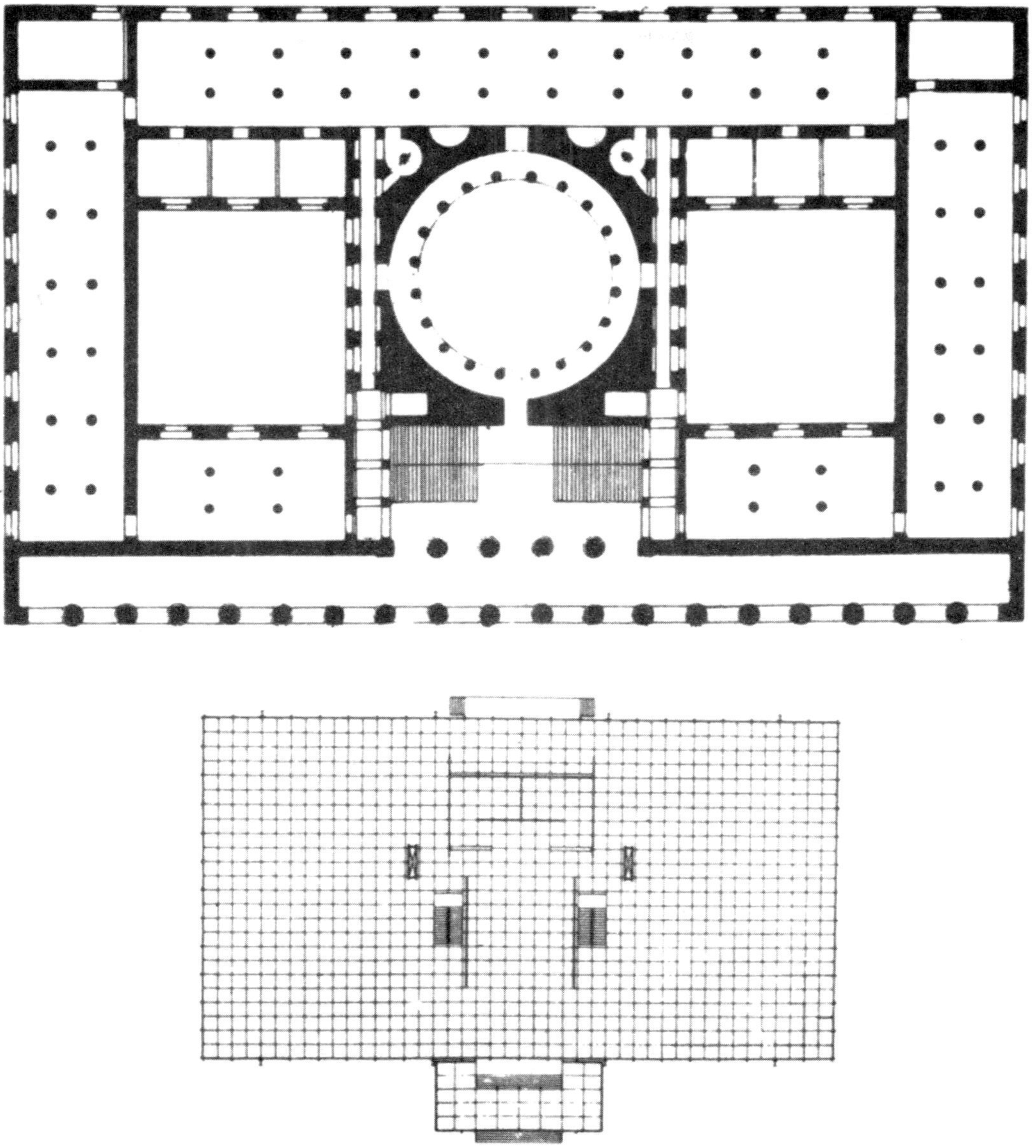

그림 5-4 Altes museum, K. F. Shinkel 과 Crown Hall, IIT. Ludwig Mies van der Rohe

1000년을 넘도록 아헨에 남은 중세의 감동적인 건축은 그의 흥미를 불러 일으켜, 그를 건축의 시인(詩人)으로까지 높이는 초석이 되었던 것이다.

미스의 건축 이념은 유니버설 스페이스(universal space) 즉 구조체와 비 구조체의 분리이며, 그 표현은 그의 독일시대에 형성된 것이었다.

1910년 베를린의 베렌스(Peter Behrens 1868~1940) 사무소에서 견습공으로 일하고 있었던 그는 라이트전시회와 그때 출판되었던 작품집으로부터 라이트의 공간구성에 흥미를 가지고 그의 연구를 시작한다. 이윽고 그 이념을 1923년의 벽돌조 전원주택의 계획안으로, 오히려 라이트의 공간개념을 진전시켜, 유니버설스페이스에의 결실을 맺게 된다. 한편 구조에 관해서는 1920년의 유리 마천루 계획안, 1922년의 콘크리트 사무소 계획안으로 전개되었으며, 거기서 구조체와 비 구조체의 분리가 대조적인 방법으로 표현되고 있었다. 이러한 일련의 계획안은 특수해가 아니라, 일반적 성격을 추구한 것으로, 그 후 그의 건축적 작업에 있어서 원리를 명확히 하고, 논리적 전개를 지탱한 발판이 되었다. 베를린 G그룹의 지도자로서 활약하고 세계적 명성을 확립한 것도 이즈음의 일이다.

1926년에 독일 공작연맹(Deutscher Werkbund: 1907년 뒤셀돌프에서 설립)이 결성되자, 그는 부회장으로 취임한다. 다음해에는 바이젠호프 지둘룽크(Werkbund Exposition, Weissenhofsiedlung, Stuttgart, Germany 1927) 총감독을 맡아 그 이벤트를 성공적으로 이끌었고, 1929년에는 바르셀로나 박람회 독일관(1928~1929 German Pavilion, International Exposition, Barcelona, Spain)을 담당했고 유니버설 스페이스의 이념을 실제작업에서 고도로 결실시켜, 독일관을 역사상 가장 아름다운 건물로 완성시켰다.

The Barcelona Pavilion, designed by Ludwig Mies van der Rohe, was the German Pavilion for the 1929 World's Fair in Barcelona. It was an important building in the history of modern architecture, known for its simple form and extravagant materials, such as marble and travertine. The building stood on a large podium alongside a pool. The structure itself consisted of eight steel posts supporting a flat roof, with curtain glass walling and a handful of partition walls. The overall impression is of perpendicular planes in three dimensions forming a cool, luxurious space. The Pavilion was demolished at the end of the exhibition, but a copy has since been built on the same site.

게다가 다음해, 그로피우스의 사임 직후 혼란 상태에 있던 바우하우스(bauhaus)의 교장이 되어, 재건에 힘을 쏟았다. 그러나 이즈음부터 나치스의 압박은 정도가 강해졌고, 폐쇄적 상황이 명백하게 된 1933년 가을에는 베를린으로 이동해 최후의 연명을 도모하고 있던 바우하우스를 스스로의 손으로 폐교하고, 독일에서의 그의 활약은 끝을 맺는다.

조국 독일에서의 미스 반 데르 로에(Ludwig Mies van der Rohe)는 불우하였다. 거기서는 그의 작품 대다수가 계획안으로 끝났다. 그러나 거기서 그가 받았던 이념은 미국이라는 새로운 활약의 장에서 크게 개화했던 것이다.

Bauhaus is the common term for the Staatliches Eauhaus, an art and architecture school in Germany that operated from 1919 to 1933, and for the approach to design that it developed and taught. The most natural meaning for its name (related to the German verb for "build") is Architecture House. Bauhaus style became one of the most influential currents in Modernist architecture. The Bauhaus existed in three different cities (Weimar from 1919 to 1925, Dessau from 1925 to 1932, and Berlin from 1932 to 1933), under three different architect-directors (Walter Gropius from 1919 to 1928, Hannes Meyer from 1928 to 1930, and Mies van der Rohe from 1930 to 1933). These changes of venue and leacership meant a constant shifting of focus, technique, instructors, and politics. When the school moved from Weimar to Dessau, for instance, the pottery shop was discontinued, although it had been an important revenue source. And when Mies took over the school in 1930, he transformed it into a private school, and would not allow any supporters of Hannes Meyer to attend. The school was founded by Gropius at the conservative city of Weimar in 1919, as a merger of the Grand Ducal School of the Plastic Arts with the Kunstgewerbeschule. Most of the contents of the workshops had been sold off during World War I. The early intention was for the Bauhaus to be a combined architecture school, crafts school, and academy of the arts. Much internal and external conflict followed. Weissenhof Siedlung in Stuttgart (1927)Gropius argued that a new period of history had begun with the end of the war. He wanted to create a new architectural style to reflect this new era. His style in architecture and consumer goods was to be functional, cheap, and consistent with mass production. To these ends, Gropius wanted to reunite art and craft to arrive at high-end functional products with artistic pretensions. The Bauhaus issued a magazine called "Bauhaus" and a series of books called "Bauhausb㉨cher". Its head of printing and design was Herbert Bayer. The Bauhaus was largely subsidized by the early Weimar Republic. After a change in local government, the school moved to Dessau in 1925, where the civic atmosphere was more industrial and progressive. After the Bauhaus moved to Dessau, a school of industrial design with teachers and staff less antagonistic to the conservative political regime remained in Weimar. This school was eventually known as the Technical University of Architecture and Civil Engineering and in 1996 changed its name to Bauhaus University Weimar. In 1927, the Bauhaus style and its most famous architects heavily influenced the exhibition "Die Wohnung" ("The Dwelling") organized by the Deutscher Werkbund in Stuttgart. A major component of that exhibition was the Weissenhof Siedlung, a "settlement" or housing project. Bauhaus School in Dessau Gropius was succeeded by Meyer, and then in turn by Mies. Under increasing political pressure the Bauhaus was closed on the orders of the Nazi regime in 1933. The Nazi Party and other fascist political groups had opposed the Bauhaus throughout the 1920s. They considered it a front for communists, especially because many Russian artists were involved with it. Nazi writers such as Wilhelm Frick and Alfred Rosenberg called the Bauhaus "un-German," and criticized its modernist styles.

미스가 최초로 미국 땅을 밟았던 것은 1937년경으로, 그에게 별장설계를 의뢰한 스탠리 리즐의 초대로, 대지를 보기 위해 갔던 것이다. 그리고 그 도중에 시카고의 아마 공과대학을 방문했던 그는, 헤럴드 학장과 건축가 존 홀라버드(John A. Holabird 1886~1945)와 만나게 된다. 그것은 1935년, 그가 홀라버드를 통해서 그 학교로부터 초대를 받았기 때문에, 50세에 가까운 연령으로, 외국생활과 언어에 대한 불안 등이 결심을 미룬 결과가 되었던 것이다. 그리고 그 여행과 만남을 통해서 미국인들로부터의 환영, 더욱이 그가 헤럴드 학장에게 제시했던 두 가지 조건 즉 교육과정의 자유로운 변화와 바우하우스의 동료 루드비히 힐베르자이머(Ludwig Hilberseimer 1885~1967)와 월터 피터한스의 교수 취임을 허락받았기 때문에 그는 그 다음해 아마 공과대학 건축학부장으로 정식이주를 했던 것이다.

그림 5-5 Brick Country House 외관(1923)

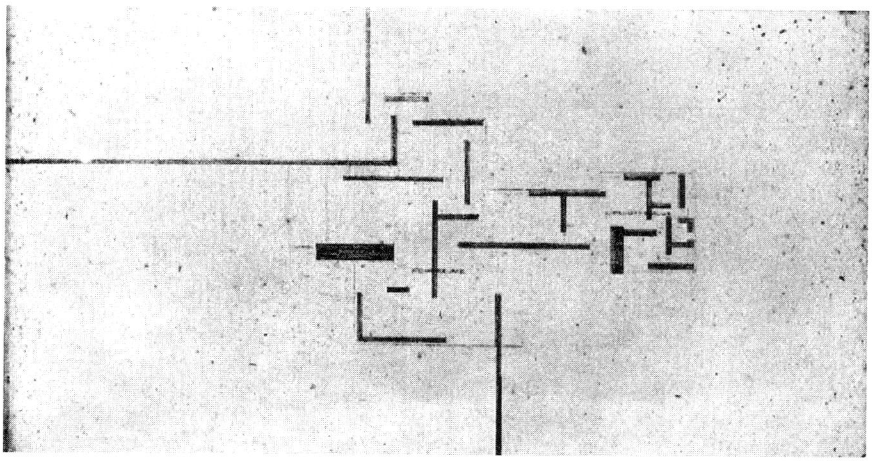

그림 5-6 Brick Country House 평면(1923)

벽돌시골집은 방들의 중심이 다른 하나로부터 가려져 있는 라이트풍의 시골 주택처럼 평면이 계획되어 있다. 개체의 계획이 더 이상 각 실들의 볼륨계획이 되지 못하지만 비 내력벽은 평평한 지붕아래서 정원까지 미끄러져 위요감을 없애고 있다. 비내력의 면들에 의한 공간의 흐름은 후에 미스 건축 발전에 가장 중요한 역할을 하게 된다. 이것이 가장 극적으로 표현된 것이 1929년 바르셀로나 파빌리온이다.

그림 5-7 Hous Wolf, 1925~1926, Guben

그림 5-8 Hous Wolf, 1925~1926, Guben

Ludwig Karl Hilberseimer (1885~1967) was a German architect and urban planner best known for his ties to the Bauhaus and to Mies van der Rohe. In July 1933 Hilberseimer and Vasily Kandinsky were the two members of the Bauhuas that the Gestapo identified as problematically left-wing. Hilberseimer fled Germany in 1938 for Chicago to work for Mies, and became director of Chicago's city planning office.

그와 같이, 미국에서의 최초 임무는 건축교육이었지만, 실제로 건축 활동은 1940년, 아마 공과대학이 루이스 대학과 합병되어, 일리노이 대학(IIT)으로 다시 태어났을 때부터이다. 그는 새로운 캠퍼스의 전체 계획과 각동의 설계를 일임 받고, 1958년 설계활동에 전념하여 IIT에 17동의 작품을 남기게 되었다.

미스가 IIT 이외의 작업을 하기 시작했던 것은 1950년 이후의 일이다. 그것은 1949년부터 1951년에 이르기까지 계속되었으며, 프로몬토리 아파트(1946~1949 Promontory Apartments, Chicago, Illinois), 환스워스 저(1945~1950 Fox River House 'Fcrnsworth House', Plano, Illinois), 레이크쇼 드라이브 아파트(1948~1951 860 and 880 Lake Shore Drive Apartments, Chicago, Illinois)의 성공으로 이어졌다. 이 성공의 음지에 있었던 이는, 프로몬토리 이후 많은 작품의 건축주로서 협력했던 실업가 하버드 그린웰드이다. 건축가의 화려한 성공 뒤에는 이 실업가의 결정적인 역할을 무시할 수 없을 것이다.

미스의 건축계에 대한 활약과 공헌에 대해, 1959년, 영국왕립건축가협회(RIBA) 금상, 1960년 미국건축가협회(AIA) 금상 등, 많은 상을 수여하게 되었다. 또한 여러 대학에서 명예박사학위를 받아 그 수가 총 8개가 되었다. 1969년 8월 19일 오랜 투병생활 끝에 미스는 83세의 생애를 시카고에서 마쳤다. 그것은 또한, 근대건축의 위대한 시인의 죽음이기도 했다.

The Farnsworth House is a house built by Ludwig Mies van der Rohe. It is located approximately 80 kilometers west of Chicago, in the town of Plano, Illinois. The Farnsworth House is considered an excellent example of modernism in architecture. The minimal lines and enlongated glass walls seem to float above the green grass of the Fox River Valley. The building was designed to be surrounded by trees, with the trees themselves providing cooling during the summer. The Farnsworth House is heated through electric coils in the concrete floor. The sheer number of windows made living in the Farnsworth House difficult. Additional complications related to the unique format include high heating costs, rapid discoloration of the concrete porches during fall (they must be bleached), and the high level of cosmetic attention demanded by the painted iron frame. While the building makes a powerful statement about the potential of modernist design, even Mies admitted that the house is unsuitable for normal household living. Inside, the house is essentially one large room with freestanding dividers that provide some differentiation between the spaces. Very private areas such as toilet and bath are obscured from view by these dividing walls. The entire complement of interior decor, furniture, and equipment was designed by Mies expressly for this house.

시대적 상황

역동적이며 변화무쌍한 19세기는 혁명과 진보의 시대임은 물론 과학과 기술의 시대였고, 강력한 추진 장치에 의한 가속도가 20세기 초의 대 폭발을 향해 직선운동 하던 시대였다.

특히 1848년 〈공산당 선언〉, 1914년 세계 제1차 대전과 1917년 10월 혁명 등 전쟁과 혁명으로 점철된 19세기 말 20세기 초의 사회적 상황은 과학기술의 발달로 인한 산업혁명과 함께 사회적인 혼란과 불안, 몰 개성화(인간성의 상실)와 현실도피의 경향이 주류를 이루어 더 이상 인간이 세계의 중심이 아님을 입증하는 계기가 되었다.

이 시기에는 다음과 같은 중요한 사회적 지향과 미학적 전망을 공통적으로 갖는 시대이었다고 할 수 있다. 첫째 패러독스 · 모호성 · 불확실성 즉 19세기 후반에, 종교적 · 철학적 · 과학적 확실성(신, 객관적 진리, 역사적 발전 등), 그것과 더불어 확정된 관점이었던 개념 등의 상실과 부닥치면서, 모더니스트들은 세계의 역설적인 다면성을 탐구하게 되었으며, 둘째 〈비인간화 dehumanism〉와 통합적인 개인의 주체 또는 개성의 붕괴 등, 이런 사회적인 상황과 지향하는 것으로부터 현대예술과 현대과학은, 근원적으로 입체주의(Cubism)에서 통합되어지게 된다. 즉 시간과 공간의 상이한 각도와, 순간의 입체파적 병렬 그리고 다이내믹한 충돌은 고정적이고, 절대적이었던 진리, 즉 일정 지점에서 외부 관찰자에 의해 바라보이는 일의적 객관 질서라는 개념의, 상대주의적 포기를 의미하기도 했다.

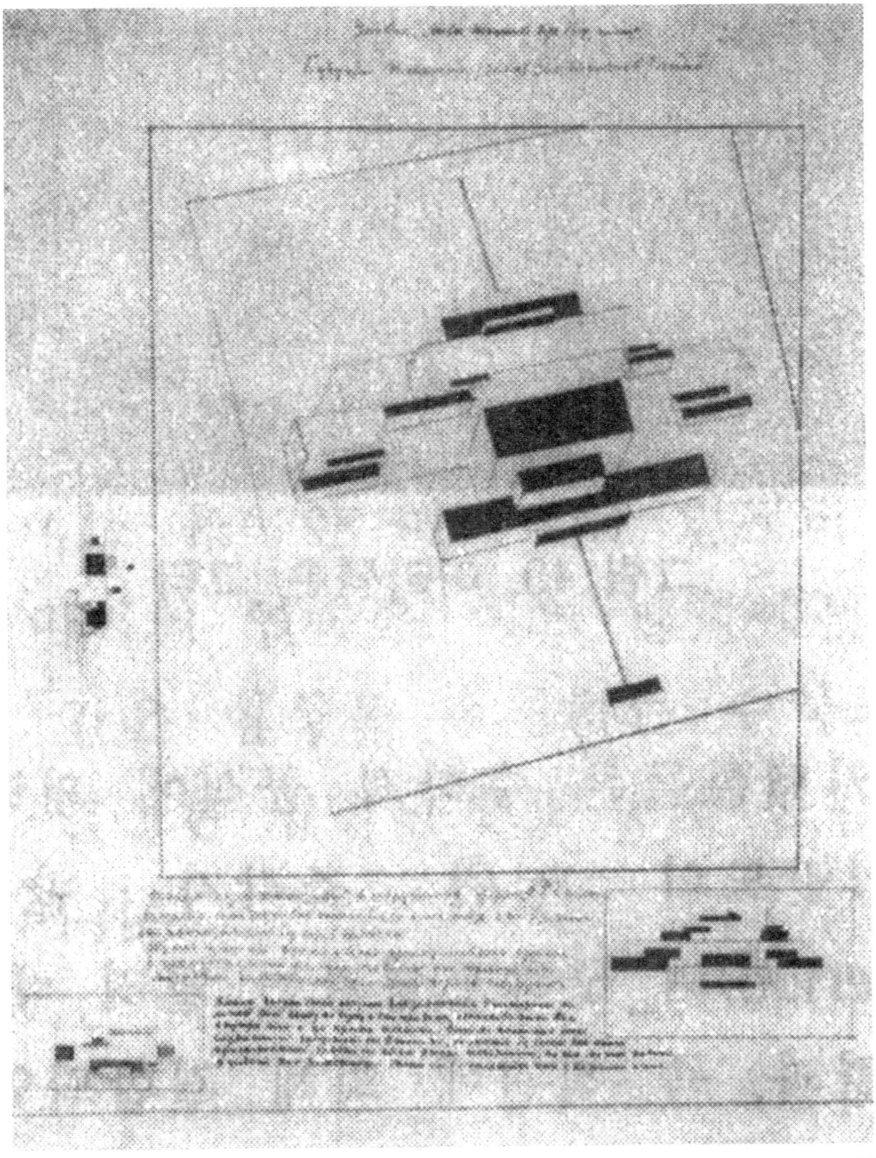

그림 5-9 "FUTURE PLANETS"--"HOUSES FOR THE EARTH DWELLERS" KASIMIR MALEVICH

그림 5-10 Meomorial to Rosa Luxemburg and Karl Liebknecht, 1926

그림 5-11 Lenin Institute, 1927, Leonidov

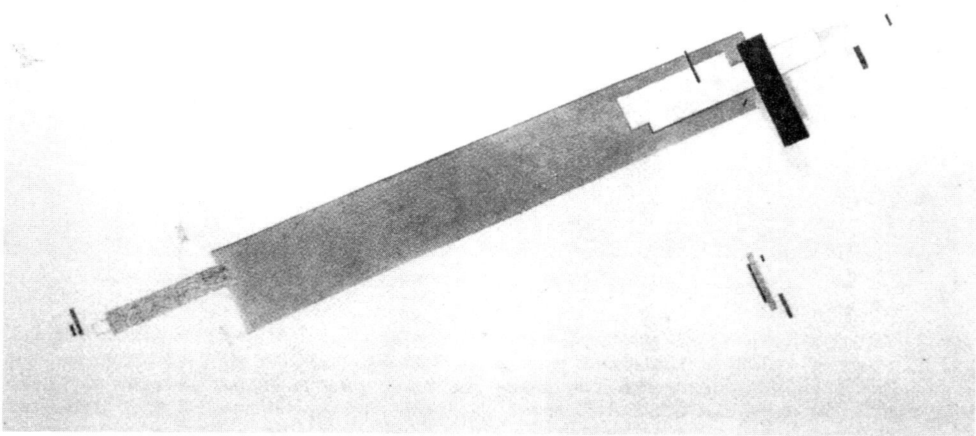

그림 5-12 Suprematism, Nikolai Suetin, 1931

그림 5-13 Hous Lange, 1928, Krefeld, Federal Republic of Germany

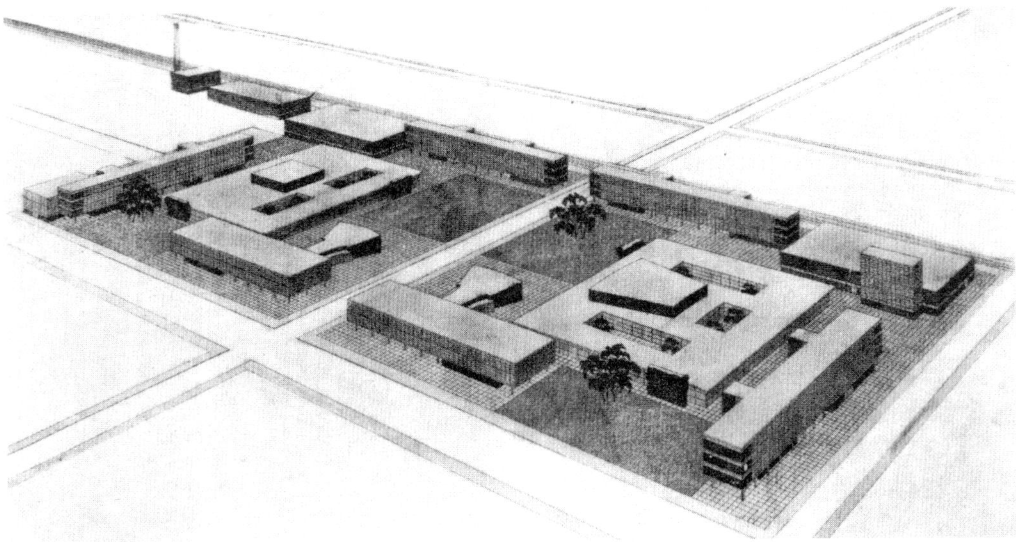

그림 5-14 Preliminary campus plan, Illinois Institute of Technology, 1939, Chicago, Illinois

그림 5-15 Rasor House(1938) 미스 반 데르 로에. Model

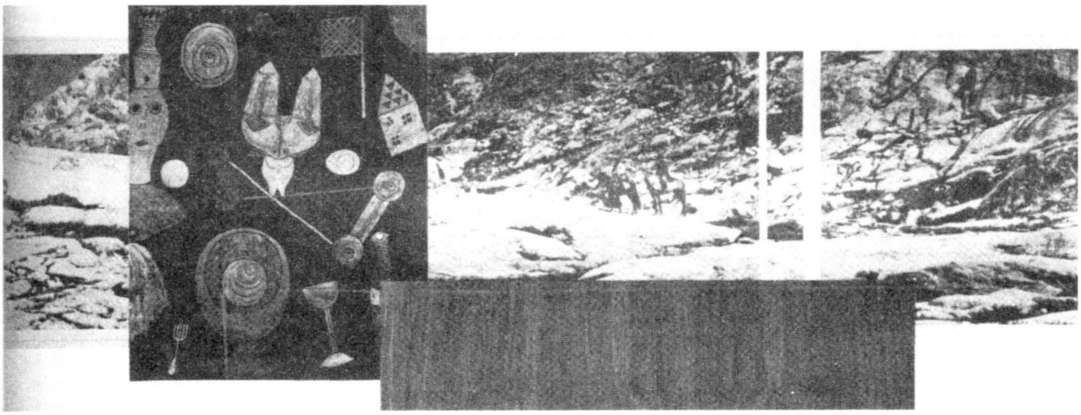

그림 5-16 Rasor House(1938) 미스 반 데르 로에. View from interior

그림 5-17 Rasor House(1938) 미스 반 데르 로에.
Inetrior perspective of living room looking south through window

그림 5-18 German Pavilion, International Exposition, Barcelona, 1928~1929, Spain.

이러한 시대적 상황으로부터, 근대회화의 성과는 투시도(perspective)라는 화면의 고정적인 틀을 파기하고 화면에서 공간을 구축하기 위한 모색을 시도하였다는 데 있다. 이 새로운 화면공간은 예술의 형식주의를 기반으로 한 색채나 형태 등 구성요소의 자율적 관계에 바탕을 두었다.

이런 현상은 문화 예술계에서 입체주의(Cubism)와 더불어 **미래주의(Futurism)**, **다다이즘(Dadaism)**, **초현실주의(Surrealism)**, **신조형주의(Neoplasticism)** 그리고 **절대주의(Suprematism)** 등 전례 없는 양상들로 나타나게 되면서 양식의 다양화 속에서 혼전의 양상을 갖고 있었다.

이중에서 특히 러시아의 말레비치가 주창한 절대주의(Suprematism)는 리시츠키로 이어지는 러시아 구성주의(Russian constructivism)와 구축주의(Russian Productivism)에 많은 영향을 미치면서 러시아의 현대예술을 이끌어 왔다고 할 수 있으며, 현재 논의되고 있는 해체주의(Deconstructivist)의 근간이라고 보는 시각에서도 중요한 위치를 차지하고 있는 실정이다.

입체파Cubism 그 미학은 회화에서 비롯하여 건축 · 조각 · 공예 등으로 퍼지면서 국제적인 운동으로 확대되었다. 그 특질은 무엇보다도 포름(forme)의 존중에 있으며, 인상파에서 시작되어 야수파 · 표현파에서 하나의 극(極)에 달한, 색채주의에 대한 반동으로 보인다. 자연을 재구성할 것을 목표로 한 세잔에서 원류를 찾을 수 있으나, 역사를 거슬러 올라가면 이탈리아 르네상스의 원근법(遠近法)의 대가인 우첼로, P.D.프란체스카, 17세기 프랑스의 G.드 라투르 등에서도 입체파적인 추구를 발견할 수 있다. 또 나무를 쌓아올린 것 같은 입체표현에 뛰어난 루카 칸비아노, 프라체리, 독일의 뒤러 등도 입체파의 선구자라고 할 수 있다.

후에 다다이즘은 더욱 철저한 콜라주를, 쉬르레알리스트는 포토몽타지를 펼치게 되나, 그것도 입체파의 현대적 발상의 하나였다. 입체파의 종합적인 전람회는 1911년의 살롱 데장 데 팡당에서 개최되었는데 당시 출품자에는 앞서 말한 4인 외에 들로네, 뒤샹, 비용, 로랑생 등이 포함되어 있으며, 소박한 화가로서 알려진 H.루소의 작품에서도 입체파적인 조형을 찾아볼 수 있다. 이 중 입체파의 색채 경시의 경향을 다시 문제삼아, 다채로운 색을 동시적인 존재로 바꾼 것이 들로네의 오르피즘이며, 그의 이론이 마케, 마르케, 클레를 중심으로 한 청기사(靑騎士)운동에 미친 영향은 매우 크다.

또 사람들 중에서는 J.그리스를 전형적인 입체파 화가로 보는 사람도 있으나 그것은 분석적 입체파에서 종합적 입체파로의 전환에 미친 그의 공적을 인정하기 때문이며, 사실 J.그리스의 경우 후년의 피카소, 브라크에 비하여 입체파에 몸 바친 경향이 전혀 없는 것도 아니다. 독일의 입체주의자로는 보통 슐

레머, 바우마이스터를 들고 있다. 운동으로서 입체파의 역할은 이윽고 제1차 세계대전을 계기로 소멸해 가나, 그 후 20세기 미술에 끼친 영향은 헤아릴 수 없을 만큼 크다.

미래주의Futurism 전통을 부정하고 기계문명이 가져온 도시의 약동감과 속도감을 새로운 미(美)로써 표현하려고 하였다. 이 운동은 1909년 시인 F. T. 마리네티가 프랑스의 신문 『피가로 Le figaro』에 「미래주의 선언: Manifeste de Futurisme」을 발표한 것이 그 효시이다. 이 선언에서 마리네티는 과거의 전통과 아카데믹한 공식에 반기를 들고 무엇보다도 힘찬 움직임을 찬미하였다. 이러한 경향은 전쟁을 찬미하기도 하고, 미술관이나 도서관을 묘지(墓地)로 단정, 그 파괴를 바랄 정도로 과격한 것이었다. 이를 이어받아 U.보초니, C.카라, L.루솔로, G.발라, G.세베리니가 이듬해 「미래주의회화 기술선언」을 발표함으로써 미래주의의 미술운동이 조직되었다. 이 밖에도 역시 다섯 사람이 서명한 〈미래주의 제3선언〉, 보초니에 의한 〈미래주의 조각기술 선언〉(모두 1912)이 있다. 그들은 같은 시기에 프랑스에서 전개되었던 입체주의와 마찬가지로, 시점을 고정시키지 않고 복수(複數)의 시점에서 움직임을 파악하려고 하였다. 예컨대 "질주하고 있는 말의 다리는 4개가 아니라 20개이다"라고 주장하고, 잔상(殘像)에 주의하면서 보고 있는 것과 기억하고 있는 것을 종합함으로써 관객을 화면의 중심으로 몰아넣으려고 하였다.

초현실주의Surrealism 초현실주의가 명확한 형태를 갖추게 된 것은 앙드레 브르통이 『쉬르레알리슴 선언』을 발간한 1924년부터이며, 1925년에는 이 운동의 첫 종합전이 파리에서 개최되었다.

초현실주의는 이성(理性)의 지배를 받지 않는 공상 · 환상의 세계를 중요시한다. 따라서 일반적으로 초현실주의는 사실주의나 추상예술과는 대립되는 것으로 간주하기 쉬우나, 반드시 그런 것은 아니다. 예를 들면 달리의 작품 속에서 찾아볼 수 있는 세밀한 묘사력은 사실(寫實)의 극치라고도 할 수 있으며, 또 A.마송, J.미로, M.에른스트의 작풍(作風)에도 추상화의 경향을 볼 수가 있다. 따라서 이것은 기술적으로는 사실성 · 추상성을 내포하고 있다고 말하는 것이 타당하다.

제1차 세계대전 후, 다다이즘의 파괴적인 태도에 만족할 수 없었던 브르통, L.아라공, P.엘뤼아르, F.수포, A.페레, R.데스노스, 크르베르 등이 『쉬르레알리슴 혁명』지(誌)(1924~1929)를 통해 문학 운동을 펼쳤다. 영감(靈感)의 발생을 천명하기 위해 프로이트의 정신분석에서 출발한 이 운동은 꿈이 지니고 있는 여러 힘의 찬양, 자동기술(自動記述)에 대한 깊은 신뢰, 초현실적 사실의 열렬한 탐구와 평행하여 사회생활이 개인에게 강제하는 모든 것의 금지를 문제 삼고 혁명을 통한 자유의 도래를 그려보며 영원히

온갖 제약을 파기하고, 종교적 · 정치적 신화를 타도하고 사회의 명령에서부터 해방된 개인의 승리를 보장하려 했다.

신조형주의Neoplasticism 네덜란드의 P.몬드리안을 중심으로 한 기하학적 추상주의의 일파 또는 그 운동으로 이 운동을 주도한 몬드리안은 1912년에 파리에서 큐비즘을 공부한 뒤 더욱 이 경향에 빠져, 수평선과 수직선, 또는 정사각형과 직사각형이 엮어내는 면과 선 및 삼원색 만에 의한 청결한 색채효과의 표현에 힘썼다. 1917년 반 도스부르흐, 반톤게르로 등과 잡지 『데 스틸 De Still』을 발행하고 순수한 조형회화 운동을 추진하였다. 1920년에 발간된 몬드리안의 『새로운 조형 Neo plasticisme』은 그 이론적 해명이다. 이 책은 1925년 『바우하우스 총서』의 한 책으로 출판되었는데 이는 이 운동이 바우하우스에게 영향을 미쳤음을 말해주고 있다.

네오플라스티시즘은 1925년 이후 점차 분열하여 1932년에는 『데 스틸』도 폐간되었지만, 그가 내건 합리주의 존중과 형식의 순수성에 대한 주장은 20세기의 반사실적(反寫實的)인 미술운동의 일환으로서 회화뿐만 아니라 건축 · 공예 · 상업미술 등에 광범위한 영향을 끼쳤고 새로운 조형이념의 창조 · 실현에 기여한 바가 컸다.

절대주의Suprematism 러시아혁명 시대에 화가 K.S.말레비치가 창시한 선구적 추상회화의 이념으로 지상주의(至上主義), 절대주의라고 한다. 큐비즘의 사고방식을 깊이 파고들어 '절대적으로 순수한 기하학적 수상'을 표방하여 1913년 말 모스크바에서 흰 바탕에 검은 정사각형을 두 개 연필로 칠한 그림을 전시한 데서 비롯되었다. 이와 같이 비대상적(非對象的) · 비(非)재현적인 순수한 감각 내지 지각을 '지상(至上)'의 것, 다시 말하면 회화예술에 있어서의 궁극적(究極的) · 최후적, 혹은 결정적 · 절대적인 것으로 생각한 것이다.

우선 사각형을 요소로 하고, 그 뒤 다시 원형 · 십자형 · 삼각형 따위를 곁들여, 기본형태만으로 화면을 구성한다. 이러한 주장은 1915년, V.V.마야코프스키와 그 밖의 다른 전위시인(前衛詩人)의 협력을 얻어 쉬프레마티슴선언으로 발표되었다. 작품도 『흰 바탕의 흰 방형』(1919)으로 정점에 달한 느낌이 있었으나 1920년대에 들어서면서 역전하여 소련 정부의 미술정책에 따라 부정되었다.

그러나 국외에서는 환영을 받아 1927년에는 이전의 선언을 자세히 설명한 쉬프레마티슴 회화론이 『비대상적 세계』라는 이름으로 바우하우스에서 간행되는 등 독일을 위시한 다른 많은 나라에 영향을 미쳤으며, 같은 계통의 비대상주의(르도첸코), 구성주의(타트린) 등과 함께 구체예술의 원천적 계보를 이루었다.

구성주의Constructivism Cubism is "the art of painting new compositions by means of elements taken from atainable-rather than visual-reality." (G. Apollinaire)

Suprematism represents a logical continuation of Cubism in its striving to give substance to the new non-objective cosmic concept of a spatially integrated world and its structural unity. "I have destroyed the ring of the horizon and stepped out of the circle of things" (Malevich). The constructivists in 1920 regarded Suprematism as an intermediate stage on the way to Constructivism, which derived much of its treatment of space from Malevich's system. Constructivism is the organisation of the given material on the principles of tectonics, structure and construction, the form being defined in the process of creation by the utilitarian aim of the object. (LEF, 1923) Larissa Zhadova-Malevich, suprematism and revolution in russian art, 1910~1930.

"The concept of Constructivism arose from Russia. It is applied to an art that utilizes modern structural components instead of the usual materials, and pursues constructional aims."(Hans Richter)

러시아 혁명을 전후하여 모스크바를 중심으로 일어나, 서유럽으로 발전해 나간 전위적(前衛的)인 추상예술 운동으로 구성파라고도 한다. 일체의 재현(再現) 묘사적(描寫的) 요소를 거부하고, 순수 형태의 구성(構成)을 취지로 하며, 따라서 회화나 조각의 영역에서는 기하학적 추상(幾何學的抽象)의 방향을 취한다. 금속이나 유리, 그 밖의 근대 공업적 신 재료를 과감히 받아들여 자유롭게 쓰지만, 자기표출(自己表出)로서의 예술이기보다, 공간구성 또는 환경형성을 지향했다. 필연적으로 기능성이 중시되고, 기계주의적 내지는 역학적(力學的)인 표현이 강조되었다. 재래의 회화나 조각의 개념을 풀어 헤치고, 새로운 공업시대에 적응하는 조형의 방법을 찾으려는 자세가 뚜렷했다.

구성주의는 개성보다는 법칙성을 우위에 둔 라리오노프의 레요니슴(Rayonism: 光線主義)선언

(1912) 무렵으로 거슬러 올라간다. 라리오노프는 대각선이 교차되는 것뿐인 작품을 발표하고 이 주의를 표명하였다. 그의 주변에는 K.S.말레비치, 타틀린, 시인인 V.V.마야코프스키가 있어서, 신시대의 예술 창조의 기운이 무르익고 있었다. 레요니슴에 이어 큐비즘을 급속히 밀고 나가던 말레비치는 1913년 흰 바탕에 검은 원 · 정사각형 · +자형만 그린 작품을 발표하고, 거의 그 진로를 결정하였다. 마야코프스키의 협력을 얻어, 말레비치는 1915년에 절대주의 또는 예술지상주의라고 할 쉬프레마티슴(suprematisme)을 표명하였는데, 이것이 그 후의 구성주의의 기초가 되었다. 이 무렵에 타틀린은 피카소의 영향을 받아 나무나 금속 등을 사용해서, 비재현적인 릴리프를 시도하고 있었다. 이런 풍토 속에 제1차 세계대전 후 유럽으로부터 A. 페브스너 · 가보 · 리시츠키 · 칸딘스키 등이 귀국하고, 또한 A.M. 롯첸코도 가담하여, 러시아 혁명이란 사회의 변혁기와 호응하면서 구성주의 운동이 결속된다.

해체주의Deconstruction 종래의 로고스(logos) 중심주의적인 철학을 근원적으로 비판하는, 프랑스 철학자 J.데리다(1930~)의 독자적인 중심 사고방식으로 탈구축(脫構築)이라고도 한다. 그는 지금까지의 서유럽의 전통적 형이상학을 철저하게 비판하고 그 사상의 축(軸)이 되었던 것을 모두 상대화(相對化) 시킴으로써 새로운 사상을 구축하려 하였다. 그 경우에 먼저 비판의 대상이 되는 것은 미리 주어진 것으로서 존재하는 '전체성(全體性)'이라는 사고방식이고, 그 다음이 그 배후에 있는 신(神)이라는 궁극의 존재를 지주(支柱)로 하는 서구의 '전통적 형이상학'이다.

이 형이상학적 사고에 대한 디컨스트럭션은 서구사상의 근저(根底)에 관계되는 어려운 작업이어서 결코 쉽게 이루어지는 것이 아니다. 왜냐하면 디컨스트럭션의 대상은 사물과 말(언어), 존재와 표상(表象), 중심과 주변 등, 형이상학적 사고에 의하여 지탱되어 온 모든 2원론의 입장을 모두 새롭게 고쳐 구축하려고 하기 때문이다. 그 결과, 의미의 불확정성을 비롯한 일종의 혼란상태가 생기는 것도 당연하다. 데리다의 사상은 결코 고립된 것이 아니며, R.바르트(Barthes: 1915~1980)나 M.푸코(Foucault: 1926~1984)에 의하여 이루어졌던 서구사상에 대한 상대화의 시도를 계승한 것이고, 통일적인 것을 거부하여 리좀상(狀)의 것, 유목민적인 운동을 사상에서 구하는 G.들뢰즈(Deleuze: 1925~1995)나 P.F.과타리(Guattari: 1930~)의 사상과도 연동(聯動)한다.

미스의 건축사상

미스(Mies van der Rohe)의 건축사상은 결국 전쟁과 이데올로기의 출현에서 오는 사회의 허무주의적인 사상을 갖고 있다. 그는 1914년 세계 제1차 대전의 발발과 함께 전쟁에 참가하게 되고 이윽고 독일 군수산업의 절대적 권력이 패배 되어 붕괴되는 것을 보았으며, 전후 독일의 경제 및 정치적 혼란 상태로부터 오는 허무주의적인 감성은 미스의 대전 전의 사상에 많은 수정을 가하는 기회가 된 것 같다. 다다이즘과 함께 20세기 전위예술운동 중에서 가장 극렬하고 도발적인 성격을 드러내었던 미래주의의 파괴적 공격성에 내재한 파시즘을 발견한 사람은 벤야민(Walter Benjamin)이었는데, 이미 루나차르스키는 러시아의 전위예술이 이태리의 미래주의처럼 파시스트적인 요소가 있다고 주장했다 더욱이 미스의 그러한 감성은 다다이스트(Dadaist)들의 중심사상으로, 기계화된 세계대전의 공포로 이미 파산되어버린 논리와 이성에 대한 우연성과 부조리의 항의로서, 의도된 허무주의적 무의미성과 연결되고 있으며, 베를린에서는1919년 공산주의 지지자들과 밀접히 제휴하여 치열한 그러나 분명한 사회비평의 예술로 발전되기도 했다. 이제 개인은 중요성을 잃었다. 그 운명은 이제 우리의 흥미를 끌 수가 없다. 미스의 기조저음은 "인간"의 개별성에 대해 철저한 니힐리즘이다. 그리고 미스의 행동에 있어 비정치적이고 합리적이라고 하는 불가해함은, 이 니힐리즘의 다른 파사드에 불과하다. 그러나 한편으로는 이 "인간" 배제의 허무주의야말로, 미스를 "건축"의 자율적 충동을 허락한 특권적인 "장"이 된 것은 아닐까. 인간이라는 타인이 배제됨으로서 순수 배양된 "건축" 만일 미스의 건축에 이 가설이 성립되었다면, "건축"의 욕망이 최초로 "자유로운 운동"을 가능하게 한 유토피아를 향하게 하고, 최후에는 "거의 아무것도 없는(almost nothing)" 공동(空洞), 즉 건축 없는 "건축"에 충동적으로 이른다는 "건축"사의 전말은 "인류"에게 있어서도 극히 흥미로운 결과라 하지 않을 수 없다.

이제 미스의 역할은 시대요구에 현실주의와 기능주의를 결부시킴으로서, 현대의 가능성을 표현하는 것이었다. 거기서는 모든 개인적인 표현은 부정되고, 오로지 시대적인표현만이 남아 있었다. 미스는 개인적인 연상을 전적으로 부정하고, 건축가 한 개인이 자기 나름의 판단과 그의 유희로 건축공간을 독점할 수 있는 시대가 아니라는 입장을 취하고 있는 것이다. 누가 한 개인의 연출에 따른 생활을 할 수 있겠는가, 현대는 독재자를 허용하지 않는다. 여기에 현대의 건축적 입장이 있다고 할 수 있다. 건축이 변화할 수 있는 범위는 그 기능과 사용되는 재료에 의해서 만 가능하다. 여기서 가리키는 개인부정은, 인간성의 부정과는 전적으로 다른 것이다. 오직 개인적인 표현만을 부정하고 있을 따름이다.

한편 미스는 1910년 베를린의 프랭크 로이드 라이트 개인전에서 강한 영향을 받는다. 이 영향은 이후 미스의 작품 중에서 현저하게 나타난다. 1922년 미스는 데 스틸(1931년 해체)의 이론적 지도자 데오 반 도스부르그와 알게 되었으며 그의 영향 하에서 연화조의 전원주택을 계획했다. 이 주택은 신 조형주의적인 구성법과 라이트의 풍토 속에서 자란 것 같은 유기적인 건축의 채택방법을 융합해서, 독자적 건축에까지 이르게 되었다. 이후 그것은 미스의 유니버설 스페이스(Universal Space)의 원형으로 발전하게 된 것 같다. 1923년 이후 미스의 작품 중 정도의 차이는 있지만 3가지 주요 영향을 보여주고 있다. 첫째; 베를라헤(Berlage)의 벽돌의 전통과 "명쾌하게 하지 않은 것은 건설되어서는 안 된다"고 하는 가르침, 둘째 ; 프랭크 로이드 라이트(Frank Lloyd Wright)의 1910년 이전의 작품 즉 이것은 데 스틸(De Stijl) 그룹을 통해 여과되었지만, 1910년 암스테르담파의 총 지휘자가 주최가 되어 개최한 전시회에서 베를라헤(H. P. Berlage)는 내가 마음속에서 의도하고 있었던 건축, 그것이 이미 신대륙에서는 실제로 지어져서 존재하고 있었다고 하면서, 많은 영향을 받게 된다. 서구의 건축에 대해 이것은 혁명적인 것이었다. 특히 네덜란드의 건축가에 대해서는 더 많은 영향을 주었던 것 같다. 1차 대전 후 나타난 데 스틸은 분명 라이트에게 많은 영향을 받은 디자인 경향을 나타내고 있다. 그 영향은 미스가 설계한 벽돌조 전원주택(1923년)의 풍경으로 확대되고 있는 수평성이 강한 윤곽 중에서 나타나고 있다. 셋째 ; **카지미르 말레비치(K.Malevich)**의 **절대주의(Suprematism)**이다.

Suprematism means, in Kasimir Malevich's own words, "supremacy of forms". It is almost a study in "abstract" forms conceived in itself non-objective and not related to anything except geometric shapes and colours. Malevich created a type of suprematist grammar of forms that was rooted in squares. In the 0.10 exhibition in 1915 also called the "last futurist exhibition" Malevich exposed his very first experiments in suprematist painting. The centrepiece of his show was the "Black quadrilateral on white", placed in what was called the "golden corner" in ancient orthodox tradition the place of the main icon in a house. Malevich considered this picture the ground zero for suprematism. Suprematism follows the ideas of Non-Euclidean geometry and fourth dimension spread developed by the Russian mathematician Lobachevsky. In this view, each picture is a frozen image of an eternal movement of forms in an ideal space of n dimensions no up nor down, no left nor right. The fundamental visual grammar of

Suprematism also includes the circle and the cross, made of two elongated squares, forming two rectangles that cross one another. Malevich always used the symbols of orthodox tradition. Deprived of the right to paint abstract pictures, Malevich nevertheless retained his main conception. In his self-portrait of 1933 he represents himself in a very traditional way the only way permitted by Stalinist cultural policy but signs the picture with a tiny black-over-white square.

이것은 리시츠키의 작품을 통하여 해석되었다. 절대주의는 미스를 자극해서 자유로운 평면을 개발하도록 만들고 있다. 미스의 건축 이상은 Karl Liebknecht와 Rosa Luxemburg기념비나 Wolf주택(모두 벽돌조이며 1926년에 완성되었다.)에서 성취되고 있으나, 자유평면은 1929년의 바르셀로나 전시관에서 완전하게 완성되어 나타나고 있다. 1988년도 미스의 초기경력의 절정은 그가 바이젠호프 집합주택을 마무리한 이후 설계한 3가지 대표작에서 이르렀다 : 즉 1929년 바르셀로나 세계박람회에서의 독일정부 전시관, 1930년 체코슬로바키아의 브루노(Bruno)에 건설된 투겐트하트 주택, 1931년 베를린 건축박람회를 위해서 건설한 모델주택이 그것이다. 이러한 작품에서 수평방향으로 혹은 원심 적으로 확대되는 공간구성이 독립해서 서 있는 벽면이나 기둥에 의해서 분할되고 분절되고 있다.

이러한 미학은 기본적으로 라이트 풍이었지만, 라이트를 G집단(Gestaltung의 약어)의 감성과 데 스틸(De Stijl)의 형이상학적 공간개념을 통하여 재해석한 것이었다. 알프레드 바(Alfred Barr)가 지적하고 있듯이, 미스가 설계한 벽돌조 전원주택의 내력벽은 반 도스부르그가 1917년 그린 회화 〈러시아 무용의 리듬 Rhythms of a Russian〉 중에서 볼 수 있는 일단의 요소들과 같이 풍차 형으로 배치되어 있었다.) 이와 같이 초기 독일시대 미스의 작품은 1922년 데오 반 도스부르그와의 만남과 더불어 라이트를 재해석한 데 스틸(De Stijl)의 이론을 바탕으로 발전하면서 1923년에 창간된 잡지 『G』에서는 리시츠키와의 공동 편집인으로 참여하면서 말레비치의 절대주의를 계속 탐구하는 과정이었다고 할 수 있을 것이다. 또한 1930년 바우하우스 교장으로 들어갔을 때 거기에는 이미 표현주의에서 구성주의적 경향을 가진 교수진에 급진적인 구성주의적 경향이 만연되어있었으며, 미스 반 데르 로에는 그러한 분위기를 참조하고 영향 받았을 것으로 생각할 수 있다.

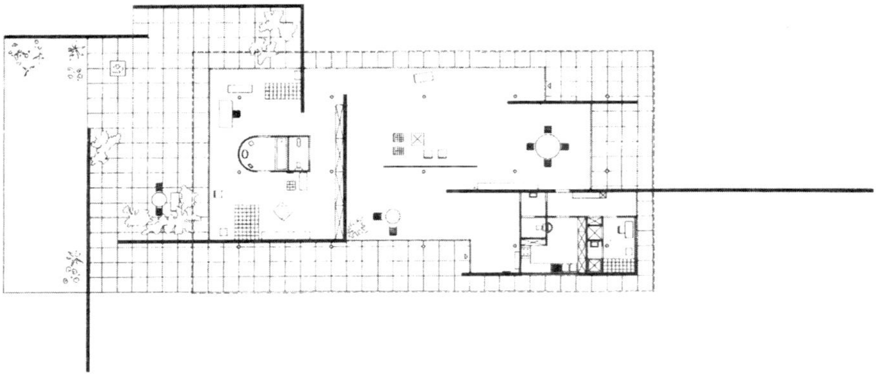

그림 5-19 Tugendhat House, Brno, 1928~1930, Czech Republic.

그림 5-20 Fox River House (Farnsworth House), Plano, 1945-1950, Illinois, USA.

그림 5-21 Fox River House (Farnsworth House), Plano, 1945~1950, Illinois, USA.

그림5-22 Fox River House (Farnsworth House), Plano, 1945~1950, Illinois, USA.

다다이즘Dadaism

조형예술(造形藝術)뿐만 아니라 넓게 문학 · 음악의 영역까지 포함한다. 다다란 본래 프랑스어(語)로 어린이들이 타고 노는 목마(木馬)를 가리키는 말이나, 이것은 다다이즘의 본질에 뿌리를 둔 '무의미함의 의미'를 암시하는 것이라고 하겠다. 다다이즘은 처음 스위스의 취리히에서 시작되었다. 1916년 2월 작가 겸 연출가인 H.발이 카바레 볼테르를 개점하고, 시인인 T.차라, R.휠젠베크 등과 함께 과거의 모든 예술형식과 가치를 부정하고 비합리성 · 반도덕 · 비심미적(非審美的)인 것을 찬미하였다. 차라는 "새로운 예술가는 항의한다. 새로운 예술가는 이미 설명적 · 상징적인 복제(複製)를 그리는 것이 아니다. 그는 돌이나 나무나 쇠로[鐵]로 직접 창조한다. 특급기관차(特急機關車)와 같은 새로운 예술가의 유기체(有機體)는 순간적인 감동을 싣고 모든 방향으로 향할 수 있는 것이다"라고 선언하였다. 여기에 오늘날 말하는 자유분방한 오브제(objet)가 등장하는데 그것들은 문자 그대로 중립(中立)을 선언하면서 스위스에 모인 망명자들의, 밖에서의 참혹한 살육을 의식한 발언이며, 그들은 종래의 예술작품이 외적(外的) 폭력에 대해 얼마나 무력했는가를 전쟁 체험을 통하여 느끼고 있었다고 할 것이다. 잡지 『다다』가 발간되고 우연을 이용한 추상시 · 음향시가 발표되는 등 이 취리히 다다는 1920년까지 계속되었다.

말레비치(K.Melevich)의 절대주의 회화

말레비치는 초기작품에서 인상파는 물론 야수파를 추종하고 있으나, 1912년에 파리를 여행한 이후에는 피카소와 입체파의 영향을 받고 있다. 이러한 것은 그가 1912~13년에 그린 〈칼 가는 사람(Knife- Grinder)〉에서 잘 나타나고 있다.

말레비치는 입체파와의 결정적인 한계를 지적하며, 자신의 절대주의를 다음과 같이 설명하고 있다. "새로운 '회화적 사실주의', 즉 절대주의는 이미 무에서 창조되며 '직관적 이성'으로 발견되는 새로운 형태의 구축을 실험하였다. …나는 나 자신을 형태의 '영도 상태'로 변환시키고 영도를 통하여 창조에 도달한다."

절대주의에 대한 그 자신의 정의를 읽어보면 그가 미술을 모든 것 위에 위치시키고 또한 미술에 보편적 가치를 부여하고자 하였음을 충분히 알 수 있다. "정사각형을 이루는 표면이 절대주의 즉, 추상적 창작의 형태 속에 나타나는 색채의 새로운 사실주의의 기원이었다. 전반적인 추상회화와 관련시켜 볼 때 나는 일반적으로 절대주의는 특별한 테마나 대상들과 연관되어 있지 않으며, 단지 일반적으로 가능한 어떤 종류의 수식도 없는 순수한 추상성과 더욱 밀접히 관련되어 있음을 강조하고자 한다."라고 설명하고 있다. "절대주의란 회화에서 순수한 느낌 또는 지각의 최고 상태를 의미한다. 절대주의자의 관점에서 외적인 표출은 아무런 흥미를 갖지 못한다. 단지 감수성만이 가장 중요하며 감수성은 분위기에 영향을 받지 않는다. 최고의 목표는 사회적이거나 물리적인 영상에서 해방된 예술이다. 절대주의자에게 있어서 대상 그 자체가 의미하는 것은 아무 것도 없다. 고려될 수 있는 유일한 것은 오로지 감수성뿐이다.", "절대주의에 전념하면서 나는 절대주의의 형태들과 지상에 존재하는 기술 사이에는 아무런 공통적인 것도 존재하지 않음을 발견했다."라고 말하지 않았던가. 말레비치는 "절대주의" 선언(1915년)을 통해 색채와 형태의 대비적 원리가 만들어내는 '순수한 감각'의 비대상의 세계를 주장하였고, 기하학적인 색과 면들을 병치시키거나 겹침으로서 순수한 감각의 공간을 제시하였다.

칸딘스키, 샤갈 등 많은 예술가들이 자유를 찾아 이국땅으로 떠나는 시기부터 말레비치는 회화의 세계와는 단절한 채, 이론서 집필과 후진 양성에만 열중한다. 1919년 그는 마르크 샤갈(Marc Chagall)의 후임으로 비테브스크(Viteb나) 예술학교의 교장에 취임하였으며, 거기서 그는 엘 리시츠키에게 막대한 영향을 주게 된다. 그 이듬해 그는 엘 리시츠키와 니콜라이 수에틴과 함께 신 예술학교(우노비스:Unovis)그룹을 설립한다.

1919년 이후에는 회화를 포기하고 여러 도시와 개인의 주거단위를 디자인하기 시작했으며, 새로운 세계관을 창조하기 위해서는 생활환경에 근본적으로 변화를 가져와야 하며, 거기에는 건축이 가장 중요한 요소라는 이론을 바탕으로 절대주의를 적용한 건축모형 즉 1920년대 초에 작성한 소위 〈플랜티스(Plantis)〉나 〈아키텍토닉스(Architektonics)〉로 입체적인 절대주의를 실험한 것도 이 시기의 일이다.

말레비치의 경우는 물질보다는 정신, 사회보다는 개인, 외부세계보다는 내면의 세계를 선택하였던 전형적인 예이다.

Malevich, Kasimir (1878~1935)

Russian painter and designer, with Mondrian the most important pioneer of geometric abstract art.

Born near Kiev; trained at Kiev School of Art and Moscow Academy of Fine Arts; 1913 began creating abstract geometric patterns in style he called suprematism; taught painting in Moscow and Leningrad 1919~21; published book, The Nonobjective World (1926), on his theory; first to exhibit abstract geometric paintings; strove to produce pure, cerebral compositions; famous painting White on White (1918) carries suprematist theories to absolute conclusion; Soviet politics turned against modern art, and he died in poverty and oblivion.

He began working in an unexceptional Post-Impressionist manner, but by 1912 he was painting peasant subjects in a massive tubular' style similar to that of Leger as well as pictures combining the fragmentation of form of Cubism with the multiplication of the image of Futurism (The Knife Grinder, Yale Univ. Art Gallery, 1912). Malevich, however, was fired with the desire to free art from the burden of the object' and launched the Suprematist movement, which brought abstract art to a geometric simplicity more radical than anything previously seen. He claimed that he made a picture consisting of nothing more than a black square on a white field' as early as 1913, but Suprematist paintings were first made public in Moscow in 1915 and there is often difficulty in dating his work.

말레비치의 〈비대상성 Non Objectivity〉

그는 물질세계의 잔재를 완전히 거부한 채, 세계를 여는 새로운 코드를 찾아내는 작업을 시작했다. "의지와 표상의 세계를 떠나서 개인의 감수성만이 진실한 것인 세계를 위해"라고 말레비치 자신이 설명하던 바와 같이, 종전의 추상미술은 거부되고 순수한 회화감각만으로 미술이 추구하는 지고(至高)의 상태를 나타낼 수 있다는 것이었다. 그는 자신의 이론을 지지하는 추종자들을 최대한 끌어들여 투쟁적인 아방가르드 그룹을 형성함으로서 새로운 삶, "새로운 인간의 거주지역은 우주공간 내에 위치한 것이며, 땅은 단지 중간 역할만을 하는", 그리고 다른 삶의 궁극적인 단계로서의 예술을 승리로 이끄는 것이 그의 목표였다.

서로 교차하고 동시에 서로 이탈되어지는 단순하게 채택된 기호들의 배치를 통해서 그는 단지 우리들에게 "순수한 행위"를 이루어낼 수 있도록 만드는 에너지 그 자체만을 포착하려고 노력했다. 내 자신이 전무의 형태로 변신했다. 그리고는 형태가 존재하지 않는 상태를 초월해 창조에로 도달했다. 다시 말하면 비 객관적인 창조이자, 회화의 새로운 사실주의인 절대주의에 다다른 것이다.

분석해 보면 사물들은 존재하지 않지만, 그것들의 무한, 즉 "아무 것도 아닌 것"인 동시에 "그 무엇"

인 그런 무한만이 존재함이 밝혀진 것이다. 말레비치는 비 대상적 회화를 통해서 "절대주의" 이론을 확립했다. 절대주의는 세계에 대한 우주적 감각, 우주에 대한 깊은 통찰, 그에 대한 시각적 표현 등으로 모두 이 절대주의 추종자들의 작품에 나타나는 특징들이다. 한편 이들의 작품에 나타나는 구조적 색채와 형태에 대한 탐색, 공간처리, 시각적 구조 등의 특징은 그것이 구성주의 양식과 유사성을 갖고 있음도 보여주고 있으며, 해체주의 건축의 기본원리이기도 하다. 절대주의라고 했을 때 그것은 일차적으로 "비 대상적"인 세계를 지향하며 그것은 다시 말해서 감각적 대상으로부터의 완전한 해방을 의미한다. 그리고 그 대신에 절대적인 우위를 차지하는 것이 감각적 세계 너머의 순수한 감성의 세계이다. 어떤 의미에서 그것은 바로 "무"의 세계라고 할 수 있을 것이며, 절대주의는 그 "無"의 세계를 감성화함으로서 추상회화의 하나의 절대치를 구현하고 있는 것이다.

바우하우스 총서 중 한 권인 『비대상의 세계』에서 그는 절대주의를 다음과 같이 정의하고 있다. "대상을 재현하는 것. 그것만으로는 예술과 아무런 관계가 없다. 절대주의자들이 추구하는 올바른 방법은 순수감정에 최대한의 표현을 부여하고 지금까지 습관적으로 받아들였던 대상을 무시하는 것이었다." 절대주의란 회화의 순수한 조형요소가 실재하는 대상보다 우위에 있음을 의미하는 용어로서 직선에 바탕을 두고 있는 말레비치의 기하학은 '자연의 혼돈을 지배하는 인간의 우월성을 상징하는 절대적 기본형태'이다. 자연형태를 초월한 기하학적 평면 형태와 순수색채를 절대적인 것으로 파악하였던 그에게 있어서 기하학적 형태는 물리적 대상을 지시하는 것이라기보다 '형태의 제로' 그 자체를 의미하는 것이었다. 절대주의의 궁극적 의도는 명쾌한 도상성이라기 보다는 보편적(普遍的) 공간의 비합리적인 비객관성에 놓여 있었다. 그리고 말레비치가 이러한 환기를 통하여 의도하고 있던 것은, 미스 반 데르 로에의 "거의 아무 것도 없는 상태(beinache nichts)"에 가까운 것이었다. 이러한 개념은 말레비치가 유명한 〈백색 위의 백색〉(1918)이라는 회화에서 가장 명쾌한 어휘로 표현하고 있다. 부분적으로는 공상과학 소설적인 논쟁가이며 부분적으로는 현상학자인 말레비치는 하부의 요소 및 상부의 미세 입자로 이루어진 천년왕국적 파노라마를 계획하였다. 그는 일종의 "초 이성적" 종합예술작품을 만들어내고 있으며, 이를 통하여 그는 자연적이든 아니든 간에 우주를 절대주의적 모습을 갖고 있는 에덴의 빛 속에서 다시 만들려고 시도하였다.

미스 반 데르 로에의 〈거의 아무것도 없는 Almost nothing〉

근대의 정신 중 일면은 보이지 않는 세계를 보고자 한 점이다. 그것은 기술의 힘에 의한 화상화와 원격화 혹은 신(神)이 보고 있던 것을 내면화함으로서 나타날 수 있는 기하학적 형태의 발견이다. 미스의 건물은 일관된 사물에 대한 자기억제와 평정함을 유지하고 있다.

바르셀로나 만국 박람회의 독일 파빌리온(1929)에서 미스는 그의 건축관을 순수한 형태로 구체화하고 있다. 내부공간과 외부공간의 상호 관입은, 미스 반 데르 로에가 그의 〈유동적 공간〉의 개념을 대부분 가장 완성된 형태에까지 추진했다. 글라스 벽면의 대담한 이용뿐만 아니라, 특히 분리 결합의 작용을 하는 다양한 벽체를 기하학적 도식 위에서 자유롭게 배치함에 따라, 공적 공간과 사적 공간을 교묘하게 결부해서 유동적 공간을 발생시킨다. 미스는 지지하는 요소와 지지되는 요소를 분리해서, 구성원리를 건축 적으로 올바르게 표현하는 것으로부터, 명쾌한 연속 공간을 만들어 낸다. 이 구상은 〈적어지면 적어진 만큼 풍부하다 : less is more〉라는 그의 사상을 구체화하는 것이다.

바르셀로나 전시관은, 그 8개의 기둥이 규칙적인 격자를 이루고 있고 전통적 재료를 사용했다는 점에서 보아 고전주의와 제휴하고 있지만 그럼에도 불구하고, 의심할 여지없이 절대주의-구성요소 환원주의적(Suprematist-Elementarist)구성이다. 말레비치가 1924년 그린 회화 〈지구거주자를 위한 미래 혹성Future Planets for Earth Dwellers〉과 간접적으로 그의 제자인 레오니도프의 작품을 서로 비교해 보라. 그 당시의 사진을 보면, 그 공간적 및 물질적 형태가 지닌 양의적이고 말로 다 표현할 수 없는 성질을 볼 수 있다.

건축에서 유희한다는 것은 허용되지 않는다. 만일 오브제를 만들면서 유희하는 것이 '인간성'과 통하는 것이라면, 조각, 회화, 음악에서만 가능하다고 한다. 인간미가 넘쳐나는 조각을 건축에 도입함으로서 망각된 예술과의 일체를 창출할 수 있는 것이다. 바르셀로나의 콜베의 조각을 중정의 한 구석에 배치하여 건물과 일체로 한 것은 그 같은 목적에서였다고 말할 수 있다.

1930년대 중반 이후 미스의 발전은 두 개의 상반된 체계로 나타나는 것을 알 수 있다. 그 하나는 낭만적 고전주의의 유산이다. 그것은 철골구조로 전환될 때 건축의 비 물질화를 지향하여, 투명한 공간에 매어달린 이동하는 평면으로 기존형태가 변화하는 것을 뜻한다. 이는 분명 **절대주의(Suprematism)**의 이미지이다. 또 하나는 고대세계에서부터 물려받았듯이, 지붕, 보, 기둥 및 벽체의 결정적인 요소들인 기둥-보식(trabeated) 건축의 권위였다. 소위, "공간"과 "구조" 사이에 매료되어,

미스는 투명성과 유형성을 모두 동시에 표현하려고 계속 추구했다. 그 분열은 유리에 대한 그의 태도에서 가장 탁월하게 나타나 있다. 즉, 미스는 빛 속에서 반사성을 띤 표면의 외관의 등장에서부터 그러한 표면을 상실하고 완전한 투명성으로 변화하기까지 유리를 사용하고 있다, 한편으로 무의 출현이고, 다른 한편으로는 지지를 위해 절대적으로 필요한 것이었다.

1946~50년 미스가 설계한 판스워스 저에서 결과적으로 생긴 상자는 판유리의 표피인데, 이는 '거의 아무 것도 없는(almost nothing/beinahe nichts)'이라는 미스의 문구를 신격화한 것이다. 부분적으로 절대주의로부터 유도된 비대칭성은 여기에서 싱켈파 특유의 대칭에 의해 아름답게 균형을 이루었다. 그러므로 입구의 플랫트홈은 8개의 기둥 위에 지지된 각기둥 모양의 주택과는 다르게 6개의 기둥 위에 지지되는 편평한 평면으로서 주택의 지반에서 약간 떨어져있다. 이 비대칭은 두 개의 대칭적 요소의 중첩에서 명백하다.

건축인데 물질임을 거부하는 듯한, 마치 수정을 내측으로부터 바라본 듯한 투명성, 물질에 의거하는 형이 사라지고 다음에는 공간만이 떠 있는 듯한 비실재성(무중력상태), 우주의 끝까지 계속 공간의 어딘가 일부가 가끔씩 절취되어 살짝 놓여져 있는 듯한 무한성, 건물의 천지 좌우도 벽도, 천장도, 안도, 바깥도 없는 듯한 균질성, 이러한 성격은 모두 비대상의 세계인 우주(space)의 무한공간을 표현하는 것이고, 이러한 것이 미스의 바르셀로나 파빌리온만큼 확실히 드러난 예는 없었다.

미스의 공간은, 규제하는 것이 아니라 유니버설(Universal) 한 스페이스를 제공하는 태도를 취하고 있다. 즉 어느 누구도 위하지 않는(비대상성), 그러나 누구라도 가능한(보편성), 그런 공간 바로 그것이 미스가 추구하는 건축 공간이다. 그것이 바로 그 시대가 바라는 요구라고 생각했으며, 미스는 그것을 보편적 개념이라는 중심사상으로 체계화했으며, 도구로서 〈적으면 적을수록 풍부하다(less is more)〉라는 방법론과 그것이 발전하면, 바로 "거의 아무것도 없는(almost nothing)" 상태가 되어 미스의 공간에는 실재적이든 비 실재적이든 오로지 빈 공간, 아무 성격도 규명해놓지 않은, 그런 절대적인 "무(無)"의 공간으로 향해서 나아가는 것이다. 바로 그러한 것이 미스의 공간이 우주적 감각을 갖게 하는 것이다.

합리의 결정핵 – 환스워스 저

"건축은 시대 요구를 공간으로 실체화하고, 거주하고, 변화하고, 새로이 전진하는 것이다. 어제도

내일도 아니며 오직 오늘이라는 날만이 형태를 조성할 수 있다. 오직 이런 종류의 건축만이 창조되어야 한다. 형태는 우리들의 직무에서 그 성격상으로 보아 건축의 문제만을 생각해야 한다. 형태는 우리의 목적이 아니라 결과로서 생겨나는 것이다. 형태 단득으로는 존재하지 않는다. 형태가 목적이라고 하는 것이 형식주의라면 우리는 그것을 부정할 것이다. 우리 임무의 본질은 미적인 연상을 통제하고 어떤 것을 제외하고 무엇을 회복시키는가에 따라서 건물을 자유롭게 창조해 가는 것이다." 이러한 미스의 건축사적 사고는 그가 건축에서 형태를 어떻게 해석해야 할 것인가에 대한 경고라 할 수 있다. 나치즘을 피해 미국으로 건너간 미스는 그 시기 공간 속에서 어떻게 용(用)을 관련시킬까를 연구하고 있었다. 그것은 방을 단위로 용(用)에 대응하지 않음으로 해서 결말을 지었다. 기능개념을 가지고 용(用)을 그 위에 결론짓는다면 거기서 나타나는 것은 사람의 행위이다. 행위 그 자체는 사실 용(用)의 실태이므로 그것은 현실에서 가구와 대응하고 있다. 이렇게 하며 유동하고 거리낌 없는 광대한 원룸 안에 미스는 가끔 가구를 배치한다. 공간은 단지 가구만을 사이에 두고 행위에 직접 장(場)을 제공하고 있는 것이다. 이와 같이 어떤 것도 수용하는 공간을 미스는 '유니버설 스페이스'라고 부른다. 또한 정해진 사용실태를 결코 규정하지 않는 공간에 융통성을 주는 것이 코아 시스템이다.

판스워스 저(1945~1950 Fox River House 'Farnsworth House', Plano, Illinois)는 미스가 미국에서 실현시킨 두 개의 주택 중 하나로 건축주는 독신 의사 에디스 판스워스이다. 시카고 교외 폭스천 부근에 세워진 이 집은 그가 최초로 실현시킨 클리어스판의 건물이기도 하다. 그 내부공간은 간결한 동시에 자유롭고 L, H형 서비스 코아, 즉 주방 화장실 창고 등이 유일한 폐쇄적 요소였다.

테라스, 약간 높은 바닥 면 그리고 평지붕, 이 세 부분의 수평면이 여덟 개의 H형강 기둥으로 용접되어 잔디 위에 떠있는 것처럼 보인다.

내부공간은 설비코아를 중심으로 상이한 기능을 갖는 공간이 천정까지 도달되지 않는 하프파티션에 의해 구분된다. 또 바닥이 높이 들려 있는 것은 폭스천의 범람에 대처하기 위한 기능적인 해결이었을 것이다.

이 집에 사용된 재료는 아주 적은 것이었지만 기발한 사용법으로 훌륭한 디테일을 가지고 있다. 이러한 디테일의 엄격한 배려가 미스의 작품을 다른 모방자(epigonen)들의 그것과 명확히 다르게 하고 있다.

주위의 랜드스케이프(Landscape) 속에서, 하얗게 떠오르고 마치 홀연히 출현한 테크놀로지의 부산물 같은 이 건축은, 미스가 이상(理想)으로 하는 공간을 구현한 것이다.

그림 5-23 Glass House, Philip Johnson

그림 5-24 Glass House, Philip Johnson

형태는 기능을 따른다 FORM FOLLOWS FUNCTION

근대건축 전반을 결정짓는 표어 하나만 들라고 한다면, 누구나 FORM FOLLOWS FUNCTION이라 할 것이다. 건축이 따라야 할 이념으로서 이 표어를 최초로 사용한 것은 설리반이었지만 말을 꺼낸 것은 호레이쇼 그리너프(Horatio Greenough 1805~1852)였던 것은 널리 알려져 있다. 그리너프는 "미국 자연주의"의 문학자였고, 대자연의 미, 천연의 섭리를 읊은 시의 한 구절에 이 구가 나온다. 비교적 비슷한 의미로 설리반은 이 표어를 사용했다. 스스로 "유기적 건축"을 주장한 사람이기도 했다.

그러나 FORM FOLLOWS FUNCTION 형태는 기능에 따른다는 것은 무엇일까? 건축에서 형태는 어떤 식으로 결정되어야 할 것인가 하는 것만으로 여기서 다룬다면 무척이나 경박한 해석일 것이다. 그러나 그것이 무엇이었을까, 간단히는 설명할 수 없다. 아니, 아무리 장문을 써대도, 다 설명할 수 없다. 왜냐하면, 그것은 자기의 심층, 무의식의 세계에 "합리"가 있기 때문이다. 그럼 합리란 무엇인가. 누구라도 다 기술할 수는 없다. 그 합리가 FORM FOLLOWS FUNCTION이라 말하게 한 것이다.

조금 더 자세히 설명을 해보면, 합리의 한 측면에 변증적 인과율이라고도 할 수 있을 듯한 것이 있다. 만물에는 이유가 있고, 이유가 있어서 마땅한 그 모습을 얻는다는 식의 견해가 있다. "합리"란, 이치에 맞는다는 의미이기도 한 것이다. 과학적, 논리적으로 이치에 맞지 않으면 근대인은 납득하기 어렵다.

그러한 심층을 이미 형성시킨 에크렉티시즘(eclecticism, 철학이나 신학에서 독자적인 체계를 세우면서도 다른 하나의 체계에 의거하지 않고 몇 개의 체계로부터 각각 옳다고 생각되는 요소를 빼내어 하나의 체계로 삼는 일)시대를 사는 건축가에 있어서 19세기 말의 나날의 일은 꽤 납득하기 어려웠던 것은 아닐까? 건축에 주어지는 형태는 현실을 근거로 이루어낼 수 없었기 때문이다. "형태"라는 신선하고 수학적인 말을, 마술처럼 사용해서, 설리반은 "형태는 기능에 따른다"라고 주장했다. "필요건축"을 주장한 와그너나 "필요는 발명의 어머니"라 주장한 에디슨이나 같은 심층을 공유하고 있었던 것이다.

호레이쇼 그리너프(Horatio Greenough 1805~1852)

1805년 미국의 보스턴에서 출생하였다. 1824년 하버드 대학을 졸업한 뒤, 1825년 이탈리아로 건너갔으며 그곳에서 베르텔 토르발센 밑에서 공부했다. 그 뒤 피렌체에 정착해서 생애의 대부분을 그곳에서 보내며 작가 활동을 했다. 1850년 미국으로 돌아와 2년 후에 사망했다.

그림 5-25 860 and 880 Lake Shore Drive Apartments, Chicago, 1948~1951, Illinois. overview

그림 5-26 860 and 880 Lake Shore Drive Apartments, Chicago, 1948~1951, Illinois. detailed view

그리너프의 작품은 이탈리아에서 활동한 다른 미국 조각가들의 작품과 마찬가지로 그리스 로마 시대의 조각에서 미적 영감을 얻은 것으로 신고전주의의 작품으로 평가받고 있다. 대표작은 1832년 미국 정부로부터 의뢰받은 조지 워싱턴의 대리석 조각품이다. 이 작품은 고대 그리스의 조각가 페이디아스(Pheidias)가 기원전 5세기경에 만든 제우스 조각상을 바탕으로 한 것이다.

이 작품은 원래 미국 국회의사당의 원형 홀에 세워질 계획이었으나 워싱턴을 신이나 영웅과 같은 존재로 만들었다는 논란에 휩싸여 국회의사당에서 끌어내려져 나중에 스미드소니언 박물관으로 옮겨지게 되었다.

작가로서의 그리너프는, 건축에서의 **기능주의(functionalism)**이라는 현대적 개념을 주창한 사람으로 평가받고 있다. 건축물과 장식의 기능적인 관계를 고찰한 그의 짤막한 에세이들은 현대 건축의 기능주의 발전에 큰 영향을 끼쳤다. 대표적인 글은 『여행, 관찰 그리고 양키 석공의 경험 The Travels, Observations, and Experience of a Yankee Stonecutter』(1852)이 있다. 주요 작품으로 『사무엘 모세』(1831)와 『조지 워싱턴』(1840) 등이 있다.

행위에 대치되는 공간

어쨌든, "기능"은 고상한 개념이다. function이라는 말은, "관수 혹은 역할 혹은 관계"라고 번역할 수 있다. &=f(x, y, z…)이라는 수식의 f야말로 function의 f이었다. 엄밀히 말하자면, 건축총체(&)를 구성하는 요소(x, y, z…) 등이어서, 구체적인 "용(用)"을 말하고 있는 것은 아니다. 건축총체를 구체적으로 구성하는 것은, 근대사회에 있어서는 "방"밖에 없다. 따라서 방 단위를 기능단위로 바꾸어 건축가는 해석하고 있었다.

건물전체를 잡아, 수도원이나, 교회나, 궁전이나, 공공건축이나, 각각의 "-다움"을 표시하는 건축의 장의 문제가 논의된 것이 에크렉티시즘(Eclecticism)이었다. 각각 로마네스크풍, 고딕풍, 바로크풍, 고전풍의 의장이 어울린다고 최종적으로 판단하기에 이르렀다. 이것도 또, 근대직전의 변증적 인과율의 사유였다. 어떤 면에서는, 형식과 내용은 기억에 의거하는 인과관계라 할 수 있다.

사성(私性)-프라이버시-의 성립은, "방"을 이미 오늘날의 모습에 가깝게 바꾸어 놓은 후의 일이었다. 또, 방을 내용표출의 단위로 바꿈에 따라, 거꾸로, 건축총체를 하나의 표현형식으로 단일화하는 일의 결과를 가져온다. 이렇게 해서 양식으로서의 근대건축도 모습을 갖춘 것이다.

미스 반 데르 로에는 그 "반"이라는 이름에서 나타나듯이, 네덜란드계 독일이었다. 베렌스 문하의 수제자 이면서, 프랭크 로이드 라이트의 "유동하는 공간space in motion"에 대단히 감격한 사람이었다. 순수하게 조형적인 의도에서 "유동하는 공간"을 연구하면서 건축가로서의 자리를 완성해가고 있었다. "유동하는 공간"이란, 요컨대 천정과 바닥으로만 구획 지어진 원룸이다. 1929년 바르셀로나 만국박람회의 독일관에 이 공간의 꿈을 미스는 결국 실현했다. 만국박람회의 파빌리온은 이 경우, 공간 그 자체였다. 대지 전체를 담으로 싸서 기단에 싣고, 어느 부분에는 연못을 파고 어느 부분에는 지붕을 얹어, 실내외에 걸친 벽을 세우고, 하는 식으로 구성하고 드디어 실내외를 나누는 장치를 아무것도 가지지 않은 "건축"은 성립하는 것이다. 이 경우, 기단은 고전주의의 건축언어라고 하기보다, 건축의 주위를 담으로 나타내는 장치이다.

기능은 형태를 초월한다.

나치즘을 피해 미국으로 건너간 미스는 시카고에 가서 IIT의 캠퍼스 전체를 설계했고, 3년이나 되는 세월에 걸쳐 다듬고 다듬은 구상 즉 독신의 의사 환스워스 여사의 주말주택(1945~1950 Fox River House 'Farnsworth House', Plano, Illinois)을 설계했다.

이 시기 미스 반 데르 로에가 해야 할 과제로서 의식하고 있던 것은 바르셀로나에 실현시킨 "공간" 속에 어떻게 해서 "용(用)"을 관련시킬까 이었다. 그것은 방을 단위로 "용(用)"에 대응하지 않음으로 해서 미스의 경우 성공했다.

기능개념을 가진 "용(用)"을 가지고 그 위에 결론짓는다하면 거기에 나타나는 것은 사람의 행위이다. "행위"야 말로 실은 "용(用)"의 실태여서 그것은 현실에서 가구와 대응하고 있다. 이렇게 하여 유동하고 거리낌 없는 광대한 원룸 안에, 미스는 가끔 가구를 배치한다. "공간"은 단지 가구만을 사이에 두고 "행위"에 직접 장을 제공하고 있는 것이다.

이와 같이 어떤 것도 수용 가능한 공간을 미스는 "유니버설 스페이스(universal space)"라고 불렀다.

계단, 엘리베이터, 물을 사용하는 곳 등을 평면중앙에 배치하여 감싸고, 그 주변에 조금씩 "공간"을 에워싸고, "공간"을 성립시키는 것이다. 그것은 신세대의 집무 공간, 신세대의 오피스텔과의 더듬어가야 할 당연한 공간원리였던 것으로 이제 나타나고 있다. 그 매크로 코스모스는 이렇게 해서 "환스워스 저"가 되어 결정핵을 얻는다. 당시 미스 밑에서 열심히 배우고 있던 필립존슨은 구상에 3년 건설에

2년을 필요로 한 이 집의 모습에 완전히 매료된다. 그래서 뉴카낭의 자신의 부지에 이 집을 흉내 내어 자택(유리의 집)을 설계한다. 그러나 그 집은 유니버설 스페이스풍의 유리집이긴 했어도, 연와조의 폐쇄적인 별채가 부속되어 있다. 반 거실, 반 사실 군이다. 언뜻 보기에 비슷하긴 해도, 그것은 본질을 달리하는 것만은 명백하다.

6 유동하는 공간 05: 보편적 공간의 가능성

–기요노리 기쿠다케의 스카이하우스/ Kiyonori Kikudake, sky house. 1958

Kiyonori Kikudake(菊竹清訓)

He graduated from Waseda University, Tokyo, in 1950 and established his own office in 1953, beginning his career with a strong interest in urban design and in the use of advanced technology in architecture. He became known after the completion (1958) of his own residence, the Sky House in Tokyo. The flexible arrangement of both service areas and living spaces in the house, which is supported on tall wall columns, foreshadowed many of the design principles he later pursued. He subsequently became one of the leading figures and main theoreticians of METABOLISM, a movement launched at the World Design Conference in Tokyo (1960) by several young architects, urban planners and critics, who initiated a new direction and a new chapter in modern Japanese architecture. Kikutake developed his theories by proposing numerous large-scale and futuristic urban schemes, including the Tower-shaped City (1958), Marine City (1959) and Floating City (1960, 1963). He arrived at these schemes through his investigations of the organic and cyclically changing urban environment of the modern city. This led him to promote the use of advanced technology to allow for change, producing designs in which elements with a short lifespan could be easily replaced or updated without disrupting the growth, life and overall form of the whole urban organism. None of these Utopian proposals was realized, although many of the inherent ideas were developed in the designs of his buildings.

기요노리 기쿠다케(Kiyonori Kikudake)는 참다운 메타볼리스트(metabolist)이다. 그가 주장해온

"전환론" 즉 점, 모양, 형태의 방법론은 여전히 적극적으로 사용되고 있으며, 그것들은 현실에서 열매를 맺어가고 있는 듯하다.

그의 "전환론"은 1953년 26세 때 당초의 일련의 목조건축개조의 경험에서 배운 것이었다. 거기에서 "건축 안에서 바뀌는 것과, 바뀌지 않는 것을 골라내고 바뀌는 것의 전환이 얼마나 가능한가, 어떠한 때에 필요한가, 그것에 의해 초래되는 것은 무엇일까" 등의 고찰을 건축으로 실천한 것이 바로 자저(自邸), 스카이 하우스(sky house. 1958)였다. 게다가 그것을 기초로 탑상도시와 해상도시의 프로젝트를 구상하고 있었으며, 결국 1960년에 세계디자인 회의가 동경에서 개최되는 것을 기회로 **메타볼리즘(metabolism)** 그룹이 결성되었고, 그 중에서도 이 "전환론"이 주장되어지게 된다.

Metabolism: One of the most important trends in architecture over the last decades has been the Japanese 'Metabolist' movement. Founded by architects and designers in 1960 - including Noboru Kawazoe, Masato Otaka, Fumihiko Maki, Kiyonori Kikutake, Kiyoshi Awazu, Kenji Eduan, Shomei Tomatsu and others – it borrowed the term 'metabolism' from biology. The philosophy at its core is a revival of Buddhist ideas and a move away from Western ideas of dualism and contrast–as in architecture expressed by the father of functionalism, American architect Louis Sullivan 'form follows function'–towards pluralism, and from there to a philosophy of coexistence, symbiosis and the belief that cities and architecture grow organically. Its development can partly be seen as a political reaction against Westernization and the post-war American occupation which led to parallel phenomena in other fields and art forms at the time, for example Buto Dance. Another cause is the enormous growth of Japanese cities in this era, which demanded more, cheaper and more human accommodation for the working masses. Metabolist designs used trees and organic processes of growth and change as analogies for buildings or towns, with a main structure representing a trunk onto which as smaller branches and leaves living and working units were attached. Their design philosophy was interchangeability- and systems-oriented, consisting of modular buildings, prefabricated parts and capsules, which are clung onto the exterior. Smaller units could be removed, interchanged, or expanded as necessary, thus creating a sense of organic evolution.

Conceptually 'Metabolism' involved tradition–however rejecting direct visual reference to historical architecture–provisionality, a philosophy of symbiosis, an emphasis on materials, receptivity and an attention to detail, seeing architectural works as natural growth forms in progress. The Metabolism movement as an all-inclusive concept included various and often differing solutions. The openess and noncanonical character of the concept–almost an ideology claiming there is no ideology–is the reason why the Metabolists dispersed quickly, following independent lines of thought and leaving many of their most promising ideas undeveloped. In addition the technological advances of the 1960s overemphasized the use of mass production. The architects originally intending to offer wider appeal instead created a mass-produced commercially based commodity comparable to cars, TV sets and refrigerators – a perversion of the original concept as it had happened earlier with Bauhaus ideas. Therefore few of their buildings were realised. Two of them are Kurokawa's Nakagin Capsule Building, 1972, in Tokyo, where one prefabricated and ready-made studio apartment unit cost roughly as much as a Toyota car and could be ordered and purchased in a similar way, with a variety of optional packages according to the taste of the consumer; and Kenzo Tange's Kofu Communications Centre, Yamanashi-ken, Japan, completed in 1966. Contemporary deconstructionist architects such as Koolhaas admire Japan's metabolist movement, which in their fusion of organic, scientific, mechanistic and romantic vocabularies seems to be a precursor of their own innovative and eclectic vision of architecture.

이 그룹의 활동 중에 그는 **루이스 칸(Louis I. Kahn)**의 "오더, 시스템, 폼(order, system, form)"이라는 저작과 만나게 되고, 그때까지 모색하고 있었던 방법론의 확립으로 진보시키게 된다. 그것이 그의 저서 "대사건축론(代謝建築論)" 중에서 주장되고 있는 "점, 모양, 형태"의 방법론이었으며, 이것은 그 후의 진행을 다른 메타볼리스트들과는 결정적으로 다르게 하는 요인이 되었다.

Kahn was born on the Estonian island of Saaremaa. In 1901, his family immigrated to the United States, fearing that his father would be recalled into the military during the

Russo-Japanese War. He was raised in Philadelphia and became a naturalized citizen on May 15, 1914. He trained in a rigorous Beaux-Arts tradition, with its emphasis on drawing, at the University of Pennsylvania ("Penn"), after completing his Master's degree in 1924, Kahn made a European tour and settled in the medieval walled city of Carcassonne, rather than any of the strongholds of classicism or modernism. In 19251926 the bowtie-sporting Kahn served as Chief Designer for the Sesquicentennial Exposition. From 1947 he spent a decade teaching at Yale, where his influence was paramount, then moved to Penn. His prominent apprentices include Moshe Safdie and Robert Venturi. He died of a heart attack in a bathroom in Pennsylvania Station in New York City. He was not identified for three days, as he had crossed out the home address on his passport. He had just returned from a work trip to India. Louis Kahn's work infused International style with a fastidious, highly personal taste, a poetry of light. His few projects reflect his deep personal involvement with each. Isamu Noguchi called him "a philosopher among architects". Kahn had three different families with three different women: his wife, Esther; Anne Tyng, a co-worker; and Harriet Pattison. His obituary in the New York Times, written by Paul Goldberger, famously mentions only Esther and his daughter by her as survivors. But in 2003, Kahn's son with Pattison, Nathaniel Kahn, released an Oscar-nominated biographical documentary about his father, titled My Architect: A Son's Journey, which gives glimpses of the architecture while focusing on talking to the people who knew him: family, friends and colleagues. It includes interviews with renowned architect contemporaries such as B.V.Doshi, Frank Gehry, Philip Johnson, I. M. Pei, and Robert A. M. Stern, but also an insider's view of Kahn's unusual family arrangements. The unusual manner of his death is used as a point of departure and a metaphor for Kahn's life in the film.

이것에 의해 구상과 실천과의 사이에 체계를 들 수 있었던 그는 **구로가와 기쇼(Kurokawa Kisho), 후미이코 마키(Fumihiko Maki)**가 메타볼리즘에서 떨어져나갈 때에도 분명 스스로의 구상을 실천으로 매듭지어갔다. 만약 이 방법론의 확립이 없었다면, 대학 1학년에 히로시마 평화 기념당 콤페 3등 입선을 하는 등, 일찍부터 그 편린을 보여주었던 그의 풍부한 재능은 그 풍부함 때문에 그를 이론과 실제와의 단절에 괴로워하며, 표백하는 건축가로 만들어 버렸을지도 모른다. 확고한 방법론, 이것이 바로 기요노리 기쿠다케를 지탱시켜온 것이었다.

Fumihiko Maki–Japanese architect born in Tokyo in 1928. After studying at the University of Tokyo he moved to the Cranbrook Academy of Art in Bloomfield Hills, and than to Harvard Graduate School of Design. He worked for Skidmore, Owings, and Merrill in New York and for Sert Jackson and Associates in Cambridge. Founder of Maki and Associates in 1965. In 1960 he returned to Japan to help establish the Metabolism Group. He often use metal and glass materials. In 1993 he received the prestigious Pritzker Prize at the Prague Castle.

전환적 작품 스카이하우스(Sky House. 1958)

"스카이 하우스(Sky House. 1958)"는 기쿠다케가 그의 "전환론"에 대한 결과물로서 그가 설계한 자저이다. 그는 주택이란 "결혼해서 부부가 되고, 자녀가 태어나고, 자녀가 자라가고 그리고 맨 마지막으로 노부부가 남게 되는데, 그러한 변화에 대응하는 수단으로서 공중에 들어올려진 메인 구조체의 안에나 밑에 무브네트 방식으로 유니트화 된 설비나, 거실을 자유롭게 갈아붙여가는 것"을 지향한 것이었다. 당초는 부부2인이 메인 구조체에서 생활하고, 필로티부분을 사무실로 사용하고 있었지만, 현재로는 불어난 가족에 대응해서, 모든 유니트가 변신되어 1층 부분의 피로티를 둘러싼 침실, 개인 방, 2층은 현관 및 주방 식당, 3층에 거실로 이루어진 3층 구성으로 사용되고 있다.

"스카이 하우스"는 1958년에 세워진 이래 사반세기간의 가족구성, 생활스타일의 변화에 대응시켜 연장해 살아온 집이다.

근대 일본에서의 사고방식과 표현상으로도, 이 만큼의 명쾌함과 강도를 갖는 것은 다시는 찾을 수 없다. 근대 일본의 르네상스라면 "스카이하우스", 미켈란젤로라면 기쿠다케라고 할 정도이다.

한 변이 약 10m의 정방형 평면과 쉘의 지붕이 4개의 벽기둥으로 우뚝 솟아 있다. 이것은 생활에 형을 주는 따위와 같은 살기 좋은 것은 아니다. 당시 최소한 주택, 코어 시스템, 신 일본조의 표현을 부여한 소 주택 설계가 주류이었는데, 스카이하우스에는 그것들을 뿌리내리지 못하게 넘어뜨리려는 파워가 있었다.

그림 6-1 스카이하우스(Sky House 1958), 전경1, 기요노리 기쿠다케

그림 6-2 스카이하우스(Sky House 1958), 전경2, 기요노리 기쿠다케

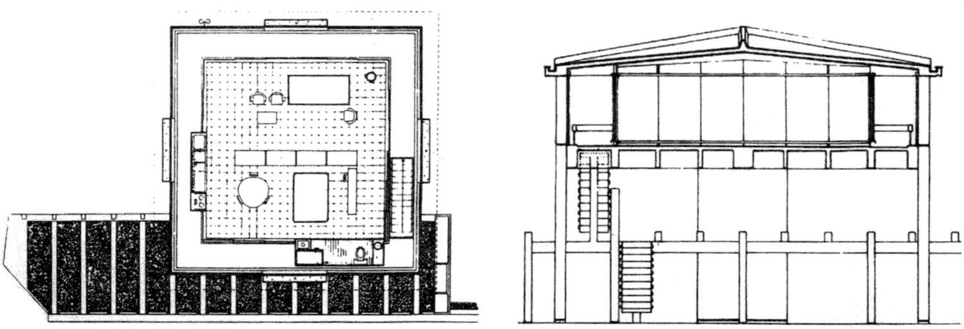

● 2층 평면도 ● 단면도

그림 6-3 스카이하우스(Sky House 1958), 2층 평면도 및 단면도, 기요노리 기쿠다케

그림 6-4 스카이하우스(Sky House 1958), 2층 거실 북 서측 전경을 봄, 기요노리 기쿠다케

그림 6-5 스카이하우스(Sky House 1958), 필로티 밑에 달아맨 어린이실 무브네트, 기요노리 기쿠다케

우선 가족의 중심은 부부이고, 그 생활공간은 넓고 중심에 있어야만 된다. 서비스 공간은 주위에서 그것들을 받치는 것이고, 내용 연수도 주체구조에 비하여 짧고, 또한 공통된 성격이라는 것이다. 나중의 유니트 배스/키친, 시스템 월 등의 선구가 되었던 무브네트의 사고방식이 제안된다. 또한 가족의 증감도 주거 공간에서 달아 내린 어린이실 무브네트로 대응된다. 즉 주택 생산의 공업화, 설비 성능의 갱신, 공간의 교체 등을 촉진시킴과 동시에 그것들은 중심공간을 보다 강조하는 것이 아니면 안 된다. 그러한 사고방식이 강력하게 자리 잡고 있어 그 의도를 보다 선명하게 하려는 표현이 이루어진 것이라 하겠다.

1959년 1월

『건축문화』지 1959년 1월호는 일본의 건축저널리즘이 그려낸 최고봉의 하나였다. 단케 겐죠의 香天縣廳舍가 이 책의 특집이다. 그 모든 것은 참으로 정중하게 소개되어 있었다. 그것은 단케가 그들의 언어를 가지고 완벽하게 묘사한 **"보편공간"**을 완성시킨 것이다. "현대건축이 지향했던 과제야말로 일본건축의 전통에 뿌리를 둔 공간이다"라고 단케가 증명한 해답이 거기에 있었다. 일본의 근대건축이 세계의 근대건축 첨단에 이때 섰다고 한다. 구조해석이론, 건재생산, 시공정밀도, 건축론과 계획기법 등 이미 이 시점에서 일본 건축계의 총체가 첨단을 걷고 있었다고 말해야 할 것이다. 혹은 "예술"을 성립시키는 시공=노동체계의 유연성이 충분히 지켜지면서 현장이 운영되었다고도 말할 수 있을 것이다. 고도의 근대기술을 구사할 수 있었고, 그 정신이 반드시 경제 합리성에만 구애받고 있는 게 아니라면, 그 일 자체는 신진국에서도 추종할 수 없었다. 같은 책의 또 하나의 주제가 기쿠다케의 자저 스카이하우스(Sky House. 1958)였다.

당시 기쿠다케는 이미 "신인" 영역을 벗어나 있었다. 호프의 위치를 부동으로 한 것이 이 자저였다. 기쿠다케에게 이 집에 대한 영향을 준 사람은 미스(Mies van der Rohe)이고, 단케(Kenzo Tanke)였다. 환스워스(Farnsworth House. 1950)저가 단케에게 자저를 만들게 하고, 단케의 자저는 기쿠다케에게 "스카이하우스"를 만들게 했다. 우연의 결과인지, 단케 전기의 종장과, 기쿠다케의 서장은 한권의 잡지책 속에 어깨를 나란히 하고 있었다.

미스'의 **"보편공간(universal space)"**은 어떤 면에서는, 점점 더 움직임이 격해지는 현대사회 속에서 건축이 어떤 식으로 영속성을 유지할 수 있을까 라는 과제에 대한 해답이기도 하다. 예전의 고딕

성당처럼, 아니 고전 고대의 신전처럼, 영원불멸의 "건축"을 지금 어떻게 만들 수 있을까? 기능과 공간과의 인과관계를 단절함으로 해서, 미스는 그 방법을 제안한 것이었다. 그것을 기쿠다케는 그대로 인용했으며, 그렇게 해서 그는 일본의 오리지날 "보편공간"을 세계에 묻게 된다.

기쿠다케의 의도는 조금 다른 곳에 있었다. 건축의 물리적 졸속보다도, 건축가의 의도에 대한 졸속을 문제 삼았다. 더 내적인 공간의 해석을 시험해 보려했다. 혹은 건축론에서 건축을 거꾸로 이끄는 것 같은, 관념적 건축(conceptual architecture)에의 길을 걷기 시작하려 했던 것이다.

단케 든 기쿠다케 든 결국 만든 것은 자저이다. 즉 주택이다. 주택을 주택답게 하는 것은 과연 무엇인가?

움직이는 것과 움직이지 않는 것

같은 시기, 루이스 칸(Louis I. Kahn 1901-74)은 필라델피아에 있는 펜실베니아 대학 리처드의학연구소의 설계에 몰두한다.

형태는 기능을 계시하는 즉 **Form evokes function**을 주장하고, 여기서도 또 미스의 비판은 보다 내적인 공간의 해석을 낳고 있다. 인간과 공간을 기계라는 개념을 가지고 연결시키려하고 있는 것이다. 리처드 의학연구소에서는 주공간(主空間 served space)과 종공간(從空間 servant space)를 분할, 분절해서 각각의 공간에 공간질서를 부여하려고 한다. 이 경우 주공간이란 의학연구를 위한 공간이고, 종공간이란 계단, 복도, 배관, 파이프 샤프트 등에 해당된다.

칸은 이 의학연구소를 내세워서 1960년대 건축계에 뛰어들었다. 한편 동경의 경사지에 세운 기요노리 기쿠다케의 자저 스카이하우스에서 주택을 주택답게 하는 원리로서 부부애의 공간은 필로티위에 들어 올려져 부동의 구조를 얻으려 했다.

움직이지 않는 것이 그렇다면 움직이는 것, 즉 변동의 요소란 무엇인가, 그것은 수명이 짧은 설비관련요소와 아이들 방 이었다. "키친 무브네트"와 "배스 무브네트"는 부부애의 공간 주변에 배치되고, 아이들 방 무브네트는 필로티 아래에 매달렸다. 전자는 기술의 진보와 함께 갱신된다. 어느 집이라도 부엌과 욕실은 정기적으로 손질하고 개조되어가는 장소이다. 한편, "아이들 방 무브네트"는, 이이가 태어나면 장식되고, 이윽고 아이가 고립해서 그 수명을 끝마친다는 프로그램이다. 이렇게 해서 부동의 요소는 다양한 현실에 계속 대응하고, 오랫동안 사회적인 사명을 이루어 나간다.

그림 6-6 나카긴 캡슐타워(Nakagin Capsule Tower 1972), 구로가와 기쇼

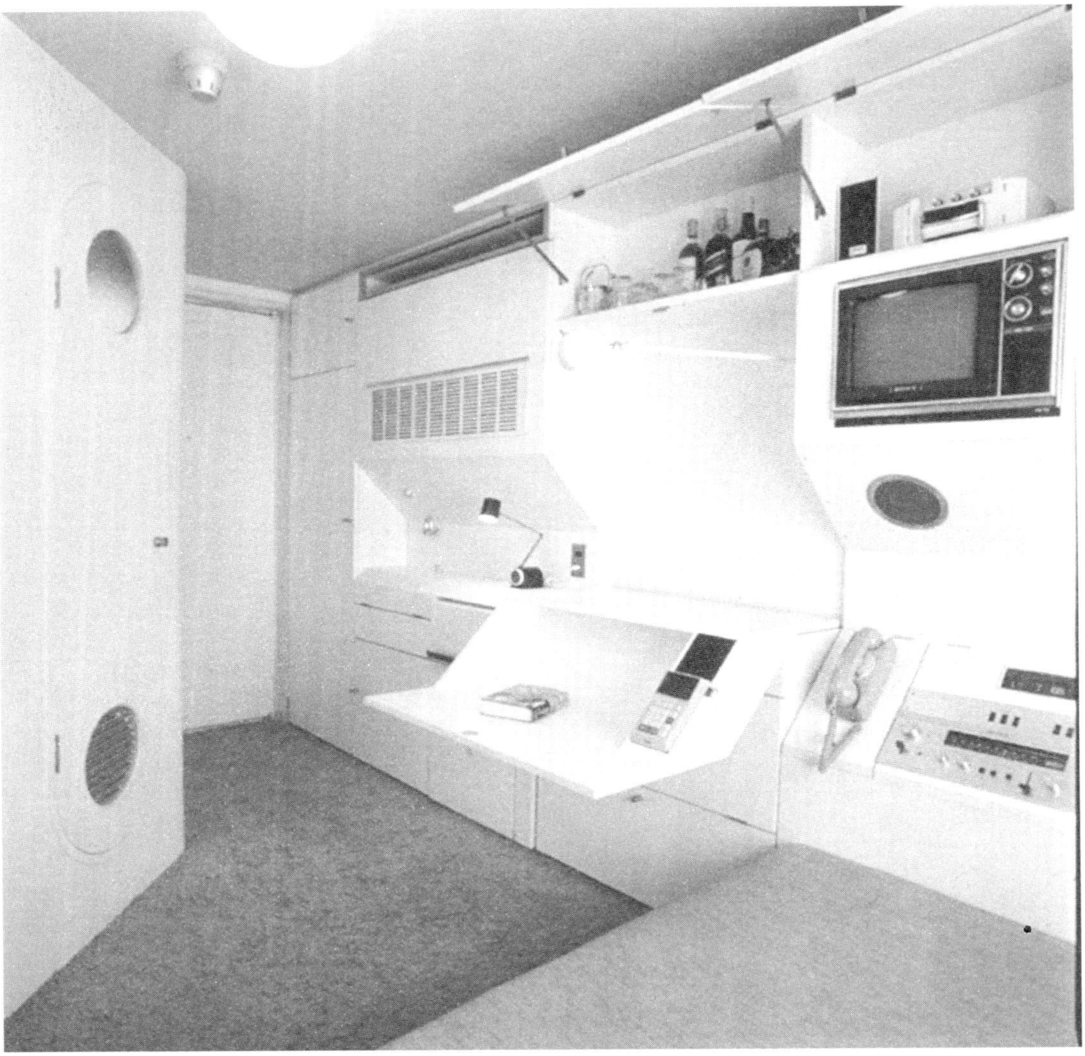

그림 6-7 나카긴 캡슐타워(Nakagin Capsule Tower 1972), 내부, 구로가와 기쇼

그림 6-8 나카긴 캡슐타워(Nakagin Capsule Tower 1972), 외관, 구로가와 기쇼

그림 6-9 리차드 의학연구소 외관, 루이스 칸

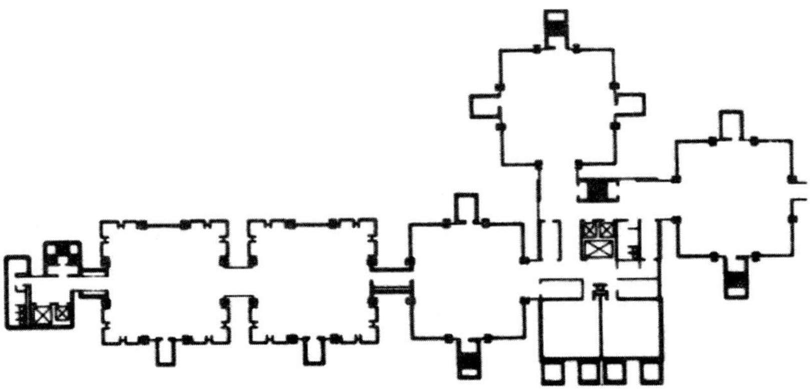

그림 6-10 리차드 의학연구소 평면, 루이스 칸

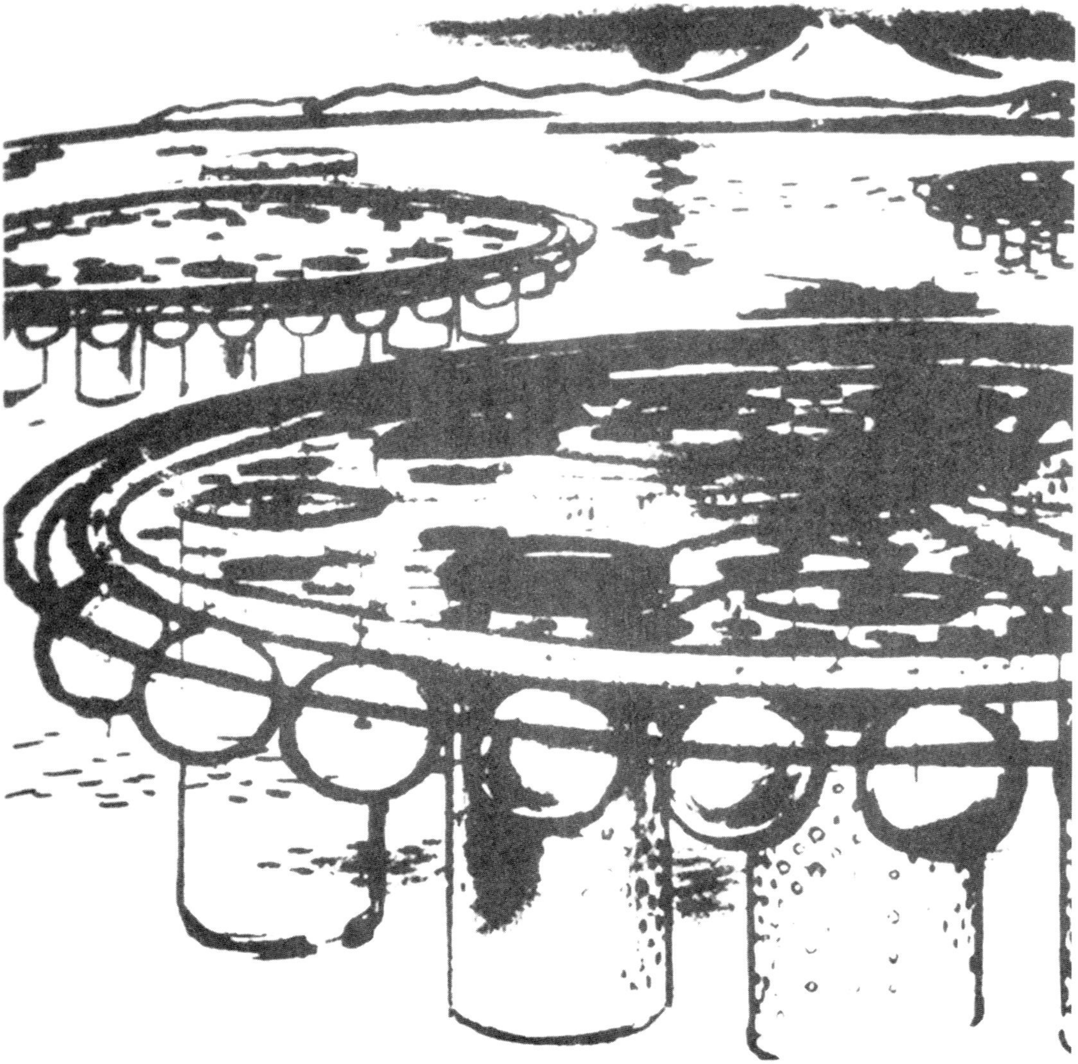

그림 6-11 마린시티 스케치, 기요노리 기쿠다케

1960년 동경에서 개최된 "국제디자인 회의"를 목전에 두고, 기요노리 기쿠다케, 후미이코 마키(Fumihiko Maki), 구로가와 기쇼(Kurokawa Kisho), 등은 평론가 川添登에게 이끌려서 **"그룹 메타볼리즘(metabolism)"**을 결성한다.

메타볼리즘이란, 신진대사라는 의미이다. 생명체의 존립과 그 유지에 관한 기본적인 원리중 하나이다. 생명체는 기관에서 구성되고 기관은 세포로 구성된다. 모든 세포는 나날이 갱신되어 노폐물로서 체외로 배출되는 한편, 나날이 새로운 세포로 생성되는 것이다.

이것은 생명체의 원리임과 동시에, 또 "스카이하우스"의 의도이기도 하다. 기쿠다케는 그 의도의 보급을 계획하고 무브네트의 상품화에 분주했다. 한편 그 후 십 수 년간에 걸쳐, "캡슐(capsule)"이라 명명한 거주용 큐비클 유니트(cubicle unit)의 개발에 분주한 것은 구로가와 기쇼(Kisho Kurokawa)였다. 구로가와의 경우, "호모 모벤스", 인간관, 모빌리티(mobility)를 과대시한 현대인간관을 문제로 삼아, 가능성 있는 거주캡슐을 계속 꿈꾼다.

The Nakagin Capsule Tower realizes the ideas of metabolism, exchangeability, recycleablity as the prototype of sustainable architecture. The Nakagin Capsule Tower is the world's first capsule architecture built for actual use. Capsule architecture design, establishment of the capsule as room and insertion of the capsule into a mega-structure, expresses its contemporaneousness with other works of liberated architecture from the later 1960's, in particular England's Archigram Group, France's Paul Memon, and Yona Friedman.

그들은 이제 근대건축의 선두에 서 있다. 서구에서 "메타볼리스트(metabolist)"라 불리며 등장하는 "아키그램(archigram)" 등의 세대에 강력한 영향력을 발휘한다.

Kisho Kurokawa was born in Aichi Prefecture, Japan in 1934. He graduated from Kyoto University in 1957 and then studied at the Graduate School of Tokyo University under Kenzo Tange. Early within his career Kurokawa rejected orthodox Modernism and a Western obsession with mechanical analogy. In the 1960s he founded a Japanese avant-garde movement known as the Metabolists to combat this Western Modernism and to propagate a philosophy of radical change. Despite the group's initial success at Expo 70 in Osaka, the group disbanded. Many of Kurokawa's buildings explore the notion of engawa, the "in between space" where public realm and private space co-exist in harmony. His recent architecture has achieved considerable international acclaim and has secured a series of prestigious commissions. He abhors traditionalism, but feels that the respective cultures of different countries offer the most appropriate response to contemporary malaise.

archigram : "In late 1960, in various flats in Hampstead, a loose group of people started to meet: to criticize projects, to concoct letters to the press, to combine to make competition projects, and generally prop one another up against the boredom of working in a London architectural office. It became obvious that some publication would help. The main British magazines did not at that time publish student work, so that Archigram was reacting to this as well as the general sterility of the scene. The title came from a notion of a more urgent and simple item than a journal, like a 'telegram' or 'aerogramme,' hence 'archi(tecture)-gram.'...By this time Peter Cook, David Greene, and Mike Webb, in making a broadsheet, had started a new Group." Thus begins Archigram, a chronicle of the work of a group of young British architects that became the most influential architecture movement of the 1960s, as told by the members themselves. It includes material published in early issues of their journal, as well as numerous texts, poems, comics, photocollages, drawings, and fantastical architecture projects. Work presented includes Instant City, pod living, the Features Monte Carlo entertainment center, Blow-out Village, and the Cushicle personalized enclosure. Archigram's influence continues unabated: direct descendants of the group's work include Lebbeus Woods, Neil Denari, Takasaki Masaharu, and Morphosis.

그림 6-12 아리장(1978) 전경, 김원석

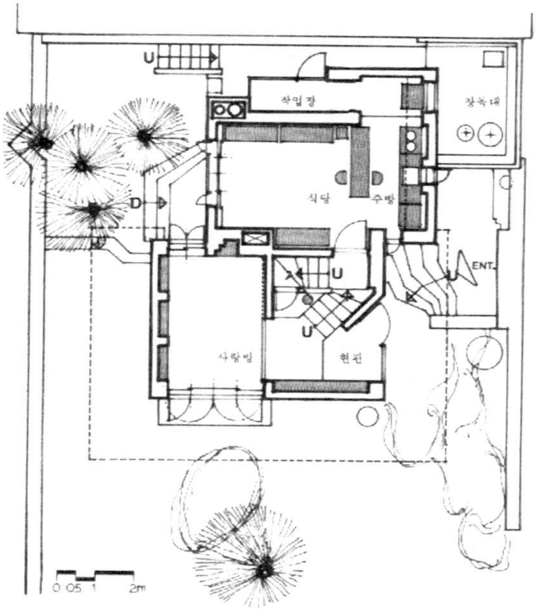

그림 6-13 아리장(1978) 1층 평면도, 김원석

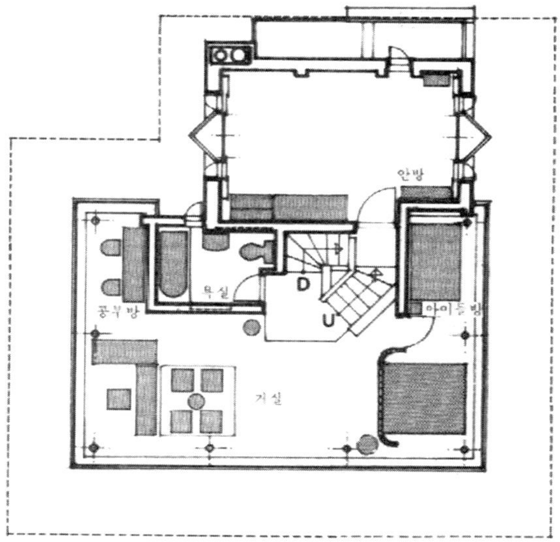

그림 6-14 아리장(1978) 2층 평면도, 김원석

그림 6-15 아리장(1978) 내부 전경, 김원석

그림 6-16 아리장(1978) 내부 전경, 김원석

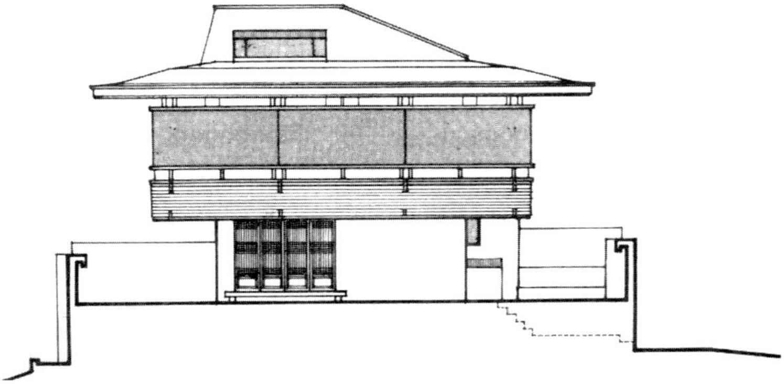

그림 6-17 아리장(1978) 입면도, 김원석

플러그 인 시티 Plug in City

메타볼리스트들에게 있어서 건축의 궁극적 목적은 실은 도시였다. 기쿠다케 입장에서 그것은 옥상도시가 아닌 해상도시를 꿈꾸었다.

"창해"라 명명되었던 초기의 프로젝트에서는 동경만의 앞바다 쪽에서 떠오르는 모습의 도시가 구상화되었다. 거기에서 탑상 또는 벽상구조가 들어서는 거주 무브네트는 송아리처럼 혹은 꽃처럼 피어있는 것이다. 도시 그 자체를 사회의 아날로그로 보고 있다. 사회가 사람에 의해 구성되듯이 혹은 사회가 가족에 의해 구성되듯이 도시는 가정을 내포한 주택에 의해 구성된다. 개개의 요소를 신진대사 시키면서, 사회도 그리고 도시도 총체를 계속 유지하는 것이다.

이것이야말로 "메타볼리즘"이 추구하는 모습일 것이다.

본래, 자연발생적인 것인 도시는 근대사회 속에서 끝없이 확대와 증식을 반복해왔다. 이미 손댈 수 없는 혼란이 현실 속에서 나타나고 있다.

처음에 구조를 부여하고, 항상 질서를 유지해나가는 도시형성, 거기에 도시의 발전은 예기할 수 없는 것일까. 그러한 발상의 원천은 이렇게 해서 메타볼리스트에 의해 초래되었다고 말할 수 있다.

후에 단케 겐죠가 "**인프라 스트럭쳐(infra structure)/마이너 스트럭쳐(minor structure)**"라는 개념을 부여하고, 도시에 대한 구상을 그리게 된다. 단케 연구실에서는 그것이 "동경계획 1960"으로 제시된다.

단지, 유기적인 전체를 평소에 계속 의식해온 메타볼리스트들에 대해서 단케는 어디까지나 시스티매틱했으며, 반면에 아키그램은 문명 비판적이었다. 이러한 발상의 전환에 대해 "플러그 인 시티(plug in city)"라든가 "클립 온 아키텍쳐(clip on architecture)" 등의 명명을 레이너 번햄은 부여한다. 그것은 건축과 도시가 끝없이 접근한 하나의 계절 풍경이었다. 이 시기 사람들은 미래의 건설에 대해 적극적이었고, SF소설 등의 새로운 저널이 널리 보급되는 중에서 우주로 눈을 돌리고, 다른 별의 문물을 몽상하는 일도 시작되었다.

기쿠다케 입장에서, 해양 전의 아쿠아시티(aquacity)로서, 최초의 해상구조물이 구체화되지만, 15년이나 지난, 1974년의 일이었다. 해양 매장자원개발의 기지로서, 그 후 계속해서 이런 종류의 해양구조물은 건설된다. 그러나 아직 도시를 형성하는 데까지 미치진 않았다.

"스카이 하우스(sky house)"란 그 가능성 있는 도시의 아날로지(analogy)로서의 건축이었다.

그림 6-18 스파이어럴(spiral), 메타볼리즘적 도시

그림 6-19 메타볼리즘적 도시

7 건축과 풍토 01: 유기적 건축 2 organic architecture

– 메종 카레/Alvar Aalto, Meson Carre, near Paris. 1959
– 여름별장 /Alvar Aalto's Summer House, Muuratsalo. 1953

알바알토(Alvar Aalto, 1898~1976)

Alvar Aalto was born in Kuortane, Finland in 1898, the son of a surveyor. He graduated with honors from Helsinki Polytechnic in 1921 after which he opened his own practice. He held the position of Professor of Architecture at MIT 1946 to 1948, and was President of the Academy of Finland 1963~68. Although his early work borrowed from the neoclassic movement, he eventually adapted the symbolism and functionalism of the Modern Movement to generate his plans and forms. Aalto's mature work embodies a unique functionalist/expressionist and humane style, successfully applied to libraries, civic centers, churches, housing, etc. A synthesis of rational with intuitive design principles allowed Aalto to create a long series of functional yet non-reductionist buildings. Alvar Aalto generated a style of functionalism which avoided romantic excess and neoclassical monotony. Although Aalto borrowed from the International Style, he utilized texture, color, and structure in creative new ways. He refined the generic examples of modern architecture that existed in most of Europe and recreated them into a new Finnish architecture. Aalto's designs were particularly significant because of their response to site, material and form. Aalto generated a large body of work in Germany, America, and Sweden. Often at work on multiple projects, he tended to intermingle ideas and details within his work. The spectrum of Aalto's work exhibits a sensual detailing that separates him from most of his contemporaries. Aalto was a master of form and planning, as well as of details that relate a building successfully to its users. His buildings have provided renewed inspiration in the face of widespread disillusionment with high modernism on one hand, and post-modernism on the other. Aalto died in Helsinki in May 1976.

그림 7-1　알바알토(Alvar Aalto, 1898~1976)

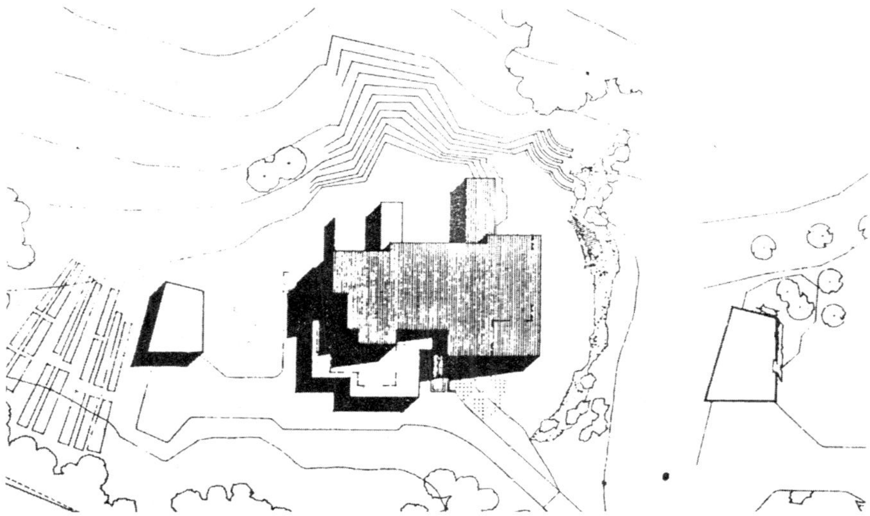

그림 7-2 메종 카레(Alvar Aalto, Meson Carre, near Paris. 1959) 배치도

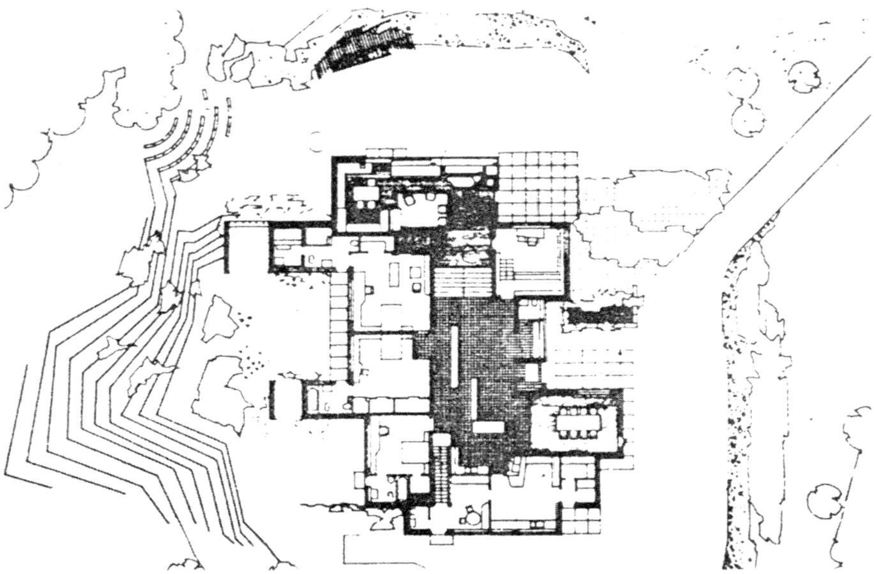

그림 7-3 메종 카레(Alvar Aalto, Meson Carre, near Paris. 1959) 평면도

그가 건축의 세계에 몸을 던졌을 무렵 유럽건축계는 과거와의 명백한 결별을 표방하기 시작해 핀란드에 있어서도 그 때까지의 신고전주의적인 것에 대해 기능주의의 대두가 현재화되고 있었다. 그도 당연히 초기에는 이 이원적 상극 속에 표현수단을 맡기는 수밖에 없었지만, 1928년 현상설계(competition)에서 당선한 **파이미오의 새너트리움**(Tuberculosis Sanatorium: Paimio, Finland, 1928~1933)으로 일약 북유럽에서 근대건축의 개척자로 주목받는다.

Paimio Tuberculosis Sanatorium

1929~33, Paimio, Finland. The Paimio Sanatorium is considered Aalto's most significant early building. As well as establishing his international reputation, it was also the catalyst for his uniquely humanist interpretation of Modernism. Aalto believed the harmonious environment could play a powerful role in promoting wellbeing and considered every aspect of the project from the perspective of the patient. Paimio is also the starting point for Aalto as a furniture designer. Inspired by the dynamic forms of tubular steel furniture emerging from the Bauhaus, Aalto translated this into molded wood which he believed would be warmer and more comfortable than metal. Best known is the historic armchair no 41 also called the Paimio chair. The radical sculptural form of the gently curving seat molded from a single piece of springy plywood was designed for the patients respiratory comfort.

대학시절 당시 가장 전위적인 기능주의자 지그르트 프로스테로스에게 사사받았으며, 당시 유럽에서는 근대건축의 거장 꼬르뷔제(Le Corbusier)가 화려하게 등장하고 있었던 것을 생각한다면, 알토의 이 출세작은 당시의 새로운 가치관과 근대건축이념에서 나타난 것이라고도 말할 수 있다. 그러나 그의 건축관을 이 새로운 가치관이 정복할 수는 없었다. 이후 그의 작품은 작품마다 근대건축의 왕도에서 건너 뛰어간다. 유럽문화권의 변경, 가치관의 이상화와 환경의 가혹함에 대한 인간존재의 희박함, 나름의 "인간"에 대한 응시의 태도가 그의 작품에는 항상 깔려 있었다. 1935년에 파이미오의 새너트리움에 이어 등장한 비프리의 도서관(Viipuri Municipal Library: 1930~1935)에서는 3년 전에 현상설계에서 당선한 계획안의 신고전적 표현과는 전혀 다른 독자적 언어를 강하게 표현하고 있었다.

Viipuri Library, which was designed by Alvar Aalto and completed in 1935, is a masterpiece of International Modernism in both European and global terms. At the time of its completion, the town of Viipuri was part of Finland, but was ceded to the Soviet Union after the Second World War. Alvar Aalto won the design competition for Viipuri Library in 1927 with a proposal that was strongly marked by Nordic Classicism. The original design has been compared to the Stockholm Municipal Library by Gunnar Asplund, which was being completed at that time. The final decision on the construction of the library was taken in September 1933. By that time, the site had been changed, and Aalto was obliged to make new drawings. It took almost five years, in all, to design the library. Over the course of this time, a distinct change took place in the architect's way of thinking. The location of the library in a park allowed a new kind of freedom in the design work, and the forms of the building were radically simplified. In its final form it represented International Modernism with the utmost refinement. The library was inaugurated in October 1935. Many architectural historians believe that Viipuri Library was completely destroyed during the Second World War. The truth is, however, that the building did not suffer any major damage during the conflict, but was completely abandoned for ten years after the war. Most of the damage occurred at this stage. More damage was caused through later repairss carried out by unskilled labour and with insufficient funds. Today, it is still possible to restore the building to its original form and condition. Mr. Sergej Kravchenko, from Viipuri, has carried out a thorough survey which will be most helpful in the restoration. He has investigated the building throughout and uncovered the mistakes made in earlier repairs. In spring 1992 architects from the Alvar Aalto Club and the Finnish Ministry of the Environment took the initiative in starting an international campaign to save the library. Finnish and Russian Committees for the Restoration of Viipuri Library were set up, and a fund-raising campaign was started to cover the costs of the work. The building still functions as a library and is visited by about 700 persons every day.

이후 뉴욕박물관 핀란드관 현상설계(Finnish Pavilion, at New York, New York, 1939), 마이레아

저, 세이나차로의 현상설계(Saynatsalo Town Hall, at Saynatsalo, Finland, 1949 competition, built 1952), 문화의 집(House of Culture, Helsinki, Finland, 1955~1958) 등, 일일이 열거할 수 없을 만큼 많은 다양한 언어가 때로는 동경적인 이미지를 원천으로 또는 장소성(場所性)을 강하게 의식해 놀랄 만큼 대담하게 실험적으로 표현되고 있었다.

핀랜드관 현상설계

"An exhibition should be what in the early days it used to be, a general store: in which all possible objects are grouped together in a dense display—whether it be fish, cloth or cheese. Therefore in this pavilion I have attempted to provide the densest possible concentration of display, a space filled with wares, next to and above and beneath each other, agricultural and industrial products often just a few inches apart. It was no easy work—composing the individual elements into one symphony."

The 'house of culture' (Kulttuuritalo) serves as a centre for the cultural work of various trade-union organizations. The building comprises three distinct parts: offices, lecture and conference rooms, a concert hall. The office part has five stories with 110 offices, meeting rooms and two flats. In the lecture and conference room section (in the middle of a U-shaped complex) are a lecture hall, study rooms, discussion rooms, a library and a records room. The concert and congress hall is the main feature of the group. The hall, with 1500 seats and a stage 200 sq m, is primarily intended for concerts, but is also used for lectures. The various parts of the building are linked together along the street by a canopy 60m long, under which are the main entrances. The free asymmetrical form of the hall entailed the development of a new facing element, a wedge-shaped brick, with which all the curves of the irregular exterior could be realized."

루이스 칸(Louis Kahn)이나 폴 루돌프(Paul Roudolf)가 활약한 미국과 대서양을 낀 유럽의 북쪽 끝 핀란드에서 활동한 알바알토(Alvar Aalto, 1898~1976)도 칸과 동시대를 살아온 위대한 건축가이다.

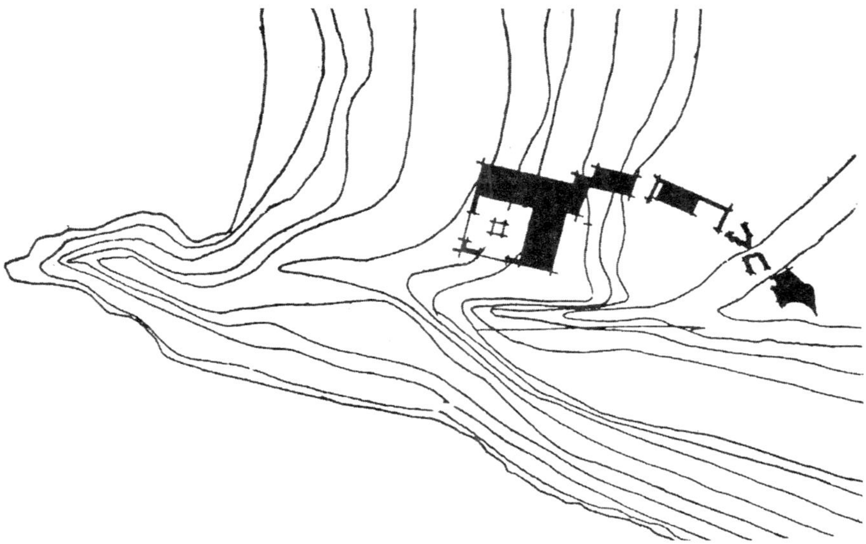

그림 7-4 여름별장(Alvar Aalto's Summer House, Muuratsalo. 1953) 배치도

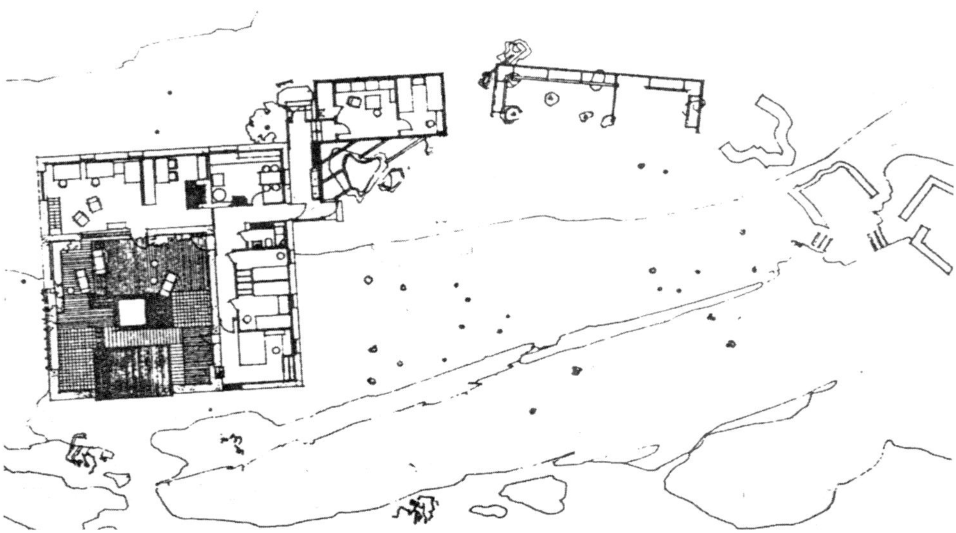

그림 7-5 여름별장(Alvar Aalto's Summer House, Muuratsalo. 1953) 평면도

Louis Isadore Kahn (1901~1974) practised as an architect in Philadelphia, Pennsylvania, and taught architecture there and at Yale University. Kahn was born on the Estonian island of Saaremaa. In 1901, his family immigrated to the United States, fearing that his father would be recalled into the military during the Russo-Japanese War. He was raised in Philadelphia and became a naturalized citizen on May 15, 1914. He trained in a rigorous Beaux-Arts tradition, with its emphasis on drawing, at the University of Pennsylvania ("Penn"), after completing his Master's degree in 1924, Kahn made a European tour and settled in the medieval walled city of Carcassonne, rather than any of the strongholds of classicism or modernism. In 19251926 the bowtie-sporting Kahn served as Chief Designer for the Sesquicentennial Exposition. From 1947 he spent a decade teaching at Yale, where his influence was paramount, then moved to Penn. His prominent apprentices include Moshe Safdie and Robert Venturi. He died of a heart attack in a bathroom in Pennsylvania Station in New York City. He was not identified for three days, as he had crossed out the home address on his passport. He had just returned from a work trip to India. Louis Kahn's work infused International style with a fastidious, highly personal taste, a poetry of light. His few projects reflect his deep personal involvement with each. Isamu Noguchi called him "a philosopher among architects". Kahn had three different families with three different women: his wife, Esther; Anne Tyng, a co-worker; and Harriet Pattison. His obituary in the New York Times, written by Paul Goldberger, famously mentions only Esther and his daughter by her as survivors. But in 2003, Kahn's son with Pattison, Nathaniel Kahn, released an Oscar-nominated biographical documentary about his father, titled My Architect: A Son's Journey, which gives glimpses of the architecture while focusing on talking to the people who knew him: family, friends and colleagues. It includes interviews with renowned architect contemporaries such as B.V.Doshi, Frank Gehry, Philip Johnson, I. M. Pei, and Robert A. M. Stern, but also an insider's view of Kahn's unusual family arrangements. The unusual manner of his death is used as a point of departure and a metaphor for Kahn's life in the film.

1920년대의 북구적 고전주의, 30년대의 파이미오의 새너토리엄에서 시작되는 모더니즘에의 지향을 거쳐서 30년대 후반에는 독자의 공간적 특성이 나오기 시작되고, 세계대전을 끼고 50년대, 60년대에는 알토의 독특한 공간구성을 완성시키는 것이다. 알토드 칸과 마찬가지로 공공건축에 의해서 그 이념이 꽃피게 되지만, 여기서는 그 극소수의 주택 공간구성에 대해 살펴보면, 전체의 윤곽은 일반적으로 부정형이며, 외부공간을 둘러싼 L형이나 ㄷ자형의 형태를 장소가 있는 곳에 사용하며, 구형의 공간을 이어서 빗 방향이나 S 시계방향에 공간을 유동 진전시키며, 구조나 형태의 규칙적 반복을 극력 피하고, 각부의 밸런스는 규칙성보다도 시각적 밸런스로 나타나기도 한다.

바우하우스와 CIAM이 주창했던 근대건축이념에 대해, 파이미오의 새너트리움 이후, 알바 알토(Alvar Aalto, 1898~1976)는 일획을 그은 입장을 표명했다. 그는 적어도, 이러한 이념에 대해 전적으로 부정적이지는 않았다. 그가 보여준 태도는, 근대건축의 거장들이 결과적으로 말살했던 인간성(humanism)에 대한 문제를 생각했던 것이다.

예를 들면, CIAM에서 논의된 최소한 주택에 대해, 그것을 언급하는 데는 찬성하면서도, 그것이 정량적으로 공간을 시각화하는 것에 대해서는, 합리성의 한계를 지적하고 있다. 그는 합리성(合理性)과 인간성(人間性)을 대립개념으로 보지 않았으며, 합리성의 개념을 확대함으로 해서 인간성을 포함시키려 했다.

근대건축을 표방하는 건축가들이, 건축을 경제적 · 기술적 · 기계적인 문제와 동일시할 수 없다는 패러독스(paradox)에 대해, 이미 존재하는 합리성의 규범적 한계를 보이고 있었다. 그리고 과거에 대한 인간의 환경에 대한 대응 속에서, 참으로 신체화(身體化)된 전통과 그 역사를 중심으로, 의식적으로 축적된 감성의 레벨로 구축하려 했다. 때문에 그의 건축공간은 자기부재(自己不在)는 있을 수 없으며, 그 공간에 있어서 자기의 동경적인 희구가 창조프로세스(Process of Creativity)의 기본이 되고 있었다. 이렇게 해서 알토는 건축을 자연에 대해 "유기적 생명감을 초래하는 변화와 성장의 체현(體現)"으로서 표현하고 있다.

굽이치는 곡면, 목재, 기와 등의 특징적인 사용, 독창적인 빛의 연출. 어디에서도 각기의 건축에 맞게 그의 감성이 나타나며, 유기적으로 구축되고 있다. 더욱이 우리가 근대건축을 해석할 때의 명쾌함과, 기능의 형식성이라는 규범 내에서 그의 작품을 평가할 때, 곤란한 점이 쉽게 감지되고 있다. 각기의 감성에 여지를 주는 것에 의해 나타나는 건축이념의 애매성이란, 상반하는 좌표로 전개되고 있는 근대건축의 자세로 보자면, 알토를 이단으로 보기 쉽다. 그러나 그 자신도 합리주의자이었던 것이다. 그 잣대가, 기계가 아니라 자연 혹은 인간이었을 뿐이다.

"건축 그 자체의 모습은, 사람이 그 속에 들어갔을 때에 비로소 이해되는 것이다"라고 이야기 한 알토는 모더니스트의 이단자이기 이전에 휴머니스트였을 것이다.

메종 카레(Meson Carre, near Paris. 1959)

파리 서쪽 구릉 정상에 〈메종 카레〉가 있다. 건축주 루이스 카레는 저명한 화상(畵商)이며, 이 주택은 생활의 장(場)인 동시에, 소장미술품을 위한 갤러리(Gallery)로서의 성격도 갖고 있었다. 외형은 대지의 경사와 합친 외쪽지붕을 가지고, 윤관의 요철을 통합하고 있다. 내부공간은 거실, 갤러리, 식당의 3개의 장방형이 S자로 연계되고 더욱이 갤러리의 전시벽도 엇갈려서 배치되어 빗 방향으로 유동성이 만들어지고 있다. 현관홀에서 거실로 이르는 공적인 공간은, 높은 천정의 커브에 의해 다이내믹하게 나타나며, 그 흐름은 거실의 개구부에서 외부공간으로 넓혀가고 있다. 한편, 현관홀은, 반대쪽이 전시벽에 의해 교묘히 분할되고 있으며, 사적영역을 확보하고 있다. 또 개별 실들은, 각기 독자적인 공간의 성격을 갖고 있다. 이와 같은 플랜은, 주위의 초원과 조화하여 지붕에서 통합되며, 주변의 디테일한 조작과 함께, 주택을 자연과의 연속적인 연관 속으로 끌어들이고 있다.

이처럼, 외부환경에 대응한 지붕과 주 공간을 연출하는 천정과의 대담한 경사지붕이 이 주택을 특징짓고 있다.

The house was built for Louis Carr , a well-known art-dealer. The brief called for a family house with hanging space for paintings, while avoiding the appearance of an art gallery. The architect was also required to design the internal details throughout, including furnishings, lamps, fabrics etc., and to plan and design the garden surrounding the house. The house stands at the top of a hill, and has extensive views all around. Internally, it was necessary to vary ceiling heights in order to provide both window and skylight illumination of areas of wall space. Each of the main rooms leads directly on to its own patio.

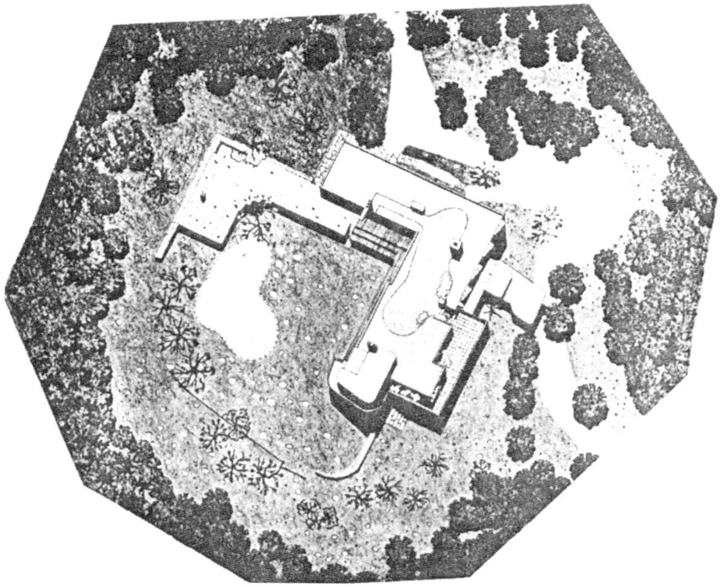

그림 7-6 빌라 마이레아(Villa Mairea, Noormarkku 1937~39) 배치도

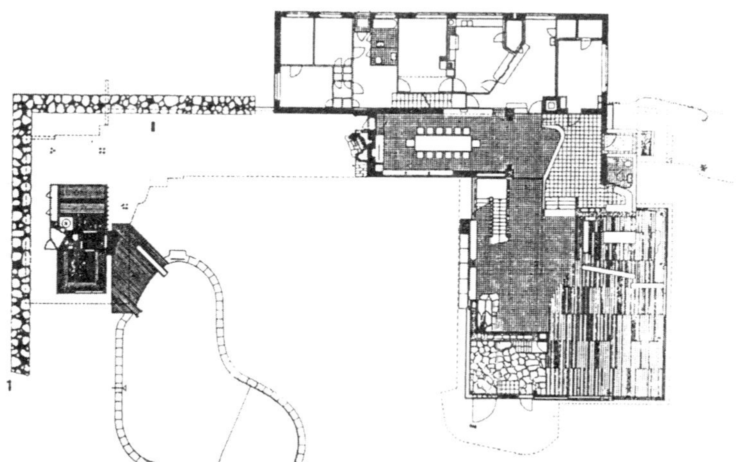

1 Ground-floor plan

그림 7-7 빌라 마이레아(Villa Mairea, Noormarkku 1937-39) 평면도

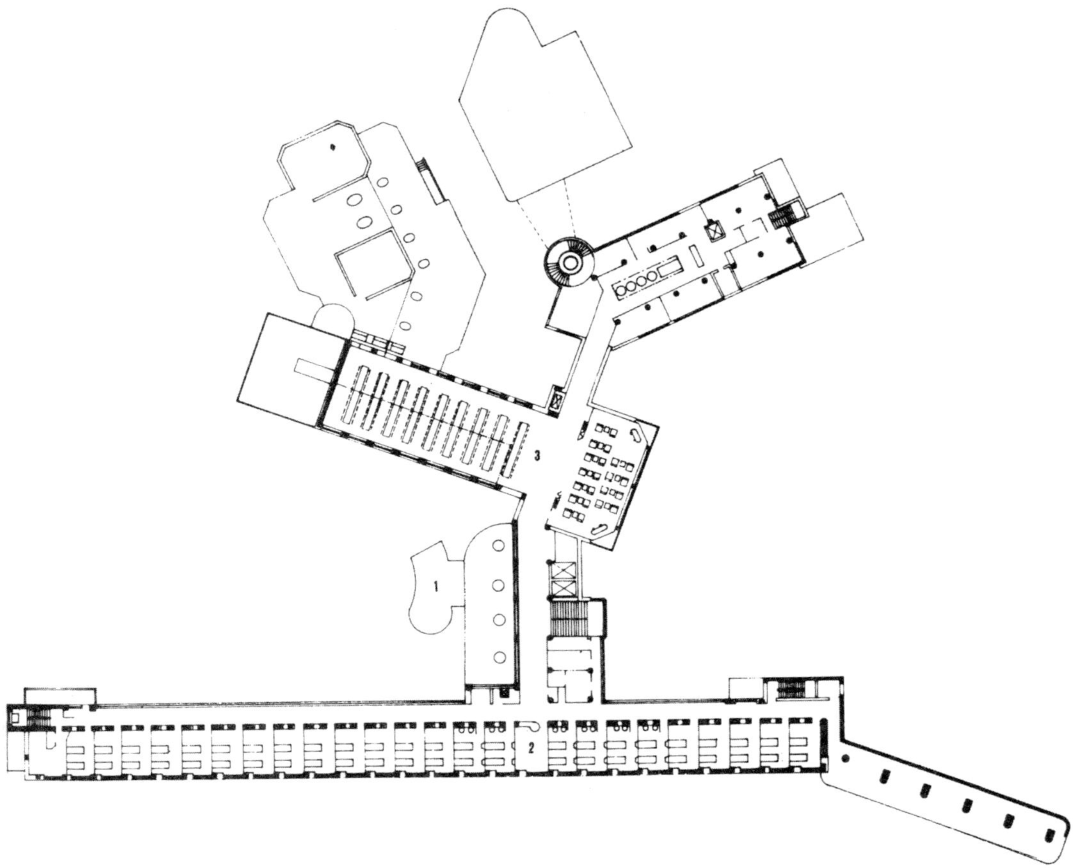

그림 7-8 새너트리움(Tuberculosis Sanatorium: Paimio, Finland, 1928~1933) 평면도
1. 입구, 2. 병동, 3. 식당동

그림 7-9 새너트리움(Tuberculosis Sanatorium: Paimio, Finland, 1928~1933) 식당홀

그림 7-10 새너트리움(Tuberculosis Sanatorium: Paimio, Finland, 1928~1933) 안내 및 접수실

그림 7-11 새너트리움(Tuberculosis Sanatorium: Paimio, Finland, 1928~1933) 전경

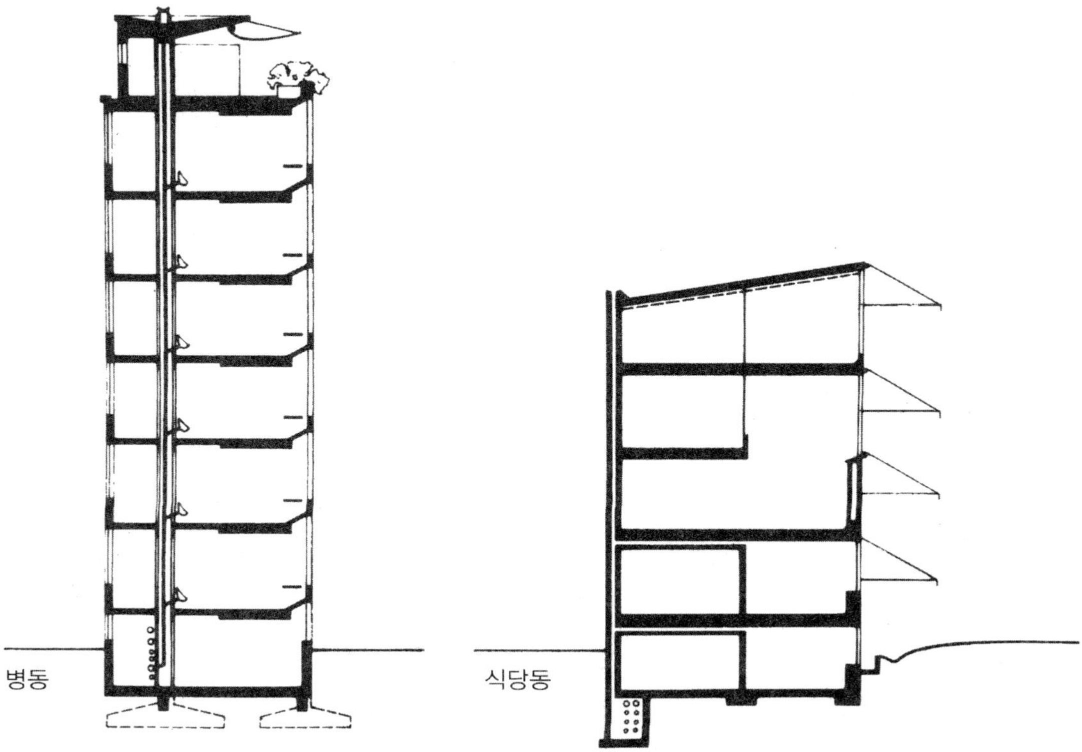

그림 7-12 새너트리움 단면도

건축에서의 인포멀(informal)

유동하는 공간(space in motion)을 실현시킨 라이트는, 경사지붕을 가지고 프레이리 하우스를 지었다. 알바알토가 평생을 공들였던 지붕은 그러나 외쪽 경사 지붕이었다.

외쪽으로 경사진 지붕은 사실 고귀한 건축물에서 사용되었던 것만은 아니다. 구미의 항구에는 외쪽으로 경사진 지붕의 목조창고가 늘어서 있다.

어느 쪽이 정면인지, 어느 쪽이 측면인지, 이해하기 힘들다. 사각의 평면이지만 어느 쪽인지 이해할 수가 없다. 사각 평면 위에 이 지붕을 올려놓을 때, 결국 어떤 종류의 〈방형지붕〉으로도 분류할 수 있는 단위공간으로서의 표현이 가능하다. 단위공간이 모이면 클라스터가 된다. 사각지붕으로 그것을 행했던 것이 루이스 칸의 배스 하우스(Bath House, Trenton, New Jersey, 1954~1959)이며, 한쪽 경사지붕으로 그것을 행했던 것이 찰스 무어의 시랜치 리조트 콘도미니엄(Sea Ranch Condominium, Sea Ranch, California, 1964~1965)이다. 둘의 차이는, 한쪽은 루이스 칸의 클래시시즘(classicism)이며, 다른 한쪽은 찰스무어의 로맨티시즘(romanticism)이다. 이 경우, 로맨티시즘과 클래시시즘은 반대개념이라고 할 수 있으며, 관념에 있어서 지역성, 토착성의 표현이며, 무엇보다도 인포멀한 것을 특징짓고 있다.

Bath House

"The impression becomes inescapable that in Kahn, as once with [Frank Lloyd Wright], architecture began anew.

"With Kahn,...the germinal project was cross-axial in plan. This was the Bath House for the Trenton Community Center...[W]here Wright interwove the axes,...Kahn keeps each of his four spaces uncompromised by giving it a separate roof cap, with oculus, of its own. Kahn's (hipped roofs) do not project in Wright's overhang, keeping instead to their contained volumes,...supported by massive piers. Wright's piers are solid, Kahn's hollow."

—Vincent Scully,

인포멀이란, 정식이 아니라 약식이라는 의미이다. 기호성을 일삼는 구세계에 대해 합리를 일삼은 근대사회가 결과적으로 부담할 수 있는 자세인 동시에, 그것은 〈유기적 건축〉이, 그렇지 않은 건축일반에 대해 주장하는 경우라고 할 수 있다. 그와 같은 의미에서, 알토(Alvar Aalto, 1898~1976)는 라이트 이상으로 유기적이다.

외쪽 경사지붕

제2차 세계대전 후 알토의 건축에서 외쪽 경사의 모티브로 계획된 것은 거의 없다. 블록을 나누어 여러 동이 전체적으로 외쪽경사지붕을 형성하고 있는 유형이 아마 대부분이다.

자신의 여름별장 및 아틀리에, 비오크센니스카 교회(Church Vuoksenniska : 1956~58), **볼프스부르그의 문화센터** 등이다.

외쪽경사지붕의 동이 모여서, 전체를 이루는 유형에는 세이나차로의 경우가 있다. 유달리 높은, 경사지붕의 끝 일부를 평평하게 한 경사지붕 밑에 의회장을 배치하고 있다. 수평으로 쭉 뻗은 보(beam)로부터, 손가락을 편 모양으로 경사재가 뻗어 지붕을 지지하고 있는 것이 실내에서 보여 지고 있다. 그 아름다움은 실로 대단하다. 핀랜드 공과대학도 이와 같은 유형이다. 그래도 외쪽 경사지붕이 단일 건물로 지어진 것은 **〈메종 카레(Meson Carre, near Paris. 1959)〉**일 것이다.

프랑스의 화상 루이 카레가 파리교외에 특별히 알바 알토에게 의뢰한 이 주택은 광대한 대지위에 지어졌다. 완만한 구릉 전체가 대지이다. 그 정상 가깝게, 이 주택을 알토는 설계했으며, 그 대지의 고저 차에 대응하기위해 외쪽경사 지붕이 계획되었다. 평면의 가운데에 홀이 있으며, 여기로 진입이 되도록 했다. 여기에는 개인 갤러리가 있으며, 생활 속의 큰 보이드(void)로서, 정찬을 즐길 수 있는 식당과 거실을 나누는 역할을 한다. 이 천정을 가장 높여서, 지붕은 거실을 향해 경사져 내려오고 있다. 경사진 천정은 수평으로 마무리되어 테라스가 위치하며, 대체적으로 자연을 향해 열려있다.

외쪽으로 경사진 지붕에 있어서 유일한 〈평지붕〉 부분이 이와 같이 처리되고 있는 것이 참으로 원칙적이다.

마킴 미드 앤 화이트의 로우 저의 최단부에 똑같은 테라스가 만들어지고 있는 것을 생각해 볼 수 있다. 이와 같은 곳에는 반드시 기둥이 필요하지만 로우저에서는 와이드 싱글로 두른 큰 열주가 늘어서 있으며, 이 의장에 대응해서 상부에 엔터블레이쳐가 만들어진다. 〈메종 카레(Meson Carre, near Paris. 1959)〉의 경우 지붕의 단부는 안으로 쑥 들어가서 가늘게 처리되며, 브론즈를 가공한 가늘고 긴 핀 서포트가 세워져 있다. 똑같이 서포트는 엔트런스의 표정을 만들기 위해 또 하나가 추가되고 있다.

알토의 여름별장(Aalto's Summer House, Muuratsalo, Finland, 1953)

The summerhouse at Muuratsalo is not only a place to live and work but is also a sort of experimental house. It is located in the lake country of north-central Finland, one hour by motor boat from the nearest railroad station. Two wings of equal length set perpendicularly to each other, one containing the living area and the other the bedrooms, form a square court which is closed to the exterior by means of high walls. The exterior walls of this court are developed as mosaic-like experimental walls, divided into about fifty areas in which different types and sizes of brick and ceramic tile with different methods of jointing are used, so as to test their effect from both the aesthetic and practical standpoints. The lean-to roof rises steeply over the living area towards the west wall.

핀란드의 파이얀네호의 외떨어진 무라챠로(Muuratsalo)섬에 있는 이 주택은 알토의 실험주택이다. 이 주택에서는 일반건축에서는 취급할 수 없는 각종 문제에 대해, 갖가지 실험이 행해졌다. 건축전체를 통해서 같은 형태, 스케일, 구조는 하나도 사용되지 않고, 안채에 있어서는, 여러 종류의 석재나 타일이 벽면이나 파티오(patio)에 아로새겨졌고, 그 구성효과나 내구성이 시험되기도 하고, 파티오(patio)를 에워싼 벽의 개구에 의해 경관을 제어하고 식물이나 이끼도 도입해서 자연과의 격차를 줄이는 것을 시험해보는 등, 실험성 짙은 주택을 계획했다. 또 기초 없는 건물, 기둥의 위치가 자유스런 건물 등, 지형에 대응시킨 구조도 시험되고 있었다. 알토는 이 별장에서 실용적, 정신적 실험을 하는 일로 새로운 감성을 불러일으키고, 북쪽 나라의 기후에 대응할 수 있는 특수한 건축을 모색하는 주춧돌 역할을 했다.

유기적이라는 것 To be Organic

모더니즘에 대립하는 조류로서 유기주의(有機主義)가 있다. 그것은 **가우디(A. Gaudi)**, 아르누보(Art Nouveau), 라이트(F. L. Wright), **루브스 고프(Bruce Goff)** 그리고 알토 등의 반 근대주의자들을 총칭해서 부르는 경우가 많다.

Antoni Gaudi(1852~1926) was born in Reus, Spain in 1852. He studied at the Escola Superior d'Arquitectura in Barcelona and designed his first major commission for the Casa Vincens in Barcelona using a Gothic Revival style that set a precedent for his future work. Over the course of his career, Gaudi developed a sensuous, curving, almost surreal design style which established him as the innovative leader of the Spanish Art Nouveau movement. With little regard for formal order, he juxtaposed unrelated systems and altered established visual order. Gaudi's characteristically warped form of Gothic architecture drew admiration from other avant-garde artists. Although categorized with the Art Nouveau, Gaudi created an entirely original style. He died in Barcelona in 1926.

Bruce Goff was born in Alton, Kansas in 1904. Apprenticed at the age of twelve to Rush, Endacott and Rush of Tulsa, Oklahoma, Goff became a partner with the firm in 1930. Self-educated and exceptionally creative, his designs often depended on creative free-association and borrowed materials.

Without academic credentials Goff became a professor of architecture at the University of Oklahoma. In his capacity as teacher, Goff emphasized a design curriculum based on creativity. Within his private practice, Goff introduced a form of organic architecture that was sensitive to both client needs and site constraints. With very strong convictions about the importance of individuality, Goff created isolated one-family houses in tree enshrouded pockets of the Great Plains. Although Goff's buildings relied on a combination of structural clarity and spatial complexity, they also used a form of decorative detailing that contrasted with the typical simplicity of twentieth century buildings. Goff died in Tyler, Texas in 1982.

그러나 유기적 건축(有機的 建築, organic architecture)이란 도대체 무엇인가? 유기적이라는 것에 대한 의미에 관해 열거해 보면 다음과 같을 것이다.

- 표층표시가 무기적, 기계적으로 차디찬 공업제품은 아니고, 친근한 자연의 소재(유지적 재료)로

만들어져 있을 것.

- 형태에서 자연계에 있는 곡선을 사용할 것
- 건물의 형태나 내부공간이 자연에 있는 것, 예를 들면 나무, 초원, 동굴등을 이미지화 시킬 것
- 건물을 주위의 자연과 대립시켜서 두드러지게 하는 것이 아니고 그것과 융합시킬 것. 대지에서 돋아난 것처럼 보일 것
- 구성에 기계적, 시스템적인 규칙을 사용하지 말고 변화가 풍부한 것으로 할 것
- 각부의 치수가 휴먼스케일(Human Scale)일 것
- 기능적으로 관련된 것 혹은 공간구성이 유기생명체에 있는 시스템을 가질 것. 즉 독립된 개개의 구성요소가 위계(Hierarchy)를 가지고 상위의 전체로 통합될 것.

〈organic architecture〉를 최초로 주장한 건축가는 설리반이고, 뒤이어 라이트였지만, 라이트의 수제자를 빼면, 세 번째로 이것을 주장한 사람은 알토였다. 스튜디오에는 라이트의 큰 초상화가 걸려있다고 한다. 〈organic〉을 〈유기적〉이라고 해석한 사람은 도대체 누구였을까? organ이란 원래 기관, 결국 생명체를 구성하고 일정의 형태를 가지고 있고 특정의 생리기능을 가지는 것이라는 의미이다. 즉 복수의 물건이나 사람으로 구성된 질서 있는 전체나, 어느 활동을 하기 위한 상태나, 활동단위 등을 의미하고 있는 것이다. 예를 들면 organization-man이라면 조직인을 가리키는 것이다.

그러므로 유기적 건축이란, 결코 비합리적인 건축이 아니다. 그런 의미에서 반 합리를 표방하는 "표현파"와는 명확한 한 획을 긋고 있다. 혹은, 유기적 건축이란 인간적인 건축이라고 자주 불리고 있지만, 합리주의가 비인간적인 것이 아닌 것도 또 확실하다. 인간의 본질에 합리를 더하는 휴머니즘이야말로 원래 합리주의였다.

합리측에 있는 건축은 자주 관념성을 달리해서 건축행위가 행해진다. 결과적으로 인공적인 소재가 즐겨 사용되어 영리적인 인상을 가진 건축이 되기 쉽다. 따라서 정신에 긴장을 초래하는 공간이 그 곳에 출현한다고도 말할 수 있지 않을까?

한편 유기적이라 말해지는 건축은 소재성이 중시되어 천연소재에 의해 피부에 익숙한 공간의 형성을 특색으로 하고 있다고도 말할 수 있다. 정신 긴장에 대해 평안이 그 곳에는 있고 해석하는데 수고스럽지 않은 포용력 있는 건축을 최상으로 한다.

교묘하게도 필립존슨처럼 인터내셔널한 표현이 합리적이라면 반대로 내셔널한 표현은 유기적 건축의 상례이다. 그렇다고는 해도 권력지향을 상기시키는 도멀(formal)한 건축이 되는 것을 동시에 거부

하고 있다. 즉 인포멀(infromal)한 건축양태를, 이성적 휴머니즘을 문제 삼아 제시하는 합리파에 대해서 비교적 직접 도메스틱한 건축양태를 제시해버리는 것이 유기파이기도 하다. 이 경우 도메스틱이란 가정적, 지방적 의미일 것이다.

풍토성, 지방성, 지역주의

현대건축에 있어서 잊을 수 없는 공공건축 3개가 있다면, 그것은 월터 그로피우스의 뎃사우의 바우하우스(Bauhaus, Dessau, Germany, 1919~1925), 르 꼬르뷔제의 쥬네브의 국제연맹회관(League of Nations: Geneva, Switzerland, 1923~1929), 파이미오에 있는 알토의 새너트리움(Tuberculosis Sanatorium: Paimio, Finland, 1928~1933)이다.

지그프리드 기디온(Siegfried Giedion 1888~1968: 스위스 미술사가. 근대건축운동의 이론적 지도자이며, 1928~56년 CIAM 근대건축국제회의 사무국장으로 활약하였다. 『공간 · 시간 · 건축(1941)』은 근대적인 건축과 도시계획의 사고방식을 설명한 고전적 저작이며 『기계화 문화사(1948)』 『영원한 현재(1962)』 『건축, 그 변천(1970)』 등의 저서를 통하여 문명의 내면과 외면에 보이는 불변의 것을 탐구하였다)은 1949년 〈공간, 시간 그리고 건축 Space, Time and Architecture〉의 제8판에 알토를 짜 넣어 이렇게 썼다. 파이미오의 새너트리움은 1930년대 시점, 바로 첨단을 걷는 인터내셔널 스타일을 유럽 북단의 변경, 핀란드라는 나라에 가져왔다. 그러나 그 인터내셔널(international)한 건축양태마저 잘 살펴보면 알토의 그 후의 일의 일단을 충분히 들여다보이게 하고 있다.

그 기사 중에서 기디온은 인간성-휴머니티라는 단어를 많은 부분을 할애해서 칭송하고 있다. 바꾸어 말하면, 합리적 경향에 휴머니티가 부족하다고 스스로 인정한 것과 같다.

다만 합리주의 건축에 유머가 풍부하다 하는 표현을 들 수 있다. 유머(humour)란, 이것도 물론 human의 파생어이다. 그런데 1950년대 특히 미국을 풍미했던 디자인 경향은 스칸디나비안 디자인, 이탈리안 디자인 그리고 일본적 디자인이 있었다.

모두 서구와 다른 풍토 속에서 성장하여 충분히 성숙하여 보편성을 동시에 지닌 디자인이다. 본래 국제성이라는 개념 그 자체가 서구 수 개국에 공통하는 정도밖에 지나지 않기 때문에 그 국제적 풍토와 다른 풍토에서 성장한 그 3가지 디자인을 지방성이라든가 풍토성이라고 말하는 것이 오히려 우습다. 그러나 서구사회는 그것을 허용할 수 있는 풍토적 특성으로서 받아들이고 열중했던 것이다. 그러한 커다란 경향 속에 기디온의 알토예찬은 한정된다.

Bauhaus

"The Bauhaus building provides an important landmark of architectural history, even though it was dependent on earlier projects of the architect...as well as on the basic outlines and concepts of Frank Lloyd Wright. "It consists of three connected wings or bridges...School and workshop are connected through a two-story bridge, which spans the approach road from Dessau. The administration was located on the lower level of the bridge, and on the upper level was the private office of the two architects, Walter Gropius and Adolf Meyer, which could be compared to the ship captain's 'command bridge' due to its location. The dormitories and the school building are connected through a wing where the assembly hall and the dining room are located, with a stage between. "The basic structure of the Bauhaus consists of a clear and carefully thought-out system of connecting wings, which correspond to the internal operating system of the school. The technical construction of the building... is demonstrated by the latest technological development of the time: a skeleton of reinforced concrete with brickwork, mushroom-shaped ceilings on the lower level, and roofs covered with asphalt tile that can be walked upon. The construction area consisted of 42,445 [cubic yards] (32,450 [cubic meters]) and the total cost amounted to 902,500 marks. Such an economical achievement was possible only due to the assistance of the Bauhaus teachers and students, which at the same time, of course, could be viewed as an ideal means of education."

Palace of League of Nations: Geneva , Switzerland (1923~1929)

After the League of Nations in Geneva realized it was time to build a new building, they picked a site outside the heart of the city and called a competition. The intent of this project was to build a symbolic building to express international harmony and world peace. His magnificent plan for the new assembly hall and administration buildings was the only one within the budget. The Beaux Arts architect jury claimed, however, that his drawings did not meet the technical criteria. His plans included a large Assembly auditorium for 2,600 people, a Secretariat with 550 offices, numerous committe rooms, a restaurant, and a library. The elements of the building were its monumental portico supported by huge pilotis. He did make it past the first round because each country had a winner for the first round. Corbusier submitted the next design in 1929 and his project was disqualified because it was too modern for the League of Nations. His project was the only one under budget (by .5 million francs), but the over budgeted, four rival architects were instead appointed to build the palace obviously reminiscent of Corbusier's proposal. In 1931 Corbusier declared that his ideas were stolen in a 31 page lawsuit and accused the architects of plagiarism. His protest was ignored because the League of Nations do not listen to complaints from private individuals and he ended up the sore loser. Fortunately, Corbusier could use the plans in a slightly different version for his 1928 commission for the Ministry of Light Industry (Centrosoyuz) in Moscow, completed in 1934.

장식성의 과제

알토의 건축이 인간에게 부드럽다고 말하기 전에 핀란드인은 자연과 대립해서 인간을 조정하는 "국제적" 인식에 대해 자연의 속에 인간을 조정한다는 점에서는 핀란드인과 동양인은 같다. 그런 면에서 라이트의 인간관 혹은 건축관과 공통되는 점이 있다. 그러나 자연은 동양과 같이 인간에게 부드럽지 않다. 핀란드의 자연은 가혹하다. 그러한 인간과 자연과의 관계-풍토-에 알토의 건축을 이해하는 열쇠가 있다.

핀란드는 전형적인 빙하지형이다. 도처에 늪지가 있고 한대성 침엽수림으로 덮여있다. 무라차로호수도 그러한 늪지의 하나이다. 그곳에 반도처럼 돌출한 부지에서 이 건축은 처음으로 나타난다.

목마른 여행자가 호수를 발견하고 사면을 내려가면서 지팡이를 버리고, 물건을 차례차례로 벗어버리고 망토를 벗어버리는 차에 호수의 아름다움에 빠져 잠시 물을 마시는 것도 잊은 채 한참을 서있는 것처럼 그 배치는 이루어져 있다. 배치의 오묘함은 알토의 모든 건축을 이해하는 중요한 열쇠이기도 하다. 이러한 배치에 의해 건축은 벽을 넘어 부지 전체에 걸쳐 행해진다. 아니 경관 전체 속에 멋지게 위치를 차지한다.

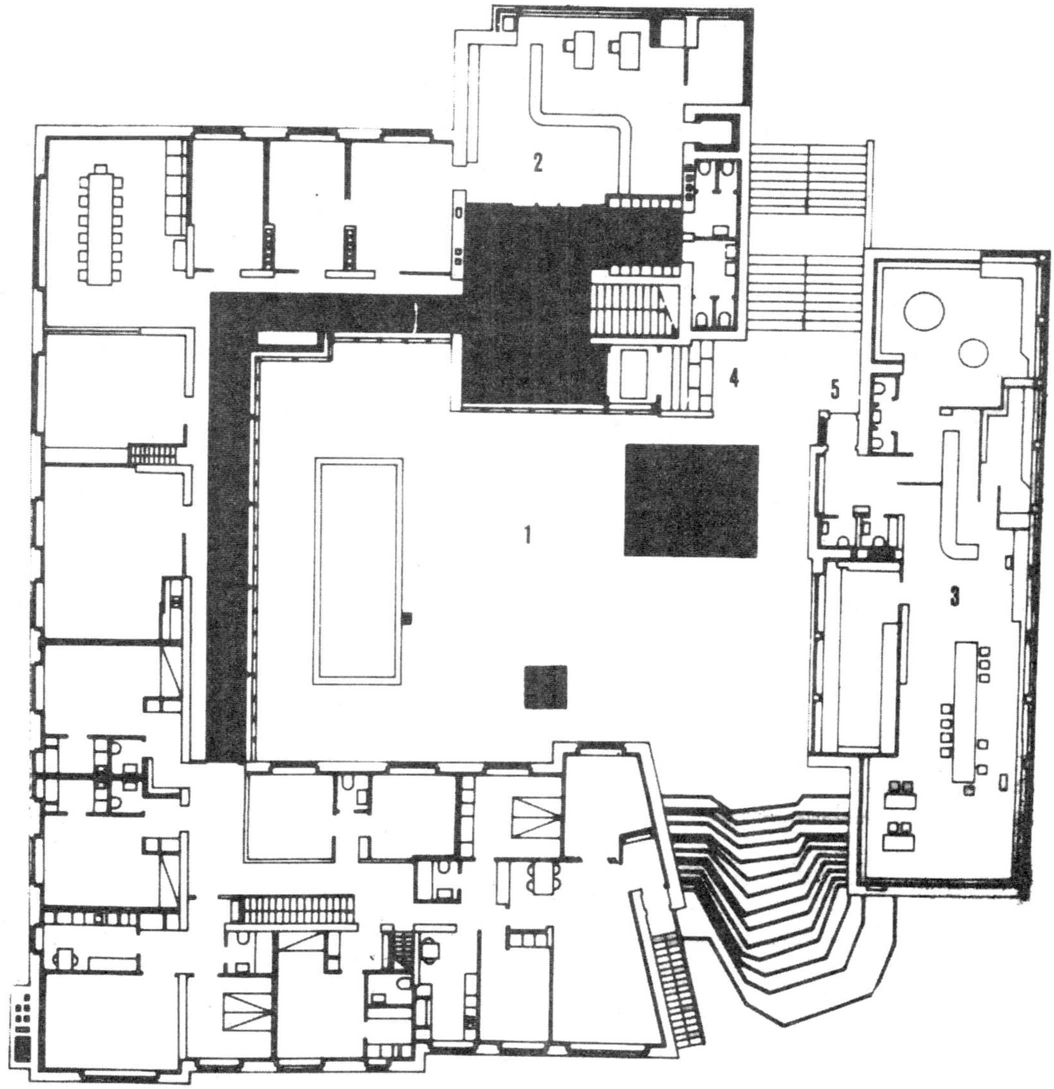

그림 7-13 세이나차로의 청사(Saynatsalo Town Hall, at Saynatsalo, Finland, 1949 competition, built 1952) 평면도
1.중정, 2.사무실 상층의장, 3.도서관, 4.사무실 의장입구, 5.도서관입구

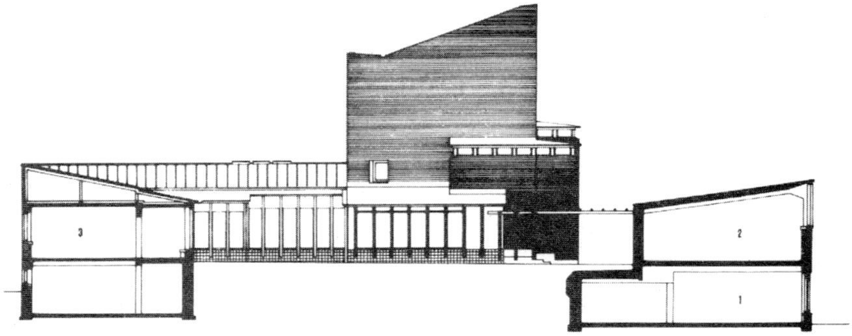

그림 7-14 세이나차로의 청사(Saynatsalo Town Hall, at Saynatsalo, Finland, 1949 competition, built 1952) 단면도

그림 7-15 세이나차로의 청사(Saynatsalo Town Hall, at Saynatsalo, Finland, 1949 competition, built 1952) 전경1

그림 7-16 세이나차로의 청사(Saynatsalo Town Hall, at Saynatsalo, Finland, 1949 competition, built 1952) 전경2

이곳은 알토 자신의 여름집이다. 소수의 스텝을 초대하여 여기에서 구상을 하는 일도 있을 것이다. 그 스텝들의 거실이 우선 안채에서 벗어나서 그 앞에 반 정도 지붕이 달린 정자가 있고, 제방이 있고, 맨 앞에 벤치가 있다. 여기가 이 집의 문이기도 하다. 그러나 안채도 재미있게 계획되어 있다. 우선 거실은 내부에는 거의 없다. 문 밖에 잡혀있고 중정식으로 되어 있다. 아무리 봐도 여름집이다. 이 중정(테라스)에는 개구가 2개 있다. 각각 반도양측 호수와 대응되어 있는 것이다. 한편의 개구에는 루버가 부착되어 있고, 벤치도 있다. 다른 편 개구는 문턱이 없고 아래까지 열려 있다. 아무리 봐도 호수의 비스타(vista)를 잘라내어 그림으로 보이고 있는 것이다. 루버가 있는 개구를 향해 지붕은 점점 높아지듯이 외관은 형성되어 있지만, 이것은 그 그림에 높이를 주고 있는 가벽이다.

테라스가 정말 다양한 마루 재료로 마감되어 있다. 연와붙이는 방법의 견본관으로까지 보이고 있지만, 이것은 평상시의 알토의 방법임과 동시에 핀란드인 건축법의 전통이기도 할 것이다. 또 벽의 연와도 특히 이 중정에서 실로 다양하게 쌓는 법을 보이고 있다. 합리를 표방하는 건축은 인공적인 마무리에 일관되어 유기적인 건축을 천연재를 즐겨 사용해 왔다고 이야기한 바 있다. 같은 연와이더라도 미스처럼 균일하게 붙이면 인공재로 보이고 알토처럼 붙이면 천연재로 보일 수 있지 않을까? 결국 인공재는 균질하게 마무리할 수 있는 소재이고 천연재는 도처에 이음매가 나타나거나 맞춤새가 드러나거나 한 조각마다 나뭇결이 틀리게 놓이기도 하는 소재이다. 그것은 장식성을 우연히 공간에 부여한다. 장식성을 알토는 그 위에 첨가시켜 만들고 있다고 말할 수 있다.

알토건축의 난해함

흔히 알토의 건축을 이해하기란 쉽지 않다고들 한다. 유럽건축의 맥락 속에서도, 근대건축의 발전과정 속에서도 그를 적절히 이해하기에는 항상 어려움이 따른다. 그 이유는 그의 출생배경과 관련이 있는데, 핀란드가 1917년까지 스웨덴과 러시아의 식민지로서, 문화적으로 정통유럽의 흐름에서 벗어나 있었다는 점과 알토의 외조부는 삼림관, 아버지는 측량기사인 스웨덴어를 사용하는 집안에서 자랐다는 점이다. 신생 핀란드의 독립의 시기와 그의 건축가로서의 출발시기가 거의 같은데, 따라서 알토는 핀란드의 독립과 함께 핀란드 고유의 건축을 추구하고자 했으며, 그러면서도 편협한 민족주의에 빠지지 않을 수 있었다.

에리엘 사리넨(Eliel Saarinen)이 '건축은 재료의 성질의 반영이다'라고 정의했던 핀란드적 특성

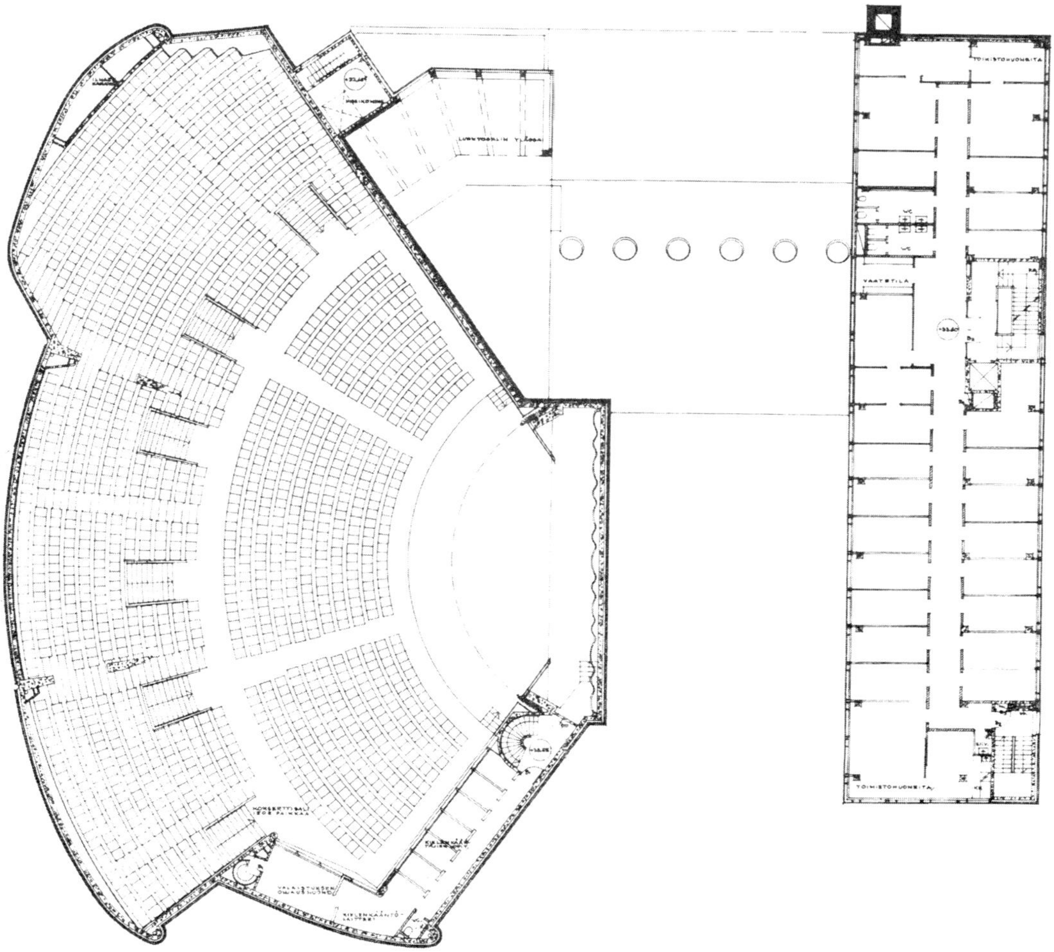

그림 7-17 문화의 집(House of Culture, Helsinki, Finland, 1955~1958) 평면도

그림 7-18 문화의 집(House of Culture, Helsinki, Finland, 1955~1958) 외관, 물결치는 홀의 벽돌벽과 수평으로 늘어나는 캐노피

그림 7-19 비오크센니스카교회(Church Vuoksenniska : 1956~58)

그림 7-20 시랜치 리조트 콘도미니엄, 찰스무어(Sea Ranch Condominium, Sea Ranch, California, 1964~1965, Charles Moore) 전경

그림 7-21 시랜치 리조트 콘도미니엄, 찰스무어(Sea Ranch Condominium, Sea Ranch, California, 1964~1965, Charles Moore)

그림 7-22 시랜치 리조트 콘도미니엄, 찰스무어(Sea Ranch Condominium, Sea Ranch, California, 1964~1965, Charles Moore) 내부 사진

과 당시의 북구에서의 건축의 흐름을 이해하는 것은 알토를 이해하는데 한 걸음 다가가는 방법이라 하겠다.

Eliel Saarinen was born in Rantasalmi, Finland in 1873. After he graduated from Helsinki Polytechnic, he practiced with Herman Gesellius and Armas Lindgren. In 1923 he emigrated to the U.S. where he designed and then taught at Cranbrook. His son, Eero, became his partner in 1937. Saarinen's early monumentality owes much to the Vienna Secession movement. His designs expressed a Nordic refinement of the European Art Nouveau. Saarinen's work depended on the integration of cultural symbolism with material and form. His work also owed much to the combined precedents of Finnish farm settlements and the Arts & Crafts movement. Saarinen borrowed from the forms and materials of both past and present, regional and international. He abstracted classical style and Finnish vernacular to suit the Finnish sensibility. By 1902 his buildings began to exhibit the clean massing and heaviness of traditional Finnish buildings. Because of the simplicity of his designs, he was linked to minimalism. Eliel Saarinen died in Michigan in 1950.

알토가 실무를 시작한 1922년은 조이스(James A. Aloysius Joyce 1882~1941)의 율리시스(Ulysses 1922), 엘리엇의 황무지(The Waste Land: 영국 시인 T.S. 엘리엇의 장편시. 1922년 발표하였다. 제1차 세계대전 후 유럽의 황폐한 모습을 상징적인 재료와 구성으로 표현하였는데, 「죽은 자의 매장」「체스의 승부」「불의 설교」「익사」「뇌성(雷聲)이 알려 준 일」 등 5부로 되어 있다)가 출판되었으며, 꼬르뷔제(Le Corbusier 1887~1965)의 『새로운 건축을 향하여(Toward a New Architecture, 1922)』가 완성되고 파리에서의 실무를 시작한 해이며, 미스(Mies van der Rohe)는 그 해에 글래스 타워를 설계했다. 그리고 후에 히치콕과 존슨에 의해 **'국제주의 양식(International Style)**의 탄생의 해'로 명명되어진 해이기도 하다.

The International Style was a major architectural trend of the 1920s and 1930s. The basic design principles of the International Style are identical with those of modernism, but the term usually refers to the buildings and architects of the formative decades of modernism, before World War II.

Europe Around 1900 a number of architects around the world began developing new architectural solutions to integrate traditional precedents with new social demands and technological possibilities. The work of Victor Horta in Brussels, Antoni Gaudi in Barcelona, Otto Wagner in Vienna and Charles Rennie Mackintosh in Glasgow, among many others, can be seen as a common struggle between old and new. The International Style as such blossomed in 1920s Western Europe. Researchers find significant contemporary common ground among the Dutch de Stijl movement, the work of visionary French/Swiss architect Le Corbusier, and various German efforts to industrialize craft traditions, which resulted in the formation of the Deutscher Werkbund, large civic worker-housing projects in Frankfurt and Stuttgart, and, most famously, the Bauhaus. The Bauhaus was one of a number of European schools and associations concerned with reconciling craft tradition and industrial technology. By the 1920s the most important figures in modern architecture had established their reputations. The big three are commonly recognized as Le Corbusier in France, and Ludwig Mies van der Rohe and Walter Gropius in Germany. In retrospect the common characteristics are easy to identify: a radical simplification of form, a rejection of ornament, adoption of glass, steel and concrete as preferred materials, the (so-called) honest expression of structure, acceptance of industrialized mass-production techniques and the machine aesthetic, acceptance of the automobile, design decisions that logically support the function of the building, and a vague but exciting sense of the future. The ideals of the style are commonly summed up in three slogans: ornament is a crime, form follows function, and Le Corbusier's description of houses as "machines for living". In 1927, one of the first and most defining manifestations of the International Style was the Weissenhof Estate in Stuttgart, built as a component of the exhibition "Die Wohnung," organized by the Deutscher Werkbund, and overseen by Mies van der Rohe. The fifteen contributing architects included Mies, and other names most associated with the movement: Peter Behrens, Le Corbusier, Walter Gropius, JJP

Oud, Mart Stam, and Bruno Taut. The exhibition was enormously popular, with thousands of daily visitors trooping through the houses. Many of its ideas and ideals were formalized by the 1928 Congres Internationaux d'Architecture Moderne.

America Rudolf Schindler's 1926 Lovell Beach House, Los Angeles CaliforniaThe same striving towards simplification, honesty and clarity are identifiable in American architects of the same period, notably in the work of Louis Sullivan in Chicago, and the west-coast residences of Irving Gill. Frank Lloyd Wright's career in the 1900s and 1910s parallels and influences the work of the European modernists, particularly via the Wasmuth Portfolio, but he refused to be categorized with them. In 1922, the competition for the Tribune Tower and its famous second-place entry by Eliel Saarinen gave a clear indication of what was to come. The term International Style came from the 1932 exhibition at the Museum of Modern Art, organized by Philip Johnson, and from the title of the exhibition catalog for that exhibit, written by Johnson and Henry Russell Hitchcock. It addressed building from 1922 through 1932. Johnson named, codified, promoted and subtly re-defined the whole movement by his inclusion of certain architects, and his description of their motives and values. Perhaps the masterstroke was the name, and the positioning of this style as one that transcended any national or regional or continental identity. Johnson also defined the style as an aesthetic surface style, rather than a matter of design integrity, and saw the architect as equivalent to an artist, accountable to nobody but himself. This was a departure from the functionalist principles of some of the original Weissenhof architects, particularly the Dutch, and especially JJP Oud, with whom Johnson maintained a prickly correspondence on the topic. The gradual rise of the National Socialist regime in Weimar Germany in the 1930s, and the Nazi's rejection of modern architecture, meant that an entire generation of architects were forced out of Europe. When Walter Gropius and Marcel Breuer fled Germany, they both arrived at the Harvard Graduate School of Design, in an excellent position to extend their influence and promote the Bauhaus as the primary source of architectural modernism. When Mies fled in 1936, he came to Chicago, and solidified his reputation as the prototypical modern architect. After World War II, the

International Style matured into modernism, HOK and SOM perfected the corporate practice, and it became the dominant approach for decades. Perhaps its most famous/notorious manifestations include the United Nations headquarters and the Seagram Building in New York.

Elsewhere One of the strengths of the International Style was that the design solutions were indifferent to location, site, and climate. This was one of the reasons it was called 'international'; the style made no reference to local history or national vernacular. They were the same buildings around the world. (Later this was identified as one of the style's primary weaknesses.) American anti-Communist politics after the war, and Philip Johnson's influential rejection of functionalism, have tended to mask the fact that many of the important contributors to the original Wiessenhof project fled to the east. This group also tended to be far more concerned with functionalism. Bruno Taut, Mart Stam, the second Bauhaus director Hannes Meyer, Ernst May and other important figures of the International Style went to the Soviet Union in 1930 to undertake huge, ambitious, idealistic urban planning projects, building entire cities from scratch. This Soviet effort was doomed to failure, and these architects became stateless persons in 1936 when Stalin ordered them out of the country and Hitler wouldn't allow them back into Germany. In the late 1930s this group, and their students, were dispersed to Turkey, France, Mexico, Kenya and India, adding up to a truly international influence.

당시 북구에는 낭만적 고전주의(Romantic Classicism)와 민족적 낭만주의(National Romanticism)의 두 가지 양식이 주류를 이루고 있었으며, 이러한 분위기 속에서 알토는 초기에 여러 방향의 길에 발을 내딛는다. 스웨덴의 **군나 아스플란드(G. Asplund)**는 알토의 초기 건축에 가장 많은 영향을 끼친 건축가로 알토는 처음 그의 영향으로 낭만적 고전주의를 선택했는데 당시의 전반적 분위기와 같이 토착적인 것에의 경향도 볼 수 있다.

Erik Gunnar Asplund(1885~1940) was born in Stockholm in 1885. Generally considered Sweden's leading architect, Asplund began his career as a painter before he studied architecture at the Royal Institute of Technology, Stockholm. After completing his studies,

Asplund worked for the architects Tengrom, Westman and Ostberg. He rounded out his architectural education with extensive travels through Sweden and other parts of Europe. Asplund worked alone and obtained a large amount of his work through competitions. Aside from office practice, Asplund taught at the Royal Institute of Technology and edited a Swedish architectural magazine. By the end of the 1920's, Asplund had become a committed Modernist. In his architecture, he sought to point the way "to a new architecture and a new life". Keeping with this ideal, he became a signatory to the Acceptera manifesto of 1931. His layout for the Stockholm Exhibition in 1930 clearly indicates his modernist ideals. During the period from 1931 until his death, Asplund moved away from Modernism and began showing a sympathy towards a stripped Nordic classicism. Asplund continued to design until his death in Stockholm in 1940.

그러나 그의 영감의 원천은 핀란드 토착의 것이기보다는 이태리였다. 이후 1927년부터 1934년까지는 알토가 최초로 맞은 성숙기로서 그의 짧은 기능주의의 시기로 볼 수 있는데, 기본적으로 기능주의 양식을 확고히 확립시킨 것은 1928년의 파이미오 요양소 설계 경기의 1등 당선 안이었다. 그의 이러한 갑작스런 변화는 당시 독일을 중심으로 한 유럽 중앙에서의 상황들 속에서 이해될 수 있는데, 1925년의 꼬르뷔제의 에스프리누보관, 1926년의 Dessau의 Bauhaus, 1927년의 **바이젠호프 지둘룽크 (Weissenhof Siedlung)**과 함께, 무엇보다도 알토도 참여했던 1927년 국제연맹본부 국제설계경기 등을 거치면서 유럽은 본격적인 기능주의적 국제주의양식이 확립되어지고 있었다.

The Weissenhof Siedlung, or exhibition estate, was built near Stuttgart in Germany in 1927 as a solid manifesto of modern movement architects, a demonstration of their abilities in the field of housing. The white stuccoed, flat-roofed buildings were designed by men who would later become well-known: Peter Behrens, Gropius, Mies van der Rohe, Oud and Le Corbusier. Weissenhof soon achieved fame – some would say, notoriety – and was generally taken to be the first public exhibition of what was later called International Style.' Examining a number of houses at Weissenhof, we ask how far the architecture matches up to the architects' ideas of the logical use of modern materials, and how far it fulfils their uninhibited and uncompromising search through their building for new ways to live.'

알토의 건축에 지속적으로 나타나는 흰색에의 집착은 그가 유년시절 깊은 영향을 받은 아버지의 작업대인 흰색테이블에 연유하는데, 이는 북구의 지역적 특성에 의한 빛에 대한 관심의 표현이기도 하다. 즉 대부분의 시간을 실내에서 보내야 하는 북구의 긴 겨울의 짧은 낮 시간동안 햇빛을 실내에 최대로 반사시키려는 그의 의도이다. 그의 전 작품을 통해 이러한 빛의 절에 대한 끊임없는 관심을 볼 수가 있다.

또 하나 알토의 영감의 원천으로 핀란드의 수천 개의 호수를 들 수 있으며, 그는 어린 시절 아버지의 흰 테이블 위에 놓인 지도를 통해 호수변의 구불구불한 콘타에 익숙해져 있었다 한다. 결국 그의 곡선은 꼬르뷔제의 기하학적 곡선이 아닌 자연의 곡선이었다.

근대건축의 일반적 경향과 뚜렷이 차이 나는 알토의 특징은 외부공간과 내부공간의 명확한 구분이다. 바로 이 점이 건물내외부의 경로(route)에 그가 집착한 원인이기도 하다. 이 경로는 빛과 결합하여 건물의 주변과 내부로 사람을 이끄는데, 알토의 건물에서는 사람들의 행위의 경로체계와 광원체계가 강하게 결합되어 있다. 바로 이점이 알토가 디자인문제로서 주택에 그다지 관심을 갖지 않은 이유인데, 주택에서는 공공건물에 비해 경로의 문제가 상대적으로 덜 중요하기 때문이다. 따라서 알토의 작품 중 주택이 차지하는 비중은 적은 편이며, 꼬르뷔제나 라이트의 주택과의 비교가 거의 이루어지지 않았던 이유이기도 하다.

8 건축적 은유 01

–로버트 벤츄리의 어머니의 집/ Robert Venturi, Vanna Venturi House. 1962

Robert Venturi, Philadelphia, Pennsylvania 1925

Robert Venturi was born in Philadelphia, Pennsylvania in 1925. He attended the Episcopal Academy in Philadelphia and graduated from Princeton University. He worked with Eero Saarinen and Louis I. Kahn before he founded his own practice in 1958. In 1964 he formed a partnership with John Rauch. Three years later, his new wife, Denise Scott Brown, joined the partnership. Although Venturi has designed many buildings, his theories have created more impact. Based on the philosophy of 'complexity and contradiction', he has re-assessed architecture to stress the importance of multiple meanings in appreciating design. In contrast to many modernists, Venturi uses a form of symbolically decorated architecture based on precedents. He believes that structure and decoration should remain separate entities and that decoration should reflect the culture in which it exists. In contradiction, Venturi also considers symbolism unnecessary since modern technology and historical symbolism rarely harmonize. Although Venturi considers himself a architect of Western classical tradition, he claims that architectural rules have changed. He rejects a populist label, but in Learning from Las Vegas he shifted from an intellectual critique of Modernism in terms of complexity to an ironic acceptance of the "kitsch of high capitalism" as a form of vernacular. His theories have generated the populist aesthetic of the recent Post-Modernism.

postmodernism In architecture, art, music and literature, postmodernism is a name for many stylistic reactions to, and developments from, modernism. Post-modern style is often characterized

그림 8-1 로버트 벤츄리(Robert Venturi)

by eclecticism, digression, collage, pastiche, and irony. Some artistic movements commonly called postmodern are pop art, architectural deconstructivism, magical realism in literature, maximalism, and neo-romanticism. Postmodern theorists see postmodern art as a conflation or reversal of well-established modernist systems, such as the roles of artist versus audience, seriousness versus play, or high culture versus kitsch. In sociology, postmodernism is described as being the result of economic, cultural and demographic changes (related terms in this context include post-industrial society and Late capitalism) and it is attributed to factors such as the rise of the service economy, the importance of the mass media and the rise of an increasingly interdependent world economy. See also Postmodern, Information age, Globalization, Global village, Media theory. As a cultural movement, postmodernism is an aspect of postmodernity, which is broadly defined as the condition of Western society after modernity. The adjective postmodern (in slang abbreviated to pomo) can refer to aspects of either postmodernism or postmodernity. According to postmodern theorist Jean-FranLyotard, postmodernity is characterized as an "incredulity toward metanarratives", meaning that in the era of postmodern culture, people have rejected the grand, supposedly universal stories and paradigms such as religion, conventional philosophy, capitalism and gender that have defined culture and behavior in the past, and have instead begun to organize their cultural life around a variety of more local and subcultural ideologies, myths and stories. Furthermore, it promotes the idea that all such metanarratives and paradigms are stable only while they fit the available evidence, and can potentially be overturned when phenomena occur that the paradigm cannot account for, and a better explanatory model (itself subject to the same fate) is found. See La Condition postmoderne: Rapport sur le savoir (The Post Modern Condition: A Report on Knowledge[1984]) in [Lyotard [1979]], and the results of acceptance of postmodernism is the view that different realms of discourse are incommensurable and incapable of judging the results of other discourse, a conclusion he drew in Le DifflJrend (1984). In philosophy, where the term is extensively used, it applies to movements that include post-structuralism, deconstruction, multiculturalism, gender studies and literary theory, sometimes called simply "theory". It emerged beginning in the 1950s as a critique of doctrines such as positivism and emphasizes the importance of power relationships, personalization and discourse in the "construction" of truth and world views. In this context it has been used by many critical theorists to assert that postmodernism is a break with the artistic and philosophical tradition of the Enlightenment, which they characterize as a quest for an ever-grander and more universal system of aesthetics, ethics, and knowledge. They present postmodernism as a radical criticism of Western philosophy. Postmodern philosophy draws on a number of approaches to criticize Western thought, including historicism, and psychoanalytic theory. The term postmodernism is also used in a broader pejorative sense to describe attitudes, sometimes part of the general culture, and sometimes specifically aimed at critical theories perceived as relativist, nihilist, counter-Enlightenment or antimodern, particularly in relationship to critiques of rationalism, universalism, or science. It is also sometimes used to describe social changes which are held to be antithetical to traditional systems of philosophy, religion, and morality. The role, proper usage, and meaning of postmodernism remain matters of intense debate and vary widely with context.

찰스 젱크스(Charles Jencks)는 그의 논문에서 벤츄리(Robert Venturi)의 작품을 들어 '과거와 현재의 두 개의 의미를 그리 특별하지 않은 방법으로 도시의 콘텍스트에 적합하며, 대중적 코드와 엘리트적 코드의 양쪽에 속하고, 추하면서도 동시에 아름답다.

Charles Jencks, born 1939 in Baltimore is an architect and architectural theorist, famous for his writings on postmodern architecture. Although not inventing the term, his 1977 book The Language of Postmodern Architecture is often regarded as having popularised its use. In Edinburgh, Scotland, he designed the Landform at the Scottish National Gallery of Modern Art. His late wife, Maggie Keswick Jencks was the founder of the Maggie's cancer caring centres.

그러므로 그들이 이룬 **포스트모더니즘(Post Modernism)**의 최초의 기념비라고 불러도 좋을 것이다.'라고 말하고 있다. 1960년 후반에 이르러 주목받기 시작한 **뉴욕 화이브(New York Five)** 그룹, 즉 아이젠만(Peter Eisenman), 마이어(Richard Meier), 과스미(Charles Gwathmey), 헤이덕(John Hejduk) 그리고 그레이브스(Michiel Graves)가 꼬르뷔제와 1930년대 이탈리아 합리주의를 텍스트로 사용하면서 새로운 바람을 일으켰다면, 거의 같은 시기에 반대의 입장에 서 있던 건축가는 벤츄리(Robert Venturi)라고 할 수 있다. 그는 당시에 출간된 그의 저서 『건축의 복합성과 대립성 Complexity and Contradiction in Architecture』에서 매너리즘과 역사에 대한 관점을 강하게 내세우면서 책의 첫머리에서부터 근대주의 건축의 교조적 이론을 부정하고 복합성과 대립성에 대하여 혁신적인 이론을 전개했다.

New York Five.

Term applied in the late 1960s and early 1970s to five architects practising in New York Peter D. Eisenman, Michael Graves, Charles Gwathmey, John Hejduk and Richard Meier whose work was the subject of an exhibition at MOMA, New York, in 1969 and subsequent publication Five Architects (1972). These architects were related at that time in their allegiance to the forms and theories developed by Le Corbusier in the 1920s and 1930s. This is most clearly seen in the work of Graves, Gwathmey (for illustration see GWATHMEY, CHARLES) and Meier, while Hejduk was also strongly affiliated with Synthetic Cubism and Constructivism, and Eisenman (for illustration see EISENMAN, PETER D.) was deeply influenced by the work of the Italian Rationalist architect Giuseppe Terragni. Anticipating criticisms of this 'Twenties Revivalism', Colin Rowe challenged the idea of Modernism as the constant pursuit of originality by stating that the great revolutions in thought and form in the early 20th century were so 'enormous as to impose a directive that cannot be resolved in any individual life span' (Frampton and Rowe, 1972, p. 7). The most vehement critique of the work of the New York Five (referred to as the 'Whites') came in a group of essays, 'Five on Five' (1973), written by the architects Ronaldo Giurgola, Allan Greenberg (b 1938), Charles W. Moore, Jaquelin Robertson (b 1933) and Robert A. M. Stern (the 'Grays'), whose theoretical affiliation was with Robert Venturi and Vincent Scully. Denying the existence of a 'school' and very anxious to nullify the possibility of

Corbusian Modernism as a major tendency in the 1970s, they attacked the Five's 'lack of concern with siting', the 'unusability' of their spaces and, particularly, their 'lJlitism and hermeticism'their treatment of architecture as ' "high art", divorcing it from day to day life' (Robertson). The phenomenon of the New York Five is not to be seen as a school or movement but as a tendency signalling a deliberate reworking of early 20th-century Modernism in the face of a counter-tendency later defined as POST-MODERNISM. The work of the members of the New York Five subsequently developed in different directions.

뿐만 아니라 순수한 것보다는 혼성품(하이브리드)을, 직설적인 것보다는 비틀어진 것을, 흥미로운 것보다는 절충적인 것을, 디자인된 것보다는 관습적인 것을, 직선적이고 명백한 것보다는 모순적이고 양의적인 것들을 좋아한다고 쓰고 있다. 벤츄리(Robert Venturi, 1925~)는 1925년, 펜실베니아주 필라델피아에서 태어나, 1947년, 프린스톤 대학을 졸업하고, 동 대학원에 진학한다. 1950년, 대학원을 졸업하고, **에로 사리넨(Eero Saarinen)**의 사무소에서 근무했다.

Eero Saarinen was born in Kirkkonummi, Finland in 1910. He studied in Paris and at Yale University, after which he joined his father's practice. Eero initially pursued sculpture as his art of choice. After a year in art school, he decided to become an architect instead. Much of his work shows a relation to sculpture. Saarinen developed a remarkable range which depended on color, form and materials. Saarinen showed a marked dependence on innovative structures and sculptural forms, but not at the cost of pragmatic considerations. He easily moved back and forth between the International Style and Expressionism, utilizing a vocabulary of curves and cantilevered forms. Eero Saarinen died in Ann Arbor, Michigan in 1961.

1954년부터 56년까지, 로마 상(Rome Prize in Architecture)을 받으며 로마의 아메리카 아카데미(American Academy in Rome)에 유학하였으며, 이때 루이스 칸(Louis I. Kahn)을 만나게 된다. 귀국 후 칸(Louis Isadore Kahn 1901~1974)의 사무소에 근무하면서, 펜실베니아 대학에서 건축이론의 강의를 하게 된다. 이때의 강의가 후에 벤츄리의 저서 『건축의 다양성과 대립성 Complexity and

Contradiction in Architecture』의 기초가 된다고 할 수 있다.

1957년, 설계사무소를 설립하고, 1964년에는, 존 로치(John Rauch)와 파트너를 만들어 〈벤츄리 앤드 로치 Venurei and Rauch〉를 설립한다. 1968년에는, 벤츄리의 부인인 데니스 스콧트 브라운(Dennise Scott Brown)이 파트너에 가입했고, 현재에 이른다.

벤츄리의 평가를 결정적으로 했던 것은, 『건축의 다양성과 대립성』(1966)과, 스코트 브라운, 스티븐 이제누워와 공동으로 예일 대학에서의 세미나를 한데 모은 『라스베가스의 교훈 Learning from Las Vegas』(1972)이라는 두 권의 책에 의한다. 이러한 저서는, 르 꼬르뷔제(Le Corbusier)의 『건축을 향하여 Toward a New Architecture』(1923) 이래 중요한 저서라고 할 수 있다. 이러한 간행물은 근대 건축에 대한 비판의 서이며, 거기서 벤츄리는, 다양에서 대립적인 건축, 진부하고 추악한 건축을 찬미하며, 그 논리에 근거한 구체예로서의 자작을 수록하고 있다. 길드하우스(Guild House 1961)와 어머니의 집(Vanna Venturi House. 1962)은, 그 논리를 가장 완벽하게 구현하고 있다. 전자에 있어서, 유럽의 전통적 건축의 연구와 참조에 근거한 새로운 건축의 문맥을 개척하였으며, 후자는 전자의 논리적 연장선상에서, '미국'-라스베가스는 가장 미국다운 도시이다- 그 자체를 논리화한 건축언어로 결말을 짓는다.

그러나 분명한 것은, 벤츄리의 논리가 〈나는 무엇 무엇이 좋다〉라는 〈좋음〉의 차원에서 말하고 있는 것이다. 그 논리는 벤츄리의 감성 그 자체인 것이다. 그 실제작에는 보통 대중적(pop)인 감각이 표류하지만, 동시에 아이러니가 존재한다. 팝(pop)과 아이러니(irony)가 확장되어지는 발판 위에서 이루어지고 있는 것이다. 이 아이러니(irony)의 감각이야말로 벤츄리 특유의 것이며, 찰스 무어의 팝(pop)과는, 결정적으로 다른 점이 있다. 무어의 〈아메리카〉가 절대적인 긍정인 것에 대해, 벤츄리의 그것은 회의적인 색으로 보인다.

『라스베가스의 교훈』의 결론

근대건축의 진보적, 기술 지향적, 토속적, 방법론 지향적, 그리고 피상적으로 사회와 관련된 영웅적이고 독창적인 내용은 역사가와 비평가에 의하여 이전에 논의되었다. 우리의 논점은 이렇다. 위에 언급된 내용은 기능적 문제의 해결에서 필연적으로 나온 것이 아니라, 근대 건축가들이 이해 불가능한 도상학을 선호한 데에서 나왔고 또 형태언어-몇 가지 언어들-를 통하여 조작되었다. 또 이 형태 언어와 연상 체계는 필수 불가결하고 옳은 것이지만, 우리가 그것을 인식하지 못할 때는 전제적(專制的)이 되는 것이다. 또 다른 우리의 논점은, 현재의 근대 건축에서 인식되지 못하는 상징성의 내용은 우스꽝스럽다는 것이다. 죽은 오리(ducks)를 디자인해 왔던 것이다.

예를 들어, 세계 미래주의적 건축가들이 상상하는 현재의 바다 지향적 자세에 우리는 반대하는 동시에, 진지한 건축 해양학적 도시관(都市觀)의 시대가 도래 할지에 대해서도 아는 바 없다. 지금 묘사되고 있는 형태로는 좀처럼 되지 않을 뿐더러 그 시대가 올지에 대해서도 의심스럽다. 그리고 직업 건축가로서, 이 책에서는 그러한 편견에는 별로 관심이 없다. 하지만, 우리 사회의 주요 원천들은 조그마한 건축적 잠재력을 점차 지니기 시작하였다. 전쟁, 전자 커뮤니케이션, 우주 그리고 그 보다 훨씬 적은 정도지만 사회적 서비스 활동들이 그것들이다. 급하였지만, 지금은 순수 건축을 통하여 영웅적인 커뮤니케이션을 하는 시대 및 환경이 아니다.

근대 건축가들이 정의롭게 건물에서 장식을 버렸을 때 그들은, 그 자체가 장식인 건물을 무의식적으로 디자인하였다. 상징성과 장식보다는 공간과 분절을 추구함으로써 건물 전체를 하나의 오리(duck)로 왜곡시켜 버렸다. 전래적인 쉐드(shed)에 장식을 덧붙이는 순수하고 경제적인 방식에 대신하여, 오리(duck)를 만들기 위하여 평면과 구조를 보다 냉소적이며 비경제적으로 왜곡하는 방식을 채택하였다. 즉 미니 거대 구조는 거의 다 오리이다. 지금의 건축은 구조로 된 장식이라고 한, 존 러스킨(John Ruskin: 1819~1900, 영국 미술가, 작가, 사회 개혁가)의 한 때는 대단했던 표명을 재평가해야 할 때이다. 하지만 퓨진(Pugin: 1812~1852, 영국 건축가, 이론가)의 경고도 덧붙여야 할 것이다 : 구조에 장식하는 것은 어쨌든 좋다. 그러나 장식을 구조로서 행하는 것은 결코 옳지 않다.

루이스 칸(Louis Isadore Kahn 1901~1974)

미국 건축가. 에스토니아 출생. 1905년 부모를 따라 미국으로 건너갔고, 15년 귀화하였다. 펜실베이니아대학에서 건축학을 공부하였고, 뒤에 펜실베이니아대학 교수가 되었는데, 그의 건축에서는 미국적 실용주의를 초월한 표현을 볼 수 있다. 펜실베이니아대학에서 프랑스 국립미술학교식의 조형교육을 받은 것과 46세까지 독립적인 설계활동을 하지 않은 경력이 그로 하여금 일상적 실용성을 초월한 설계이념을 지향하게 하였다. 캘리포니아 주에 있는 리처드의학연구소(1964)와 소크생물학연구소(1965) 등의 건물에서 그는 종래의 기능주의적 평면계획과는 다른 공간배치를 시도함으로써 크게 주목을 끌었다. 그는 자신의 방법을 <봉사받는 공간(served space)>과 <봉사하는 공간(servant space)>의 구성으로 표현하였다. 콘크리트 · 벽돌 · 대리석을 병용하고 거기에다 현대건축의 표현을 부여한 점, 게다가 <벽

돌은 아치가 되기를 바라고 있다>고 보고 고대 로마적인 아치나 볼트의 형태를 사용한 점 등은 현대건축가에게 큰 영향을 주었다. 설계 작품으로 텍사스 주에 있는 킴벨미술관(1972)과 방글라데시의 다카정청(政廳), 인도 아마다바드의 경영대학 등이 있다.

모더니즘의 견인력의 역할이었던 '형태는 기능에 따른다 Form follows function' 혹은 '주택은 살기 위한 기계이다 (House is a machine for living in)' 등등의 명제는, 20세기 초이래 급격한 전개를 보인 '기계(machine)'에 촉발된 건축론으로도 생각되지만, 벤츄리는 그 단순한 미학에 대하여 건축이 본래 지니고 있는 다양함과 풍부함 컬러풀한 표정을 되찾고자, 역사와 대중문화를 재검토함으로서 그 계기를 만들어낸 것이다. 그것을 가장 단적으로 나타내고 있는 것이 'less is bore'이다. 예리한 칼날과 같은 미스 미학의 모토인 'less is more'를 교묘하게 야유하면서, 새로운 가치관의 가능성을 강하게 시사한 것이다. 그는 결코 '...하여야 한다.'고는 말하지 않고, 단순히 '나는 ...가 좋다.'라는 개인의 취향 레벨에까지 환원하여, 보편성(universality)을 추구하는 '기계의 미학'에 대하여 개별성(individuality)을 기반으로 하는 건축 독자의 미학 양태를 지시한 것이다.

벤츄리가 시사한 것 중에서 가장 큰 것의 하나는 '표상(表象)으로서의 건축'의 인식일 것이다. 라이트(F. L. Wright)나 꼬르뷔제(Le Corbusier)에게서 보이는 것처럼, 모더니즘이 '공간성'을 건축의 키워드(keyword)에 둔 것에 대하여, 벤츄리는 오히려 건축의 '표상성'에 착안하여, 건축의 '의미성' 혹은 '형태와 기억의 관련성' 등에서 건축디자인을 출발시키고자 하고 있다.

장식을 죄악으로까지 단언하였던 모더니즘에 대해, '장식이야말로 건축의 본질적 요소이다'라고 하는 '래디칼(radical)'한 그의 디자인은 팝 아트(Pop Art)와의 공명과 병행하여, '라스베가스의 교훈 Learning from Las Vegas'(1972), '도시와 심볼'(1976) 등, 도시 디자이너인 부인 데니스 스코트 브라운과의 도시환경 분석 연구를 거쳐, 'Decorated Shed'라는 사고방식에 열매를 맺는데, 그것은 공업화 사회로의 주류에 있어 건축의 모양을 날카롭게 보여준다.

팝아트(Pop Art)

현대미술의 큰 조류 가운데 하나. 1960년대 초에 주로 뉴욕을 중심으로 전개되었다. 매스 미디어에 의한 매스커뮤니케이션을 특색으로 하는 대중소비정보사회는 60년대 그 고양기를 맞았는데, 한 무리의 미술가들은 광고디자인 · 대량생산품 · 사진 · 텔레비전 영상 등을 주제로 하고 제작방법도 실크스크린

등 매스미디어 방법의 도움을 빌어 대중사회의 우상을 터무니없이 화려하게 표출해 팝아트의 전성기를 구축하였다. 그 선구적인 현상은 1950년대 런던의 젊은 미술가들의 활동에서 찾아볼 수 있는데, R. 해밀턴 · E. 파올로치 · P. 스미슨 등은 일찍이 팝뮤직 · 미국영화 · 사이버네틱스(cybernetics) · 패션 · SF물 등 대중사회의 새로운 하위문화에 주목하고 연구회와 전람회를 열고 있었다. 팝아트라는 명칭도 해밀턴의 사진 콜라주 작품에 보디빌딩을 하는 남자의 손에 들려진 거대한 캔디에 <pop>이라는 글자가 크게 쓰여 있던 데서 생겨났다. 그리고 이 파의 비평가 L. 앨러웨이가 60년대 뉴욕으로 옮아가 한 무리의 미국작가 작품을 총칭하여 <팝아트>라고 부름으로써 이 명칭이 정착되었다. 뉴욕의 팝아트는 1940년대 말부터 50년대에 걸쳐 뉴욕에서 무르익은 추상표현주의에의 안티테제(反定立)로서 생겨난 것으로도 보인다. 추상표현주의의 초월적인 정신주의에 대해 팝아트는 비속함과 일상적인 매스미디어적 대중성을 강조한 셈이며, 이 둘의 분수령적 위치를 차지하는 것이 R. 라우셴버그와 J. 존스이다. 만화를 인쇄의 그물눈마다 확대한 듯한 R. 릭텐스타인, M. 먼로와 코카콜라의 상을 되풀이해 늘어놓은 A. 워홀, 거대광고를 전용한 J. 로젠퀴스트, 헝겊으로 거대한 햄버거나 아이스크림콘을 만든 C. 올덴버그, 여성의 누드와 슈퍼마켓의 식품을 요란하게 묘사한 T. 웨셀먼 등의 작품에는 전후 미국문화의 현란함이 여러 표현형식을 통해 잘 나타나 있다.

어머니의 집(Vanna Venturi House)

펜실베니아 주 체스넛 힐에 지어진, 벤츄리의 어머니를 위한 주택이 있다. 벤츄리의 사실상 초기작품이라고 할 수 있는 작품이며, 그가 그의 저서 『건축의 다양성과 대립성』(1966년)에서 보여준 설계수법을 모범으로 제시했던 건축이라고 할 수 있다.

평면은, 단순한 장방형을 기본적으로는 심메트리하게 분할하고 있으며, 심메트리(symmetry)라고 하는 형식으로부터 탈피해서, 다양한 조작을 하고 있다.

심메트리라는 규범에 대해, 미세한 틀어짐을 부여했던 것이다. 이와 같은 조작은 아플리케처럼 표층적인 그 파사드에도 명확하게 나타나고 있다. 불완전한 박공지붕과 아치모양의 곡면형, 어시메트리한 창의 배치와 중심에서 약간 벗어난 굴뚝의 위치, 정면과 배면과의 분명한 차이 등이 거론되고 있다. 이러한 〈다양성과 대립성〉은, 심메트리라는 형식이 가미되고 있기 때문에, 오히려 신선함으로 나타나게 되는 것이다.

그림 8-2 어머니의 집, 체스넛 힐, 로버트 벤츄리(Vanna Venturi House. 1962, Robert Venturi)

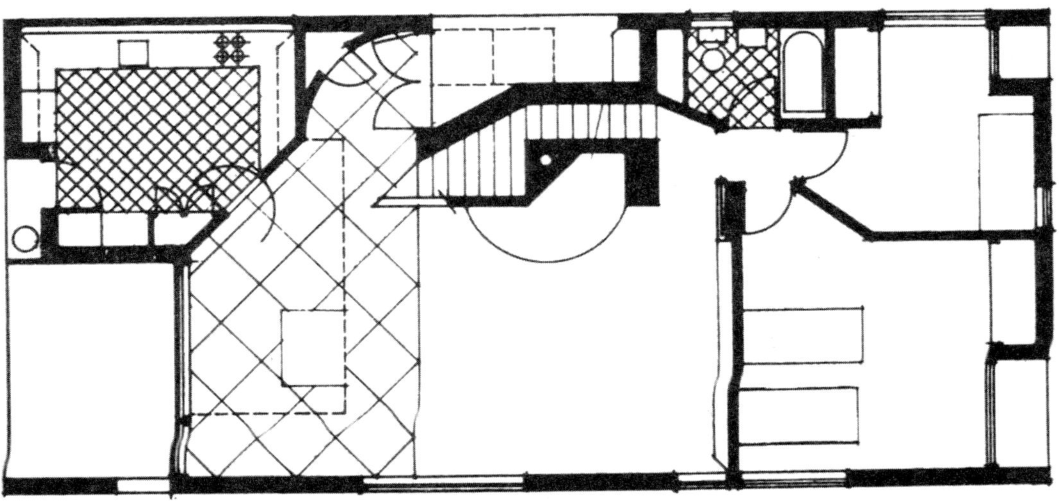

그림 8-3 어머니의 집(Vanna Venturi House. 1962) 평면도

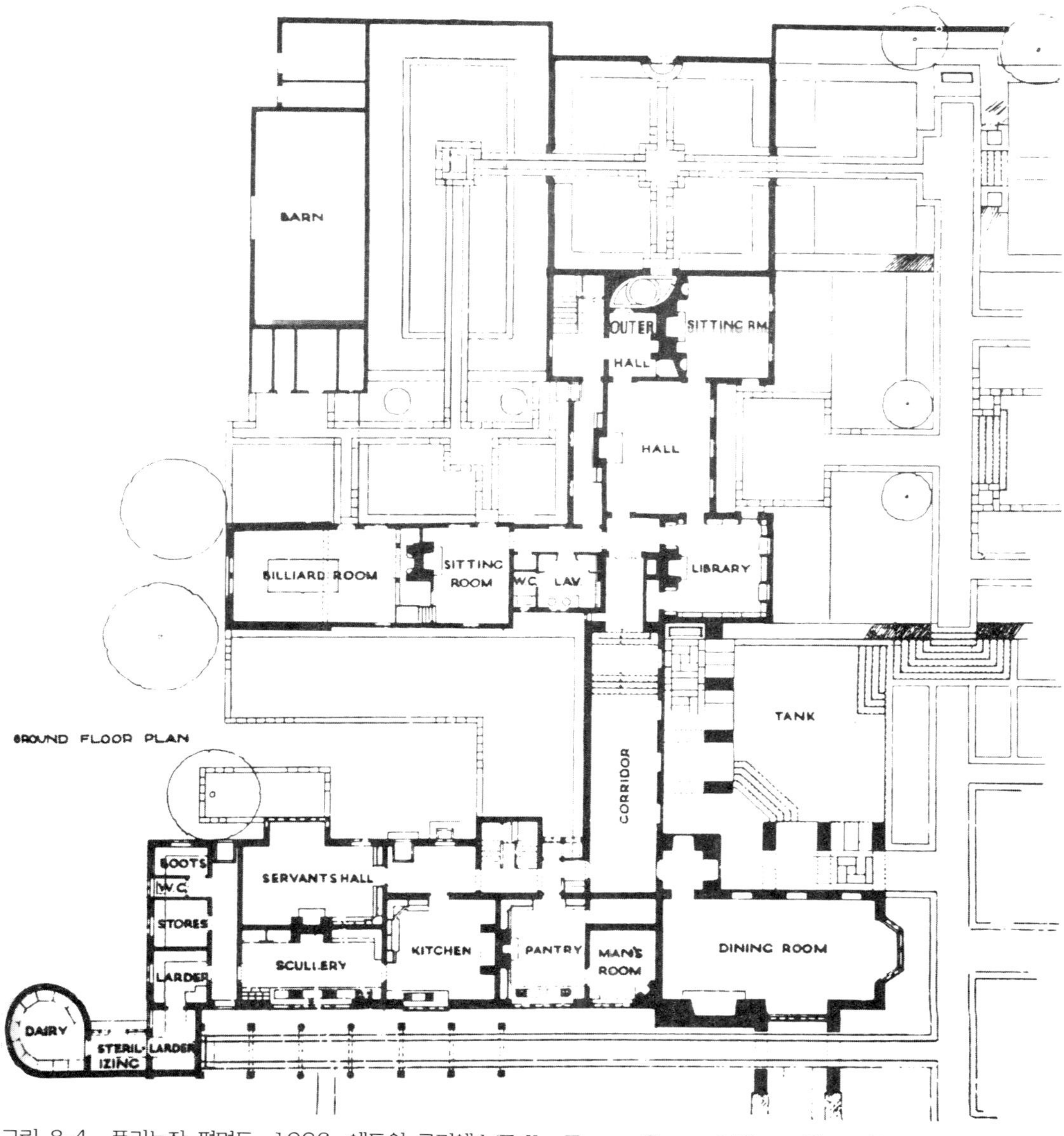

그림 8-4 폴리농장 평면도, 1906, 에드윈 루티엔스(Folly Farm, Ground Floor Plan, Edwin Lutyens)

벤츄리는 이 주택에서 50년대의 '정통이며 근대적인' 진부한 유리상자의 독립가옥을 피하고 박공, 경사지붕, 휘두른 벽면, 파사드, 배면현관 등을 만들어서 보는 사람을 연기에 싸이게 하는 주택이미지를 만들어냈다. 그러나 이것은 표준적인 교외의 이미지를 단순히 복제한 것은 아니었다. 그 이유는 이 소박한 미국주택이라는 암시에는 르 꼬르뷔제나 **팔라디오(A. Palladio)**의 기지에 찬 풍요로운 다의적 인용과 결부되어 있었기 때문이다.

Andrea Palladio was born in Padua, Italy in 1508. He worked as an assistant in a Vicenza guild of masons and stone-cutters before he met the amateur architect, Giangiorgio Trissino, who took him under his wing and renamed him Andrea Palladio. After a series of commissions executed in the Classic tradition, Palladio worked with Daniele Barbaro on a new edition of Vitruvius. His early commissions consisted primarily of palaces and villas for the aristocracy, but he began to design religious buildings in the 1560s. In 1570 he published his theoretical work I Quattro Libri dell 'Architettura.. In the same year, he was appointed architectural adviser to the Venetian Republic. Although influenced by a number of Renaissance thinkers and architects, Palladio's ideas resulted independently of most contemporary ideas. Creatively linked to the artistic traditions of Alberti and Bramante, Palladio used principles that related to art and forms that related to nature to generate his architecture. Palladio's architecture and theories embodied Renaissance architectural thought in the second half of the sixteenth century. Although Palladio's works lack some of the grandeur of other Renaissance architects, he established a successful and lasting way of recreating ancient classicism. Palladio died in Vicenza, Italy in 1580.

파사드는 평면에서 생기는 내부의 다양성과 대립성에 의한 파도를 덮어 진정시키도록 의식적으로 무표정한 성질을 가지고 있다. 벤츄리는 미국 도시의 가로에 있는 광고판의 성질을 칭찬하고 그와 같은 타입을 묘사하기 위하여 "장식된 헛간 Decorative Hut"라는 말을 만들어 냈다. 이것을 그는 "덕스 ducks"라고 경멸하여 부르고 있던 60년대 초기의 조각적인 콘크리트 건물과 대비시켰다. 벤츄리는 대중주의자로서의 입장에도 불구하고 그의 건축에 대한 언급은 분명히 평범한 것을 지양하고 있었다. 그의 건물에는 이 예술가 자신이 추구하는 것을 거듭하여 설명하기 위한 주제까지 주어져 있었다. 이 작은 주택에 대해서 그는 다음과 같이 쓰고 있다.

"이 건물은 다양성과 대립성을 고려하고 있다. 즉 그것은 다양하고 단순하며 개방적이고 폐쇄적이며 크고도 작은 것이다. 몇 가지 요소는 어떤 의미에서는 적절하지만 어떤 의미에서는 부적절하다. 전체로서는 집에 구비되는 일반적인 요소를, 그러나 부분적으로는 특별한 요소를 포함하고 있다. 그것은 하나의 원리에 준한 소수 혹은 다수의 부분으로 된 용이한 통일보다도 몇몇의 분리된 부분으로 된 복잡한 통일을 성취하고 있는 것이다."

또한 이 주택은 모더니즘의 매너리스트적 작품이다. 왜냐하면, 이 주택은 모더니즘의 플래트한 평면과 단순한 볼륨, 그리고 장식과 이 요소들의 왜곡을 갖고 있기 때문이다. 기술적 요소들은 실용주의와 솔직한 방법을 사용하나 스케일의 증가와 하나씩 걸러서 발생하는 형태의 도움을 받는다. 루티안에서 따온 벤츄리의 고안물인 전면부에 있는 위치를 이동한 축은 포스트모던 공간의 의례적인 모티브가 되었다.

모호한 공간을 관례로 만든 최초의 건축가는 로버트 벤츄리이다. 그는 이 주택에서 이동된 축을 사용하였다. 모티브는 로버트 스턴(Robert Stern), 토마스 골든 스미스(Thomas Gordon Smith)그리고 그이외의 사람들의 작품에 연속하여 일반적으로 사용되었다. 이동된 축은 짜투리 형태의 구성에 입각하여 디자인된 프랑스 호텔을 그 기준으로 삼는다. 그리고 이것은 서로의 형태가 대비되는 두개의 대칭적 마당-하나는 출입구측 마당이고, 또 하나는 정원 측 마당-간을 중재한다. 프랑소와 망사르와 장 콜톤(Francois Mansart and Jean Courtonne)은 그의 폴리농장(Folly, 1906)에서 에드윈 루티엔스(Edwin Lutyens)보다 더 많은 이상적 형태와 우수함을 내포한 이동된 축을 사용하였으며 이 비틀린 형태는 그 자체로 이동되었음을 나타낸다. 입구와 그 반대편 구석에 출구를 가진 비틀린 타원과 왜곡된 생략은 벤츄리와 그 밖의 사람들에 의하여 개발 되었다. 이 주택에서 타원의 파편에는 두개의 포스트 모던적 공간 모티브가 혼합되어 있다. 즉, 갓돌 혹은 벽은 정면에 사선으로 자리 잡고 있으며 반전된 투시도와 계단은 사라지는 것처럼 넓어지고 있다. 충돌 혹은 병력, 이동된 입구, 계단, 벽난로-반형태-그리고 야심적인 공간적 창작물의 실제들은 이것을 포스트모더니즘의 생산적 형태로 만들었다. 이 주택의 외부에 이런 놀라운 왜곡은 또 다른 포스트모던의 관습에 의해 지적되었다. 즉, 비대칭적 대칭이라는 것이다.

그림 8-5 길드하우스 전면 파사드, 로버트 벤츄리(Guild House, 1963, Robert Venturi)

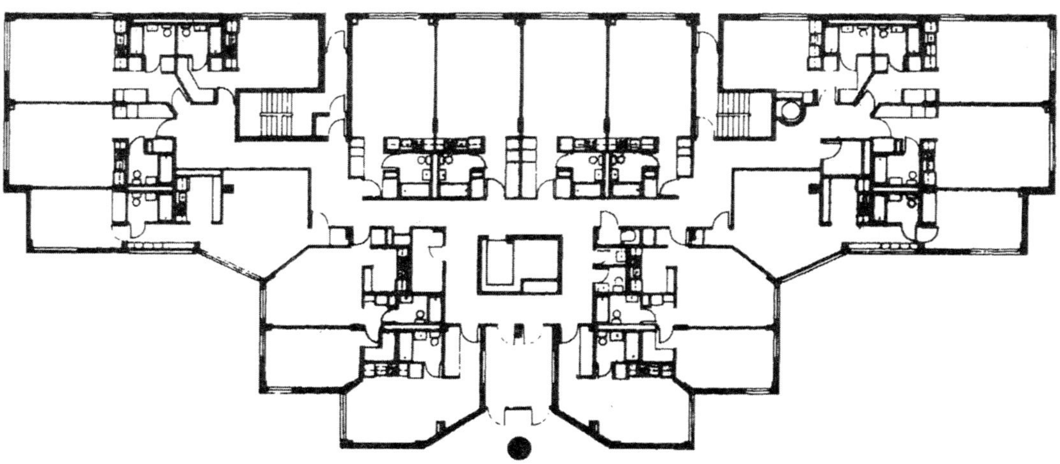

그림 8-6 길드하우스(Guild House, 1963) 평면도

Vanna Venturi House

"Venturi's first important project to be built was his mother's house, the Vanna Venturi House of 1961–1964. Disarmingly simple after the spatial antics of later Modernism, its plan, like that of the Beach House project, is based on a symbolic conception rather than upon one that is purely spatially abstract. It is centered on the idea of the chimney, the hearth, from which and you can feel itthe space is pulled. The space is distended from that hearth as the mass of the chimney rises up to split the house. Here the principle of condensation becomes an extremely complex and interesting one. With the chimney rising through the gable, the general parti derives from that of the Beach House. Now, however, the living room is half-vaulted, and that semicircle is picked up in the tacked-on arch of the facade; now, the whole house is rising and being split through the middle."

Christopher Mead, ed. and introduction. excerpt from Vincent Scully, 'Robert Venturi's Gentle Architecture.' The Architecture of Robert Venturi. p11–12.

"Plans and elevations are built on a rigid axial, even Palladian, symmetry, which becomes monumental in the street faced but looser at the extremities and rear of the house, in keeping with the domestic program.

"In addition to the immediacy of its unique formal and functional qualities, the house is rich in references to historic architecture. The monumental street facade alludes to Michaelangelo's Porta Pia in Rome and the back wall of the Nymphaeum at Palladio and Alessandro Vittoria's Villa Barbaro at Maser. On the other hand, the broken pediment recalls the 'duality' of the facade of Luigi Moretti's apartment house on the Via Parioli in Rome."

그림 8-7 Ducks와 Decorated Shed

그림 8-8 콕스 헤이든 스튜디오 하우스 1979(Coxe-Hayden Studio Houses)

그림 8-9 웨스트체스터 컨트리의 주택(House in Westchester Country)

은유적 건축

건축은, 원래 우리들의 신체와 비슷해서, 많은 부분에서 은유적이다. 건축은 장식에 대한 쉘터(shelter)이며, 그 장식이 방문하는 사람, 생활하는 사람, 보는 사람으로 하여금 은유적으로 나타난다. '영웅적인 건축만이 건축이다'라고 하는 오늘날의 분위기에, 로버트 벤츄리와 그의 동료들은 다시 새롭게 마음을 고쳐먹는다.

'우리들은 건축이란 상징에 대한 셀터로 혹은 장식에 대한 셀터로 정의하고 있다'(a+u, 1978년 1월호)라고 벤츄리가 이야기했을 때, 그에게 있어서 장식은, 문자처럼 건축의 기능과 구조로부터 분리되어진 자립된 〈상징적 아플리케〉이며, 다시 말하면 〈도시〉 혹은 〈건축〉이라는 문화현상에 활성화를 촉진시키는 도상학적(Iconographical : 학문적으로는 도상학(圖像學)이라고 하는 바 미술작품의 의미 혹은 내용을 해석하는 학문을 가리키며, 특히 그리스도교 미술의 해석연구에 힘입어 발달했다. 즉 그리스도교 미술에 있어서 상징 혹은 우의의 해명에 유효한 방법이며, 독일에서 일어난 형식사적 방법과 대립되는 것으로 프랑스에서는 큰 성과를 낳았다. 에밀 말(Mathien Emile Male 1862~1954)이 그 대표자라고 할 수 있다. 그리고 오늘날 독일에서도 중시하게 되어 미술사 연구는 새로운 종합화로 지향되고 있다)인 상징조작수단이다.

근대건축의 개척자들이 싫어하여 배척했던, 장식의 복권이라는 단순한 행위는 물론 아니다. 그러나 근대건축이론의 핵이라는 것은, 잡다성, 추잡성, 소음을 배척하며, 공업기술에 지지되어진 순수주의 이다. 실현된 건축이 철저하게 '의미 없음'이 아니라, 상징적 레벨에 있어서 일의적인 의미만이 나타나며, 순수함만으로는 빈약하다고, 벤츄리는 말한다. 미스가 말했던 〈적으면 적을수록 풍부하다(less is more)〉에 대해, 아이러니컬하게 〈적으면 적을수록 지루하다(less is bore)〉라고 했던 것이다.

더욱이 그는, 건축에 있어서 상징의 채택방법을 〈집오리〉와 장식된 소옥(서할건축)으로 크게 분류했다.

> 집오리는, 그 자체가 상징인 특별한 건물이다. 장식된 소옥은, 상징적으로 장식된 보통의 건물이다
>
> – 라스베가스의 교훈

그리고 결국에는 근대건축은, 공간, 구조, 건축의 성립 그 자체를 직설적으로 표현해서 결국 〈집오리〉 건축이라고 결론을 내린다.

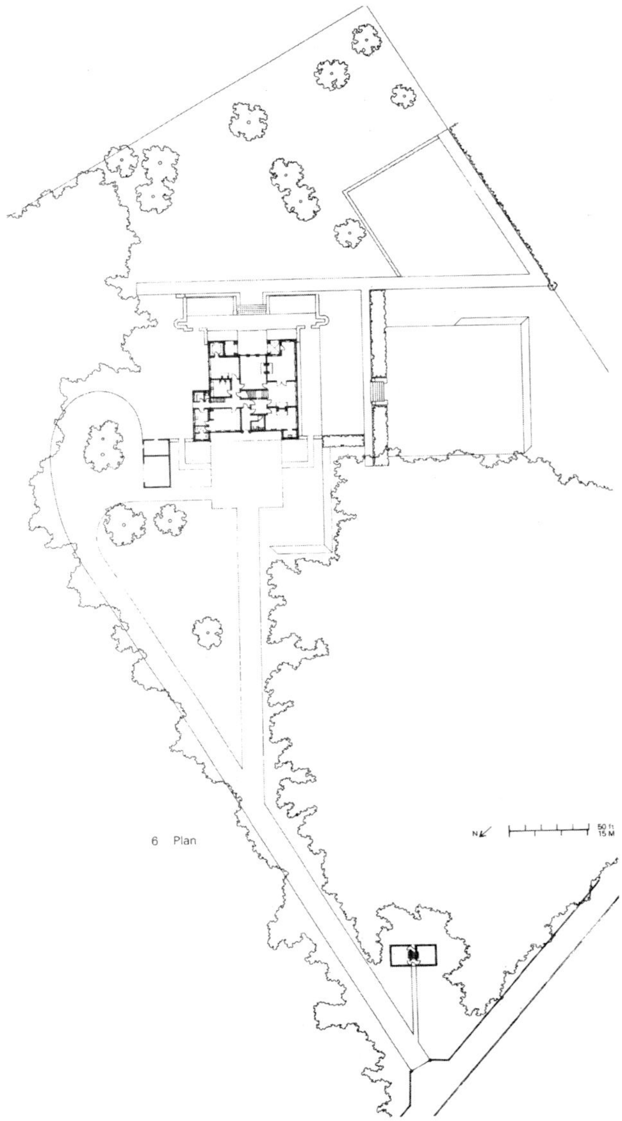

그림 8-10 홈 우드 주택 배치 및 1층 평면도 에드윈 루티엔스 1901(Home Wood, Knebworth, Edwin Lutyens)

그림 8-11 홈 우드 주택 전경

그림 8-12 프랭클린 코트 로버트 벤츄리 1976(Franklin Court, Robert Venturi)
스틸의 프레임으로 표현된 프랭클린의 집. 코트 지하는 관계 자료를 전시, 상영하는 박물관과 영화관으로 되어 있다.

그림 8-13 엑스포 92 미국관 설계안, 스페인 세빌리아, 로버트 벤츄리, 1989
단면을 볼 수 있도록 해체시킨 모델

근대건축이 당연하게 부가했던 장식을 폐기했을 때, 그들은 건물 자체를 장식으로 화해 버렸던 것이다. 상징과 장식에 대해 공간과 분절화에 관련된 건물 전체를 한 마리의 집오리로 변형시켰던 것이다. 거대구조의 소형 판은 대부분 집오리가 된다.

또 벤츄리는 꼬르뷔제와 같이 높은 목소리로, 시대적, 사회적 숙명을 띤 운조로 신처럼 결코 외치지 않았다. 일반적으로 조심스러우며 소극적인 어조였다.

나는 건축에 있어서 다양성(complexity)과 대립성(contradiction)을 좋아한다. (중략)

건축가는, 물론 이 이상, 정통한 현대건축가의 논리에 대한 금욕적인 한계에 대한 용어로 기억할 수는 없다고 생각한다. 나는, 〈순수한 것〉보다 혼성품이 (중략) 직접적인 것이 더 좋다. 나는 명백한 통일감보다, 약간은 오염된 것 같은 생명감에 더 흥미가 있다.

〈건축의 다양성과 대립성〉 여기서 무엇보다도 주목할 것은 벤츄리가 철저하게 개인적인 선호, 혹은 감성을 전면으로 표출했던 것이다.

지금까지 운명적인 좋은 건축, 혐오스러운 건축, 그리고 거리에 널려진 간판과 사인 등등, 도시를 구성하는 형상 전반을 개인적인 선호에 둘지도 모른다. 그리고 그러한 것을 같은 가치로 분석, 평가한다. 그렇지만, 미스가 H형강이라는 공업제품을 사용해서 훌륭하게 건축을 디자인했던 것과 같이, 맥도널드 햄버거는 플라스틱을 훌륭하게 사용해서 간판을 디자인하고 있다. 그 〈M〉의 첫 글자의 아치는 꼬르뷔제의 소비에트 팔레스 계획 안의 그 아치에도 비유할 수 있을 것이다. 벤츄리의 편애는, 유럽의 매너리즘기의 건축에 머무르지 않고, 미국의 대중문화(Pop Culture)를 상징하는 상업건축의 파사드, 빌보드, 가솔린스탠드, 모텔의 네온사인 등으로 확장되고 있다.

그리고 그러한 상업적 상징주의가, 미국 그리고 도시의 생활환경을 형성하는 위에서 중요한 요인이 되고 있는 것을 해명하려 하고 있다.

이렇게 해서, 벤츄리에게 선택되고 비평되고 분석되어진 형상들은, 인용되고 변형되고 복합화(complex)되어, 그의 건축 작품이 되어 재생되어 진다. 그의 대표적인 책 〈건축의 복합성과 대립성〉이야말로, 그의 건축의 원리가 되고 있다.

건축의 복합성과 대립성

루이스 칸의 가르침을 받은 젊은이들 중 가장 유명한 사람은 로마에서 미국 아카데미 장학금을 받았고 그리고 50년대 말에 설계사무소를 개업한 로버트 벤츄리이다. 그는 거의 작업의 의뢰를 받지 않고 많은 시간을 교육과 집필에 할애했다. 그의 저서 『건축의 복합과 대립(1966)』은 그 10년간의 반성이나 비난을 바로 잡고, 개인적인 '건축으로의 지향'이며, 또한 '정통 근대건축'이라고 부르고 있는 것에 대한 지루함에 싫증난 세대를 위한 감성의 사전으로서 작용했다.

'정통 근대건축'이라는 명칭이 의미하는 것은 과거 50년간에 만들어진 건축 전체의 일은 아니었고 오히려 앞서 20년간에 미국에서 유행하고 있던 순화된 표면만이 근대건축임을 의미하는 것으로 주지하고 있었다. 벤츄리는 유명한 미스 류의 어구인 '보다 적은 것이 보다 풍요로운 것이다 Less is More'를 '적을수록 지루하다 Less is Bore'라고 반대어로써 응수하였다. 그렇지만 그는 단순히 장식적인 디테일을 더욱 많이 붙여 봐도 그가 구하고 있는 다양성은 찾아낼 수 없다는 것을 지적하고 있다. 오히려 그는 어떤 하나의 디자인 전체형태에 영향을 미치는 지각의 다양성, 다시 말하면 형태와 의미 모두의 풍요성에 의해 태어나는 것을 지지하고 있었던 것이다.

벤츄리는 자신의 주장을 역사상의 많은 건축 사례와 계획안에서 입증했다. 루티엔스(Lutyens)나 호크스 무어(Hawksmoor), 르 꼬르뷔제(Le Corbusier) 혹은 훌륭한 석조 건물은 모두 다양성이라는 확실한 예증을 위하여 사용되었다고도 해도 과언이 아니다. 그 논법은 이와 같이 '근대건축을 향하여(Toward a New Architecture)'에서 실시한 방법과 어딘지 모르게 닮아 있었다. 그러나 이에 앞서는 작품의 교훈은 고전주의의 기초를 이루는 확실한 분절과 기계시대의 이미지를 어떻게 통합하여 가느냐에 있었지만, 이에 대한 벤츄리의 접근에서는 통합 쪽은 그다지 깊지 않아도 되므로 단편적인 미에 대해서 논의하려 했던 것으로 생각된다.

그의 건축의 요소와 의미에 대한 '양자공존'의 접근은 앞선 세대가 제창한 무미건조함에 비하여 근대에 경험한 복잡성에 훨씬 어울린다고 주장했지만, 기초가 되는 사회적인 관점이나 이상에 대한 근거는 거의 주어지지 않았다. 분명히 그의 감각은 추상표현주의의 정신적인 행위에 의해서 일상적인 삶에서 그려지는 진부성을 드러낸 자스퍼 존스(Jasper Johns)나 로버트 라우센버그(Robert Rauschenberg)와 같은 당시의 화가와 어느 정도 이어지고 있었다. 설사 그렇다 하더라도, 물론 이러한 감각에서 건축형태로 자동적으로 이어지는 단계는 없었다.

존스 (Jasper Johns 1930~)

미국 화가. 사우스캐롤라이나 주 앨런데일 출생. 사우스캐롤라이나대학을 졸업한 뒤 1952년부터 뉴욕에 정착하여 추상표현주의를 계승한 네오다다이즘을 발전시키고, 친구인 R. 라우센버그와 함께 주변의 일상적인 물체를 미술 영역으로 받아들여 그 대표적인 화가가 되었다. 54년경부터 미국의 국기 · 표적 · 숫자 등 평면적인 주제를 2차원의 캔버스에 묘사하여 회화의 사물화를 추진하였다. 특히 국기 · 지도 · 숫자 등 일상적 환경 속에 존재하는 복제이미지를 주제로 한 점에서, 60년대 팝아트의 선구자가 되었다.

로버트 라우센버그(Robert Rauschenberg 1925~)

미국 화가. 텍사스 주 포트 아서 출생. 텍사스 대학 등에서 공부한 뒤 노스캐롤라이나 주 블랙마운틴 대학에서 J. 앨버스에게 사사했으며, 작곡가 J. 케이지의 영향을 받았다. 1953년 뉴욕에서 최초의 개인전을 열고 회화와 물체를 결합시킨 <콤바인 페인팅(combine painting)>을 발표하여 미술계의 주목을 끌었다. 62년에는 베네치아 비엔날레에서 대상을 수상하였다. 회화 · 오브제 외에 퍼포먼스(performance), 영상과 새로운 테크놀로지를 이용한 실험 등 폭넓은 활동을 보여주었다. 오브제를 사용하여 작품화했기 때문에 초기에는 <네오다다(새로운 다다이즘)>라고 불렀지만, 외계의 일상적 환경이나 현대의 생활적 측면을 중시하는 작풍(作風)에 의해 60년대에 활발해진 팝 아트의 선구자의 한 사람으로 여겨지게 되었다. 대표작에 『침대(1955)』 등이 있다.

장식된 헛간 Decorated Hut

이제 벤츄리의 처녀작이라고도 할 수 있는 체스넛 힐에 지어진 〈어머니의 집〉은, 물론〈집오리〉가 아니라 〈장식된 소옥〉이 될 것이다.

이 주택의 해석이라기보다, 나 자신이 이 주택으로부터 연상하는 것을 열거하는 것이 좋다.

우선은, 파사드(facade) 이다. 그 심메트리칼한 실루엣도 좋고, 중앙축선으로부터 만들어지는 굴뚝도 좋으며, 1880년대 미국의 싱글 스타일의 웅장함, 마킴 미드 앤 화이트(Mackim Mead & White)가 설계한 로우 저(Low House, Rhode Island, 1887)의, 그 웅대한 박공지붕을 방불케 한다.

McKim, Mead, and White (1847~1909)

"The success of the firm was due to the complementary nature of the three partnersMcKim the idealist, Mead the pragmatist, and White the sensualist. McKim's ardent idealism and adherence to universal principles were shaped by the example of his father, a leading activist and fundraiser for the abolitionist cause... Mead was the realist of the trio, serving as in-house engineer... White was the firebrand, eager to break precedent, to use new materials, to experiment with building form... The high professional ideals of both McKim and White were developed during serveral years as assistans in the office of Henry Hobson Richardson." Leland M. Roth, in the International Dictionary of Architects, St. James Press, p564-565. Charles Follen McKim was born and raised in southeastern Pennsylvania. He studied for a year at the Harvard Lawrence Scientific School. During the summer of 1867, he worked in the office of Russel Sturgis, New York. He then spent three years at the Ecole des Beaux Arts in Paris, with periods of travel in France and England. Spurning current Parisian architectural fashions, McKim learned the value of comprehensive planning, the power of the integrated details, and the importance of symbolism. He returned to the United States in 1870 and entered the office of Henry Hobson Richardson in

New York, where he began to obtain his own commissions. McKim sought clear geometries and order in his architecture. In his earlier Shingle style houses, he adopted many elements derived from the close study of American colonial architecture both in material and detail, from Japanese architecture, and from the slate-covered medieval buildings in rural France. With his partners in McKim, Mead, & White, he eventually adopted classical ideas of planning and symbolism to meet the needs of both residential and civic architecture. Charles McKim died in St. James, New York 1909

In the **Low house** McKim gathered all the elements of the house and submerged them under a great triangular gable or pediment. The roof was the house. Slight eruptions occurred with the twin bulging bays on the bay side, and the deep penetration of the porch but overall the predetermined form was paramount. Straight-cut cypress shingles covered the exterior surfaces, other trim was confined to thin moldings.

중앙하부에는, 현관홀이, 거의 정방형으로 크게 만들어져 있다. 그것은 기둥이 없는 포티코와 같으며, 니치(nitch:서양 건축에서 벽면의 일부를 오목하게 판 부분. 벽감(壁龕)이라고도 한다. 그 상부는 아치형의 장식이 붙거나, 반(半)돔형의 천장이 되기도 한다. 서양 건물은 두꺼운 벽으로 만들어져 있기 때문에, 실내장식에 변화를 주기 위하여 벽 표면에 철형(凸形)의 장식기둥을 설치하거나, 요형(凹形)의 니치를 설치하기도 한다. 니치의 가운데에는 대(臺)를 설치하여 그 위에 조각을 얹고 화병을 장식하기도 한다. 터널이나 교량 등에 설치한 비상용 요형의 대피공간도 니치라고 부른다.) 같기도 하다.

물론 그것도 그 뚫려진 이형과 그 윗변으로 건너지른 횡가재(앤태블러쳐), 파사드 중앙상부로 절취된 슬리트, 그리고 그러한 것을 통합하려는 아치의 릴리프, 그와 같은 전체가 분명히 스케일아웃 된 브로큰 페디먼트와 같기 때문이다. 고전주의건축의 파사드는, 기단, 열주, 페디먼트와 같은 3층 구성이 되지만, 여기서는, 브로큰 페디먼트 속에서, 그 3층 구성의 모방형식이 있는 것처럼 생각된다. 개구부는, 어린애가 그려 넣은 것 같은 밭 전자 형의 창이, 아마도 수법과 스케일아웃으로 부가되고, 한편으로는, 전체가 평범한 박공집으로 보일지도 모른다.

결국 파사드 전체는, 웅대한 지붕, 브로큰 페디먼트, 그리고 평범한 미국주택의 형상과 같이, 그러한 것이 스케일의 교란 속에서 통합되고 있다. 그러나 인상의 전체는, 에드윈 루티엔스(Edwin Lutyens)의 홈우드(Homewood, 1901 Knebworth) 주택에 비해 우아하다.

이 주택의 횡 방향으로 돌아보면, 이 파사드가 실은 한 장의 페인트로 칠해진 카드보드(cardboard)인 것이 일목요연하게 나타난다. 더욱이 뒤쪽으로 돌면, 팔라디오가 잘 사용하는 로마풍 욕장창이 2층 침실에 쓰이고 있으며 뒤쪽 입면의 중요한 포인트가 되고 있다. 빈센트 스컬리는 미국 주택사에서 이 주택의 의의를 이렇게 기술하고 있다.

"평면은, 라이트와 같이 기하학적인 폭발이 아니며, 혹은 당시의 루이스 칸처럼 내용의 기하학적인 재규정도 아니며, 가깝게는 윌슨 아이야의 주택으로부터 출발한 쉥글 스타일 인 것이다. (중략) 라이트는 수평으로의 확장을 택하여 박공을 분방하게 했지만, 벤츄리는 결국 수직의 차원을 개발하고 있다." 〈미국 주택론〉

에드윈 루티엔스

그는 1867년 3월 런던에서 화가인 Charles Lutyens와 아일랜드인 어머니 메리 갤웰의 14명의 형제 중 11번째로 태어났다. 그는 건축의 형식적 교육을 받지 않고 Ernest George and Peto의 사무소에서 잠시 일한 뒤에 20세에 독립, 고향 사리지방에서 주택을 만들기 시작했다. 그 지방의 버내큘러한 건축이나 Shaw, Webb의 작품을 참조해서 설계한 픽쳐레스크한 건물이 그의 출발점이 되는데, 많은 작가와 마찬가지로 뒤에 고전에로 기울어져 간다. 그는 일반적으로 근대주의에 대립하는 고전주의자, 전통주의자로서 평가받고 있다. 확실히 구조, 재료, 모티브의 표현은 전통적인 것이며, 내부의 각 공간도 전통적으로 색깔이 진한 구성이다. 대륙에서의 화려한 전위운동과 비교하면 그의 모티브의 역사는 절충에 의한 전통표현을 집요하게 고집하는 축에 위치한다고 생각하는 것이 당연하다. 그 점에 관해서는 아무런 이의도 없지만, 여기서는 그의 공간구성에 초점을 맞춘 새로운 해석을 시도해 본다.

홈우드 주택, 에드윈 루티엔스

경비실이 배치를 가리키고 있지만, 아주 정교한 진입로는 집으로 가는 축방향의 도로를 감추고 있다. 느릅나무 미늘판자를 한 작은 농가는 점차 흰색 회반죽으로 치장된 고전적 빌라로 그 모습을 보이기 시작한다. 남쪽 대각선으로 가면 고전적인 문이 포오치 한 면에 깊숙이 달린 포오치에 도달하게 된다. 여기에 장식은 아주 애매하다. 이 시골풍의 포오치는 터스칸양식의 기둥을 가지고 있고, 페디먼트의 팀파눔은 포오치 내부로 빛을 유입하기 위해 생략되어지고 페디먼트의 기초가 되는 평평한 아치의 홍예석은 자기 자신의 무게만을 받치고 있다.

서구 근대문명으로부터의 이탈

벤츄리의 장식성은 소위 초기의 르 꼬르뷔제(Le Corbusier)의 순수주의 유산을 그들의 형태어휘의 계승이란 의미에서 받아들이는 합리주의적이고 순수한 대중주의를 찬양하는 일군의 건축가, 소위 백색 건축가들과는 대비되는 개념이었으나 그것 역시 여러 관점에서 모더니즘의 큰 범주를 벗어나는 것은 아니다. 도시와 건축이론에서도 전통적인 것과 공상과학을 대비하는 콜린 로우의 문맥주의 이론 또한 모더니즘의 도시를 거부하지 않는다. 알도로시는 단지 역사적 연속성이란 논리에서 일관되며 시기적으로 전개되는 도시 인공물의 의미를 파악하고 있다. 이들에게 명확한 것은 모더니즘의 유토피아로 우리의 환경이 완전히 개조되는데 아무런 공감을 갖지 않는다는 것이고 행동주의적 윤리성을 더 이상 건축과 깊이 연계시키지 않는다는 것이다. 모더니즘의 새로운 국면을 가장 먼저 인식한 건축가 중의 한 사람으로서 그의 문화적 감수성이 탁월하게 전율하고 있음을 의심할 바 없으나 모더니즘의 두된 흐름이 합리주의 미학과 계몽주의 사상에 근거하는 주지주의적 경향에 있다는 주장을 받아들이면, 벤츄리는 미국적인 소박한 대중적인 이상을 따르거나 다소 진부한 19세기의 귀족적 고급예술을 동경하는 20세기말 건축동향의 한 모습을 위임받은 선전가로 이해할 수 있다.

벤츄리의 주택에서는 다양한 상징이 여기저기서 다양화되며, 방문하는 사람, 보는 사람에게 다양한 연상을 주며, 해석하게 만든다. 그것은 건축에 대치되는, 사람들의 상상력을 활성화하는 것이며, 결국은 〈건축〉에 은유(metaphor)를 부여하게 되는 것이다.

벤츄리는, 다시 말해서 〈흰 상자의 해체와 아메리칸 내셔널스타일의 확립〉을 당연시한 것은 아닐까?

흰 상자란, 당연히 서구근대가 만들어낸 건축적 표현인 것이다. 흰 상자를 글라스의 상자로 바꾸어 말해도 좋다. 미국은, 원래 어떤 것도 포함시킬 수 있는 혼성품의 새로운 문화권이다. 벤츄리의 세대에 있어서 비로써, 그 혼성품 문화가 도태되며, 서구근대문명에 대한 독자적 아메리칸 내셔널 스타일을 확립했다고 말할 수 있다. 그것은, 혼성품 문화라는 토양에서만이 자랄 수 있는 것이다.

적어도 〈건축〉에 있어서는, 아메리칸 내셔널리즘의 확립과 포스트모더니즘의 태두가 어느 정도 같은 의미를 가질 것이다.

9 건축적 은유 02 : 집 속의 집

–찰스무어의 무어 자택/ Charles Moore, Moore House. Orinda. 1962

찰스무어(Charles Moore, 1925~1993)

Benton Harbor, Michigan 1925~December 1993 Charles Willard Moore was born in Benton Harbor, Michigan in 1925. He graduated from the University of Michigan with a degree in architecture in 1947. In the years following graduation, he worked in San Francisco, served two years in the Army Corps of Engineers, and received a Ph.D in architectural history from Princeton University. Moore was a teacher during much of his career, at the University of California at Berkeley, at Yale, and at the University of California Los Angeles. As a practicing architect much of his work was authored under the firm identification "MLTW" – Moore, Lyndon, Turnbull, Whitaker. Based on his studies at Princeton, Moore developed a humanistic approach to architecture in which each design attempts to engage users within a clearly defined spatial environment. To effectively activate these spaces and generate synthesis, Moore creates a kinetic juxtaposition of unrelated forms. During Mocre's tenure at Yale, he shifted the design emphasis from architectural formalism to a re-examination of the nature and function of architecture in today's world. Moore designed several buildings during this period that illustrate his dissidence with the moralistic position that much of modern architecture assumes. Moore believed that architecture must elicit responses from all the senses, not only the visual. He felt that architecture should be based on client preference and on a symbolic reference to the site. He purposefully creates architecture that engages history, myth and creativity. Instead of using architecture to moralize an ideal, he uses it to generate an environment that stimulates the user.

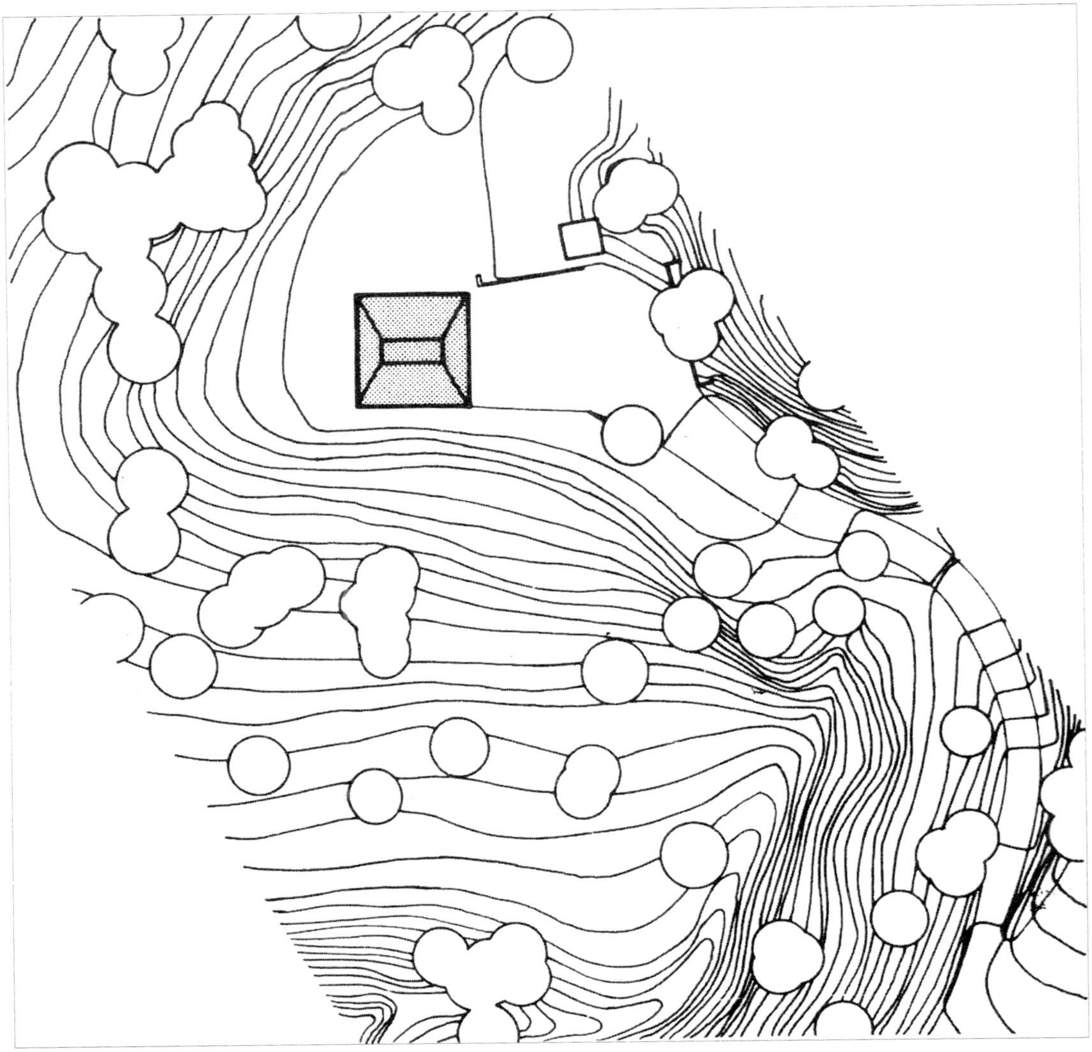

그림 9-1 무어하우스 배치도, 오린다, 캘리포니아. 1962 찰스무어

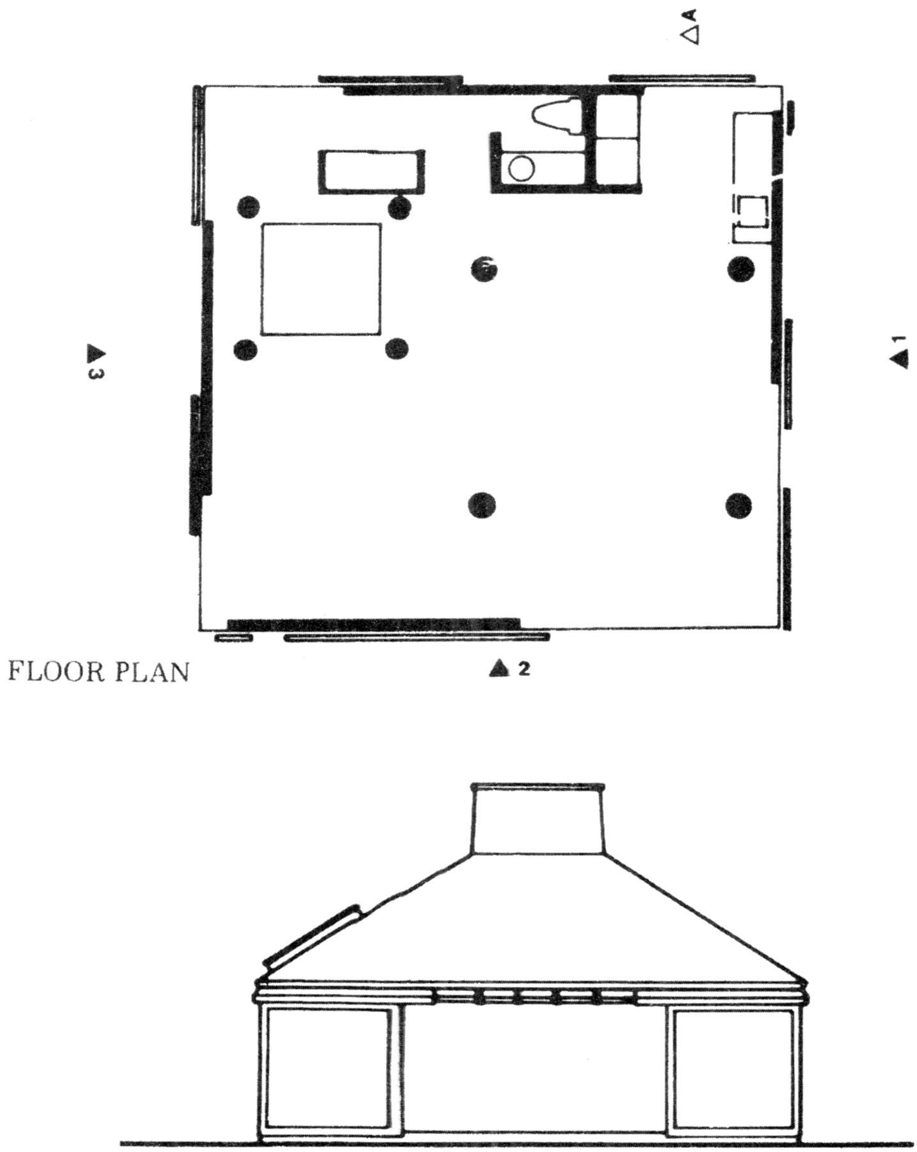

그림 9-2 무어하우스 평면도 및 입면도, 오린다, 캘리포니아. 1962 찰스 무어

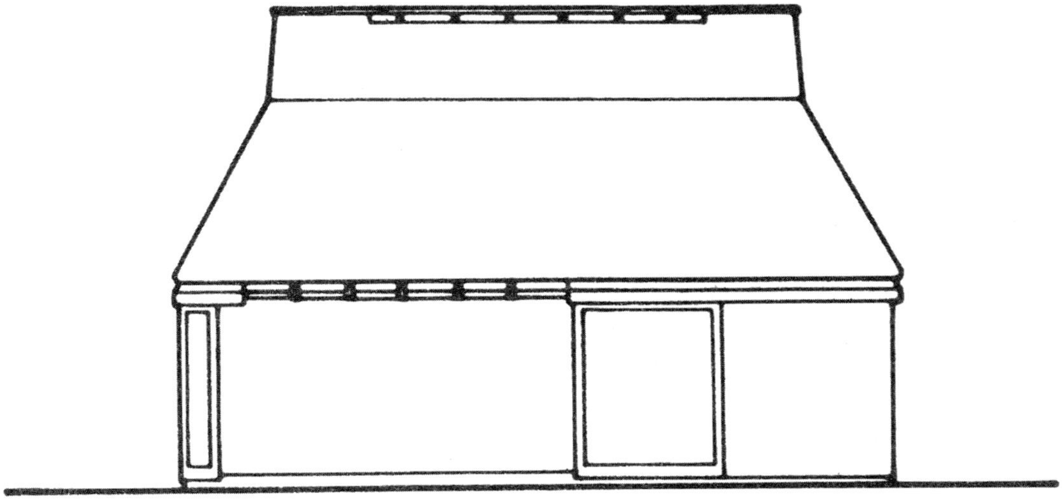

그림 9-3 무어하우스 입면도2, 오린다, 캘리포니아. 1962 찰스무어

그림 9-4 무어하우스 단면도1, 오린다, 캘리포니아. 1962 찰스무어

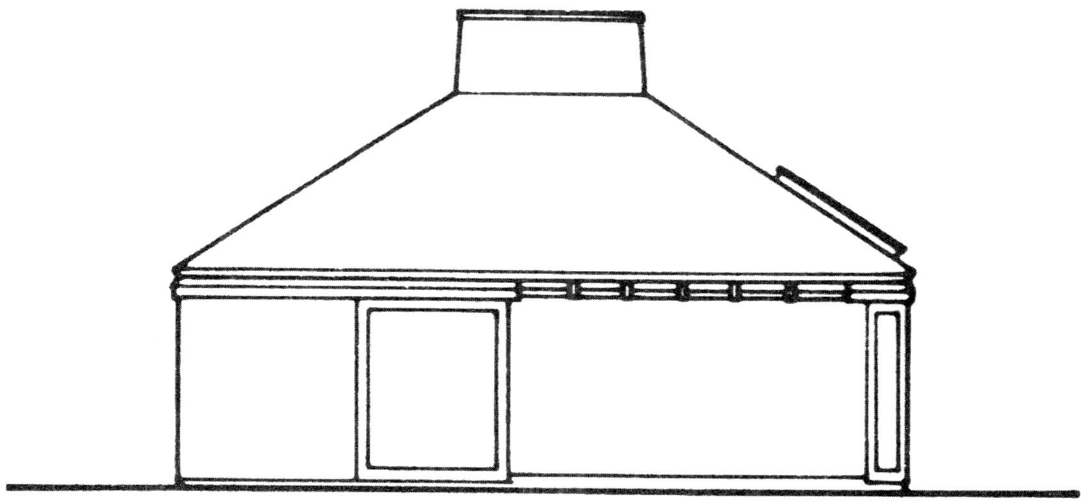

그림 9-5 무어하우스 단면도2, 오린다, 캘리포니아. 1962 찰스무어

찰스 무어는 1925년 미시간 주 벤튼 하버(Benton Harbor, Michigan)에서 태어났다. 1947년 미시간대학을 졸업한 후, 샌프란시스코에서 실무를 했으며, 그 후 2년간의 육군 근무를 마치고 다시 프린스턴 대학(Princeton University)에 입학하여 루이스 칸(Louis I. Kahn)에게 사사 받았다. 1957년, 박사학위를 받고, 루이스 칸의 조수가 되었으며, 1959년, 캘리포니아 대학 버클리(UC Berkely)에서 조교수가 되었다. 한편 1962년에는 프린스턴 대학 시절의 동료들 즉 던린 린든, 윌리엄 턴벌, 리차드 위태커와 파트너 쉽을 결성 〈MLTW: Moore, Lyndon, Turnbull, Whitaker〉를 결성했다.

무어에 대한 평가는, 1965년의 시 랜치 콘도미니엄(Sea Ranch Condominium)에 의해 크게 올라갔다. 시 랜치에서 무어는, **리져널리즘(Regionalism)** 혹은 **버내큘러리즘(vernacularism)**으로의 방향성을 개척하고, 그 스타일은 〈풀뿌리〉파라 불리는 디자인의 원형(Prototype)이 되었다. 시 랜치의 싱글 스타일지붕은 레드우드의 근대건축(Internationalism)의 언어를 크게 벗어나서, 대립한 것이었다. 그러나 무어는, 이와 같은 대립의 한편에서 자이언트 퍼니처(giant furniture)와 수퍼 그래픽(super graphic) 등의 새로운 언어도 제시했다.

Critical Regionalism is an approach to architecture that strives to counter the placelessness and lack of meaning in Modern Architecture by using contextual forces to give a sense of place and meaning. The term Critical Regionalism was first used by Alex Tzonis and Liliane Lefaivre and later more famously by Kenneth Frampton. Frampton put forth his views in "Towards a Critical Regionalism: Six points of an architecture of resistance." He evokes Paul Ricoeur's question of "how to become modern and to return to sources; how to revive an old, dormant civilization and take part in universal civilization". According to Frampton, Critical Regionalism should adopt modern architecture critically for its universal progressive qualities but at the same time should value responses particular to the context. Emphasis should be on topography, climate, light, tectonic form rather than scenography and the tactile sense rather than the visual. Frampton draws from phenomenology to supplement his arguments. As put forth by Alex Tzonis and Liliane Lefaivre, Critical Regionalism need not directly draw from the context, rather elements can be stripped of their context and used in strange rather than familiar ways. Here the aim is to make aware of a disruption and a loss of place that is already a fait accompli through reflection and self-evaluation. Critical Regionalism is different from Regionalism which tries to achieve a one-to-one correspondence with vernacular architecture in a conscious way without consciously partaking in the universal. Critical Regionalism is considered a particular form of post-modern (not to be confused with Postmodernism as architectural style) response in developing countries. Architects who have used such an approach in some of their works include B.V.Doshi, Charles Correa, Raj Rewal, and Tadao Ando.

Vernacular architecture is a term from academic architecture to categorize structures built outside of academic tradition. The definition can include a wide variety of domestic and agricultural buildings, industrial buildings, commercial structures, etc. The distinguishing feature of traditional vernacular is that design and construction are often done simultaneously, onsite, by the same people. At least some of those who eventually use the building are often involved in its construction or at least have direct input in its form. Vernacular building shapes, floorplans, materials, construction techniques, and other characteristics are often generated from centuries-old local patterns. These patterns are continually changing, but do so slowly. The new houses built from old patterns physically manifest, and then perpetuate, cultural norms and accumulated building craft. Vernacular buildings have been praised by many writers for their sophisticated adaptation to their environment and users' needs. Vernacular buildings have made up a large portion of the built environment throughout human history because the profession of architect is a relatively new invention, because academic architecture has tended towards a narrow range of acceptable styles and forms, and because even today architects are involved in only a small percentage of built structures. Once seen as obsolete, vernacular architecture is now the subject of serious academic study, and is increasingly considered a potential component of sustainable development for its quality of adaptation to the local environment. An early work was Bernard Rudofsky's 1964 book "Architecture Without Architects: a short introduction to non-pedigreed architecture", based on his MoMA exhibition.

The book was a gentle reminder of the legitimacy and "hard-won knowledge" inherent in vernacular buildings, from Polish salt-caves to gigantic Syrian water wheels to Moroccan desert fortresses, although it was considered iconoclastic at the time. The most comprehensive work is the "Encyclopedia of Vernacular Architecture of the World" published in 1997 by Paul Oliver of the Oxford Institute for Sustainable Development. Oliver has argued that vernacular architecture will be necessary in the future to "ensure sustainability in both cultural and economic terms beyond the short term." Christopher Alexander attempted to identify adaptive features of traditional architecture that apply across cultures in his book A Pattern Language. Howard Davis's book The Culture of Building details the culture that enabled several vernacular traditions. Some extend the term to include any architecture outside the academic mainstream. The term "commercial vernacular", popularized in the late 1960s by the publication of Robert Venturi's "Learning from Las Vegas", refers to 20th century American suburban tract and commercial architecture. Unlike traditional vernacular, however, the design and construction of these types of buildings is remote from their eventual users, and they do not represent long cultural traditions; those who study traditional vernacular architecture hold that these characteristics define a more useful and fundamental partition of architecture into vernacular and non-vernacular than whether or not a kind of architecture is accepted within academia.

1966년, 무어는 예일 대학으로 옮겼으며, 거기서 폴 루돌프(Paul Rudolph)의 뒤를 이어서 학장(Dean)이 되었다. 이를 계기로 예일 대학의 건축교육은 크게 변화를 한다.
폴 루돌프(Paul Rudolph)의 정통적(正統的)인 교육에 대해, 방임주의(放任主義)로 무어는 임했다.

Paul Marvin Rudolph (1918~1997) was an American architect and the Dean of the Yale School of Architecture for six years. His most famous work is the Art and Architecture (A&A) Building on the Yale campus, a spatially complex Brutalist concrete structure. He earned his bachelor's degree in architecture at Alabama Polytechnic Institute in 1940 and then moved on to the Harvard Graduate School of Design to study with Walter Gropius. After three years, he left to serve in the Navy for another three, returning to Harvard to receive his master's in 1947. He moved to Sarasota, Florida and partnered up with Ralph Twitchell for four years until he started his own practice in 1951. His Florida houses attracted attention in the architectural community, and he started receiving commissions for larger works such as the Jewett Art Center at Wellesley College. He took over at Yale in 1958, shortly after designing the school's building, and stayed for six years until he returned to private practice. While the Brutalist style fell out of favor in the U.S. in the 1970s, he continued working on projects in Singapore and other Asian countries through the last years of his life.

그리고 그의 자유로운 건축교육은, 로버트 벤츄리(Robert Vinturi)의 지도에 의한 〈라스베가스〉의 연구를 시작했으며, 큰 성과를 얻게 되었다. 그러나 건축학부동의 실화에 의한 화재에 기인하여, 무어는 1975년, 예일 대학을 나와 UCLA로 옮기게 된다.

무어의 건축은, 일반적으로 팝(pop)적이다. 그것은, 원구상의 내부처럼 잡다하게 불가시적이다. 이것은 인형을 편애하여 수집하는 유아성을 갖는 무어의 체질을 그대로 구현화 했다고 생각된다. 무어의 건축에 있어서 그 유희적(遊戲的)이라고 할 수 있는 디자인은 무어 자신에게 내재하는 유토피아의 결정인 것이다. 분명 그것은 "퇴행(退行)" 현상의 귀결이며, 무어의 감성의 덕택인 것이다. "광기(狂氣)의 웃음"으로 빈센트 스컬리 주니어에게 혹평을 받았던 므어는 그 광기의 상태로, 웃음과 장난을 계속하고 있다.

Sea Ranch Condominium

We sought a partnership of buildings with this vast landscape which required more size and presence than most houses have, and more care in the arrangements than most people working somewhere else chose to give."

"At the Sea Ranch, houses merge into the forest with great success; in the meadows, however, houses need to set up partnerships with the land forms and with each other which turned out to be very difficult to achieve.

그림 9-6 씨 랜치 콘도미니엄 전경1, 캘리포니아. 1964~65 찰스무어

그림 9-7 씨 랜치 콘도미니엄 전경2, 캘리포니아. 1964-65 찰스무어

그림 9-8 씨 랜치 콘도미니엄 전경3, 캘리포니아. 1964~65 찰스무어

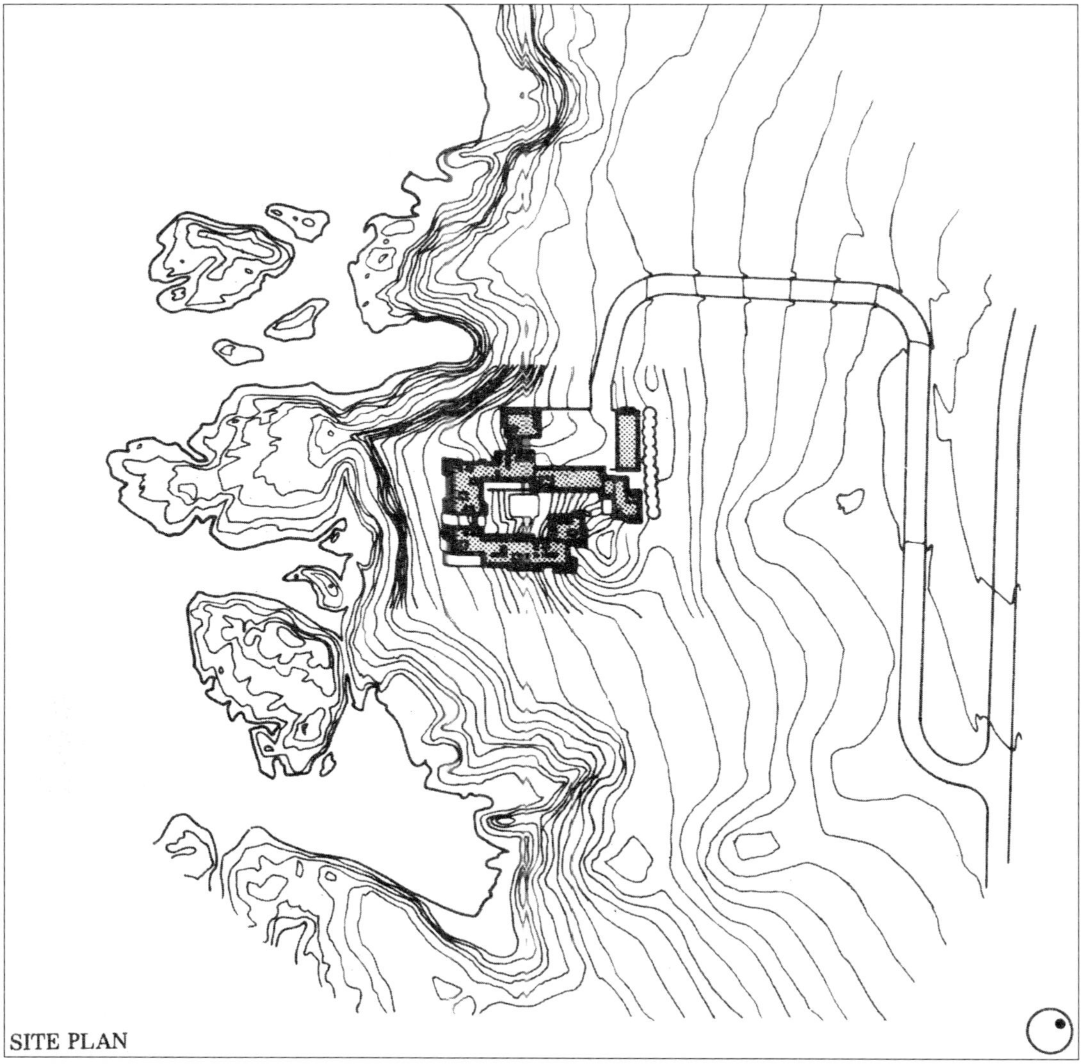

그림 9-9 씨 랜치 콘도미니엄 배치도, 캘리포니아. 1964~65 찰스무어

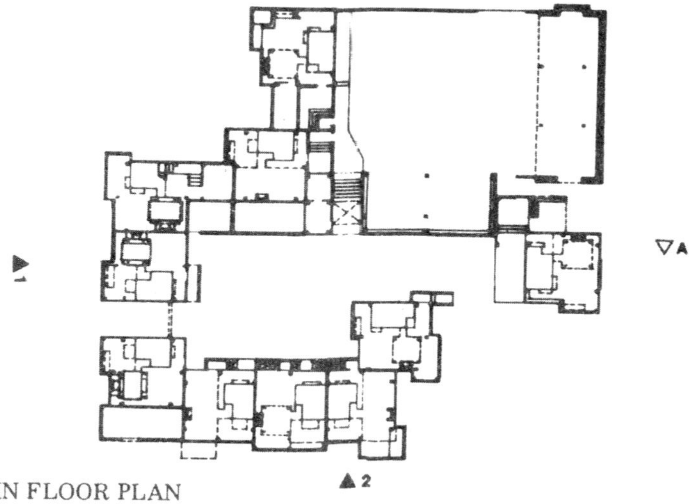

MAIN FLOOR PLAN
그림 9-10 씨 랜치 콘도미니엄 1층 평면도, 캘리포니아. 1964~65 찰스무어

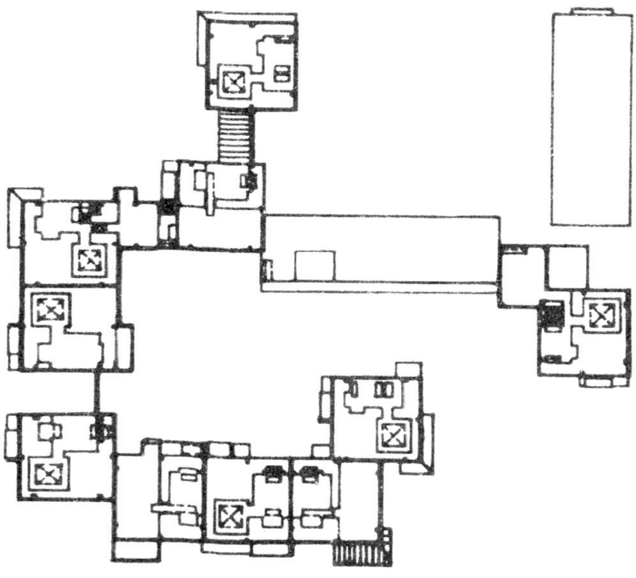

그림 9-11 씨 랜치 콘도미니엄 2층 평면도, 캘리포니아. 1964~65 찰스무어

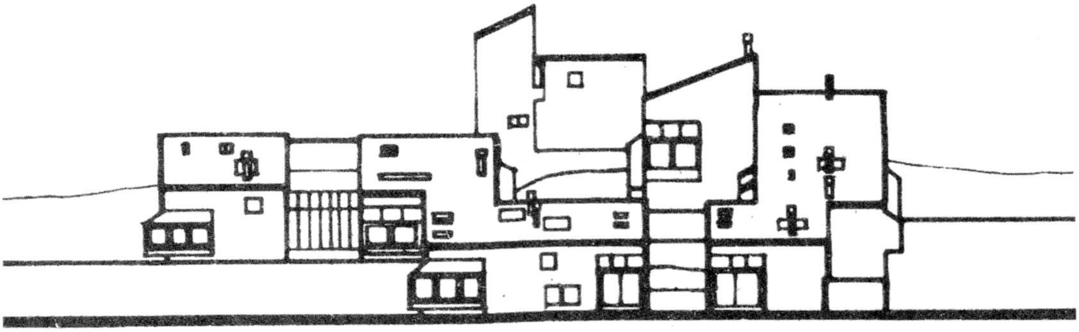

그림 9-12 씨 랜치 콘도미니엄 입면도1, 캘리포니아. 1964~65 찰스무어

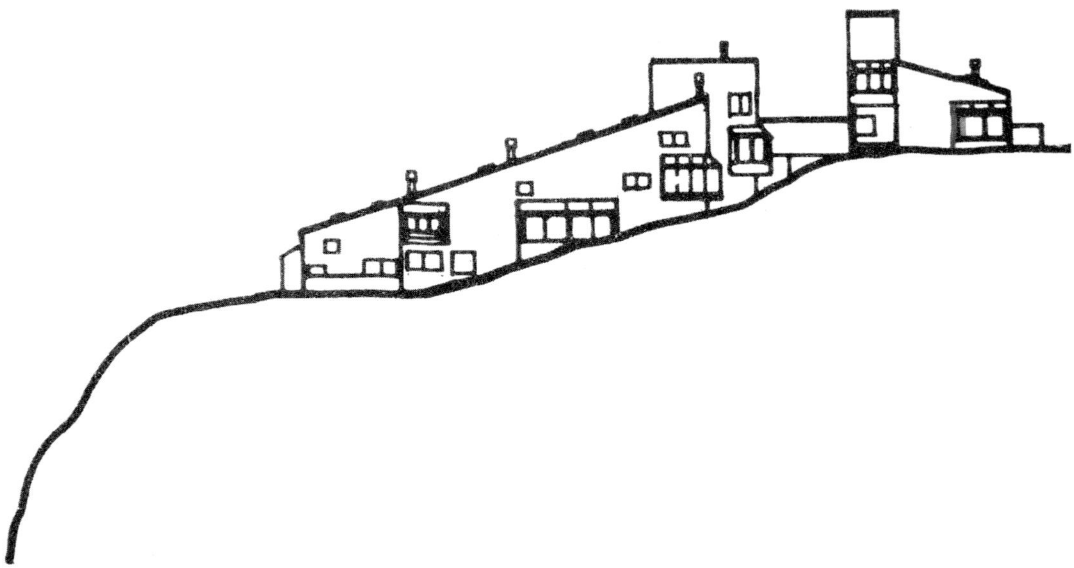

그림 9-13 씨 랜치 콘도미니엄 입면도2, 캘리포니아. 1964~65 찰스무어

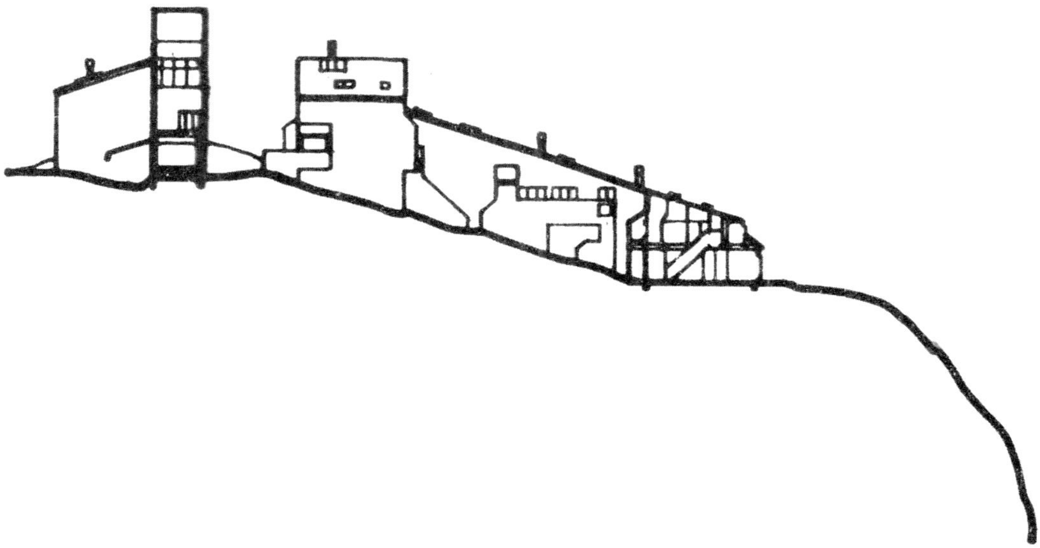

그림 9-14 씨 랜치 콘도미니엄 단면도, 캘리포니아. 1964~65 찰스무어

무어의 저택(Moore House, 1962)

이 주택은 캘리포니아 주 오린다(Orinda. California) 샌프란시스코 만의 배후, 풍부한 자연에 둘러싸인 산속에 지어진, 독신자 무어(Charles Moore)의 최초의 자저(自邸)이다.

전체는 원룸의 구성으로 계획되었으며, 큰 기본 볼륨 속에 "에디큘라 Aedicular"라고 불리는 이집트 파라오시대에 처음 시작되었다고 할 수 있는, 4개의 기둥에 의해 둘러싸여진 정방형의 스페이스가 2개 놓여 있다. 이것은, **서머슨(John Summerson)**의 저서 『천상의 집 Heavenly Mansions』에서 힌트를 얻었다고 한다. 이 에디큘라(Aedicular)의 위치에 의해 공간은 분절된다. 큰 볼륨 속에 중심(中心)이 규정되어 있는 것이다. 그리고 그 분절은 각 에디큘라(Aedicular)의 상부에 설치된 톱 라이트(top light)로부터 빛에 의해 강조되고 있다.

이와 같은 수법에 의한 공간의 성격화는, 무어의 스승인 루이스 칸의 〈봉사하는 공간/ 봉사 받는 공간〉이라는 공간개념과 관계되어지고 있다.

〈뉴헤븐의 무어하우스 Moore House, New Haven〉 아는 바와 같이 찰스 무어는 1965년에 뉴헤븐으로 이주하여 예일대학의 건축과 주임교수로 취임하면서 다시 한 번 자신의 집을 설계할 수 있는 기회를 갖게 된다. "다른 사람의 돈을 쓴다는 것은 무거운 책임감이 뒤따르게 된다. 하지만 자신의 돈을 쓴다는 것은 매우 편한 것이다" 무어의 초기 작품이었던 오린다의 자택처럼 뉴헤븐의 주택설계는 그에게 있어서 매우 별나고 편한 작업이었으며 그때까지 그가 설계해 왔던 어느 건물보다도 환상적이고 화려한 면이 많았다. 그것은 바로 전통적인 팝과 공예품적인 양상의 지향이었다. 후에 이러한 양상은 "Supermanneristic"하다고 불리게 된다.

이 설계는 예일대학 근처의 한 작은 19세기 후반의 목조주택을 개조하는 것이었다. 이 건물은 전체적으로 매우 협소했기 때문에 실내의 분위기를 바꾸는 것만으로는 불충분했었다고 무어는 말한다. 그래서 실내의 일부를 헐어내어 그 사이에 2층 높이의 타워를 세움으로서 문제를 해결했다. 3개의 타워는 Howard, Berengaria, Etherl이라고 명명했다. 각각의 타워는 커다란 기하학적인 구멍이 뚫린 복층으로 된 합판으로 만들어졌는데 이들은 가끔, 불완전 하기는 하지만 매우 기하학적인 질서를 암시하기도 했다. 이들 각 타워들은 순수한 공간으로 이루어져 기존 주택의 공간구성과 커다란 대조를 이루었다.

"건축에 있어서 공간은-창출하는 공간이 어떤 것이든 간에-두 가지 측면에서 우리에게 매우 흥미로운 문제를 던진다.

하나는 매우 잘 정돈된 질서의 정연함이고 다른 하나는 공간에서 탈피하려는 극적인 상황이다"라고 찰스 무어는 말한다. 여기서 전자는 매우 정연한 견해인데 그는 후자의 활동적이고 극적인 견해에 동의한다고 볼 수 있다.

참고로 독일의 건축가 오스왈드 마티아스 웅거스(Oswald Mathias Ungers)도 신 합리주의(Neo-Rationalism)의 전체적인 체제하에서, 프랑크푸르트에 있는 건축박물관(Architecture Museum, 1983)을 설계하였는데 여기서 그는 건물 내의 건물, 다양한 크기의 사각형 모듈, 그리고 신전과 같은 '기본적인' 요소들, 즉 에디큘라(aedicular)와 오두막(hut)에 대한 주제로 작업하였다.

Moore House

"Its forms admittedly derive from primitive huts and from Mayan or Hindu templesto say nothing of the famous Trenton Bathhouses by Louis I. Kahn and Moore makes it clear that he was thinking in broad and recollective terms when he made the design." "The site was bought one day on impulse simply because it seems full of magic.... Years before, a bulldozer had cut a flat circular building site, which had since grown grassy and now seemed part of the natural setting, like those perfectly circular meadows that inspired medieval Chinese poets to mediate upon perfection." One opportunity that was especially welcome was for the extensive application of layers of mythic recollection. Tall wooden columns from an old factory were used to ensure that something in this small structure would be grand."

Heavenly Mansions/John Summerson

A classic of architectural history and theory, "Heavenly Mansions" interprets architecture as a reflection of the age in which it flowers. It traces the alternating themes of fantasy and functionalism as exemplified in various styles and in the works of a number of influential men, including Sir Christopher Wren, Eugene-Emanuel Viollet-le-Duc, William Butterfield and Le Corbusier. The essays on the aesthetic principles and enduring motives of architecture summarize 800 years of viewpoints, ranging from Gothic design to Renaissance architecture and the influence of modern abstract art on 20th-century architecture. Brilliantly written essays on the aesthetic principles and enduring motives of architecture. A classic of architectural history and theory, Heavenly Mansions interprets architecture as a reflection of the age in which it flowers, and traces the alternating themes of fantasy and functionalism as exemplified in various styles and in the works of a number of influential men, including Wren, Viollet-le-Duc, William Butterfield, and Le Corbusier. Succinctly summarizing 800 years of viewpoints about architecture, it ranges from Gothic architecture to the Renaissance to the influence of modern abstract art on twentieth-century architecture.

화이트와 그레이

1920~30년대의 유럽의 근대주의를 유발시킨 철학적 이상주의로 돌아가 건축자체가 갖는 형태적 윤리를 추구하며 1920년대 르 꼬르뷔제의 주택형태를 계승하려는 태도를 보이고 있는 뉴욕학파(Newyork Schol)의 5인의 건축가이다. 이들은 르 꼬르뷔제(Le Corbusier), **한네스 마이어(Hannes Meyer)**, 쥬제페 테라니(Giuseppi Terragni)같은 건축가들의 몹시 엄격하고 이지적인 구조체계를 취하고 있다.

Hannes Meyer (November 18, 1889~July 19, 1954) was a Swiss architect and second director of the Bauhaus in Dessau from 1928 to 1930. The Bauhaus had been founded in Weimar in 1919 by Walter Gropius. Gropius appointed Meyer head of the Bauhaus architecture department when it was finally established in October 1926. Meyer brought his radical functionalist viewpoint that architecture was more craft than fine art, that buildings should be low cost and designed to fulfill social needs. He was also an avid Marxist. Meyer brought the two most significant important building commissions for the school, both of which still stand: five apartment buildings in the city of Dessau, and the headquarters of the Federal School of the German Trade Unions (ADGB) in Bernau. The school turned its first profit under his leadership in 1929. But he also brought political dissention both within the Bauhaus and without. Inside the school, particularly after he became director on Gropius's resignation in

February 1928, he tightened the Bauhaus program around architecture and industrial design, forcing the resignations of Herbert Bayer, Marcel Breuer, and other figures. Outside, in the context of an increasingly dangerous Weimar political atmosphere, Meyer's vocal Communism and his encouragement of the Communist student organization in the Bauhaus became a threat to the very existence of the school. Gropius fired him in 1930. Meyer responded by taking seven students and a secretary to the Moscow, forming a group they called the "Left Column". This was a parallel effort to Ernst May's "May brigade". Both groups worked on architectural and urban planning projects guided by socialist-utopian ideals. The Soviet Union dismissed all such foreigners in 1936. Meyer returned to Geneva for three years, then emigrated to Mexico City to work for the Mexican govenment as the director of the Instituto del Urbanismo y Planification from 1942 through 1949. In 1942 he was with his friend the Italian photographer Tina Modotti the night she died. He himself died in Switzerland in 1954.

이들은 근대건축이 그래왔던 것처럼 공간구조를 기능 및 기술, 생산방식에 의해 설명하려는 것이 아니라 건축의 구성요소에 역사와 풍토, 사회 등을 제거시키고, 형태의 상호관계에서 성립하는 의미와 구성 속에서 공간관계를 규명하고자 하고 있다. 따라서 공간은 때로 추상적이고 관념적으로 나타나며 기하학적 윤곽 내에서 보이드와 매스의 미묘한 구성 속에서 형상화된다. 또한 이들은 1920년대 르 꼬르뷔제의 주거건축에서 사용되었던 언어를 도입하여 사용하고 있는데 공통적으로 추구하고 있는 언어는 크게 투명성, 순수한 형태, 경량골조구조의 사용으로 나타나고 있다. 이러한 점을 볼 때 현대 미국건축에 있어서 르 꼬르뷔제 건축의 커다란 영향은 네오 꼴뷔지안(Neo-Corbusian)으로 불리며 뉴욕과 프린스턴을 중심으로 건축 활동을 하고 있다. 이들의 활동이 뉴욕5(New york Five)로 명명케 된 동기는 그레이브스와 아이젠만이 TEAM-10이나 C.I.A.M 과 같은 토론을 통한 그룹을 만들기 위해 CASE 라는 그룹을 만들고 1970년 뉴욕 근대미술관에서의 회합을 가졌을 때 아이젠만(Peter Eisenman, 1932~), 마이어(Richard Meir, 1934~), 그레이브스(Michael Graves, 1934~)가 주 멤버가 되고 과스메이(Charles Gwathmey, 1936~), 헤이덕(John Hejduk, 1929~2000)이 초대에 응함으로써 주택작품전이 열렸다. 이 작품전을 본 **Paul Goldberger**는 "그들 5인은 건축의 뉴욕파를 이루려고 생각하고 있다."고 쓰고 Philip Johnson도 "그들이 작품제계가 르 꼬르뷔제와 연결되어 있다"고 비평함으로서 뉴욕5(New york Five)로 명명케 되어졌다. 비록 뉴욕5(New york Five)가 자체가 일정한 목적의식을 가지고 결성되지도 않았으며 현 재 구성원들의 일부는 꼬르뷔제의 건축의 영향에서 벗어나고 있는 것은 사실이지만, 초기 그들의 작품들이 지향하고 있던 바는 초기 꼬르뷔제의 건축에서 주거 건축을 전적으로 참조하고 인용 및 재창조하였던 것은 사실이다.

Paul Goldberger (born in Passaic, New Jersey) is an American Pulitzer Prize-winning architecture critic, currently on staff at The New Yorker. He writes the "Sky Line" column. Shortly after starting as a writer at The New York Times in 1972, he was assigned to write the obituary of architect Louis Kahn, who died suddenly of a heart attack in a bathroom in New York's Penn Station. The next year, he was named the paper's architecture critic. Goldberger won his Pulitzer in 1984 for his architecture criticism in the Times, the highest award given in journalism. In 1996, former Mayor Rudolph Guiliani presented him with the city's Preservation Achievement Award in recognition of the impact of his work on historic preservation. He is the author of the book Up from Zero: Politics, Architecture, and the Rebuilding of New York. Also, in a May 2005 New Yorker column, he suggests that the best solution for rebuilding at Ground Zero would focus on a residential use mixed with cultural and memorial elements. A resident of the Upper West Side of Manhattan, he is married to Susan Solomon and has three sons, Adam, Ben and Alex. He is a notable graduate of Yale University.

화이트 파의 대표건축가로 리차드 마이어의 스미스(Smith) 저택이나 샴버그(Shamberg) 저택등의 도미노(Domino)와 시트로안(Citrohan)형의 주택을 많이 계획하고 프로토타입(Prototype) 이라고 까지 하는 구성에 도달하고 있으므로 여기서는 그 특징을 살펴보면 첫째, 앞쪽에 보이드(Void)와 유리면을 가진 퍼블릭 스페이스(Public Space), 뒤쪽에 프라이비트 스페이스(Private Space)를 배치하며 둘째, 앞쪽에는 프레임, 뒤쪽에는 벽을 사용하여 그 개방과 폐쇄의 대비를 강조하며 셋째, 앞과 뒤의 사이에는 통로를 잡고 더욱이 톱라이트(Top Light)나 고측창(Highside Light)를 넣어서 분절을 강조하며 넷째, 계단은 내부계단과 테라스에 붙는 외부계단의 2개가 설치되고 후자는 중요한 조형요소가 되며 다섯째, 외형은 기본적으로 흰 상자지만, 테라스의 매스 첨가 등에 의해서 윤곽이 없어진다.

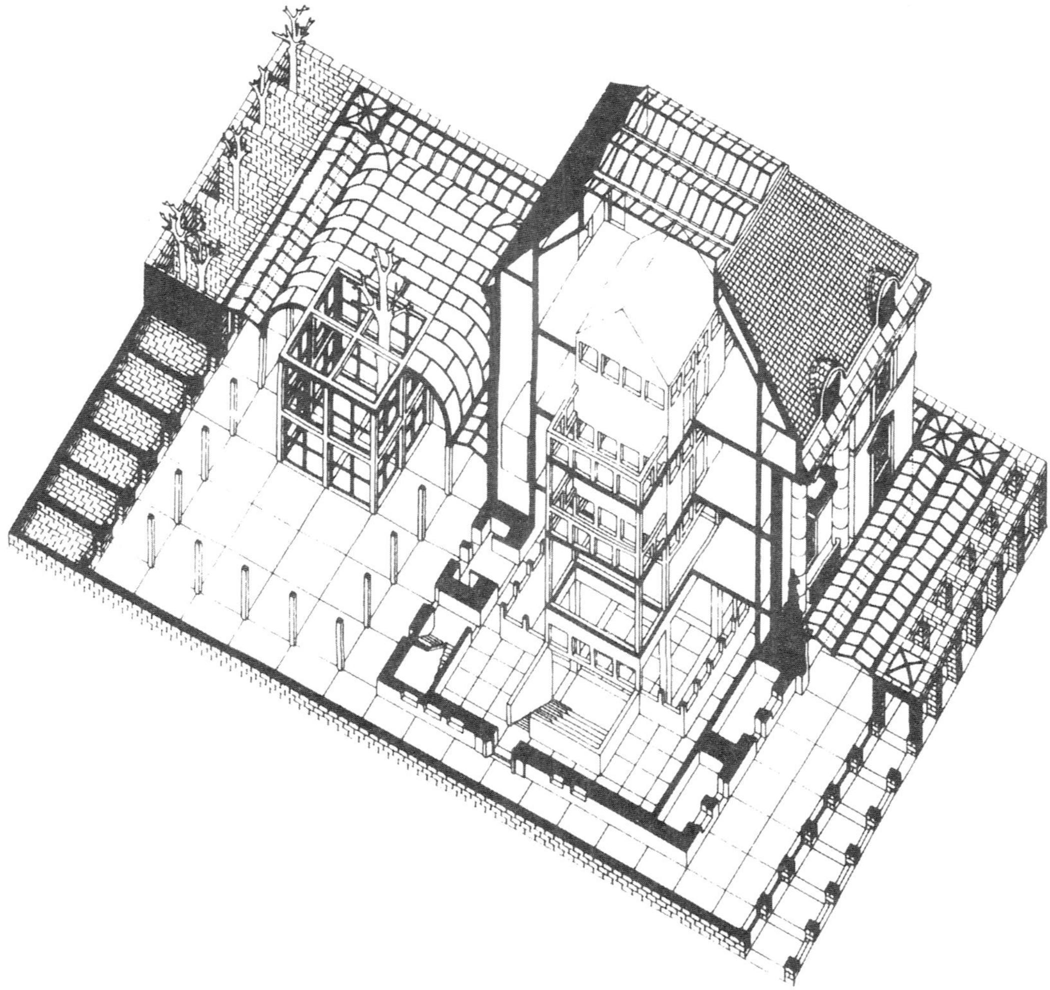

그림 9-15 건축박물관 엑소노메트릭, 오래된 건물 속에 웅거스의 계획안이 삽입되는 것을 보여 줌. 프랑크 푸르트

그림 9-16 패컬티 클럽 내부 전경, 산타 바바라 캘리포니아 대학. 1968 찰스무어

John Hejduk was born in New York in 1929. He studied at the Cooper Union School of Art and Architecture and at the University of Cincinnati. He graduated from the Harvard Graduate School of Design with an Masters in Architecture in 1953. He worked in several architectural offices in New York including the office of I. M. Pei and Partners and the office of A.M. Kinney and Associates. He established his own practice in New York in 1965. Hejduk explored the harmonic possibilities of architecture in his work. He resolutely pursued a narrowly defined set of themes and variations. At first, he studied cubes, grids, and frames. Next he examined square grids placed within diagonal containers with an occasional curving wall. Finally, he evolved into experiments with flat planes and curved masses in various combinations and colors. His architecture in the early stages was brutalist in style. Hejduk created attractive objects with little or no socially redeeming value. He detached himself from context, materials, structure, and climate to create artistic environments. In doing so he often ignored the pragmatic considerations that share no part in their exotic surroundings. While his renderings easily side step the more utilitarian issues of design, his buildings may have failed to overcome the realities of pedestrian requirements. He seemed to be content to allow his explorations to be ends in themselves.

뉴욕5(Newyork Five)에 대해 로버트 스턴(Robert. A. M. Stern)을 중심으로 하는 5명의 건축가가 반대 의견을 제시하였는데, 이것이 White 와 Gray논쟁이 이루어지게 되었고 White는 순결함, 청결, 완벽함을 의미하며 관념의 세계로 건축을 환원하고, 추상화하여 형식주의적이고 이상주의적인 반면에 Gray는 오염됨, 타협, 융통성을 의미하여 Gray건축은 전통과 민족문화의 수용, 자연적 토착적, 소재와 장식에의 집착을 보여주고 있다. White건축이 르 꼬르뷔제의 콘크리트의 가역성을 이용하여 세련되고 매끄러운 메카닉한 건축공간을 창조하고 있는데 비해서 Gray 건축가들의 주요한 과제는 평면에 새로운 의미를 도입하고자 하는 것이었다.

폴 루돌프(Paul Rudolph) 뒤에 1966년에 예일대학의 건축주임이 된 것이 찰스 무어(Charles Moore, 1925~)이다. 그는 보다 버내큘러(vernacular)한 형태나 공간을 건축화 함으로서 반 모더니즘의 노선을 걷기 시작한다. 이 넓은 의미의 버내큘러(vernacular)에 관심을 가지고 있는 그룹은 Gray

라고 총칭되지만 어머니의 집(1962)에서 데뷔한 로버트 벤츄리(Robert Venturi, 1925~)나 로버트 스턴(Robert A.M. Stern, 1939~) 등도 이 속에 들어갈 수 있다. 그들은 싱글 스타일(Shingle Style)이야말로 미국의 정통이라고 하는 역사가 빈센트 스컬리(Vincent Scully)의 이론적 영향 밑에 있었고, 내부 구성에 있어서는 무어(Charles Moore)가 가장 독자적인 창조를 하고 있다.

1973년 로버트 스턴(Robert. A. M. Stern)을 중심으로 로버트슨(J. Robertson), 찰스 무어(C. Moore), 그린버그(A Greenberg), **지오골라(R. Giurgola)** 등이 아키텍처럴 포럼(Architectural Forum)지에 뉴욕5의 건축에 대한 비평을 게제 하였고 1974년 5월 UCLA에서 자신들을 실버(Silver)라고 자칭하는 그룹에 의해 White와 Gray의 공개토론을 갖게 됨으로서 두 그룹 간의 논쟁은 본격화되었다.

Romaldo Giurgola was born in Rome in 1920. He graduated from the School of Architecture of the University of Rome and received a Masters degree in architecture from Columbia University. Since 1958 he has worked as a partner with Ehrman Mitchell as part of Mitchell/Giurgola Architects in Philadelphia. The firm expanded to New York in 1966. An academician trained in the tradition of the Beaux-Arts, Giurgola sees architecture as a continuous progression based on historical precedents. In his design process, he develops a clear synthesis of external constraints and works to create functional and visual relationships that remain in context. His building becomes part of both a social and an architectural environment. Giurgola shies away from fashion or what he calls "perennial eclecticism", Although he bases his buildings on the idea of architectural progression, Giurgola establishes a sense of propriety free from style or time. While many architects enjoy creating an instant style, Giurgola stresses the importance of the process. Giurgola's notions of order emphasizes the importance of place and sympathizes with the value of conceptualization within the design process.

그레이 파의 대표적 건축가라고 할 수 있는 찰스무어의 작품은 첫째, 전체의 윤곽은 일반적으로 여러 가지 조작으로 불명확하게 되며 둘째, 애디큘라(Aedicular, 작은 신전)라고 부르는 4개의 기둥을 가진 감시망을 건물내부에 두며 셋째, 보이드(Void)가 명확한 윤곽을 갖지 않고 반대로 2층 플랜이 그림으로서 떠오르는 특유한 보이드의 패턴을 가진 것이 많으며 넷째, 난로 앞이나 창가에 알코브(Alcove)를 많이 만들며 다섯째, 폭이 넓은 큰 계단을 실내에 두며 여섯째, 45도 선을 많이 사용하고 일곱째, 부엌을 오픈으로 해서 생활감을 표현하며 여덟째, 슈퍼 그래픽(Super graphic)을 채용하고 있다. 특히 애디큘라(Aedicular)나 알코브(Alcove)는 그 형태 자체가 갖는 중심성이나 장소성과 그것이 지금까지 담당해 온 전통적 의미에 의해서 건물의 주요부에 중심성을 가진 장소를 만들어 내고 있다. 이 편차를 가진 공간은 분명히 균질공간과 대립하는 것이지만, 그 형태가 의식성 혹은 유희성을 갖기 때문에 어프로치라고 할 수 있다.

동성애자와의 거주

찰스무어의 스승은 루이스 칸이다. 펜실베니아 대학어' 부임하기 전, 프린스턴 대에서 칸의 밑에서 무어는 대학원 생활을 했으며, 건축사를 전공하여 박사학위를 취득했다. 그 후 칸 밑에서 조수를 하면서, 캘리포니아 대학 버클리분교(UC Berkley)에 교직을 얻어 부임한 것이다. 샌프란시스코에서의 무어는 우선 프린스톤 시대의 문하생들을 불러들여 〈MLTW〉라는 건축사무소를 열었다. 거기서 첫 작품이 바로 〈무어자저 Moore House〉이다.

여기서 작은 주택의 인식은-작은 주택 혹은 사당-많은 원인에 영향을 미쳤다. 즉, 고딕의 성스러움으로 둘러싸인 작은 주택에 관한 존 서머슨(John Summerson) 경의 수필「천국 같은 주택 Heavenly Mansions」(1949)이나 런던의 링컨즈 인 필드(Lincoln's inn Fields)에 있는 존 소온(John Soane)의 주택에 있는 작은 아침식사용 거실-여기에 있는 레이어와 그림자 공간 때문에 포스트 모더니스트들에게는 중요한 작품이 된다. 이것은 4개의 기둥이 있는 침대에서도 마찬가지이다. 무어의 오린다(Orinda)주택에서 그는 오버랩 되며 비스듬한 볼트와 일반적이고 평평한 천창을 이용한 두개의 소도구를 이용하였다. 소도구 중 하나는 전체적으로 초점이 되며 백색 광선이 분산되는 거실을 넘어 선큰으로 된 목욕탕과 샤워시설에 다른 드라마를 제공한다. "목욕하는 행위에 대한 축복은 관념적 목욕탕의 속박으로부터 자유로워짐으로 이루어진다." 10피트 높이의 투스칸(Tuscan)식 기둥을 갖고 있는 두개의 사원은 어둠속에 자리 잡고 있으며 헛간을 닮은 공간은 하나의 커다란 방이 다양하게 서로 다른 장소(場所)로 느껴지게 한다. 장소를 만드는 이런 아이디어들은 우리가 이미 본 무어의 씨 랜치(Sea

Ranch) 콘도미니엄과 그 이후에 스스로 개조한 뉴 헤븐(New Haven, 1966)에 있는 주택을 통해서 더욱 발전되었다. 여기서 작은 주택의 소도구는 1860년대의 비늘 벽 주택의 수준과는 다른, 공간의 유닛에 의해 튜브로 이루어진다. 각 사각형의 튜브는 잘려지고 레이어를 강조하는 각기 다른 색조로 페인팅 된 2중 레이어의 합판에 의해 만들어 진다. 이런 재미있는 색조의 스크린과 중간적 형태를 가지고 무어는 다양한 색조와 인기 있는 색으로 포스트 모던에 꼴라쥬(collage)된 르 꼬르뷔제(Le Corbusier)의 좁은 레이어 공간과 역사주의자들의 기호를 변화시켰다. 존 소온 경의 주택처럼 무어가 설계한 것은 중요한 사건, 단편들, 장난감들, 골동품들, 그리고 농담들을 가진 풍부한 상징적 숲처럼 여겨진다.

스크린이 쳐있거나 레이어가 있는 공간의 개념은 다카(Dacca)에 있는 집회 홀에 루이스 칸(Louis I. Kahn)이 사용한 "파괴를 둘러싼 덮개"라는 것이 그 시초가 된다. 알바 알토(Alvar Aalto)도 그의 이마트라(Imatra) 교회에서 좁은 레이어가 있는 표피를 사용하였다. 그러나 이것은 다시 무어(Charles Moore)에게는 정보가 되었고, 그 만의 스타일로 발전시켰다. 그의 템친 주택(Tempchin, 1968~69), 클로츠 주택(Klotz, 1967~70), 그리고 코이짐 주택(Koizim, 1969~71)은 포스트모더니즘(Postmodernism)의 관습적 디자인으로서의 잘려진 스크린과 작은 주택의 소도구를 창출하였다.

미리 말하지만, 이것은 별장이 아니다. 언뜻 보면 향락으로 가득한 주거 같지만, 무어 자신의 개성과, 그의 동성애(?) 성향이, 이와 같은 주거를 만들어냈다. **필립 존슨(Philip Johnson)**의 자저(유리의 집 Glass House)도 그렇지만, 그 배경에는, 분명 이해할 수 없는 건축이 있을 것이다.

Philip Cortelyou Johnson (1906~2005) was an influential American architect. The first director of the architecture department at the Museum of Modern Art (New York) in 1946, and later a trustee, he was awarded an American Institute of Architects Gold Medal in 1978 and the first Pritzker Architecture Prize in 1979. Through his long career Johnson was more influential for his criticism and intellectual guidance of the profession than the buildings directly credited to him. Financially independent as a result of his father's gift of Alcoa stock, he both founded and funded his directorship at MOMA. As co-author (with Henry-Russell Hitchcock Jr.) of the MOMA exhibition catalog "The International Style: Architecture Since 1922" (1932), Johnson is credited with recognizing and popularizing European modernism, and with introducing Mies van der Rohe to America. As mentor of the New York Five, power-broker, socialite, and MOMA trustee, Johnson put himself in an ideal position to promote his stance that architecture is an aesthetic pursuit equal to other fine arts, with little responsibility to clients or users. It has been said that he was weak at sketching and drawing, but regardless Phillip Johnson had a very skilled graphic and design sense. The most recognizable figure in American architecture for decades, part icon, part oracle, part stand-up comic, Johnson was a reliable source of wit and provocation. His firm, Philip Johnson Alan Ritchie (PJAR), is located in Midtown Manhattan under now the guidance of Alan Ritchie, his long time partner from England. Another branch is located in Shanghai, China.

Involvement with Fascism

One controversial aspect of Johnson's career was his active promotion of fascism for eight years beginning in 1932. Johnson walked away from the success of his MOMA exhibition and, in a move described by the contemporary newspapers as 'surreal', attempted to join forces with Louisiana governor Huey Long. After Long's 1935 assassination, Johnson wrote a series of plainly anti-Semitic articles for the Detroit broadcaster Father Coughlin, ran for public office in Ohio, and tried to start an American fascist party himself. He traveled to Nuremberg for Adolf Hitler's 1938 rally, and to Poland after Germany invaded it in 1939, where he wrote: The German green uniforms made the place look gay and happy. [...] There were not many Jews to be seen. We saw Warsaw burn and Modlin being bombed. It was a stirring spectacle. After an FBI investigation and the pending involvement of the United States in World War II, Johnson abandoned his support of Nazis in mid-1940, and returned to Harvard. Years later he renounced fascism and designed a synagogue with no fee as a form of apology. A focus on the aesthetic to the exclusion of all other concerns became a characteristic of his philosophy; in a 1973 interview, he said: The only thing I really regret about dictatorships isn't the dictatorship, because I recognize that in Julius's time and in Justinian's time and Caesar's time they had to have dictators. I mean I'm not interested in politics at all. I don't see any sense to it. About Hitlerif he'd only been a good architect!

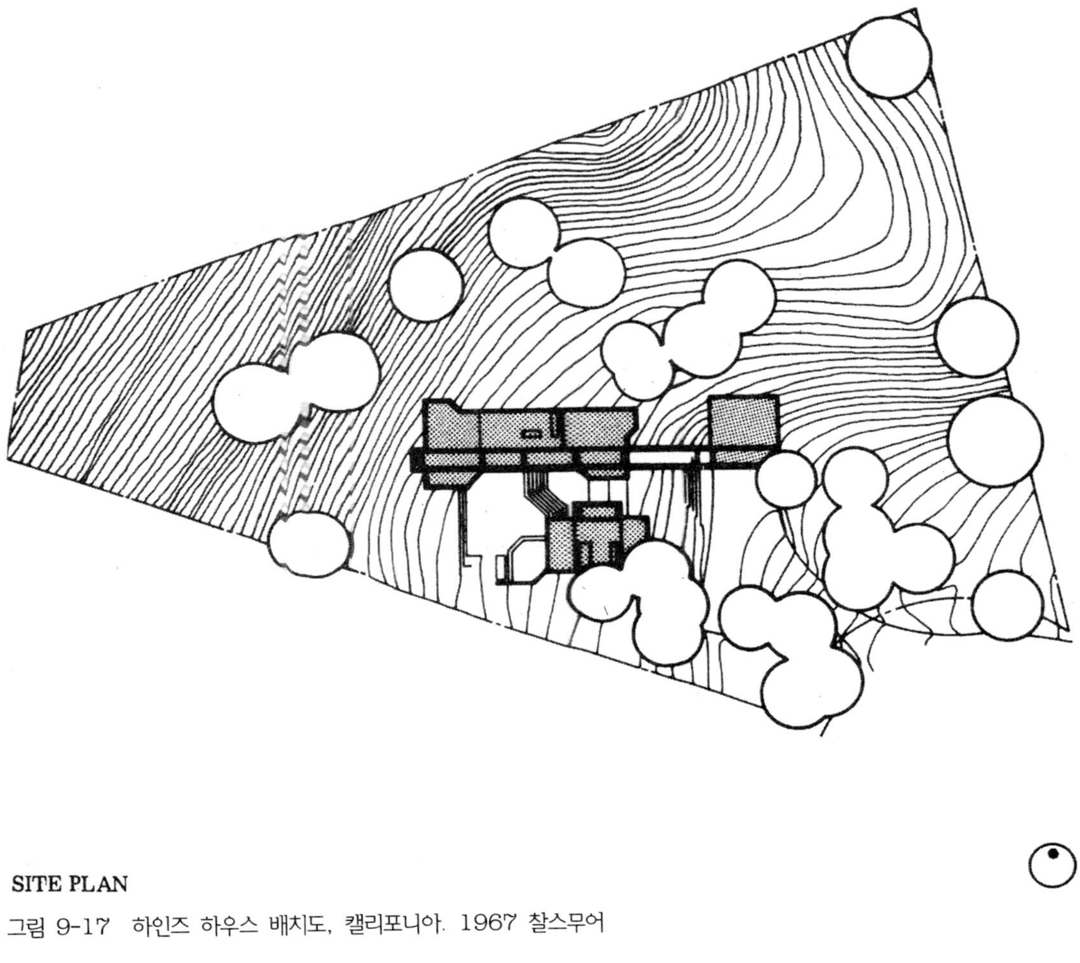

SITE PLAN

그림 9-17 하인즈 하우스 배치도, 캘리포니아. 1967 찰스무어

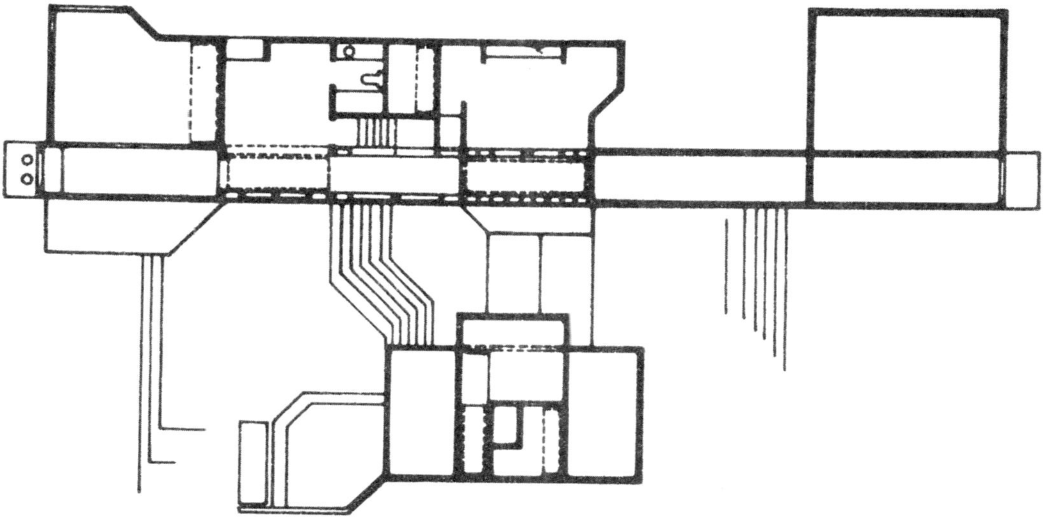

그림 9-18 하인즈 하우스 1층 평면도, 캘리포니아. 1967 찰스무어

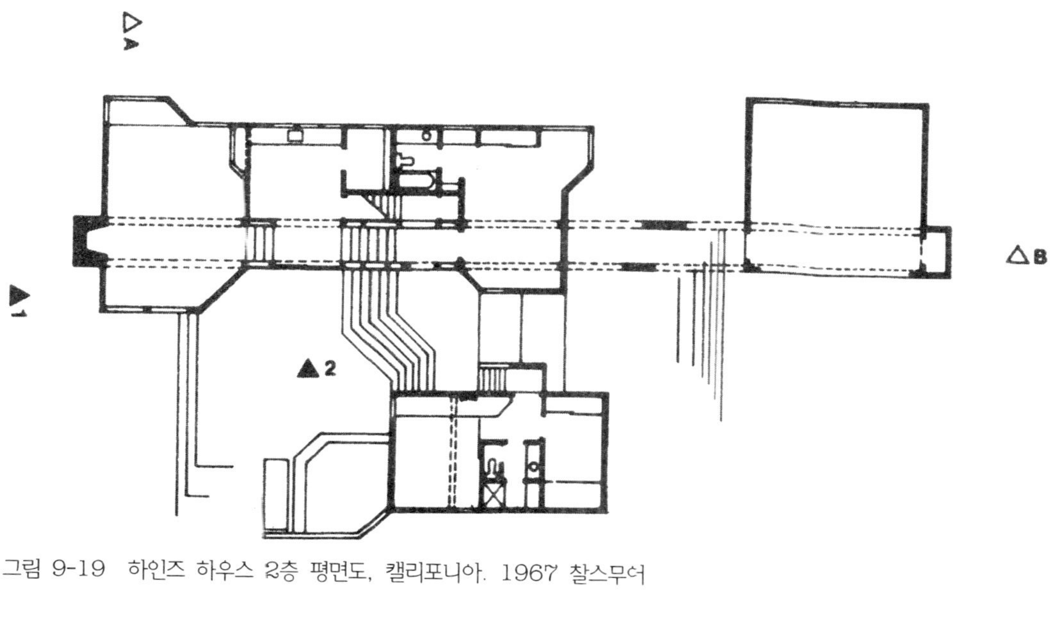

그림 9-19 하인즈 하우스 2층 평면도, 캘리포니아. 1967 찰스무어

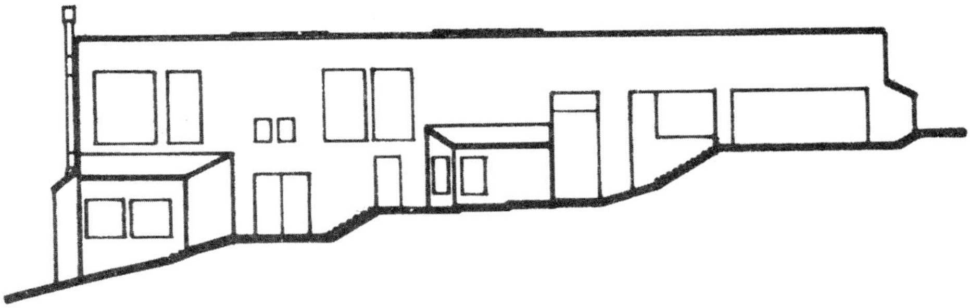

그림 9-20 하인즈 하우스 입면도1, 캘리포니아. 1967 찰스무어

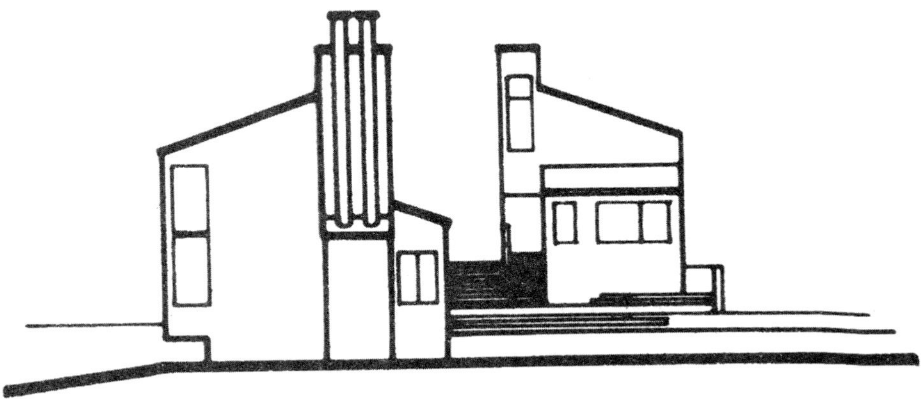

그림 9-21 하인즈 하우스 입면도2, 캘리포니아. 1967 찰스무어

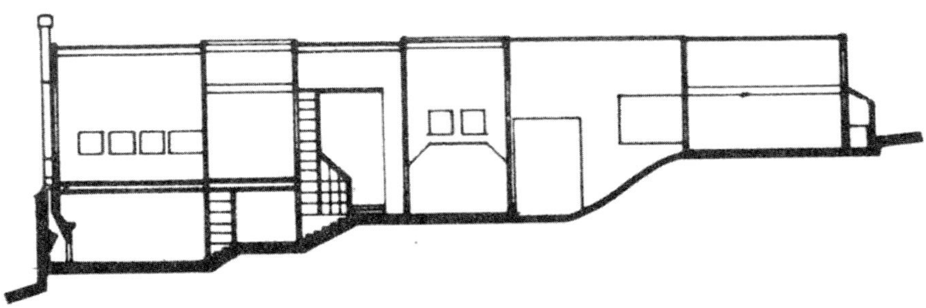

그림 9-22 하인즈 하우스 단면도1, 캘리포니아. 1967 찰스무어

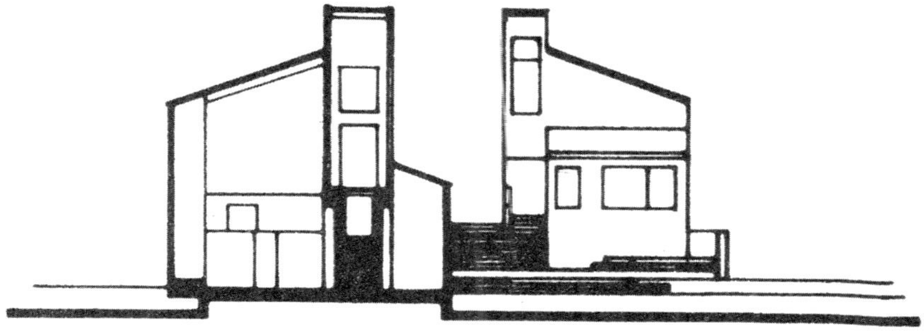

그림 9-23 하인즈 하우스 단면도2, 캘리포니아. 1967 찰스무어

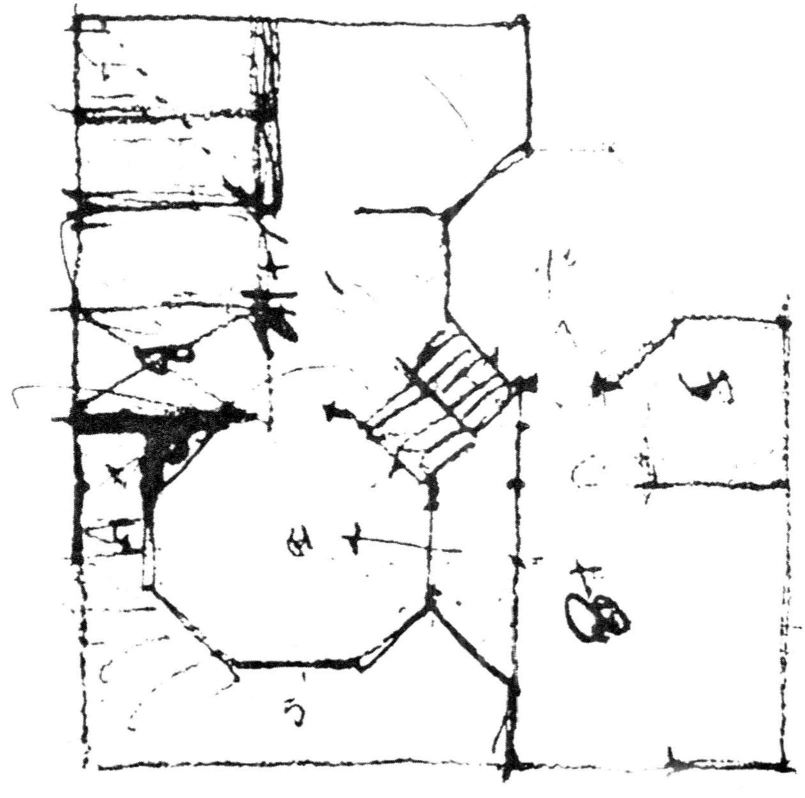

그림 9-24 클로츠 주택 스케치, 로드아일랜드 주 웨스터리. 찰스무어

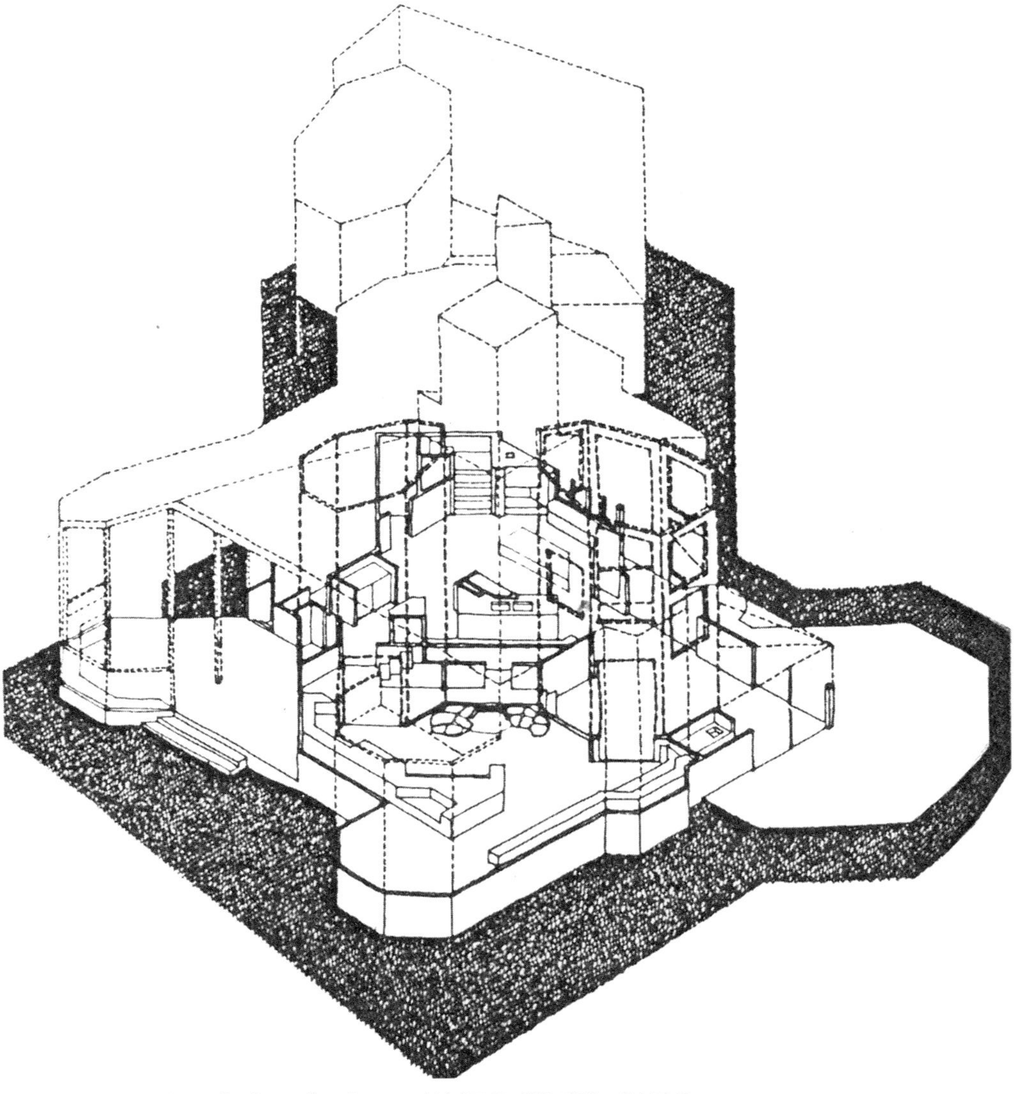

그림 9-25 클로즈 주택 엑소노메트릭, 로드아일랜드주 웨스터리. 찰스무어

Buildings

Johnson's most famous work is the Glass House in New Canaan, Connecticut, a transparent open-plan frame structure initially designed as his own home for his Harvard master's thesis in 1949, and in which he resided until his death. The Glass House is remarkably similar to Mies' Farnsworth House. The New Canaan estate continued to grow and now boasts a number of unique designs, including a building made out of chain-link fencing, a sculpture gallery with a glass ceiling, a house of brick mirroring his glass house, and a building with no conventionally shaped walls (having only two corners). Johnson produced most of his work in collaboration. As the New Canaan estate demonstrates, his work is not conspicuous for its stylistic consistency or practicality. From 1967 to 1991 Johnson collaborated with John Burgee, his most productive period. The AT&T Building in Manhattan, now the Sony Building, was completed in 1984 and was immediately controversial for its outrageous pink granite neo-Georgian pediment (Chippendale top). This was provocation on a grand scale. At the time, crowning a Manhattan skyscraper with an outsized chair-top defied every precept of the modernist aesthetic: ornament had been effectively outlawed among serious architects for years. In retrospect other critics have seen the AT&T Building as the first Postmodernist statement, necessary in the context of modernism's aesthetic cul-de-sac.

무어 자신은, 이 주택의 발상의 근원을, 스승 칸이 설명한 주공간-종공간의 질서화에 있다고 말하면서도 당연한 것이라고는 생각지 않는다. 지붕, 벽, 개구부의 구성방법 그리고 방형의 평면은 확실히 칸의 분위기가 물씬 풍기지만, 그러나 칸막이의 본질은 존슨의 자저를 방불케 한다. 같은 원룸 에서도, 미스(Mies van der Rohe)와는 또 다른 세계를 갖는다. 존슨자저의 유리동과 조적동이 하나로, 이 집에 만들어지고 있는 것처럼 보인다.

칸은, 기둥으로 둘러싸인 공간을 만들고, 그것이 사용되어지는 쪽을 계시하는 것이라고 이야기 한다. 이 원룸의 경우, 가구는 별개로 존재하는 8개의 기둥이, 이 집의 모든 것을 해석하는 단서가 된다.

기둥 그 자체는, 샌프란시스코의 고도구옥으로부터 무어 자신이 매입했지만, 플로팅(floating) 없는 엔타시스(entasis)의 나무기둥이었다. 이 장식기둥에서 2개의 망루를 만들어, 어디에 장(場)을 부여했을까.

하나는 2m 각의 대 욕조, 또 하나는 리빙, 다이닝의 장(場)이다.

보통이라면, 20평 이상의 큰 원룸에서 지내는 것으로부터, 베드의 주변에 망루를 만든 것이다. 그렇게 하지 않는 경우가 흥미롭다.

더욱이 1960년대부터 미국 서해안에 유행했던 것이 이 대 욕조이다. 침실 옆에 있는 것이 아니라, 거실 옆에 대규모의 욕실을 만든다. 〈Hot Bath〉라고 불리는 것이며, 손님과 함께 이 탕에서 마시고 먹는다. 그 〈Hot Bath Party〉란, 일반 가정에서는 스와핑(swapping)에 이르는 전희장치인 것이다.

베트남 전쟁에 지친 미국 사회는, 1960년대 이미 여기까지 병이 들어 있었다.

엔타시스(entasis) 양식이란 기둥의 중간 부분이 상부와 하부의 굵기보다 약간 더 굵게 표현하는 건축기법이다. 배부름 또는 배흘림이라는 용어와 그 뜻을 같이하는 엔타시스(entasis) 양식은 기둥 윤곽이 수직으로 일직선이 아니라 가운데 부분으로 좀 더 굵게 만들어 수직으로 약한 곡선을 그리도록 표현하였는데 이는 시각적으로 수직의 일직선이 실제와는 다르게 가운데가 약간 오목하게 보이는 인간의 착시현상을 교정하기 위한 수단으로 사용된 것이다. 뿐만 아니라 과학적으로 보았을 때 기둥의 조화와 안정을 위해 역학적 요구를 만족시킴으로써 건축에 응용된 경우라 할 수 있다. 이것은 특히 고대 그리스의 신전건축, 로마, 〈이집트의 건축〉, 그리고 로마네스크, 바로크, 르네상스에 이르기까지 널리 사용되었으며 한국의 고건축, 예를 들어 백제시대의 건축물인 〈미륵사지 석탑〉 등과 같은 작품들에도 엔타시스(배흘림) 양식을 찾아 볼 수 있다.

John Soane was born in Goring-on-Thames in 1753. The son of a bricklayer, he trained under George Dance the Younger and Henry Holland before he entered the Royal Academy Schools in 1771. In 1778 he travelled to Italy. In Rome he met the builder Frederick Hervey, the Bishop of Derry, with whom he went to Ireland. Unable to find work in Ireland, Soane returned to East Anglia, England where he established a modest practice.

In 1788 Soane became Surveyor to the Bank of England. His contacts from this job, as well as the money he inherited on his father-in-law's death helped him build a successful practice. In 1809 Soane became Professor of Architecture at the Royal Academy. In 1814 Soane he was appointed to the Board of Works, a post which lasted until his retirement in 1832. Soane displays an originality and control that places him among a small group of architectural innovators. In his work he concentrates on the detailing of internal spaces and lighting. He frequently incorporated shallow domes, segmental arches, and clerestories which he emphasized with linear ornamentation and color. Soane was knighted in 1832 and in 1833 he obtained an Act of Parliament through which his house became a national architecture museum. Soane died in London, England in 1837.

코이짐(Koizim) 주택(1969~71)은 Pop Architecture, Supergraphic, 45도 각도의 건물들이 유행하던 시기에 설계되었다. 이들 유행은 건물설계의 접근방법이 어떻게 다른 건물에 적용되고, 규정되며, 또한 Sea Ranch 주택에서 위와 같은 유행이 더 이상 적용되지 못하고 힘을 잃어가는 것을 잘 보여준다. 그러나 이러한 유행은 고급저택의 콘텍스트로 전환하여 수용된다. 주택이 상상 속에서라도 단일건물이 아닌 작은 주택이 모여 이루어진 마을로써 계획된다는 것은 주목할 만한 일이다.

템친(Tempchin) 주택(1968~69)은 경사면의 정상에 자리 잡고 있으며, 차고까지 긴 회랑으로 연결되어 있다. 주택의 진입은 이 회랑에서부터 인데 회랑의 규칙적인 개구부는 정문의 내측에서 다양한 형태로 전개되어 있다. 이들은 전면과 배후로부터 빛이 들어오며, 나무 꼭대기가 극적으로 보이는 천창에 의해서도 채광이 이루어진다. 구멍이 패 인 벽은 계단과 접하면서 입구로부터 경사면을 따라 내려가 식당 레벨을 통해, 침실에 인접한 아래쪽의 서재에 이른다. 길 다란 회랑의 비례, 지붕 및 굴뚝 등은 메릴랜드의 오래된 농가와 비슷한 느낌을 준다.

클로츠(Klotz) 주택(1967~70)에서 건축주의 요구는 큰 수직 말뚝 형태의 건물로 내부와 외부 모두에 실삼목을 사용하는 것이었다. 우선, 말뚝은 사각형으로부터 시작하고, 그 위에 피라미드 형태의 지붕을 얹는다. 그 다음 5개의 팔각형이 4각 위에 놓여 모퉁이 부분에서 연장하거나 내부에 탑상의 공간을 만들어 낸다. 예를 들면 하나는 입구에 다른 하나는 식당에, 계단은 이들 공간의 주변과 사이를 움직이며, 천창이 있다. 집의 외벽은 사각의 바깥 가장자리에 있거나 팔각형의 뒤 표면에 있다.

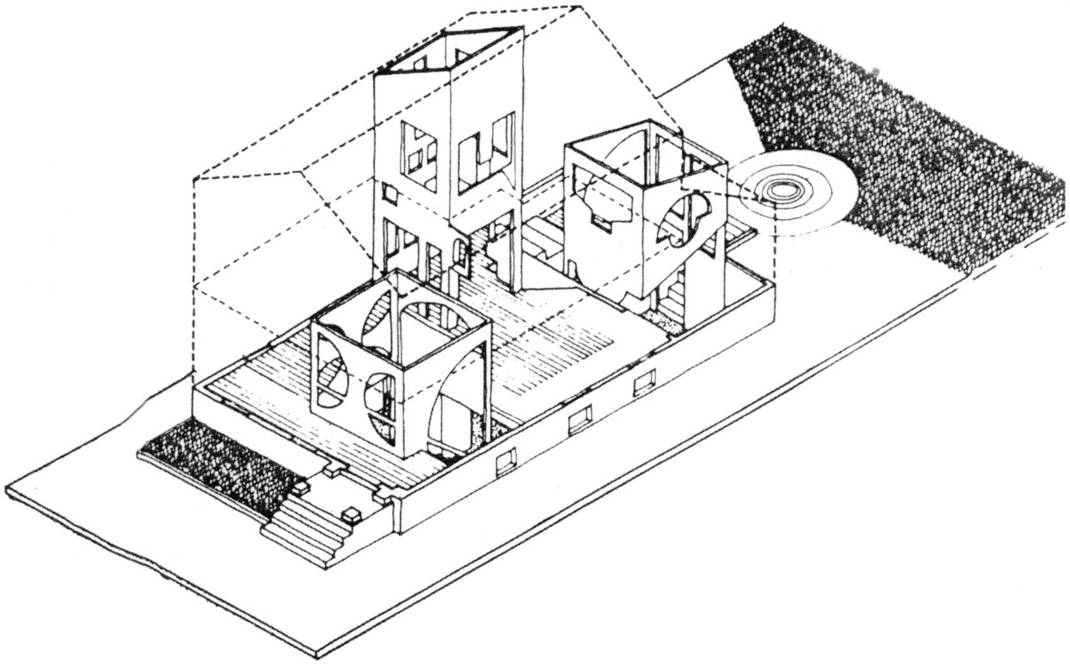

그림 9-26 무어하우스 엑소노메트릭, 뉴헤이븐. 1966 찰스무어

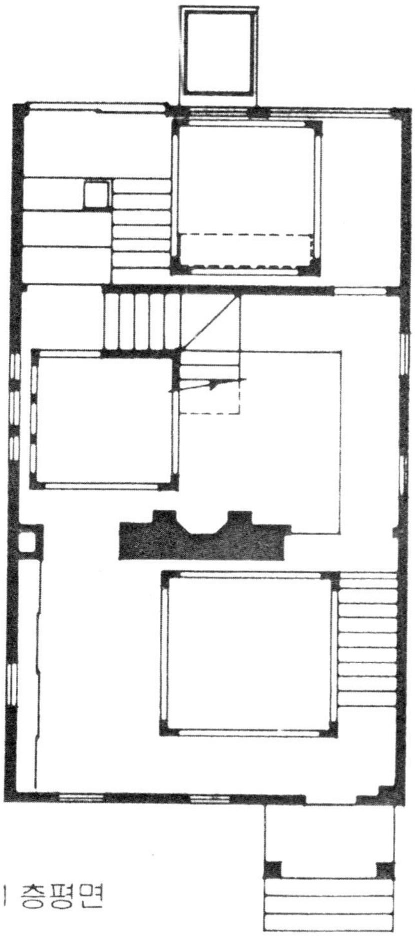

그림 9-27 무어하우스 1층 평면도, 뉴헤이븐. 1966 찰스무어

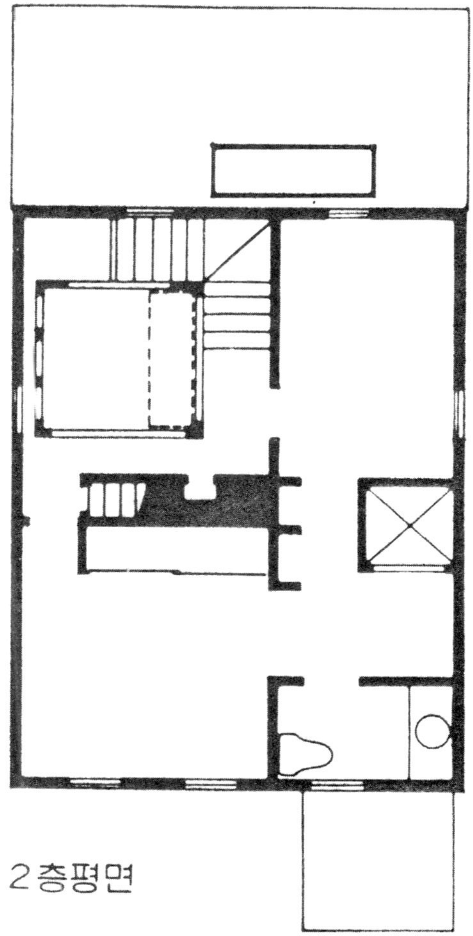

그림 9-28 무어하우스 2층 평면도, 뉴헤이븐. 1966 찰스무어

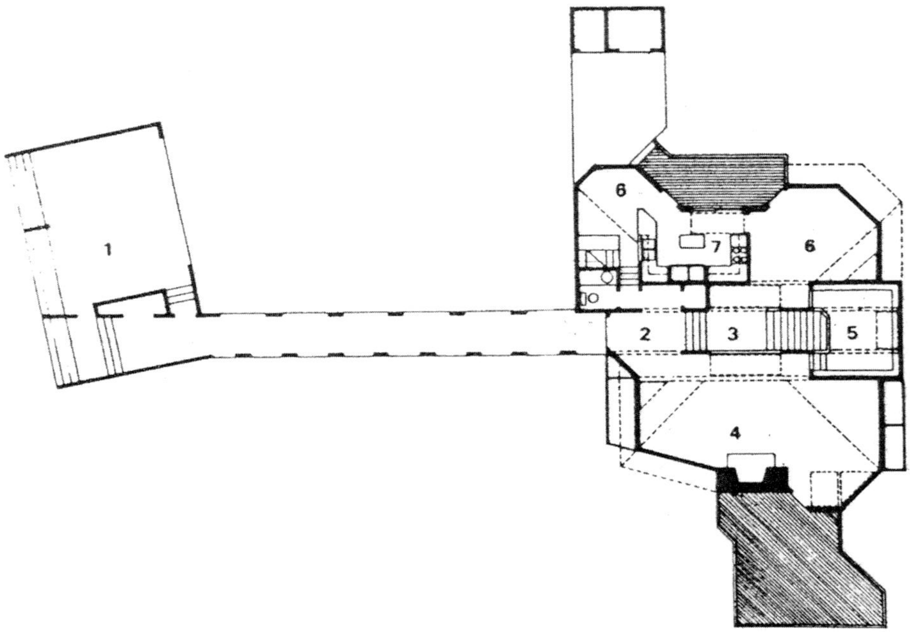

③ - 평면도
1 - 차고
2 - 입구
3 - 홀
4 - 거실
5 - 서재
6 - 식당
7 - 부엌

그림 9-29 템프친 주택 평면도, 메릴랜드 주 베데스다. 1969 찰스무어

풀뿌리파 디자인

그 망루를, 무어 자신은〈에디큘라〉라고 불렀다.

건축사로 박사학위를 받은 무어는, 서머슨의 〈천상의 집〉에서 그것을 인식했다고는 하지만, 3년 후, 캘리포니아, 카멜엘 가까운 시랜치의 리조트 하우징에서는 무어 자신의 유니트만으로밖에 〈에디큘라〉는 사용되지 않았다. 한편으로 이 콘도미니엄은, 희한하게도 목조였다. 바탕이 두꺼운 밑판이 오리곡을 부목에 붙여져 외박공이 불규칙적으로 모인 모양은 매우 친숙하게 느껴진다.

한쪽으로 경사진 지붕이 불규칙하게 모여진 모습은, 어쨌든 친숙하게 보인다. 리조트, 하우징으로서는 의미가 있다. 오래된 주거가 몇 번의 증개축을 초래하는 것처럼, 이르는 경우에 증축 부분이 있으며, 밖으로 내민창도 있으며, 크고 작은 다양한 창이 불규칙하게 구성되어지는 것은, 오히려 자연발생적인 건물처럼 보인다. 그것은, 미국의 화가 와이에스가 좋아하는 세밀하게 묘사되는, 거대한 자연속의 인간의 모습을 생각나게 하였고 곧 세계적인 공감을 얻게 되었다.

일본의 『都市住宅』誌에 의해, 〈풀뿌리〉의 디자인이라고 이름 붙여져서, 미국으로 역수입되었지만, 그것은, 풍토성(風土性)이라기보다는 토착성(土着性)을 보는 자에게 느껴지며, 특정한 지역을 초월한 토착적 건축의 양상으로서 의식되어지게 된다. 그 때문에, 당시 논의를 일으켰던 〈관리사회〉로의 저항, 혹은 비체제를 의지 표시하는 형태적 특질로서 보여지게 된다.

관리사회로의 저항이란, 결국 근대건축으로의 저항으로 발전하는 경우가 된다. 비체제로의 의지란, 결국 비 근대건축을 감히 바로잡으려는 영위에도 관계가 있다.

10 건축과 풍토 02 : 티치노 학파

–마리오 보타의 리바 산 비탈레/ Mario Botta, Riva san Vitale. 1972

Mario Botta

Born in Mendrisio, Switzerland in 1943, Botta trained as a technical draftsman before he studied at the Liceo Artistico in Milan. From 1965 to 1969 he studied at the Istituto Universitario di Architecttura in Venice. During this same period he worked as an assistant to Le Corbusier and, then, to Louis I. Kahn. He opened his own practice in Lugano, Switzerland in 1970. Essentially Modernist in approach, Mario Botta has been strongly influenced by both Carlo Scarpa and Louis Kahn. Although his later works increasingly accept existing forms and styles as the starting point of design, Botta still adheres to a philosophy of historical determinism in which architecture acts as a mirror of its times. Botta's works characteristically show respect for topographical conditions and regional sensibilities and his designs generally emphasize craftsmanship and geometric order. Because he attempts to reconcile traditional architectural symbolism with the aesthetic rules of the Modern Movement, Botta is often identified with the Italian neo-rationalist group, the Tendenaz. Botta built exclusively in Switzerland during his early career, gaining international acclaim for such buildings as the Capuchin convent in Lugano, the Craft Centre in Balerna and the Administration Building for the Staatsbank in Fribourg. Since the second half of the 1970s, his houses have become more classical in plan and elevation, and in the 1980's he has secured international commissions such as the Museum of Modern Art in San Francisco, California

"건축행위란, 균형이 유지되어온 상태를 인간의 손에 의해 새로운 균형 상태로 변이시키는 행위이

그림 10-1 마리오 보타(Mario Botta 1943~)

다" 마리오 보타가 말하는 건축은 "환경"이라는 콘텍스트에 있어서만, 실상을 연결시킬 수 있다. 스위스 티치노주의 남부를 주요한 무대로 활동하는 보타에 있어서 건축은 인터내셔널한 것이 아니라 항상 "환경"과의 대치에 의해 구축되는 것이다. 건축의 본래적 이데아는 자연에 대한 저항, 인간존재의 주장이라고 하는 그는 그의 상징성을 순수형태에의 희구와 프로텍터로서의 외벽, 그것을 뚫는 대담한 개구 등으로 결정되어간다. 개구와 그것에 이어지는 발코니와 아트리움에 의해 형성되는 외계-자연과 내계(內界)-주 공간과의 완충영역이나, 자연과의 대립을 상징하는 파사드 등을 구축하는 일로, "새로운 균형상태"를 확립하는 것을 가능하게 하는 것이다. 이러한 그의 "환경", 즉 장소에의 집착은 토착주택으로 향하고 그 곳에서 주택의 보편적인 요소를 유출해서, 그 고장에 있어서 보통주택의 본 모습을 제시한다. 이렇게 해서 그는 주택에 있어서 자신의 자연관, 인간관을 계속 표출해가는 것이다. 1943년 스위스벽촌에서 태어난 그는 중학교를 중퇴하고 드래프트 맨 으로서 사무소에 입소하고, 거기에서 3년간 실무건축을 익힌다. 그 후 베네치아대학에 진학한 그는 꼬르뷔제(Le Corbusier 1887~1965), **스카르파(Carlo Scarpa 1906~1978)**, 칸(Louis I. Kahn 1901~1974)에게 단기간이지만 사사하는 기회를 얻는다.

Carlo Scarpa was born in 1906 in Venezia, Italy. In 1922-24 he began his first projects as a collaborator in the office of Architect V. Rinaldo and in 1926 obtained his diploma of Professor in Architectural Drawing at the Royal Academy of Fine Art in Venice. He then began his career at the Royal Superior Institute of Architecture of Venice (successively Architectural Institute of Venice University) as assistant to Prof. G. Cirilli. He possessed an exceptional understanding of raw materials, and from 1933 to 1947, was artistic director of Venini - one of the most prominent producers of Venetian glass before he began the pursuit of his career as an architect. During the years 1954-64 he gave annual lessons to Fulbright scholarship holders in Rome. In 1956 he won the National Olivetti Award for Architecture and in 1962 the IN-ARCH National Award for Architecture for the Castelvecchio Museum of Verona. In 1972 he became the Director of the Architectural Institute of Venice University.

그는 꼬르뷔제로부터 근대건축사 그 자체를, 스카르파로부터 재료의 진수의 탐구기법을, 칸으로부터는 건축의 근원까지 역행해서 구하는 자세를 배워, 각 사람의 영향은 지금도 강하게 남아있다고 말한다. 그러나 그것은, 그 기법, 사상 그 자체를 건축에 반영하는 회로가 아니라, 그의 "환경"과의 대치의 건축이념을 확립하는 수단으로서 반영하고 있다.

이렇게 해서 그의 건축은, 장소성(場所性)을 강하게 풍기는 불변의 굳은 의지를 구현하고 있다. 그리고 한편으로 신선한 활동을 개시했다. 그는 도시라는 기존의 콘텍스트-문화, 역사 등-의 착종해진 "환경"에 대치하려 했다. 토착성에서 발현한, 건축가 마리오 보타는 새로운 지평을 그 사정(射程)에 넣으려 하고 있었다.

건축과 장소/리바 산 비탈레 Architecture and the Site/Riva San Vitale, 1972

The house at Riva San Vitale, on a sloping site facing Lake Lugano and distant snow-capped mountains, is entered at the upper level via a long steel bridge painted red. The house itself consists of a cubic tower frame with heavy corner pillars built of oversize concrete blocks. The volumes of the various living spaces fill in the frame, starting with one quadrant on the top floor and concluding with three quadrants, four floors below at the living-room level. Unfilled quadrants provide steplike sequences of exterior terraces. A square staircase located almost at the center of the square plan ties the blunt clarity of the massive exterior, the interior is labyrinthine and intimate. Emphasis on the large openings cut into the cubic mass of the house achieves a monumentality similar to that of the local vernacular.

스위스 남부 루가노(Lugano) 호반도시, 리버 산 비탈레(River san Vitale)의 북쪽 벗어난 경사지에 이 주택이 자리하고 있다. 호수를 향해 내리막 경사지에 대해 신선한 긴장감을 주기 위해 수직방향을 강조하는 5층 탑 모양의 건축이 설계되었다. 우선 토지와 이 탑과의 연관을 보다 높이기 위해 최상층의 경사지에서 브리지를 걸고, 탑의 뒤로부터 어프로치가 된다. 그리고 이 최상층에는 서재와 테라스를 배치시키고, 그 아래 2층에 사적인 공간을 집약시켰다. 그리고 그 아래에 거실과 식당을 배치해두고, 이 층에 면한 테라스와 거기에 연결되는 보이드에 의해 위 3층의 공간은 이층에 포함되어 있다. 게다가 최하층에는 서비스실과 대지에 접해서 포치(proch)가 잡혀 있고, 이것들은 중앙계단과 네 구석

그림 10-2 마리오 보타, 리바 산 비탈레(Riva San Vitale, Ticino, Switzerland 1971~73) 전경1

그림 10-3 마리오 보타, 리바 산 비탈레(Riva San Vitale, Ticino, Switzerland 1971~73) 전경1

그림 10-4 마리오 보타, 리바 산 비탈레(Riva San Vitale, Ticino, Switzerland 1971~73) 전경3

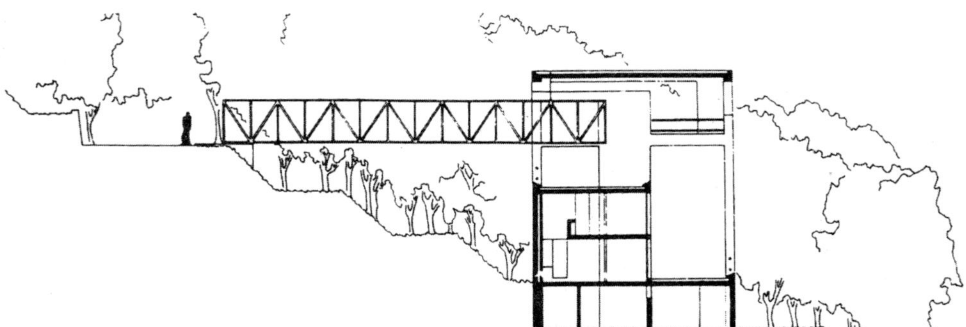

그림 10-5 마리오 보타, 리바 산 비탈레(Riva San Vitale, Ticino, Switzerland 1971~73) 단면도

의 보이드에 의해 상하방향으로 강하게 연결되어 있다. 또 테라스와 보이드에 대응해서 벽체에 만든 슬리트한 오프닝은 주위의 정경이나 계절의 변화를 주공간과 융합시키려 하고 있다.

이 주택은 내부와 외부가 상호 관입하고 있는 것으로 이 주택이 매일 그리고 사계절마다 변하는 주위의 정경의 일부라는 생각이 확실해진다. 몇 개의 레벨로 나뉘어 테라스가 있으나 이것은 주택 구조의 일부 또는 그 확장이라기보다 주의 풍경의 지리적, 공간적 모양에 결부되어 동화한 "필터"로 의식되어 있다. 현관에 이어지는 브리지도 단순한 통로 이외에 이 건물과 산을 공간적으로 연관시킨다는 의미가 있다.

장소(場所)의 붕괴

일찍이 오랫동안 보호 육성되어온 사람들과 환경과의 균형이 급속히 무너져가고 있다. 그것은 유럽이나 미국 혹은 스위스를 포함해서, 근대의 보편적 문명을 받아들인 지역에 공통되는 고민이라 말할 수 있다. 사람들이 살아가는 환경은, 그 삶을 지탱해주는 주택, 시설, 도로 등에 의해서 반대로 파괴되어 가고 있다. 그것은 이 구조물의 대부분이, 대지나 그것을 포함하는 환경과의 아이덴티티를 처음부터 방치한 일에 기인하고 있다.

근대건축운동에서 문제시해야 할 일은, "기능의 정합성"이고 "공간의 추상성"이었다. 거기에서는 보편적인 적합성이 존중되고 구체적인 생활, 특정의 의미=문화, 그리고 장소의 감각은 등한시되었다. 마틴 하이데거(Martin Heidegger 1889~1976)는 논문 "짓기 · 살기 · 생각하기"(LOTUS9) 중에서, 공간, 장소를 의미하는 RAUM이라는 단어를 사용하고 있다. 이 RAUM=공간/장소라는 개념은, SPATIUM 및 EXTENSIO라고 명명된 무한정적 연속공간이라는 추상적 개념에 대해, 구체적이면서 명료한 경계를 규정할 수 있는 특성을 가진 것이라고 하이데거는 말하고 있다. 게다가, "살기", "존재하는 일"은 구체적으로 경계 지어진 영역에서만 가능하다고 언명하고 있다. 케네스 프람프톤(Knneth Frampton)은, 하이데거의 이 논문에 "장소의 상실"을 돌이켜보는 유익한 시점이 잠재되어 있는 점을 지적하고 있다. 그리고 프람프톤은, "장소개념"의 재생의 시험으로서, 마리오 보타의 "대지를 건축한다"는 방법에 주목한다.

Heidegger, Martin (1889~1976), German philcsopher, who developed existential phenomenology and has been widely regarded as the most original 20th-century philosopher. Heidegger was born in Messkirch, Baden, on September 22, 1889. He studied Roman Catholic theology and then philosophy at the University of Freiburg, where he was a student of Edmund Husserl, the founder of phenomenology. Heidegger began teaching at Freiburg in 1915. After teaching (1923~28) at Marburg, he became a professor of philosophy at Freiburg in 1928. He died in Messkirch on May 26, 1976.

Being and Time

Besides Husserl, Heidegger was especially influenced by pre-Socratics, by the Danish philosopher Søren Kierkegaard, and by the German philosopher Friedrich Nietzsche. In his most important and influential work, Being and Time (1927; trans. 1962), Heidegger was concerned with what he considered the essential philosophical (and human) question: What is it, to be? This led to the question of what kind of "being" human beings have. They are, he said, thrown into a world that they have not made but that consists of potentially useful things, including cultural as well as natural objects. Because these objects and artifacts come to humanity from the past and are used in the present for the sake of future goals, Heidegger posited a fundamental relation between the mode of being of objects and of humanity and the structure of time. The individual is, however, always in danger of being submerged in the world of objects, everyday routine, and the conventional, shallow behavior of the crowd. The feeling of dread (Angst) brings the individual to a confrontation with death and the ultimate meaninglessness of life, but only in this confrontation can an authentic sense of Being and of freedom be attained.

장소와 건축-벼랑의 2개의 주택 보타의 리바 산 비탈레/마이어의 더글러스 저

"즉 건축행위란, 토지에 건축을 세우는 일이 아니라, 토지 자체를 구축하는 것이다." 따라서 건축물은, 그 토지가 내포하는 역사, 문화적, 가치의 증거물로서 존재하고 콘텍스트의 신선한 형성에 관여하는 것이다.

마리오 보타(Mario Botta)의 작품이, 사람들의 시선을 끌기 시작한 것은 1973년의 "리바 산 비탈레(River San Vitale)의 주택" 이후가 아닌가 생각된다. 이 탑 모양의 건물은, 몬테 제네로제를 조망하고, 후가조 호의 호수를 가깝게 내려다보는 산중턱의 급경사면에 세워졌다. 건물은 어프로치의 산길에 접하고, 남 북면 므두 깊은 숲으로 이어진다. 이러한 엄청난 장소에 보타는 탑 모양의 상자를 끼워 넣었다. 대지에 뿌리를 내리고 하늘로 솟은 "탑"의 형태가 불러일으키는 조형적인 이미지, 주위로부터의 자율성 및 사방을 멀리 내다보는 것과 동시에 그 자신도 바라볼 수 있는 관계 속에 사람들은 건축과 장소와의 새로운 균형 상태를 엿보게 될 것이다.

탑 모양의 형태와 나란히 서서 이 주택을 특징짓고 있는 것이 붉은 페인트가 칠해진 브리지이다. 보타는 5층 건물의 최상층과 어프로치 레벨을 일치시켜, 그 사이에 갱 웨이로서의 브리지를 펼쳐놓았다. 건물과 자연에 대해 훌륭한 해결책이다. 호수에 뛰어 들 듯이 걸려 있는 브리지는 교통기능을 맡으면서 경사진 대지 배후의 산등성이와 앞쪽의 호수라는 장소에 준비된 특징과 탑과의 관계를 보다 공공연히 드러낸 장치라고도 말할 수 있다. 여기에서 떠오르는 것이, 거의 같은 시기에 건설된 **리차드 마이어(Richard Mier)**의 더글러스 저(Douglas House, Harbor Springs, Michigan 1971~73)이다.

Richard Meier was born in Newark, New Jersey in 1934. He graduated from Cornell University in 1957 then worked with a series of architects, including Skidmore, Owings, and Merrill and Marcel Breuer. He established his own practice in 1963. Meier has maintained a specific and unalterable attitude toward the design of buildings from the moment he first entered architecture. Although his later projects show a definite refinement from his earlier projects, he clearly authored both based on the same design concepts. With admirable consistency and dedication, he has ignored the fashion trends of modern architecture and maintained his own design philosophy. Meier has created a series of striking, but related designs. He usually designs white Neo-Corbusian forms with enameled panels and glass. These structure usually play with the linear relationships of ramps and handrails. Although all have a similar look, Meier manages to generate endless variations on his singular theme. A main figure in the "New York Five", which gained public attention in 1975, Meier creates designs with a unified theme based on neo-modern beliefs in purist architecture. Meier's white sculptural pieces have created a new vocabulary of design for the 1980s.

Douglas House

So steep is the slope to the water that the house appears to have been dropped into the site, a machine-crafted object that has landed in a natural world. The dramatic dialogue between the whiteness of the house and the primary blues and greens of the water, trees, and sky allows the house not only to assert its own presence but to enhance, by contrast, the beauty of its natural environment as well.

역시 호수에 접한 급경사면의 지역에 흰 외벽과 투명한 유리로 된 상자가 세워져 있다. 게다가 어프로치도 "리바 산 비탈레"와 같이 배후의 길에서 맨 위층에 브리지가 걸려있다. 이 더글러스저(Douglas House, Harbor Springs, Michigan 1971-73)와 "리바 산 비탈레(Riva san Vitale. 1972)"의 주택과의 비교는, 보타가 평소에 생각하고 있던 건축과의 대처법을 선명하게 해 준다.

예를 들면 브리지이다. 마이어의 그것은 확실히 평면구성과 대지와의 적합성여부에 의해 설계되어 있지만, 보타의 브리지만큼 장소의 특성을 살리도록 고려되어있지 않다. 오히려 평면관통장치(르 꼬르뷔제가 편애한 경사로)의 변형으로서 사람의 움직임을 조정하고, 입방체의 형태조작에 있어서 버캐뷰러리로서의 역할 면이 강하다고 생각된다.

내부공간에 관해서도 2개의 주택은 버티칼한 구성을 이루고 있는 점에서는 통하고 있다. 더글러스저 에서는 중앙에 4층의 오픈공간이 계획되어 있고 최상층의 톱라이트에서 빛을 내리쬐는 구조로 되어 있다. 이 오픈 부분은 낮 생활부분으로 되어있고, 이것은 꼬르뷔제의 "시트로안(Citroan)"에서 수직층상공간을 원형으로 한다. 이것에 대해 보타의 "리바 산 비탈레"는 각 수평 층의 코너가 커트되어 상하층에 연결됨에 따라 복잡한 수직공간을 구성하고 있다. 수직공간을 잇는 서큘레이션으로서의 계단은 건물구석 대지로 하강해가는 느낌을 준다. 이 층상을 이루는 내부공간과 외부와의 연접부를 개구부 창 등의 취급에 보타의 주택과 마이어의 주택에 있어서 장소 잡는 법의 차이가 단적으로 나타나고 있다. 마이어는 직접외부와 내부를 연접시키려 한다. 미시건호의 푸르게 빛나는 수면을 방안 가득히 들이듯이, 가능한 큰 페네스트레이션을 만들고 유리를 줄인다. 한편 보타는 장소와의 연결을 신중하게 연결시키려는 듯이, 창은 모두 로지아에 면하고 주위의 풍경은 여기에서 한번 실내로 끌어들여진다. 이렇게 해서 실내 생활의 장을 보호하면서, 외부세계=장소와의 관계를 낳게 된다.

부지는 진입로로부터 호수를 향하여 남서방향에 훌륭한 시계가 전개된 장소로 울창한 침엽수림에 둘러 쌓여있다. 이 사면이 너무 경사가 급하여서 얼핏 보면, 이 주택은 주위환경과는 전혀 무관하고 별세계로부터 집어던져진 정교한 기계제품같이 보일지도 모른다. 이 주택이 갖는 〈백색〉과 주위의 호수 면이나 숲 또는 하늘의 강렬한 〈청〉, 〈녹〉의 양자의 대조가 건축의 존재감을 높여주고 동시에 주위의 자연의 아름다움을 한층 더해 주고 있다고 말할 수 있다.

부지가 급경사인 까닭에 입구는 최상계층이 되고, 어프로치의 도로에서는, 이 최상층만 보인다. 입구에 걸려있는 브리지까지 와서야 비로소 밑쪽에 펴져있는 건물의 전모를 볼 수 있게 된다.

현관홀에 서게 되면 시계는 밑쪽의 거실과 식당 방향으로, 전방은 미시간호수에 임한 옥외 데크로 전개된다. 건물전체는 육지에 올라온 배와 같은 인상이다.

공적인 영역과 사적인 영역과는 각각 투명한 유리면과 솔리드한 벽으로 둘러싸인 공간으로서 표현되어 모든 층에서 이 공적인 부분의 유리면을 통하여 호수의 전망을 얻을 수 있다. 옥상 데크의 스카이라이트에서 떨어지는 빛은 건물의 중앙부를 관통하여 최하층의 식당레벨까지 뻗어 있다.

마리오보타(Mario Botta)의 건축 공간

스위스에서 현재 활약 중인 마리오 보타(Mario Botta 1943~) 주택의 공간은 첫째, 외곽을 대칭성이 강한 콘크리트나 콘크리트 블록의 상자로 하고 그 속에 공간을 없앤다. 둘째, 개구는 그 상자를 원형이나 요형 등의 상징적인 형태로 크게 도려내서, 그 내측에 거리를 두고 유리면을 설치하는 2중 피막이다. 셋째, 그 2중 피막 사이에는 테라스 등에 이용된다. 넷째, 많은 경우 중앙부에 가는 그리드상의 보이드(Void)를 만들고 거기에 톱라이트를 넣는다. 다섯째, 네 번째에 의해서 거실과 식당은 좌우로 나누어진다. 여섯째, 계단은 벽으로 둘러싸고 근대건축에서 많이 사용된 보이드(Void)에 걸치는 열려있는 계단은 초기의 스타비오(Stabio)의 집(1967)을 제외하면 사용되지 않는다.

첫 번째의 방법은 서양에 있어서 전통적인 것이지만, 그것을 두 번째의 개구의 방법으로 상징적으로 취급하고 있는 점에서 새롭다. 이 2중 피막에 의해서 빛이나 바람, 비 등을 부드럽게 막음과 동시에 근대건축 일반에 결여되고 있던 상징성, 기호성이 만들어지지만, 이 개구의 방법은 보타가 시사하고 있던 칸(Louis I. Kahn 1901~1974)이나 스카르파(Carlo Scarpa 1906~1978)에서 이어받은 것일 것

그림 10-6 마리오 보타, 스타비오 주택(Stabio House, Ticino, Switzerland 1980~82) 전경

그림 10-7 마리오 보타, 리골네토 주택(Ligornetto House, Ticino, Switzerland 1975-76) 전경

이다. 프레임에 의한 2중 피막은 **쥬제페 테라니(Giuseppe Terragni 1904~1942)**의 카사 델 파쇼(Casa del Fascio 1936) 등 근대건축에서 많이 사용된수법이지만, 벽에 의한 2중 피막은 아마 칸이 처음이고 그것을 보타(Mario Botta)가 주택에 채용했다고 생각된다.

Giuseppe Terragni

Giuseppe Terragni was born in Meda, Italy in 1904. He attended the Technical College in Como then studied architecture at the Milan Polytechnic. In 1927 he and his brother Atiilia opened an office in Como. They remained in practice until Giuseppe's death during the war. A pioneer of the modern movement in Italy, Terragni produced some of its most significant buildings. A founding member of the fascist Gruppo 7 and a leading Italian Rationalist, Terragni fought to move architecture away from neo-classical and neo-baroque revivalism. In 1926 he and other progressive members of Gruppo 7 issued the manifesto that made them the leaders in the fight against revivalism. In a career that lasted only 13 years, Terragni created a small but remarkable group of designs; nearly all of them are in Como which was then the center of modern Italian architecture. These works form the nucleus of the language of Italian rationalist or modernistic architecture. In his last designs, Terragni achieved a more distinctive Mediterranean character through the fusion of modern theory and tradition. Terragni died in Como, Italy in 1943.

Casa del Fascio

"The landmark of modern European architecture. This building describes the creative spirit of Terragni within the context of the rationalist vocabulary. It is an early testament of style, which might explain why, fifty years later, it is the object of passionate studies. It is a perfect prism with the side 33.20 meters long and 16.60 meters high. It represents a starting point of such rigidity as to encourage a struggle against any classicist potential. The square and the prism are in fact the basic principles of the purism of Le Corbusier. In the building it is these principles that are being questioned because the main volume is not on 'pilotis' and the facades are not free from the structural framework, in fact, they are involved with it, so as to achieve a layered depth. The pulling back of the entrance and breaking up of the top make certain that the building attains a transparency....The human scale and the horizontal prevail."

근대적이고 고전적인 것 사이에서 나타나는 생명력 있고, 창조적인 긴장은 파사드의 이미지와 재료의 선택, 그리고 비례의 성격(한 변의 절반과 높이가 동일한 사각형의 평면)이 전체적인 평면의 배치에 확장되면서 나타난다. 내부 아트리움, 즉 대중적인 모임의 공간은 외부의 광장과 쉽게 연계되고, 르네상스 팔라쪼의 안마당을 떠올리게 하는 수법으로 배치되며, 건물은 기계적인 것을 인용하지 않고, 영예로운 성격을 제시하는 섬세하게 절단된 대리석으로 마감되었으며, 파시스트의 신고전주의가 상당히 자주 회피했던 진부한 거대함의 방식으로 세부 처리되었다. 이 건물은 가느다란 구조 부재로써 근대재료를 이용하여 만들어졌다는 것은 착오가 아니었지만, 개구부가 제거되고 잘려지는 곳으로부터 벽과 같은 블록의 느낌도 있다. 스팬드럴(spandrel)과 선반모양의 수평돌기(ledge), 혹은 석재의 연결부와 같은 디테일은 빛의 강조와 음영의 선들을 예리하게 정돈하도록 처리되었다.

카사 델 파쇼는 직사각형의 기하학과 광장의 상승하는 곡선의 대조에서 나타나는 시각적 긴장을 부분적으로 유도한다. 외부의 명확한 표현은 전면, 후면, 측면에 대한 개념을 강화하며, 파사드 면을 통한 변화로 실내에 활동적인 구조의 층을 처리한다. 주 입면은 대칭적인 것과 비대칭적인 것을 모두 갖고 있다. 사실상 카사 델 파쇼는 그 환경에 다양한 규모를 유지하도록 하고 있지만, 방문객을 우회적으로 접근하도록 해서, 축을 벗어난 출입구로 도달할 수 있도록 하기도 하며, 한편에는 파시스트를 위해 목숨을 바친 사람들을 위한 기념비와 계단이 측면으로 위치한다.

콘텍스트(context)에 대해

마리오 보타(Mario Botta)에 있어서 건축이란 어디까지나 대지에 뿌리를 둔 것이고, 설계란 "장소를 변형시키는 행위"라 말한다.

즉, 환경과 건축에 대한 관계성의 확립이다. 그런 까닭에 설계에의 어프로치는 대지와 그것을 둘러싼 장소에의 면밀한 조사와 분석, 역사적, 문화적 배경에의 고려 그리고 소재의 선정 등에 중점이 놓이게 된다. 그러나 이것은 지극히 당연한 일이며, 예를 들면 팔라디오의 **"건축4서(four books on architecture)"**를 보아도 자작빌라의 해설문에는 반드시 라 해도 좋을 정도로 대지환경에 대해 자세하게 언급하고 있다. 이러한 건축과 환경의 관계는 근대 이전 세계에서는 구체적인 일상생활을 보증하는 "장소의 감각"으로서, 사람들과 공유하는 것이었다. 마리오 보타(Mario Botta)는 이러한 감각을 계승하는, 몇 안 되는 현대건축가의 한 사람이라고 말할 수 있겠다. 보타의 활약의 장은 그의 고향이며, 일련의 주택을 발표해온 티치노(Ticino) 지방을 초월해서 확대되기 시작했다. 세계각지에서 그의 "장소의 감각"이 보다 복잡하고 다양성을 띤 콘텍스트에 어떻게 대처해 갈 것인지, 흥미진진한 점이다.

티치노(Ticino)의 건축가들

보타(Mario Botta)와 동시대에 티치노에서 활동하던 건축가들은 때때로 한 운동조직으로 모임을 이루는 반면, 사실 그들은 광범위하게 공유하고 있는 관심사에 대해서 상이한 관점과 뚜렷한 개인적 스타일을 갖고 있었다. **마리오 캄피(Mario Campi)**는 1930년대 이탈리아 합리주의적인 분위기를 상당히 갖고 있어서, 아트리움 주택과 같은 오래된 개념을 재해석한 다양한 장방형의 프레임, 틀, 피어를 종종 이용했다.

The first buildings of **Campi** and Pessina are characterised by an equilibrium between rationalism and expressionism, it place themselves strong formal valences apart from the kompositorische order. The following work, to the house of fields (1978, Lugano), is particularly determined by geometrical severity, which is expressed in the definition of a precise and closed volume. Deep cuts stress the cavities, and white surfaces characterize the walls as well as Pilasterstrukturen. Architecture points clear purchases to the historical rationalism of the Mediterranean area, which distinguished the works of Giuseppe Terragini, Luigi Figini and Gino Pollini in the 30's. Campi understands the relations however not as quotations, but as cultural and methodical interpretation: a developing further work, which holds to the conviction and the topicality of the modern currents.

부르노 라이힐린(Bruno Reichlin)과 파비오 라인하르트(Fabio Reinhardt)가 공동으로 창조한 것은 팔라디오 저택의 평면유형과 비례 시스템을 공공연히 인용하고 있었다. 비록 티치노(Ticino)가 스위스

그림 10-8 리차드 마이어, 더글러스 저(Douglas House, Harbor Springs, Michigan 1971 ~73) 전경

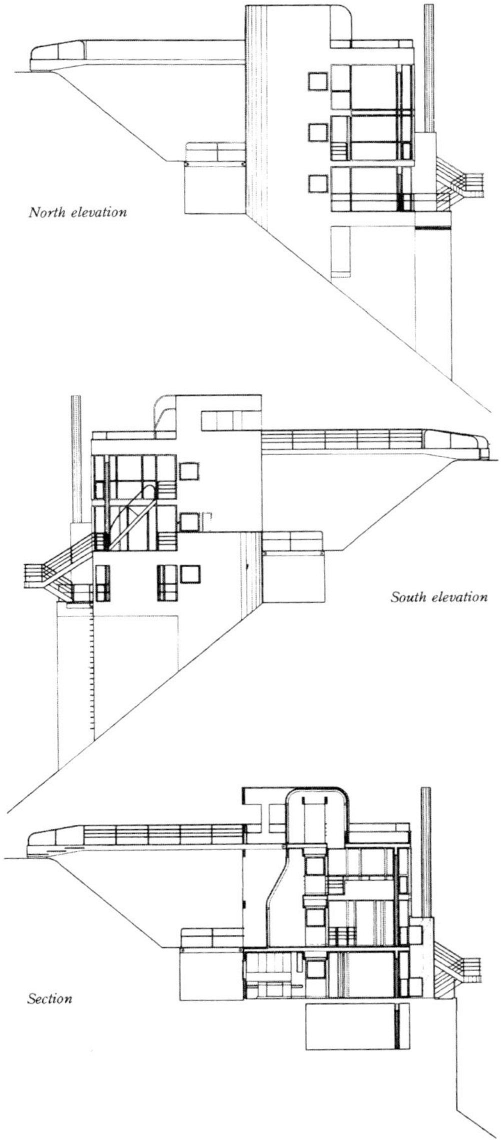

그림 10-9 리차드 마이어, 더글러스 저(Douglas House, Harbor Springs, Michigan 1971~73) 단면도

의 한 지역이었음에도 불구하고, 문화적이고 예술적인 문제에서, 이탈리아에 관심을 가지고 있었다. 지중해 세계의 신화적인 연결은 상상하기에 그리 어려운 것은 아니었다. 결국, 르 꼬르뷔제는 스위스의 프랑스어 사용지역과 남부지역간의 유사한 연계를 했으며, 역사가이자 건축가인 알베르토 사르토리스(Alberto Sartoris)는 그의 저서에서 유사한 주제들을 전개시켰다. 이것은 모든 티치노 지방의 중요 건축가가 부득이 고전적인 것을 유추해서 작업했다는 것을 말하려는 것이 아니다. 예를 들면, **루이지 스노찌(Luigi Snozzi)**는 언덕의 경사진 곳에 미니멀한 예리함을 만들어 내거나 지형학을 고려하여 건물들을 구성하는 것에 보다 관심을 갖고 있었다.

Luigi Snozzi ranks among the prominent representatives of the contemporary Tessiner architecture scene. Builds is for it a eminent public affair. It connects a deep respect for the history of the respective territory with a just as intensive will to the architectural interference compromiseless up-to-date. Snozzis of realized works are characterized by its preference for sensitive and intelligently used sichtbeton. Its work covers single family houses, social housings, office buildings as well as public buildings; World-famousness attained its transformation of the village Monte Carasso.

그는 구역을 한정하거나 공간을 해방하고, 상층의 출입구들에서 호수와 산이 거대한 파노라마적 경관으로 내려다보이는 변화를 처리하기 위하여 빈약한 콘크리트 면을 사용했다.

1970년대와 1980년대에, 티치노는 최후의 지역적인 흔적을 포기하면서 급속히 발전했으며, 결국 자동차도로와 새로운 교외, 기존의 도시들과 마을들, 오래된 농장과 포도원-장엄한 호수와 산맥 그리고 계곡을 배경으로 모든 것이 배치되어 있는-을 포함하는 거대한 대도시 망으로 변화했다. 아우렐리오 갈페티(Aurelio Galfetti)는 대규모의 지형학적 규모에 민감하게 대처했으며, 일종의 기념비에 대한 고정된 특징을 창출하고 경제적인 발전의 불안정을 방지하는 데 전념하였을 뿐만 아니라, 주변지역에 바위의 노출부나 성곽과 같은 유명한 지형학적 특징이나 랜드마크를 반향하기도 했다.

11 건축과 풍토 03 : 보이지 않는 전통

안도 다다오의 코시노 주택/ Ando Tadao, Koshino House, Hyogo. 1981

Tadao Ando, Osaka, Japan 1941

Tadao Ando was born in Osaka, Japan in 1941. Unlike most contemporary architects, Ando did not receive any formal architectural schooling. Instead, he trained himself by reading and traveling extensively through Africa, Europe, and the United States. In 1970 he established Tadao Ando Architect & Associates. Ando rejects the rampant consumerism visible within much of today's architecture. He responds both sensitively and critically to the chaotic Japanese urban environment, but maintains a connection to the landscape. Although Ando rejects cultural fads, he uses materials and forms to incorporate the materialism of modern society into his architecture. Accordingly, his concrete and glass buildings reflect, the modern progress underway in both Japan and the world. In opposition to traditional Japanese architecture, Ando creates spaces of enclosure rather than openness. He uses walls to establish a human zone and to counter the monotony of commercial architecture. On the exterior, the wall deflects the surrounding urban chaos, while on the interior it encloses a private space. Ando developed a radically new architecture characterized by the use of unfinished reinforced concrete structures. Using a geometric simplicity which reveals a subtlety and richness in spatial articulation, Ando has generated an architecture that shares the serenity and clarity that characterize traditional Japanese architecture.

안도 다다오(Ando Tadao, 1941~) 하면 먼저 생각나는 것이 몇 있다. 우선 정규교육을 받지 않은 건축가로서 20대에 유럽과 미국 등지의 건축여행을 통해 건축을 배웠다는 것, 그리고 미스 반 데르

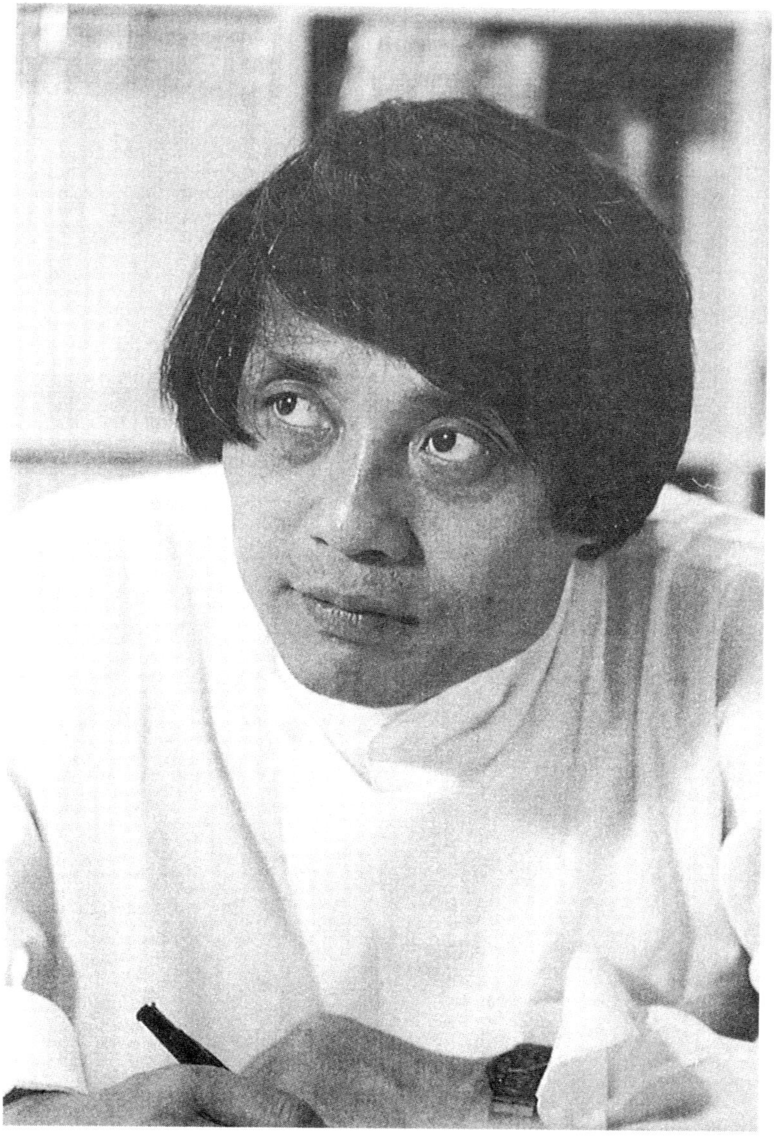

그림 11-1 안도 다다오(Ando Tadao, 1941~)

로에(mies van der rohe), 르 꼬르뷔제(le corbusier), 쥬제페 테라니(terragni) 등이 있었지만, 특히 르 꼬르뷔제의 건축에 깊이 빠져 있었으며 그래서인지 자신이 기르는 애완견의 이름조차 꼬르뷔제라고 지어 부를 만큼 꼬르뷔제는 그에게 있어서 경애의 대상 혹은 더 나아가 타도의 대상이 되었는지도 모른다. 그리고 마지막으로는 특히 우리나라 학생들에게는 특히 안도신드롬이 일 정도로 흠모의 대상이 되고 있다. 그는 1969년에 일본 오사카에서 28세의 나이로 자신의 아틀리에를 설립했으며, 31세 때인 1972년에 토미시마 주택(富島, Tomisima house, 1971년)을 필두로 건축설계를 시작하였고, 35세인 1976년 오사카의 스미요시 아즈마 주택(住吉-東, Sumiyoshi-Azuma House, 1975년)을 통해 국제적으로 알려지기 시작했다.

건축가의 초기 작품은, 그 후의 작품을 만드는데 근간(根幹)을 이루는 경우가 많다. 안도(Ando Tadao, 1941~)의 경우도, **토미시마 주택(富島, Tomisima house, 1971년)**에서 나타난 문제의식이 현재에 이르기까지 지속되고 있다. 토미시마 주택(富島, Tomisima house, 1971년)에서는 사람이 도시에 거주하기 위한 거점으로서의, 〈위요된〉 벽의 의미에 대해 묻고 있다. 그리고 이 생각에는, 일본건축학회상 수상 작품이며, 건축가 안도 다다오를 클로즈업시켰던 스미요시 아즈마 주택(住吉-東, Sumiyoshi-Azuma House, 1975년)에서 명확하게 구현되고 있다. 이 주택은, 오사카 스미요시(Sumiyoshi)의 3채의 나가야(場屋, 나가야는 간사이 지방에 많은 2호 연립 혹은 3호 연립으로 서민 집합주택, 주로 2층 목조주택을 일컫는다) 중 한가운데를 잘라, 무기적인 콘크리트의 상자를 그 속에 삽입해서, 가로에 대해 그 내부를 완전히 닫고 있다. 단순한 구성과 변화의 스페이스, 닫혀진 표정, 빛에 의해 연출된 생활공간, 스미요시 아즈마 주택(住吉-東, Sumiyoshi-Azuma House, 1975년)에서는 이러한 특질을 축으로 해서, 안도의 건축에 대한 이미지의 원형이 제시되고 있었다. 그 빛에 의해 연출된 공간에 대해, 안도(Ando Tadao, 1941~) 자신은 다음과 같이 말하고 있다. "빛은, 공간과 형태를 중재한다. 빛은 시간(時間)의 경과에 따르며, 표정(表情)을 변화시킨다. 나무와 콘크리트와 같은 실체가 있는 것뿐만 아니라 빛과 바람과 같이 우수한 감성에 의존하는 것도 또, 건축의 중요한 소재이다."

스미요시 아즈마 주택(住吉-東, Sumiyoshi-Azuma House, 1975년))에서 장변방향을 3등분해서 얻어지는 중앙의 광정, 코시노 주택(Koshino House, 1981년) 남측동의 복도에 등 간격으로 갖춰진 슬리트 페스티벌(1984)의 구멍의 블록으로부터 비춰지는 빛의 유희 등, 빛의 연출효과가 명확하게 안도의 기하학적 형태에 포함되고 있다.

사무소를 개업하고 16년간, 안도(Ando Tadao, 1941~)는 주택과 상업건축이라는 다른 기능을 갖는 건물을 병행해서 설계했다. 지금까지의 작품에서 보여지는 것처럼, 주택에서는 노출콘크리트를 기본으로, 둘러싸여진 내부에서의 공간의 전개에 힘을 주목했다. 그리고 상업건축에서는, 로즈가든(1977)처럼, 외관에는 비교적 다양한 표정을 부여했으며, 외부 환경과 건물 내부를 서로 중첩시켜 〈道〉의 공간을 도입하는 계획에 중점을 두었다.

그러나 안도는, 이 양자의 근저에 공통적으로 깔려 있는 〈일상생활을 기반으로 해서 성립하는〉 부분에 주목하여, 이 일상성에 자신을 위치시키면서, 그가 추구했던 생활상을 그때마다 실현한다는 입장을 취하고 있었다.

그는 많은 수의 국제 건축설계경기에 참여했으며 많은 수의 작품이 당선되었다. 미국의 예일, 콜롬비아, 하버드 등 많은 대학에서 강의했으며 현대는 일본 동경대학 교수로 재직 중이다. 미국 뉴욕의 MOMA와 프랑스 파리의 퐁피두센터와 같은 곳에서 전시회를 열었으며 국내에서도 자신의 강연회, 작품전시회를 열었다. 많은 수의 수상경력을 갖고 있으며 현재 일본의 대표적인 건축가로서 많은 수의 작품을 왕성하게 진행 중이다.

Tomisima house(1973년)

나가야(場屋) 모서리의 한 채를 잘라내어 콘크리트 상자로 바꾸어 놓은 주택. L자형 도로에 면해 있는 모서리가 비스듬히 잘려 있고, 1층에 차고와 주거 부의 입구, 2층에 픽쳐윈도우를 두고 있다. 나머지 개구부는 옥상의 천창뿐이다. 그 밑의 보이드를 중심으로 계단과 각 실이 나선모양으로 구성되어, 자연스럽게 옥상으로 이르게 된다. 생활영역을 벽으로 보호함과 동시에, 밖으로 열린 표정도 인상적이다. 덧붙여, 이 주택을 핵으로 하여 오요도(大淀)아틀리에가 수차례 증축된다.

코시노 주택(Koshino House, Hyogo. 1981)

사각 콘크리트 상자는 마치 우주(宇宙)의 저편에서 온 것이 아닐까. 오인을 할 만큼 이세상의 것이라고는 생각할 수 없는 아름다움으로 존재하고 있다. 사람의 손으로는 이처럼 완벽히 만들 수 없다 라고 생각하게 하는 수직방향의 콘크리트 외곽선, 그리고 수평으로 전개되는 건물윤곽도 정확히 90도의 각도를 갖고 좌우로 펼쳐지고 있다. 미국 서해안에 가면, 이와 상응하는 건축가가 설계한 모더니즘 주택을 수없이 만난다. 그들은 코시노 주택(Koshino House, 1981년)을 닮은 모더니즘의 기하학(幾何學)

을 답습하고 있고 규모에서는 몇 배의 스케일을 과시하는 경우도 적지 않다. 최상의 기후풍토 속에서 제한사항이 없는 자유스러운 모더니즘의 조형은 최고의 환경을 만나 자연스럽게 꽃피우고 있다.

주택의 실내는 훌륭하게 자연광이 제어되어 되면서 빛의 농담(濃淡)이 공간에 채색을 하고 있다. 교묘히 설정된 천장과 벽의 틈새에서 좁혀진 자연광이 실내에 유입되어 그것이 어둠을 제거하고 사람이 머무는 장소에 어울리는 쾌적함을 연출하고 있다.

안도(Ando Tadao, 1941~)는 이 주택에서 거의 조명다운 조명을 채용하지 않았다. 복도에 늘어선 아이들 방이 이 주택의 주 침실이 되고 있지만, 그곳에는 벽걸이형 간이조명만 있고 천장조명은 없다. 그것은 콘크리트를 중심으로 하는 새롭게 만든 소재로 빛도 자연의 것만을 계획하여 건축가가 어디까지나 순수한 공간을 만들려고 한 증거로 보아도 좋을 것이다. 미스 반 데르 로에(Mies van der Rohe)의 판스워스 주택(Farnsworth House)과 **필립 존슨(Philp Johnson)**의 자택 등 건축사에 남을 모더니즘 주택은 풍부한 녹지 환경과 기하학(幾何學)을 대치시키는 것에 의해 건축가의 우주(宇宙)와 자연(自然)의 그것이 대항할 수 있는 것을 증명해 보였다. 안도의 코시노 주택(Koshino House, 1981년)에도 그것과 유사한 분위기가 있다.

Philip Johnson was born in Cleveland, Ohio in 1906. He received an A. B. in architectural history from Harvard University in 1930 and upon graduation became the Director of the Department of Architecture at the Museum of Modern Art, New York. In 1932 he co-directed the Modern Architecture exhibition at MOMA which introduced European modern architecture to a wide American audience. Building on the MOMA show, Johnson and Henry-Russell Hitchcock codified the principles of modern architecture in the book The International Style: Architecture since 1922 . During the 1930s, Johnson used his personal wealth to champion the cause of many modern architects most notably Ludwig Mies van der Rohe. In 1940 Johnson returned to Harvard's Graduate School of Design where he trained under Marcel Breuer. He received a B.Arch in 1943 and practised architecture in Cambridge, Massachusetts until 1946, when he moved back to New York to serve as Director of Architecture at MOMA. He worked with Richard Foster from 1964 to 1967 and with John Burgee from 1967 until his retirement. He became a trustee of MOMA in 1958, received the AIA Gold Medal in 1978, and received the

그림 11-2 코시노 주택(koshino house, 1981) 외관

그림 11-3 코시노 주택(koshino house, 1981) 진입부

그림 11-4 코시노 주택(koshino house, 1981) 외관

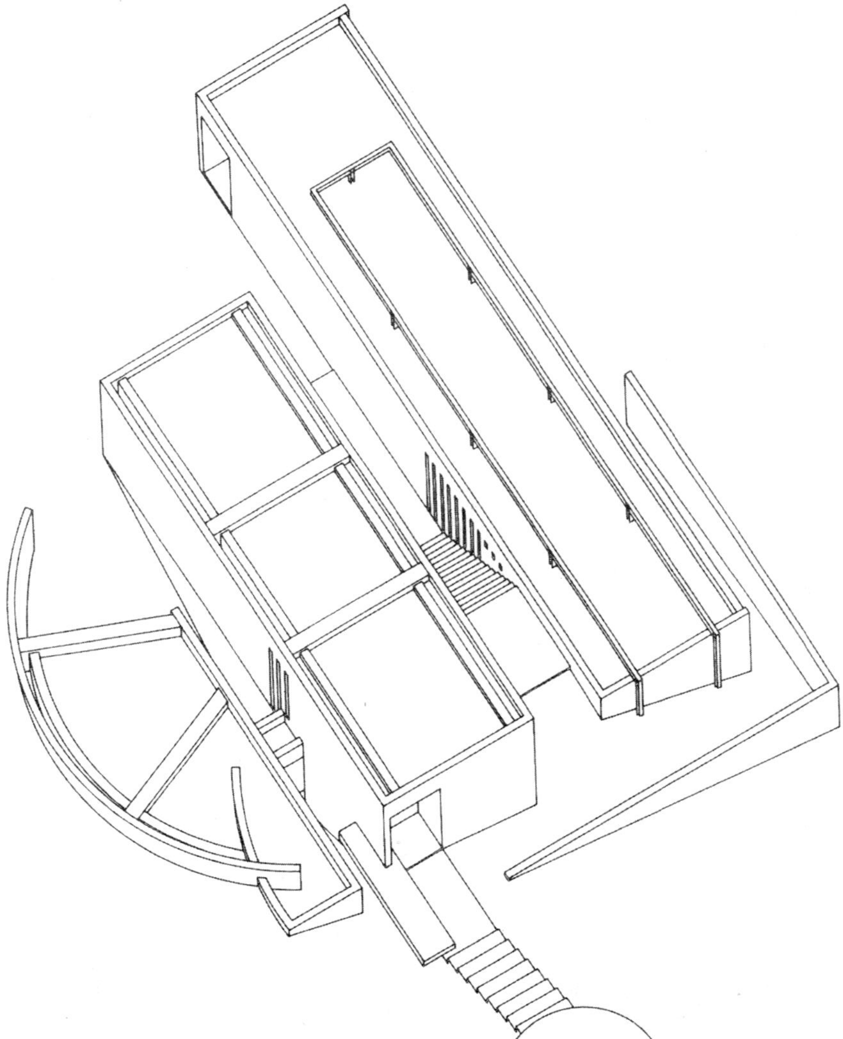

엑소노메트릭

그림 11-5 코시노 주택(koshino house, 1981) 엑소노메트릭

Pritzker Architecture prize in 1979. As an architect, Johnson is most widely respected for his work in the early 1950s while still under the influence of Mies Van Der Rohe. However, he altered his architectural principles from Modernist to Post-Modernist to anti-Post Modernist at will. This has led to the criticism that he showed more interest in style than in substance. He will probably be remembered more as a stimulator of ideas than as a designer.

코시노 주택은 효고(Hyogo) 시의 깊은 산중 경사면에 무기적인 콘크리트 상자가 반쯤 묻힌 상태로 배치되어 있다. 건물은 땅속의 복도로 연결되며, 서로 평행하게 배치된 용적의 다른 2개의 동과 중정으로 이루어진다. 경사면을 따라 내려가는 계단으로부터 어프로치하는 북측 매스는, 2층 정도의 높이를 갖는 거실과, 아래층에 주방과 식당, 위층에 주 침실이 배치되어, 주로 퍼블릭 스페이스(public space)를 이루어지고 있다. 그리고 땅 속 복도를 매개로 해서 연결되는 남측 매스는 같은 규모로 연속하는 6개의 개실과 2개의 거실, 거기에 수공간이 있는 프라이비트 스페이스(private space)로 구성되고 있다. 두 매스 사이의 계단식 중정은 외부의 거실(outdoor living)이 되며, 생활의 무대가 되도록 설계되어, 인위적으로 만든 자립적(自立的)인 외부공간이 되고 있다.

Koshino House 1981

Evidently influenced to an equal degree by Louis Kahn and Le Corbusier, Ando evoked the Japanese tradition through subtle associations as one may judge from the way in which the proportions of the shoji screens in the Ishihara tatami room in the house were echoed by the steel framed, plate glass windows opening on to the atrium, not to mention the affinity obtaining between the shoji and the glass block in-fill above.

Where his houses were situated in the midst of nature as in the two story Koshino House built in the pine woods of Ashiya above Kobe in 1981, Ando arranged for the atrium to flow out into the surrounding landscape. This gesture was given a cross-cultural inflection, through a broad flight of stairs, linking the atrium to the entry and the garden, situated on either side of a narrow, steeply sloping site. This feature, combined with vertical slot windows in the flanking concrete walls, was seemingly derived from the architecture of Luis Barragan, as was the use of zenithal light in the living room. This canonical house was further enriched by other transcultural gestures, such as the built-in dining table that by virtue of a change in floor level permitted one to adopt an oriental or occidental sitting posture at the same table. Of more decisively Japanese provenance however was the exposed skeleton frame of the bedroom wing. This flat roof was capped by a steel rail in such a way as to suggest a traditional dry garden, just as the dimly lit corridors within, evoked the traditional dark interiors, evinced by Jun 'ichiro Tanizaki's in his seminal book, In Praise of Shadows of 1933.2

커티스(william J. R. Curtis)의 생각

세계에서 자신이 차지하고 있는 부분에서의 기본적 개념과 패턴에 대한 그 건축가의 판단과 해석은, 사실은, 모더니즘에서 무엇이 보편적인 것인가에 대한 자신의 해석에 의해 초점이 맞춰졌다. 마찬가지로 근대전통에서 그가 변형시킨 관련특징들도 무엇이 국가적 또는 지역적 과거건축의 전형인지에 대한 자신의 직관에 의해 영향을 받았을 수도 있다. 그는 이런 점에 주목을 나타내고 있다. 현대적 수단을 이용하여 그는, "근대화의 과정에서 일본 건축물들이 잃어버린 집과 자연 사이의 통합"을 되살리려 하였다. 그의 건물은 근대 거대도시의 시각적 불협화음과 엉망진창으로 불규칙하게 넓어지는 현상들에 대한 선택권을 거의 주지 않았다. 1970년 후반과 1980년 초반 사이에 계획된 안도의 집들은 오래전 **루이스 바라간(Louis Barragan 1902~88)**이 계획한 주택들처럼 바깥세계에 대해 등을 돌리고 감정적으로 긴장된 벽이 아닌 여백의 은밀성을 가지고 한 작업이었다.

Luis Barragan(Guadalajara, Mexico 1902~1988)

Louis Barragan was born in Guadalajara, Mexico in 1902. After he graduated with a degree in engineering in 1924, he travelled extensively throughout Europe. His future design ideas were shaped by the Moorish architecture of Southern Spain, the domestic architecture of the Mediterranean, the gardens of Ferdinand Bac, the theories of Frederick Kiesler, and the writings and theories of Le Corbusier. Barragan designed his early works in the International Style. However, in 1945 the ideas generated by his travels through Europe and by his own sense of Mexican "regionalism" synthesized into a personal design style. Additionally inspired by native artwork, Barragan sought to create an architecture that retained its vernacular roots while it strove for spiritual beauty and harmony with nature. Barragan has tried to recreate the serenity and beauty of his childhood surroundings through a romantic approach to landscape architecture. Unlike his contemporaries he adhered to the theories of painter and landscape architect Ferdinand Bac who focused upon the garden as a magical environment. Thick walls, small openings, bright colors, and the use of natural material characterize his mature compositions. These later works also depend on the delightful interplay of sunlight and water for much of their success. Barragan died in Mexico City in 1988.

그 집들은 개인이 내부생활과 계절의 리듬에 대한 접촉을 재수립 할 수 있도록 조용한 구내 공간을 열어 주었다. 안도(Ando Tadao, 1941~)의 언어는 본질적 요소들 즉 평탄하고 부드러운 콘크리트조의 벽, 프레임, 원형천장, 유리창, 유리벽돌들을 분해해 놓았으며, 이 요소들은 빛, 그림자 그리고 공간에 의해 강렬해진, 근원적인 질서와 영적화된 추상적 개념들을 나타내기 위한 재료적 수단일 뿐이었다. 연속되는 통행로와 방 그리고 마당들은 제한된 개구부를 통해 유입된 부드러운 빛에 감싸져서 작은 것들에 초점을 맞춰 주었다. 일본식 전통찻집에서처럼, 정교한 단순성은 자연세계에 대한 감각을 높이는데 이용되었다. 안도의 건축은 오랜 시간동안 확립되어 온 자신의 문화에 대한 개념을 표현했지만, 그것 역시 르 꼬르뷔제(Le Corbusier), 칸(Louis I. Kahn), 그리고 리처드 세라(Richard Serra)같은 조각가들의 영향을 많이 받고 있었다. 그것은 또한, 근대건축은 인간과 자연을 "더 높은 차원의 통합"으로 끌어 모아야 한다는 미스(Mies van der Rohe)의 제안을 연상시켰다. 자신의 작품에 대해, 안도는 이렇게 썼다. "이런 종류의 건축은 그것이 뿌리 내리는 지역에 따라 달라지기 쉽다. 이것은 아직도 보편성(普遍性)을 향해 열려 있다."

안도 다다오(Ando Tadao, 1941~)의 자본주의와 소비주의의 인공적인 분산에 대한 대응은 도시 내에 밀접한 고립지 혹은 교외에 미묘한 경관적 개입과 같은 자연과의 연계에 대한 주장이었다. 그의 수상교회(Church on the Water, Tomamu, 1985~88)와 어린이 박물관(Children's Museum, Himeji 1987~89)에서 그는 플랫폼, 윤을 낸 콘크리트면, 물의 높이를 이용하였는데, 주변과의 경험을 심화하기 위해서 언덕, 섬, 바다의 전망을 활성화된 에너지의 장으로 그려내었다. 미니멀리즘의 자국은 현대

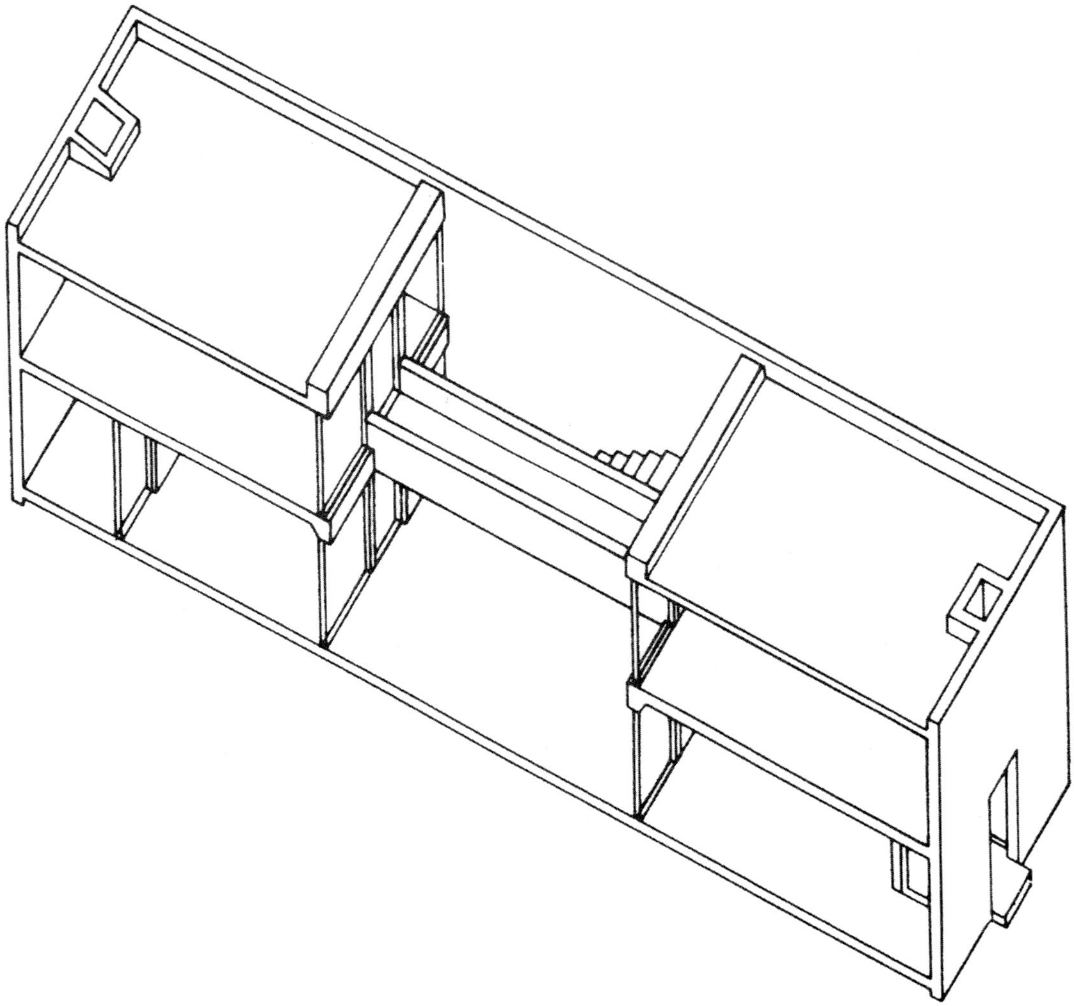

엑소노메트릭

그림 11-6 스미요시 아즈마 주택(住吉-東, Sumiyoshi-Azuma House, 1975년) 엑소노메트릭

그림 11-7 스미요시 아즈마 주택(住吉-東, Sumiyoshi-Azuma House, 1975년) 지붕 외관

그림 11-8 스미요시 아즈마 주택(住吉-東, Sumiyoshi-Azuma House, 1975년) 정면

그림 11-9 스미요시 아즈마 주택(住吉-東, Sumiyoshi-Azuma House, 1975년) 진입도로에서 본 모습

추상주의 조각과 "공간의 영혼", "전후의 관계, 피상과 자연의 융해에 관련된 전통적 생각"을 상기시킨다. 안도의 작품에서 모더니즘의 계승은 한 특정문화, 그러나 단지 시각적인 참고의 수준을 훨씬 넘어서는 수준에서 형이상학적 가치를 강화시키도록 증류되었다. 그의 "자연과의 새로운 관계를 발견함"에 대해 다른 사람들을 도우려는 욕망은 마음을 진정시키는 내부의 정신 상태와 일반화된 "숭고함"에 대한 심취 속에 후기 산업주의가 그 시대의 전형임에도 불구하고 그러한 것의 무상함에 대한 비평적 반응으로 나타났다. 그러나 안도의 프로젝트 중에는 때때로 역사적 유래가 있는 교외의 대지 주위에 새로운 종류의 공동단체의 정의를 내리려는 의도가 드러나게 되었다. 오사카 인근 미나미 가와치(Minami-Kawachi)에 있는 그의 치카츠 아즈카(Chikastsu Asuka) 역사박물관은 상승하는 플랫폼과 넓은 계단의 둑으로 형성되어 위엄 있는 의식장소(儀式場所)의 분위기와 조화를 이룬다. 사실상 이 구조는 언덕으로 배경을 삼도록 고려된 인공적 조경형태의 연극축제를 위한 야외극장(野外劇場)이다. 이 극장은 또한 진입로가 고분과 튜뮬리오(tumulio)에 인접하도록 조정되었으며 대지를 가로질러 최고의 전망 창을 제공하고 나머지 기하학적 형태를 심화시킨다. 안도는 방문객이 자연뿐 아니라 역사와도 조우하기를 바랐던 것이다.

우주코드 – 幾何學

인간이성의 표현으로서 기하학(幾何學)은 고대 이집트(Ancient Egypt)에서부터 건축사고의 기본이었고, 우주(宇宙)의 조화까지도 나타내고 있었다. 이 기하학을 기본으로 하여 그 때까지 작업해온 소주택과 마찬가지로, 무 장식적인 콘크리트와 생활과 자연이 조화되는, 마주보는 형태로 구상하였다. 자연과 조화되는 것, 자연과 인간, 자연과 사물, 인간과 인간의 만남, 그것은 자연과의 대화, 인간끼리의 대화이기도 하다.

단순한 수의 논리, 원점은 1에서 시작하여 그것이 모여서 입체로 되어가는 그리스(Ancient Greece) 건축의 기하학이, 역사상 많은 건축에 계속 받아들여져 있는데, 그의 건축에도 많은 영향을 주었다. 라이트(Frank Lloyd Wright)와 같이 유기적인 구성수법은 개인의 자질, 재능과 개인적인 체험에 의거하는 것으로, 누구나에게 열려진 것은 아니다. 그러나 기하학에 의한 형태는 모든 사람이 보편적으로 사용 가능한 것이고, 그렇다고 해서 그 단순한 형태를 가지고 누구나가 윤택한 건축을 만들 수 있는 것은 아니다. 어디까지나 기하학적인 조화 속에서 더욱이 그것을 뛰어넘어서 미로성(迷路性), 관능성

(官能性)이라고까지 할 정도로 인간을 해방시킬 수 있는 수준으로 발전되지 않으면 안 된다. 여기에 건축의 어려움이 있고, 그도 몇 번인가 실속상태에 빠져 콘크리트 상자의 앞을 내다볼 수가 없었다.

코시노 주택(Koshino House, 1981년)은 건축존저의 구상성과 함께 몬드리안(Piet Mondrian)의 컴포지션과 같은 추상형태의 구성을 건축화하려고, 철저하게 추상화된 형태에 흥미를 가지고 있었다. 그렇다고 해서 그 한쪽을 맹종하고 다른 쪽을 버리는 것이 아니라, 추상성과 구상성, 현실성과 허구성 등 그것들을 짝으로써 표현하는 것을 생각하고 있었던 것이다. 그 양의적인 것을 동시에 건축으로 표현하기 위하여, 자연현상이 건축에 끼치는 영향에 대해서도 도면상에 고려될 수 있는 한 시뮬레이트하고, 여름빛의 변화는 거실에 어떠한 표정을 낳게 하는지, 겨울 빛은 어떻게 투입되는지, 겨울의 추위는 어느 정도일까, 등의 구체적인 문제를 골똘히 생각했다.

그래서 코시노 주택에서는 콘크리트 벽으로 에워싸인 건축전체를 반은 지중에 묻어 정원을 자유롭게 하면서, 더욱 정원과 일체로 된 전개를 시도하였다. 대지도 경사지이고, 땅에 접하는 듯한 조형방법도, 한편으로는 일본의 쇼인(書院)과 다실(茶室)과 동일한 듯한 사고방식이지만, 어떤 의미에서는 전혀 다른 세계를 만들어 내고픈 사고의 결과이다. 이렇게 해서 일본건축의 전통적인 방식, 지역성에 입각하면서, 그 위에 근대적인 건축의 바람직한 상도 추구하려 했던 것이 바로 코시노 주택(Koshino House, 1981년)이다.

주택유형의 도상(圖上, icon)

남성은 본질적으로 투쟁적이며, 여성은 본질적으로 모성적이다. 그것은 어디서 근거하는 것인가, 심리학의 최근의 연구과제로 주목을 받고 있다. 예를 들면 여성에게 자유화를 그리도록 해 보자. 꽃이 피어 있는 들판에, 삼각지붕의 주택이 만들어지고, 그것을 보호하려는 큰 나무도 또한 가까이에 그려질 것이다. 유아원생 단계의 자유화에서도, 고학년의 여학생에게 그것을 시도해도, 약간의 차이는 있지만, 묘사되어지는 내용은 놀랄 정도로 유사하다고 할 수 있다. 그러나 단지, 교육받는 방법과, 교육받는 환경에 의해서 그것이 받아들여지는 것은 아닐 것이다. 결국 문화에 의해서만, 그것이 나타난다고 생각할 수 있다고 심리학자는 말한다. 성(姓)의 차이는 심층 혹은 그 밑바닥에서부터 나타나는 것일 것이다.

한편, 그 집의 형식에 대한 도상(아이콘)은, 보편적으로 주택 그 자체를 표상하는 것이라는 것은 말할 필요도 없다. 그렇다면, 평지붕을 주택의 일반적인 모습이라고 하는 라틴사회에서는 그렇지 않는 것인가, 혹은 이슬람사회에서는 또 어떨까. 삼각지붕의 주택유형의 도상(圖上)은, 우선 박공지붕을 표상하고 있다. 박공은 가장 원시적(primitive)인 지붕이며, 강수량이 많은 풍토의 지붕이라는 것은 분명하다. 강수를 처리하기 위해 구배를 만들며, 강수는 수목을 자라게 하고, 목재를 건설자재로 하는 지붕인 것이다.

결국 그와 같은 풍토에서, 더욱이 그것이 고갈되었을 때, 형태로서 삼각지붕이 남아 있는 석조건축이 고전 고대의 건축이었다. 이와 같이 정형화해서, 양식화됨에 따라, 일정한 의미를 나타내는 도상(圖上, icon)이 정착하는 것이다.

결국 자연발생적인, 로맨틱한 형상으로서의 주택의 유형에 대한 도상(圖上)의 의미와, 그리고 양식화되어 규범화된 클래시시즘(classicism)의 표상으로서의 주택의 유형에 대한 도상(圖上)의 의미가, 상반하는 이중의 의미를 표상하는 것으로서, 주택 유형의 도상(圖上)은, 후세로 계승되어져 왔다. 말할 필요도 없이, 전자의 의미에 있어서 주택 유형의 도상(圖上)은 여성원리이며, 후자의 의미에 있어서, 그것은 남성원리이다. 그 양성(兩性)의 형태를 숨김으로 해서, 주택 유형의 도상(圖上)은 근대건축의 후기에, 다시 건축의 정면에 그 모습을 나타내고 있다.

서구 혹은 미국에 있어서, 그리고 일본에 있어서도 박공은 오늘날에도 주요한 지붕의 수단이다. 거기에는 오늘날에도 강수에 중요한 이유가 있으며, 개인주택 대부분은 목조로 지어지고 있다. 주택유형의 도상(圖上)은 일상적인 것이며, 목조로 만들어지는 한, 이것은 건축을 건축답게 하는 원리가 아닐 수 없다. 때문에, 결국 철근콘크리트의 주택 유형을 만들며, 프라이머리 아키텍쳐(primary architecture)를 장식함으로 해서, 도상으로서의 주택 유형을 부상시키고 있는 것이다. 실제, 콘크리트라는 소재를 취하는 한, 평지붕은 자연스런 것이다. 이 소재를 완만한 구배로 얇게 타설하는 것 자체가, 고도의 기술을 요한다. 예컨대 부자연스럽게, 의도적으로 만들어진 것이야말로 주택 유형의 도상(圖上)이 된다. 자연적인 것이라면, 그것은 도상(圖上)이 아니라, 실재에 지나지 않는 것이다.

주택 유형의 도상(圖上)에 우선 구애받은 건축가는, 실은 **사카모토 가츠나리(Sakamoto Kazunari)**였다. 그러나 그는 이론적인 구애를 받았을 뿐이다. 그의 체질에서, 순화의 도상(圖上)은 맞지 않는다. 그것은 건축의 허상이기 때문이다. 분묘에서도 그 유사성이 있다. 거기에 누가 묻혀 있을까, 바로 건축 그 자체가 묻혀 있는 것이다.

그림 11-10 토미시마 주택(富島, Tomisima house, 1971년) 외관

그림 11-11 치카츠 아즈카 역사박물관(Chikastsu Asuka Historical Museum, 1989~93) 외관

그림 11-12 치카츠 아즈카 역사박물관(Chikastsu Asuka Historical Museum, 1989~93) 외부계단

Sakamoto, Kazunari(Tokyo, 19 July 1943)

He graduated from Tokyo Institute of Technology in 1966 but continued his studies as a graduate in the same institute under the guidance of Kazuo Shinohara. From 1968 he ran a small office in Tokyo. His name is usually associated with the so-called Shinohara school, an informal group of young architects who either studied and worked with Shinohara or who were otherwise influenced by his architecture in the 1970s.

결국 가즈오 시노하라(Katzuo Shinohara)의 방법의 연장선상에, 주택유형의 도상(圖上)이 있다. 시라사와 히로키(Shirasawa Hiroki)의 自邸인 경우, 그것은 한층 선명하다.

가즈오 시노하라(Katzuo Shinohara) 문하에서조차 하세가와 그리고 고토마리코의 경우 양상은 조금 달랐다. 그것은, 그들이 여성이라는 것의 증명이 될지도 모르지만, 심상의 단순한 구현화로서, 주택유형의 아이콘이 건축화되고 있었다. 사실, 주택 유형의 도상(圖上)에 의거해서 건축할 때, 하세가와의 건축은 어떤 아름다움조차 보이고 있다.

다시 말하지만, 목조라는 재료의 수단으로, 주택 유형의 도상(圖上)을 강조하는 건축은 있을 수 없다. 철근 콘크리트라는 재료를 수단으로 할 때만, 주택 유형의 도상(圖上)은 강조될 수 있다. 철근콘크리트라는 소재만을 사용한 건축에서 안도 다다오(Ando Tadao, 1941~)를 생각하려 할 때, 콘크리트라는 소재를 가지고 만들 수 없는 주택 유형의 도상(圖上)은, 언제나 나의 뇌리를 스친다. 당연히 그는 주택 유형의 도상(圖上)을 결코 만들지 않았던 건축가 이다. 그런 의미에서 시노하라(Katzuo Shinohara) 학파뿐만 아니라, 포스트모더니즘(post modernism)의 반대에 자신을 위치시키면서 어떤 의미에서 시노하라(Katzuo Shinohara) 학파와 포스트모더니즘을 초월하여 그 이상으로 긴박한 건축적 상황을, 그 공간에 표현했던 건축가가 바로 안도 다다오였던 것이다.

노출콘크리트의 중립성

안도 다다오(Aano Tadao 1941~)에 의한 노출 콘크리트는 그 면의 평활성과 디테일의 정밀성에 의해서 이전의 제치장과는 다른 맛을 내고 있다. 스미요시(住吉)의 집합주택(1976년)은 도시주택의 원형(prototype)이 되는 주택이며, 안도의 노출콘크리트의 미학(美學)을 세상에 알린 작품이기도 하다. 거

그림 11-13 어린이 박물관(Children's Museum, Himeji 1987~89) 공중에서 본 모습

그림 11-14 어린이 박물관(Children's Museum, Himeji 1987-89) 외관1

그림 11-15 어린이 박물관(Children's Museum, Himeji 1987-89) 외관2

실을 중정의 전후에 배치하고 외부계단과 브리지(bridge)로 그 서로를 연결한 단순 명쾌한 구성이다.

콘크리트의 벽과 프레임을 사용하여 그 추상적 구성과 디테일의 정밀성으로 승부하려는 건축이 안도에 의해서 계속해서 건설되어 가는데, **히라바야시 저택**(平林, Hirabayashi House, 1976년)도 그 하나로 볼 수 있다. 기둥과 보는 같은 단면 형으로 만들어져 있으며, 그것들이 구성재로서 보다도 추상적인 입체격자로서 상정되고 있는 것을 볼 수 있다.

근대 이후 거장들의 작품에는 수평슬래브보다도 벽을 디자인의 주체로 한 구성이 많다. 루이스 칸(Louis I. Kahn)이나 알바 알토(Alva Aalto)의 건축에서 벽의 취급이 그 대표적인 예이다. 도시형주택에서 벽면의 중요도가 중시되는 것은 그와 같은 근대건축 이후의 조류와도 무관하지는 않을 것이다. "벽의 공간"에서 "수평슬래브 공간"에로 이어져온 것이 50년대까지의 변환이라면 그 "수평슬래브의 공간"에서 어떻게든지 떨어지려고 하는 것이 60년대 이후의 경향이었다. "밝고 개방적인 공간은 아름답다"라는 근대건축의 미학은 남겨졌지만 "슬래브에 의해 둘러싸인 공간"이라는 표현은 가능하면 피하도록 하고 있다. 도시의 과밀화를 발단으로 하여 다시 반 미스(Mies)적 공간 간에의 지향을 원동력으로 하여, 입체적 오픈플랜이 형성된 것이다.

貫入-히라바야시 저택(平林, Hirabayashi House, 1976년)

일상과 비 일상의 생활영역을 그대로 대조적인 건물형태로 치환하여 서로 마주하게 하고, 또한 연결시키는 구성이 답습되어 있다. 하지만, 일상생활의 장은 안도의 주택에서는 처음으로 사용된 입체격자에 의해, 보다 유현하게 개방되기도 하고, 한편으로는 강하게 폐쇄된 예배당과 같은 반원통형부분과의 대조를 한층 강하게 하기도 한다. 어디까지나 두 개의 영역대비를 계획의 골격으로 해온 수법이 여기에서 일거에 다양한 건축언어를 만들어내고 있다.

빛과 그림자 그리고 건축...

르 꼬르뷔제의 **라 툴레드 수도원(Sainte Marie de La Tourette)**은 콘크리트가 꺼칠꺼칠한 표면으로 보이지만 아름답다. 잔돌이 튀어나온 우툴두툴한 콘크리트이지만, 그 표정(表情)은 무언가 이야기를 거는 듯하다.

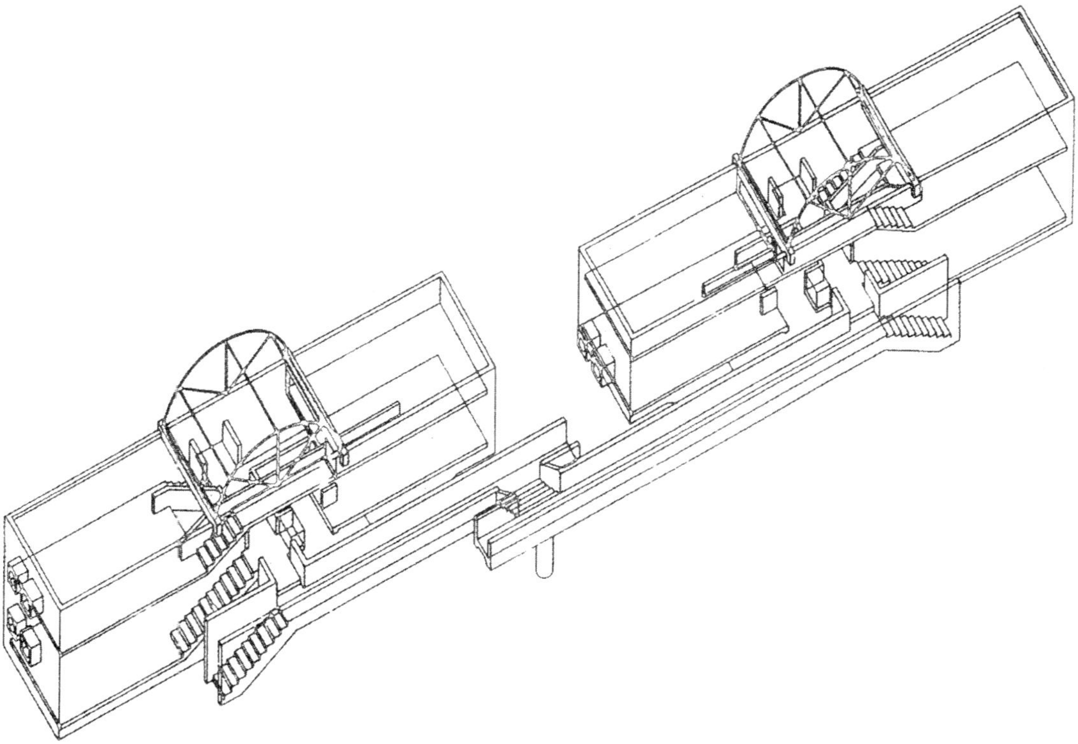

그림 11-16 소세이칸 야마구치 주택(双生観-山口邸, Soseikan-Yamaguchi House, 1975년) 엑소노메트릭

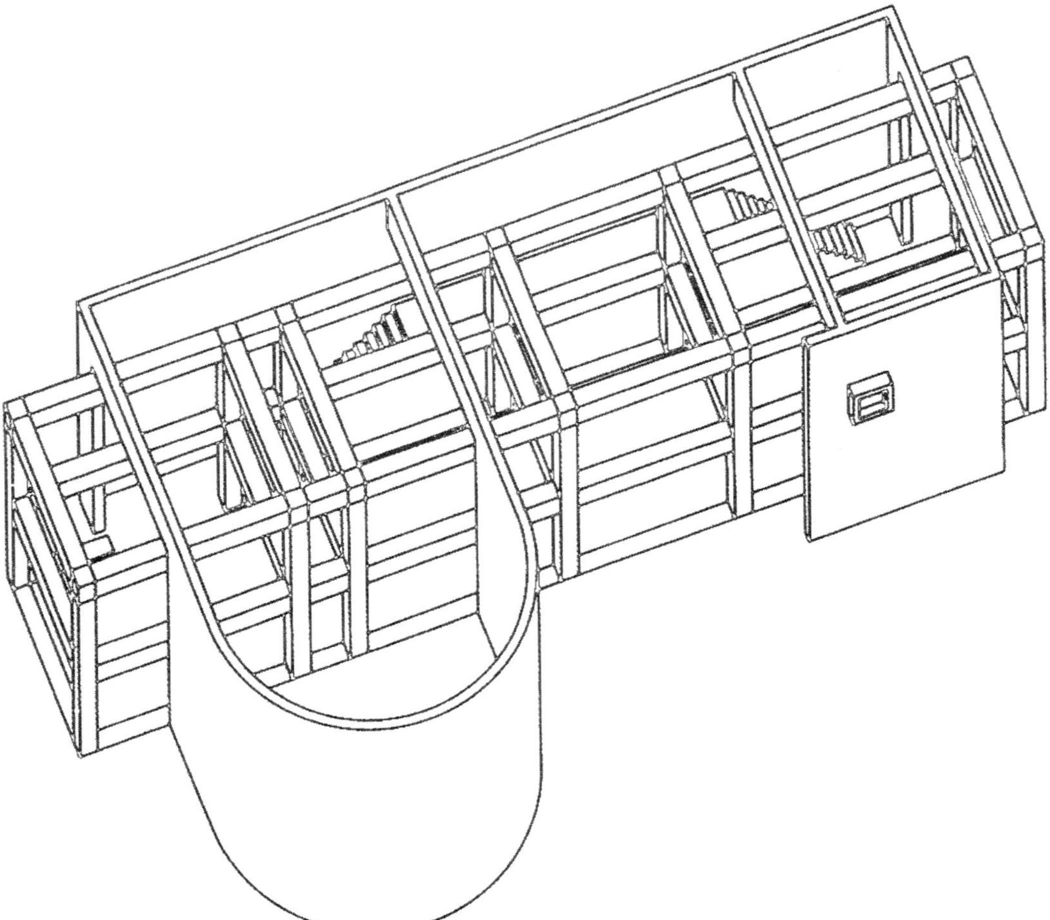

그림 11-17 히라바야시 저택(平林, Hirabayashi House, 1976년) 엑소노메트릭

그림 11-18 환스워스 주택(Farnsworth House, Plano, Illinois, 1945~1950) 외관

그림 11-19 글래스 하우스(The Glass House, Philip Johnson, 1949)

Sainte Marie de La Tourette is a Dominican monastery in a valley near Lyon, France designed by the architect Le Corbusier and constructed between 1956 and 1960. View of the South face of La Tourette in 2001La Tourette is considered one of the more important buildings of the late modernist style. Though still functioning for a greatly-reduced population of monks, La Tourette has become something of a pilgrimage site for students of architecture. Overnight stays can be arranged in the unused cells. At the Couvent de la Tourette (1960), Le Corbusier found an echo, in an architectural project, of the personal principles of self-denial and monastic simplicity that he himself adhered to. Built as a Chapel, residence and place of learning for Dominican monks, the monastery groups around a central courtyard a U-shaped mass, and the court is closed off by the chapel at the end. At La Tourette many aspects of Corbusier's developed architectural vocabulary are visible the vertical brise-soleils used with effect in India, light-cannons piercing solid masonry walls, and window-openings separated by Modulor-controlled vertical divisions. In contrast with Ronchamp, the building does not crown and complement the site, but instead dominates the landscape composition. If there is harmony, it is in the finishes that in their roughness and near-brutality betray some empathy with the life of a monk. La Tourette makes no claim to effete bourgeois lifestyle embodied at the Villa Savoye, its antecedents, if anything, are the Greek monasteries of Mount Athos and an almost mythological history.

코시노 주택(Koshino House, 1981년)에서는 형태적인 장식은 제거해 감으로써, 빛이 큰 공간구성의 요소로 되어 있다. 예를 들면 로마네스크의 교회에서는 일체의 장식이 거부되고, 형태에도 그다지 변화가 없고, 건물 정면에서조차 내외 모두 장식이 없고 단지 창이 살짝 열려져 있는 정도이다. 그러나 그 차가운 석조의 엄숙한 공간에 들어가면, 명암이 뚜렷하게 나뉘어, 빛이 순수하게 정신에 내려와 걸리는 듯한 감동을 느낀다.

꼬르뷔제의 롱샹교회는 그가 사보아 주택을 만든 때부터 비교하면 큰 변모를 이루고 있음을 잘 알 수 있다. 매우 육감적이고 더욱이 조성적인데 빛을 추구하는 것만으로 충분히 건축이 가능하다는 것을 가르쳐 준다. 반사광만으로도 직사광과 나무 사이로 새어 들어오는 빛만으로도, 다양한 빛에 싸여 전혀 다른 공간의 질을 창출한다.

그림 11-20 라 툴레드 수도원(Convent of La Tourette, Lyon, France, Le Corbusier 1957~1960)

그림 11-21 로마 판테온(The Pantheon, Ancient Rome, 117-125) 공중에서 본 모습

그림 11-22 로마 판테온(The Pantheon, Ancient Rome, 117-125) 내부의 돔 모습

The Chapelle Notre-Dame-du-Haut, a shrine for the Catholic Church at Ronchamp, France was built for a reformist Church looking to continue its relevancy. Warning against decadence, reformers within the Church looked to renew its spirit by embracing modern art and architecture as representative concepts. Father Couturier, who would also sponsor Le Corbusier for the La Tourette commission, steered the unorthodox project to completion in 1954. The chapel at Ronchamp is singular in Corbusier's oeuvre, in that it departs from his principles of standardisation and the machine aesthetic, giving in instead to a site-specific response. By Le Corbusier's own admission, it was the site that provided an irresistible genius loci for the response, with the horizon visible on all four sides of the hill and its historical legacy for centuries as a place of worship. This historical legacy weaved in different layers into the terrain from the Romans and sun-worshippers before them, to a cult of the Virgin in the Middle Ages, right through to the modern church and the fight against the German occupation. Le Corbusier also sensed a sacral relationship of the hill with its surroundings the Jura mountains in the distance and the hill itself, dominating the landscape. The nature of the site would result in an architectural ensemble that has many similitudes with the Acropolis starting from the ascent at the bottom of the hill to architectural and landscape events along the way, before finally terminating at the sanctum sanctorum itself the chapel. The building itself is a comparatively small structure enclosed by thick walls, with the upturned roof supported on columns embedded within the walls. In the interior, the spaces left between the wall and roof, as wells as asymmetric light from the wall openings serve to further reinforce the sacral nature of the space and buttress the relationship of the building with its surroundings. It is renowned for its simple aesthetic and curvalinear artistic expression, along with the size and layout of windows, which were based on his modulor, on the buildings' perimeter which fill the chapel space with dim, but compelling light. The structure is built mostly of concrete and stone, which was a remnant of the original chapel built on the hilltop site destroyed during World War II. Some have described Ronchamp as the first Post-Modern building. It was constructed in the early 1950s.

서양건축에서 느끼는 빛에 비해 일본건축공간의 빛은 엷고 강인함은 없지만, 전통적인 일본가옥의 미닫이(障子)로부터 들어오는 빛과 그림자의 조화는 참으로 아름답다. 인간의 정신을 감싸는 듯한, 안으로 들어차는 빛이라고도 말할 수 있을 것이다. 그것에 반하여, 서양건축의 빛은 직접적이다. 로마의 판테온에서는 돔의 정점으로부터 바닥의 대리석에 직접 들어오는 한 가닥의 빛을 바라보고 있으면 구체의 중심을 이동하고 있는 듯한 기분이 든다. 그러한 다이내믹한 빛과 공간은 일본에서는 원래 없었고, 일본은 어둠이 떠다니는 천장과 바닥 사이의 희미한 밝음, 미닫이의 희뿌연 밝음, 마치 그림자 그림과 같은 세계이다.

어째든 그가 의도하고 있는 건축은 정통 근대건축이다. 그런 이유로 안도 다다오는 정통의 건축가라고 해도 지나치지 않다. 결국 그는 무리 없이 건축을 한다. 원래 컨셉츄얼한 체질은 아니지만, 그 건축의 구상은 진취적이지도 않으며, 물론 〈건축〉에 대한 위반을 의미는 것도 아니다. 결국, 언제나 이길 수 있는 씨름판을 자기에게 설정해 놓고, 그 씨름판에서 결코 지지 않는다. 그 때문에, 고도로 테크니컬하게, 모든 노력을 기울인다. 안도가 철저히 철근콘크리트라는 소재에 집착하고, 노출콘크리트를 지속하는 것은 건축구조물의 어디에도 관계되는 것이다.

위생도기로 대표되는 백색의 모노토닉(monotonic)한 근대건축을, 안도는 단지 노출콘크리트로 대치시켰다. 거기에는, 노출된 모노톤(monotone)이 있다. 그것도 안도 특유의 방법에 의해 조합된 콘크리트를 가지며, 깊은 정성을 들여 작업을 하고 있다. 결국 부루탈(야수파적)한 표현으로서가 아니라 중성적인 모노토닉(monotonic)한 요소를 취하려는 것이다. 그 위에 어느 정도 금욕적이라 할 정도로 안도(Ando Tadao, 1941~)는 아무것도 치장하지 않는다. 공간적 치수는 휴먼스케일이며, 허식적인 것은 피한다. 그것이 미스와는 어떻게 다른가? 그것이 논점이다. 미스의 경우, less is more란 〈최소한의 가설에 대한 최대한의 귀결〉이라는 의미이며, 얻으려 하는 것은 논리적 가치이다. 한편 안도의 경우, 최소한의 소재를 갖는, 최소한의 표현인 것이며, 얻으려 하는 것은 미적인 세련, 혹은 미적인 감동에 지나지 않는다. 그런 생각으로 안도의 건축을 보면, 더욱이 정통으로 볼 수 있다. **소세이칸 야마구치 주택**(双生觀-山口邸, Soseikan-Yamaguchi House, 1975년) 등의 아주 초기를 제외하면, 그 이상으로 성숙된 건축을 했던 사람은 그리 많지 않을 것이다. 고토 마리코(Goto mariko)와 우라베 시타로(Urabe Shitaro) 등의 원로 건축가와 비교해도, 후미이꼬 마끼(Fumihiko Maki)의 권위와 비교해도, 안도 다다오 쪽이 훨씬 성숙하다. 아주 소수의 개념건축(conceptual architecture)을 제외하면, 요즘은 압도적으로 대중건축(popular architecture)의 홍수에 있으며, 그 중에서 안도의 자세는 미니멀리

그림 11-23 물의 교회(Church on the Water, Tomamu, 1985~88) 내부에서 외부를 본 모습

그림 11-24 빛의 교회(Church with the Light, Osaka, 1989)

즘(minimalism)으로 볼 수 있다. 다시 말해서, 개념(concept)이 있는 건축을 개념적(conceptual)이라고 부르는 것은 아니다. 개념적(conceptual)이라는 것은 관념이라는 의미이며, 건축보다 관념을 선행시키고, 관념을 우선해서 건축을 하는 방법, 구체적으로는 이소자키(Arata Isozaki)와 아이젠만(Peter Eisenman) 등을 가리키는 것이다. 그와 같은 현대건축의 상황 속에서, 안도의 건축을 미니멀리즘(minimalism)으로 보는 것이다.

미니멀리즘이란 최소한 지향이라는 의미가 있지만, 결국에는, 결코 대중건축(popular architecture)이 아니라는 것이며, 또 결코 개념적(conceptual)이 아니라는 것이다. 이상의 이야기를 미루어보면, 시노하라(Katzuo Shinohara)와도 비슷한 점을 발견할 수 있다. 주택 유형의 도상(圖上)의 원조와 그 반대자와는, 예기치 않은 유사한 풍토 속에 존재하고 있다.

현대미술의 구도를 엿보면, 문제는 조금은 가능할지도 모른다. 우선 대중예술(pop art)이 있으며, 거기에 대립하는 것으로, 개념예술(conceptual art)이 1970년대에 출현한다. 한쪽에는 **미니멀아트(minimal art)**가 다른 한쪽에는 초현실주의(surrealism)가 출현했다. 결국 시노하라와 안도 과연 그들은 어디에 속할 것인가.

현대미술의 1980년대는 **뉴페인팅(new painting)**의 시대이다. 그것은 **앵포르멜(art informel)**로부터 계승되었다고 하는 것이 타당하다. 갑자기 부상된 정통회화에의 관심이다. 그래서 페인팅(painting)이라고 하는 것이다. 안도는, 아마 여기에 속할 것이다.

소세이칸 야마구치 주택(双生觀-山口邸, **Soseikan-Yamaguchi House, 1975년**)

형제를 위한 주택, 상이한 건물이 옆으로 나란히 배치되어, 브리지에 의해 연결되어 있다. 거기에다 대지에 약간의 고저 차가 있기 때문에, 두 동의 건물이 거울에 비친 것처럼 서로 비슷하나, 대칭축을 제외하면 각각 독립적이어서 이중의 표정을 동시에 갖는다. 조소(彫塑)적인 브리지, 총구처럼 튀어나온 창, 솟아오른 마루, 최상부에 걸린 실린더형의 천창 등 강렬한 표현 요소가 눈에 띄는데, 남쪽면도 닫쳐진 노출콘크리트 벽이 실내의 공간성을 결정하고 있다.

미니멀리즘(minimalism)

최저한의 조형수단으로 제작한 회화 · 조각. 1960년대 전반부터 70년대 초두에 걸쳐 미국을 중심으로 제작된 큰 색면(色面), 단순한 형체, 패턴의 반복으로 이루어진 회화를 말한다. <최저한의 예술>이라는 뜻으로 단색, 홑칠, 단순한 기하학적 형체 등으로 구성된다. 명명자는 미국의 비평가 B. 로스이다. 제2차 세계대전 후 미국의 추상표현주의와 그에 뒤이은 팝아트 등 표현적이며 음탕 · 난잡성으로 넘친 대중문화에 대한 반동으로 엄격하고 비개성적이며 소극적인 화면구성에 노력하였다. 20세기 초 K.S. 말레비치 또는 P.C. 몬드리안 등의 추상회화의 계보로 이어지며, 전후의 미국에서는 J. 앨버스 및 A. 라인하트 등이 선구자적 역할을 했다. 대표적 작가로 E. 켈리 · F. 스텔라 · K. 놀런드 등이 있고 이러한 경향에 대응되는 조각으로는 D. 주드의 작품을 들 수 있는데, 미니멀아트 계열의 조각은 프라이머리 스트럭처스(Primary Structures)와 거의 중복되어 있다. 또 이러한 미니멀아트와 프라이머리 스트럭처스 사상이 회화 · 조각 이외의 형태로 표현된 것이 컨셉추얼아트(Conceptual Art;개념예술)이다.

뉴페인팅(New Painting)

1980년대 초 새로 등장한 표현주의적 회화. 금욕적 · 관념적인 70년대 미술과 대조적인 그림으로, 캔버스가 커지고 그 위에 거친 필치와 원색의 격렬한 대비로 폭력 · 죽음 · 성(性) · 꿈 · 신화 등의 도상(圖像)을 갖는 이미지의 작품들이 유행되었다. 이러한 현상은 이론적인 면은 약하지만, 막연한 위기감에 바탕을 둔 감각적 세계관의 표명이 20세기 초 독일의 표현주의를 연상케 하여 결과적으로 오늘날 표현주의의 계보를 재평가하게 되었다. 81년 <바로크(런던)> <슈나벨전(뉴욕)>, 82년 <차이트가이스트(베를린)> 등의 전시회에서 주목을 받게 되었으며 현재 신표현주의(Neo-expressionism)라는 명칭으로 정착되고 있다. 이러한 경향의 화가로는 미국의 J. 슈나벨 · J. 보로프스키, 독일의 살로메, 이탈리아의 S. 키아 · E. 쿠키 · F. 클레멘테 · 파리디노 등이 유명하다.

비정형미술 (非定形美術 art informel)

프랑스 비평가 M. 타피에가 주창하고 지도한 추상회화의 한 경향. 타피에가 1952년 파리에서 개최한 G.A. 마티유 · J.P. 리오펠 · 세르팡 · J. 포트리에 · J. 뒤뷔페 · H. 미쇼 등 6명의 그룹전 <앵포르멜의 의미기호>에서 이 명칭이 생겨났다. 당시 프랑스의 추상미술에서는 서정추상이 지배적이었고, 미국에서는 그리는 행위 자체에 중요성을 두는 <액션페인팅>이 새로 나타났다. <새로운 기호언어>를 활성화시키려는 목적을 가지고 추상미술의 새로운 모습을 보여주고자 하였던 비정형미술은 실존주의와 풍토가 같으며, 액션페인팅과 시대를 같이 하는 운동으로서 기존의 미학을 폐기하고 동역학, 위상기하학, 집합론적 극미(極微)와 극대 등의 개념을 도입하여 <새로운 예술>을 창조하려고 하였다. 포트리에, 뒤

뷔페, 볼스 등의 40년대 초기작품을 시작으로 마티유, 리오펠, 아펠, G. 카포그로시 등이 중심이 되어 이 운동에 참가하였다.

12 화이트 앤드 그레이: 통사론적 건축 syntax architecture

- 피터 아이젠만 주택 제2호/ Peter Eisenman, House Ⅱ. 1969
- 피터 아이젠만 주택 제10호/ Peter Eisenman, House X. 1970

피터 아이젠만(Peter Eisenman 1932~)

Peter Eisenman was born in 1932 in Newark, New Jersey. He received a Bachelor of Architecture Degree from Cornell University, a Master of Architecture Degree from Columbia University, M.A. and Ph.D. degrees from the University of Cambridge, and an honorary Doctor of Fine Arts Degree from the University of Illinois, Chicago. In 1980, after many years of teaching, writing and producing respected theoretical work, he established his professional practice to focus exclusively on building. He has designed a wide range of prototypical projects including large scale housing and urban design projects, facilities for educational institutions, and a series of private houses. In 1985, Mr. Eisenman received a Stone Lion (First Prize) for his Romeo and Juliet project at the Third International Architectural Biennale in Venice. Mr. Eisenman was one of the two architects to represent the United States at the Fifth International Exhibition of Architecture of the Venice Biennale in 1991, and his projects are exhibited at museums and galleries around the world. Mr. Eisenman was the founder and director until 1982 of the Institute for Architecture and Urban Studies, an international think-tank for architectural criticism. He has received numerous awards, including a Guggenheim Fellowship, the Brunner Award of the American Academy of Arts and Letters, and a grant from the National Endowment for the Arts. He received a 1993 National Honor Award from the American Institute of Architects for the Wexner Center at the Ohio State University in Columbus (1989), and a 1991 National Award for the Koizumi Sangyo Corporation Headquarters in Tokyo (1990). He has taught at Cambridge University, Princeton University, Yale University,

그림 12-1 피터 아이젠만

and the Ohio State University. From 1982 to 1985 he was the Arthur Rotch Professor of Architecture at the Harvard University, where he was the Eliot Noyes Visiting Design Critic in fall 1993. Currently he is the first Irwin S. Chanin Distinguished Professor of Architecture at The Cooper Union in New York City. Mr. Eisenman is the author of several books, including House X (Rizzoli), Moving Arrows, Eros and Other Errors (The Architectural Association), and House of Cards (Oxford University Press). In addition, he was the Editor of Oppositions Journal and Opposition Books, and he has published numerous essays and articles on his architectural theories in international magazines and journals.

1932년생 미국의 건축가, 1955년, 코넬대학 건축학과를 졸업하고 그 후, 군복무 중 한국전쟁에 공병으로 참가하였으며, 1960년, 콜롬비아대학 대학원에서 도시계획 박사학위를 취득하였다. 그 후 영국 케임브리지대학에서 1962년 석사학위, 이듬해인 1963년 박사학위를 취득했다.

1960년 당시부터 대학의 교단에 섰으며, 케임브리지 대학, 프린스턴 대학, **쿠퍼유니온(Cooper Union)**, 메릴랜드 대학 등에서 교편을 잡았다.

그는 존 헤덕(John Hejduk), 찰스 게스미(Charles Gwathmey), 마이클 그레이브스(Michael Graves), 리차드 마이어(Richard Meir)와 소위 **"뉴욕 파이브(New York Five)"**를 결성했으며, "White and Grey"의 White 파였으며 그 중에서도 이론적인 면에서 중요한 역할을 하였다.

한편 건축비평가 케네스 프람프톤(Kenneth Frampton)과 마리오 간델스나스(Mario Gandelsnas)가 공동 편집한 오퍼지션(Opposition)을 중심으로 활발한 비평 활동을 하였으며, 특히 **알도 로시(Aldo Rossi)**의 "도시의 건축(The Architecture of the City)"의 영어 판 인 OPPOSITIONS BOOKS 시리즈 중 하나로, 로시와 아이젠만에 의해 출판되기도 했다.

Aldo Rossi(1931~1997) was born in Milan, Italy in 1931. He graduated from the Milan Politecnico in 1959 and joined the Milanese magazine Casabella-Continuita, serving as its editor from 1961 to 1964. Rossi taught at several architecture schools, including Milan's Politecnico, Zurich's ETH, New York's Cooper Union, and Venice's Instituto Universitario di Architettura. Rossi established himself as an architectural theorist in 1966 with the publication of his theoretical treatise L'Architettura della citta'. In this book and in all of his design work, Rossi used the city as his central theme. His dissertations on the city focus on traditional forms and buildings especially within the Lombardy region where he grew up. Although Rossi emphasizes the autonomy of architecture within a given culture, he also stresses the importance of the transformation of Rationalism.

더욱이 『카사벨라』지의 1970년 1월호에 그의 건축론의 출발점이라 할 수 있는 논문 「Object에서 Relationship으로-쥬제페 테라니(Giuseppe Terragni) I」를 발표했다. 그의 주택작품이 실현된 대표적 예는 주택 제1호, 제2호, 제3호 그리고 제 6호로서 많지는 않지만, 그의 작품과 사상은 세계의 건축가들에게 강한 지적자극을 주었다. 이탈리아의 건축비평가 **만프레도 타푸리(Manfredo Tafuri)**가, "언어학적 잔학"으로까지 평한 일련의 작품에 있어서 그 형태는 그의 작품 The OSU Center for the visual center에서 볼 수 있는 것처럼, 아이콘(Icon)이 도입된 어느 정도의 변화가 나타나지만, 앞으로 어떤 방향으로 진행할 것인가는 역시 짐작할 수 있다. 아이젠만의 건축은 Post Modern Architect들과는 어느 정도 다른 점을 보인다.

Tafuri, Manfredo1935~1994 Marxist architectural historian of the renaissance and modern era; architectural theorist. Tafuri was born to Simmaco Tafuri and Elena Trevi (Tafuri). His father was an engineer. He attended the University of Rome when Guilio Carol Argan (q.v.) was chair of art history. Although Argan had written on architectural history, there were no architectural historians in academic positions. Tafuri's major influence was his design professor, Ludovico Quaroni. He received a Master's degree in architecture in 1960 and was appointed professor at Palermo. Tafuri wrote a small monograph on his mentor Quaroni in 1964. He married Guiseppina Rapisarda in 1966. As an architectural historian, his major counterparts were practicing architects who also wrote about architecture, Bruno Zevi (q.v.) and Paolo Portoghesi (q.v.). His 1967 book Teorie e storia dell'architettura outlined, among other things, the deficiencies of architects as historians. It also predicted the failure of modernism (cf. Walter Benjamin), outlining modern architecture's complicity with capitalism. Tafuri led a celebrated dispute with Zevi and

Portoghesi, particularly after his appointment as professor of architecture at the Instituto Universitario di Architettura di Venezia, Tolentini, Italy, in 1968. Tafuri accused them of viewing architecture with "operational criticism", i.e., using their agendas as practicing architects to frame the history of architecture. He instead suggested that architectural criticism and history be considered the same thing, and that practicing architects abandon the prospect. In his 1973 Progetto e Utopia, he called on architects to simple act and not write. In Venice he was also the director of the Institute of History, Instituto Universitario di Architettura in Venice. His ties with Marxist theory(and his re-organizational mandate at the Instituto) were such that he brought in members of the Italian Communist party in the department. His architectural history on an entire street in Rome, Via Guila, 1973, and L'armonia e i conflitti, 1983(on San Francesco della Vigna in Venice) weave social and political history into a nearly comprehensive account of their topics. In his final years, Tafuri became the exponent for serious architectural conservation carried out by trained architects. He succeeded in halting the plans for Renzo Piano to modernize the environs of Palladio's Basilica in Vincenza. Tafuri was one of the first professional (academic) architectural historians in Italy. He embraced a Marxist critique of architecture. In both Theories and History of Architecture and his (somewhat mis-translated English title) Architecture and Utopia (Progetto e Utopia in Italian), he asserted that architecture was a beautiful corpse, an art form no longer sustainable in the modern world. Tafuri saw capitalist production and consumption eroding values, not stabilizing them, and hence the modern era was not able to create a context of believe in which architecture could flower. He castigated post-modern architects as not having the courage to stand up to fashion. From the 18th century onward, Tafuri argued, architects had subconsciously built buildings contradicting a social reality they were powerless to control: instead of expressing the values of modern society, buildings concealed them. His opinions, always strongly argued, seemed uneven. He praised Le Corbusier's architecture in Algiers, but despaired at his Chandigarh work. Some of Tafuri's notions may have been drawn from the 1891 book, Architecture, Mysticism and Myth by William Lethaby (q.v.), but more directly assimilated the work of Michel Foucault(1926~1984), Galvano

Della Volpe(1895~1968), Walter Benjamin (1892~1940), and Theodor Adorno (1903~1969).

즉 그들이 팔라디오(Andrea Palladio)의 건축을 모범으로 역사주의적, 고전주의적, 절충주의적이고 동시에 비 기계적(non-mechanical)임에 반해, 아이젠만의 그것은 역사적이고 고전적인 것을 부정하며 어느 정도 기계적인 경향을 갖는다. 그는 또 뉴욕 화이브 중의 한 사람인 마이클 그레이브스(Michael Graves)와도 일면 차이를 보이고 있다.

그레이브스가 역사적인 아이콘을 단편적 콜라주로 표현해서, 원래 그것이 갖고 있던, 형식적이고 기능적인 문맥(Context)을 파괴하여, 잡동사니의 파편들을 의미론적(Semantic) 언어기호로 융합시켜서 찰스 젱크스(Charles Jencks)가 인용하는 새로운 형태의 잡종(Hybrid)을 만들어내는 반면에, 아이젠만(Peter Eisenman)은 현대와 똑같은 시대가 과거에는 없었기 때문에, 일절 문화적(文化的)이고 역사적(歷史的)인 맥락은 부여하지 않는다. 오로지 그 시대의 이데올로기적 선택물을 통사론적(Syntactic) 언어기호로 개념화(Conceptualism)시킨다. 이와 같이 문화란 어떤 하나를 잃어버리는 것이 아니라, 발전 · 변형하는 것이라고 한 T. S. Eliot의 말을 인용해 보는 것도 의미 있을 것이다. 아이젠만(Peter Eisenman)은 르 꼬르뷔제(Le Corbusier)와 쥬제페 테라니(Giuseppe Terragni)의 건축을 추종한다. 특히 테라니는 아이젠만에 의해 발굴된 건축가라고 해도 과언이 아니다. 여기서 꼬르뷔제의 사보아 주택은 아이젠만의 규범이 되고 있다. 그는 오리려 순수주의적이며, 합리주의적이며, 구조주의적이며 단지 형태적 측면에서는 탈 기능주의(Post Functionalism)를 추종하기도 한다. 이러한 실례는 주택 제6호를 분석해보면 잘 나타난다.

이와 같이 아이젠만이 전개하는 건축화 작업은 동시대의 작가뿐만 아니라, 뉴욕 화이브의 건축가들과도 차이를 갖는 보다 체계적(Systematic)이고, 보다 형식적(Formalistic)이고, 보다 개념적(Conceptual)인 건축 작업을 하는 건축가로서 폭넓은 이론적 베이스를 갖는 건축가이다. 한마디로 말해서, 그는 물리적(Physical)인 세계에 정신적(Metaphysical)인 배경을 설정하는 작업을 하고 있다고 말할 수 있다.

피터 아이젠만의 주택은 어느 것이나 인습적인 건축의 관점에서 보면 난해할 수밖에 없다. 건축의 기능에 대한 물음이나, 건축가로서의 주체성의 상실, 자율적인 기호체계로서 건축의 오브제성 등은 선뜻 대응할 수 없는 본질적이고 어려운 반문들이기 때문이다. 이들은 수년 전 한국에 상륙하여 지금까지 주목을 받고 있는 해체주의의 논점들이며 아직 그리고 앞으로도 명쾌한 결론은 불가능할지도 모르는 주제들이다.

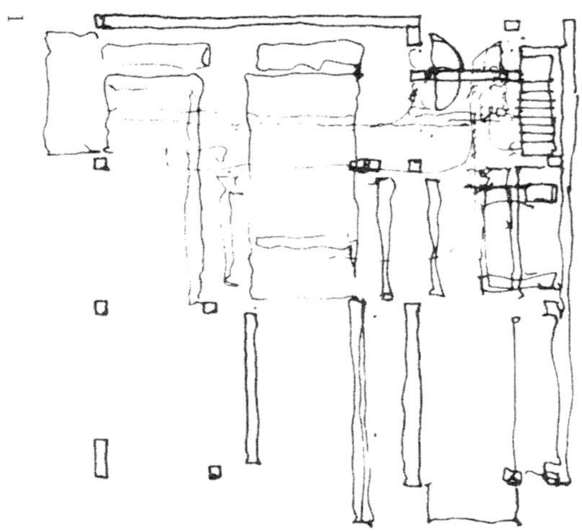

그림 12-2 주택 제2호 평면스케치1

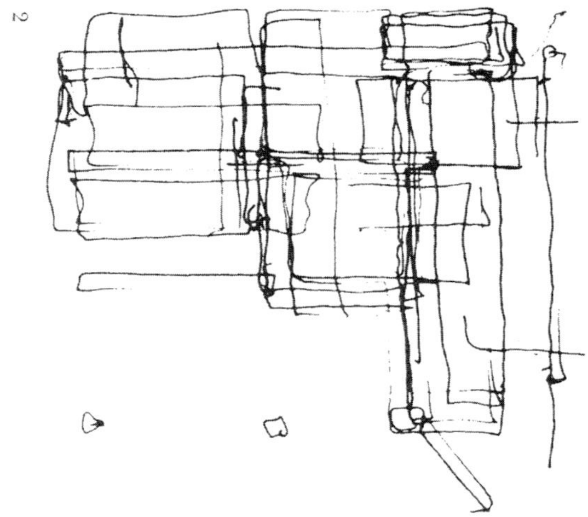

그림 12-3 주택 제2호 평면스케치2

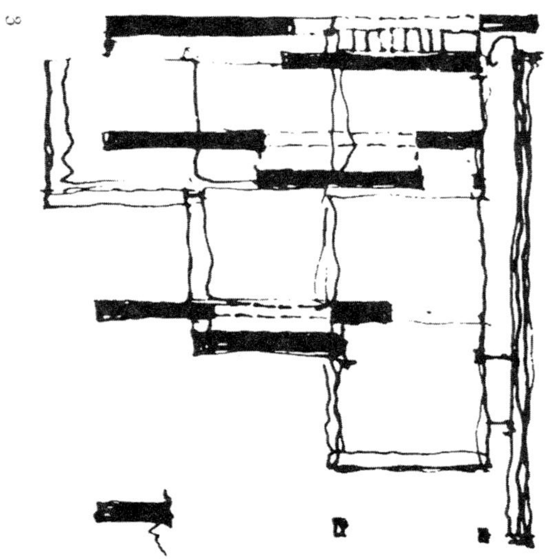

그림 12-4 주택 제2호 평면스케치3

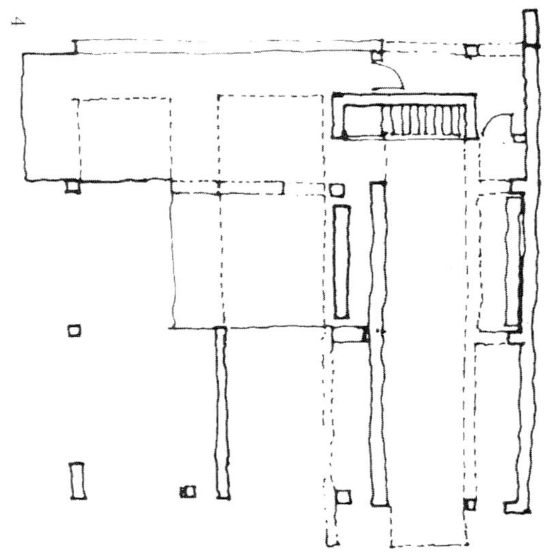

그림 12-5 주택 제2호 평면스케치4

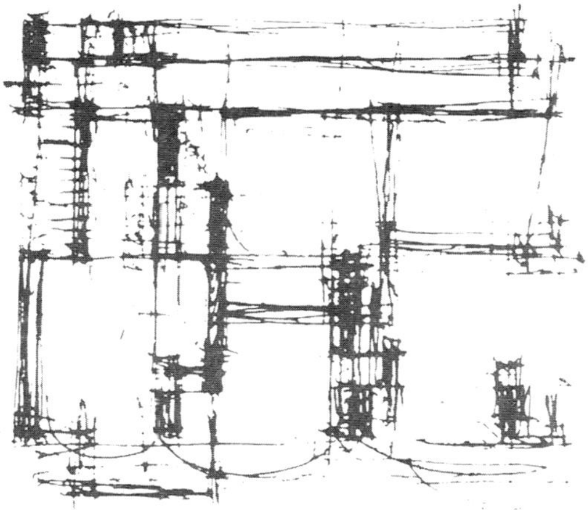

6

그림 12-6 주택 제2호 평면스케치5

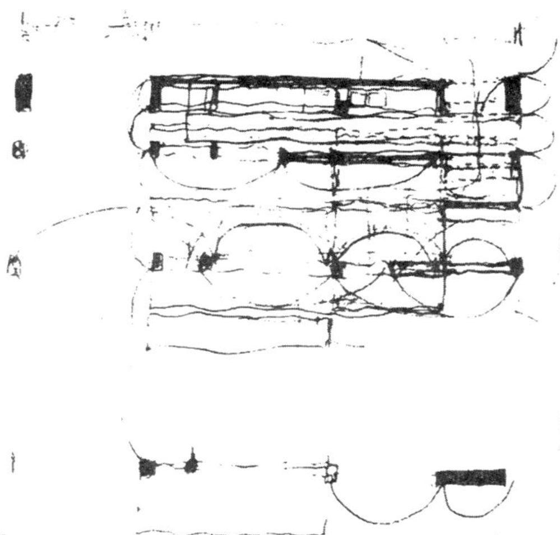

7

그림 12-7 주택 제2호 평면스케치6

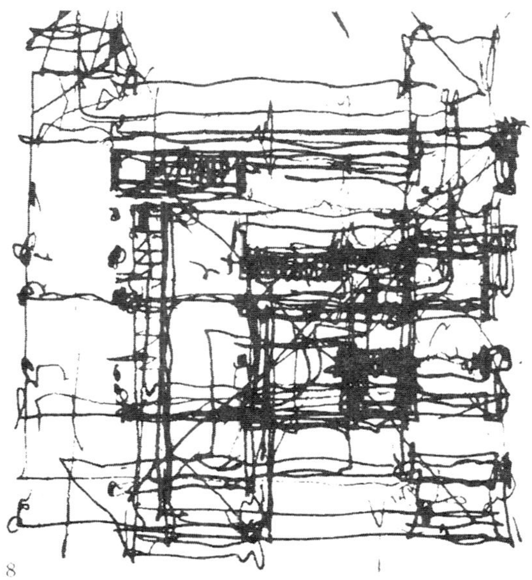

8

그림 12-8 주택 제2호 평면스케치7

아이젠만은 이들 주택의 연장선상에서 이러한 주제들에 대한 실험을 지금까지 지속하고 있다. 그의 건축은 철저한 방법론에 근거하여 형태적 정체성을 구축하고 있으며 형이상학적(形而上學的)이면서도 현실의 건축에 대한 비전을 제시하고 있다. 그는 건축적 사고의 전통적 한계와 인간의 예상 가능한 창조를 넘어 서려고 노력한다. 주택 제2호와 주택 제10호의 성과는 끊임없는 변화를 향한 긴 여정의 시발점인 것이다.

마이클 그레이브스(Michael Graves)는 1967~68년 인디애나 주 포트웨인에 한셀만하우스를 건설했다. 3층 주택이지만, 그는 여기서 아이젠만의 "카드보드 건축(최초 1920년대 후반 르 꼬르뷔제의 작품에 대해서 네가티브한 평가를 내렸지만, 아이젠만은 그것을 실제 구조의 필요성 혹은 재료의 속성으로부터 완전히 분리시켜서 형태를 생성하는 방법으로서 포지티브한 자세로 재생시켰다)" 이상으로 강렬하게 이용 상의 제약을 무시했다. 의도적으로 본래의 의미를 제거하는 "꼬르뷔제 語"를 실로 냉정하게 조작했다. 1969~72년에 똑같이 포트웨인에 슈나이더만하우스를 건설했으며, 이 주택에서는 큐비즘(cubism)적 문법이, 단지 인간을 매료하는 웅변성을 위해서만 구사되고 있었다. 구도의 해체 방법은 몬드리안 혹은 리에트펠트의 신 조형주의를 그리고 맑고 담담한 파스텔 색체의 이용은 반 그리스를 연상케 한다.

쥬제페 테라니(Giueseppe Terragni)는 코모근교에서 1904년에 태어났으며 형식적인 교육을 곧 능가해서, 1920년대의 중반에 이르면 북부유럽에서 구체화되어 가는 근대운동을 깨닫게 되었다. 그의 초기 작품은 근대성과 동의어로 보았던 구조기술과 추상으로 일종의 고전적 형태와 조화시키려는 노력으로 특징지어졌다. 도시 건물들을 위한 1920년대 후반의 디자인은 국제적인 사례들을 세련되게 재해석한 것이었다. 학창시절부터, 과거의 건물들을 스케치하고 변형시키는 습관을 가지고 있었다. 다른 근대 건축가들이 그러했던 것처럼 테라니가 꼬르뷔제(Le Corbusier)를 가장 존경했다는 것은 놀라운 일이 아니다. 그보다 좀 더 나이가 많았던 세대의 프랑스-스위스 건축가에 대한 그의 이해는 기술적 이미지와 형태의 순수함을 받아들였던 대부분의 이탈리아 모더니스트보다는 훨씬 심도가 깊었지만, 언제나 조직체의 심도 깊은 원리와 전통과의 연계를 이해하지는 못했다. 테라니는 르 꼬르뷔제와 상당히 동일한 전통주의자였다. 그는 "본질적인" 건축의 가치가 근대적인 표현 양식으로 재고되고 성공적으로 구체화될 수 있다고 믿었다. 그 이상으로 테라니는 사실 고전주의자였으며, 미숙한 이탈리아의 모더니스트들이 잊고 있었던 비례, 추상, 그리고 도시의 특성을 언급하는 르 꼬르뷔제(Le Corbusier)의 건물들과 저서를 이해할 수 있었다.

주택 제2호 : 1969~1979, 하드윅, 버몬트 House II, Falk House, Hardwick, Vermont

"카드보드 아키텍쳐(cardboard architecture)"는 1920년대 후반 르 꼬르뷔제(Le Corbusier)의 작품에 최초로 적용된 별칭(epithet)이며, 당시 그의 건물은 평활하고 흰 표면 그리고 그 면의 정확한 디테일과 더불어 건축사무소에서 만들어진 카드보드의 모형이 때로는 건물의 실제크기까지 팽창시켰던 것처럼 보인다. 그것은 비현실성에의 코노테이션(connotation)과 구조적 측면에서 기묘한 무관심을 내포하고 있었지만, 아이젠만이 건축 작품에 적용했던 것은, 틀림없이 이러한 이유 때문이었다. 그는 물리적 외피로부터 모든 기능과 semantic한 연상의 부하를 소멸했었다. 이러한 부하 대신에 그는 "모형"에의 연상을 환영했다. 즉 실제 구조의 활용성 혹은 실제 재료의 속성으로부터 완전히 분리해서, 형태를 생성하고, 관념을 탐구하는 하나의 방법으로서 나타난다. 그는 동시에 다음과 같이 기술했다. 여기서 카드보드란 용어는 미적인 것이 아니며, 공인된 혹은 새로운 양식도 아니며, 절충주의도 아니다. 오히려 아이젠만의 의도에 적절한 은유(metaphor)일 것이다. 그것은 물리적 환경의 실재(reality)적 본질에 의문을 갖는 용어이다. 그것은 형태에 대한 기존의 개념작용으로부터 초점을 그리고 형태정보의 수준을 준비하는 신호(signal) 또는 기호(notation)로서의 형태고찰로 전환 되려는 용어이다. 또한 그것은 건축형태의 성질을 실제적이고 개념적으로 탐구하려는 수단이다.

카드보드(cardboard) 하우스로 불리는 이 주택은 이름 그대로 실제 건축물인지 모형인지 구분하기 힘든 형태를 취하고 있다.

여기서 주택 제2호는, 기둥과 보의 선과 벽(Solid)과 유리(Void)의 면들로 구성된 백색의 입체 그리드로 르 꼬르뷔제의 전통을 이어 받고 있다. 1층의 생활공간과 2층에 침실을 갖고 있는 이 주택의 평면은 정방형의 그리드 체계를 바탕으로 대각선의 구도를 이룬다. 중심의 정방형 볼륨을 둘러싸고 동남쪽의 세 칸이 비워져 있다. 상층부 볼륨들은 서쪽에서 동쪽으로 상승하고 있으며 북쪽으로 선형의 수직 동선이 상하의 각 부분들을 연결시키고 있다. 벽은 동서로 세워져 있지만 상층부의 공간들은 남북으로 늘어진다.

형태의 근간은 9분할된 정방형과, 16개의 기둥, 그리고 4개의 동서방향의 벽으로 이루어진다. 정방형의 대각선 이동으로 켜를 이루어 수직 동선과 천장체계를 생성한다. 공간은 중심의 볼륨을 둘러싸고 대각선으로 배치되며, 공간볼륨의 방향성은 벽과 직교를 이루면서 남북으로 설정되어 있다. 또한 사람의 움직임에 따라 공간의 방향성을 조정하여 1층의 기둥은 상부의 볼륨과 평행한 남북방향으로 켜만큼 연장하여 결과적으로 기둥구조와 벽 구조를 채택한 것처럼 보이게 한다.

그림 12-9 주택 제2호 남측 전경

그림 12-10 주택 제2호 북측 전경

그림 12-11 주택 제2호 남동 측 전경

그림 12-12 주택 제2호 북동 측 전경

주택 제10호 1975~78, 부룸필드 힐스, 미시간

주택 제10호는 폐허(ruin), 부패(decay), 붕괴(falling to pieces)의 비유적 관념으로 강하게 채색되어 있으며, 포스트 모더니스트의 이미지가 모든 이데올로기적인 것에 대한 은밀한 반감을 내포하고 있지만, 주택 제10호의 경우에는, 현대의 인간이 가장 먼저 자신의 합리성과 인간이 완전한 존재가 될 수 있다는 신념을 가질 수 없었던 문화적인 상황에 대한 광범위한 또 명확한 이데올로기적 관념으로부터 이미지가 근저에 깔려 있다. 그리고 모더니즘(modernism)에 대한 일반적인 관심 즉 지금까지 휴머니즘(humanism)에 대응해서 교체될 수 있는 광범위한 문화현상의 일부로서 그리고 금세기에 들어와서부터 제기된 지적 명제에 관련된 것으로서 모더니즘과 포스트모더니스트의 반응을 구별할 수 가 있다. 이와 같은 폭넓은 주장이 주택 제10호의 근저에 깔려 있으며, 따라서 주택 제10호는 포스트모더니즘의 "폐허"로부터 구별될 수 있다.

또한 주택 제10호는 "모독적"인 오브제이다. 현대문화에 대한 믿음만이 아니라, 순수하게 건축에 대한 믿음으로 남아있다. 여전히 아이콘은 존재하지만, 그것은 정화의 의식적 현전으로서만 존재한다. 설계과정에서 가장 중요한 것이 반드시 아이콘의 제작이 아닌 것으로 알고 있지만, 형태(form)의 "이외"의 혹은 병존하는 사용방법, 결국 스스로의 생태적인 성질과 내면화된 의미의 표현으로서의 이용방법이 존재하는 것도 인정될 수 있다. 그렇게 된다면 결국 무한한 가능성이 열려지는 것이다.

주택 제10호는 프로세스와 의미에 대해 오브제의 우위를 재확립하려고 한다. 우주로부터 지구에 내려온 물체가 거기에 있다는 것에 대해, 어떻게 해서 내려왔는가, 사회적으로 어떤 의미를 그 물체에 부여할 수 있는가 하는 것은 그렇게 중요한 것이 아니다. 오브제는 그것 자체의 물리적 존재의 힘만을 나타내며 존재한다.

약 오만 평 정도의 삼림지 북쪽 경사면에 계획된 이 주택은 우선 시각적으로 주택 제2호와는 다른 구성을 보인다. 구성의 단위가 선과 면에서 볼륨으로 커진 것이다. 정 입방체에서 대각선 방향으로 작은 입방체를 삭제하고 남는 L형의 볼륨 4개를 4분 정방형의 관계로 병치시키고 북쪽의 두 L을 뒤집어 놓은 것이 이 주택의 기본형이 된다. 북동쪽의 L에 거실, 북서쪽의 L저층에 식당과 가족실 그리고 상부에 주인침실이 배치되어 있다. 차고와 기타 침실이 남서쪽 L의 상하층에 나뉘어 있으며 남동쪽으로 떨어진 L은 덱크와 솔라룸이 차지한다. 십자형의 중심부는 경사면을 따라 계단을 두고 주 동선을 이룬다. 그 위에 첨가된 2개의 유리(Glass)L로 형성된 아트리움은 4개의 L을 하나의 주택으로 통합하지만 남북 중심축의 절반만을 수용하여 주택에서의 '중심(中心)'을 의도적으로 배제하고 있음을 알 수 있다.

L형 혹은 U형의 내부의 수직의 벽들은 거의 창들을 갖고 있지 않아서 외부공간에 대한 수평적 관계를 거의 차단시키고 있으며, 내부공간의 바닥에는 유리를 도입한다. 외부 입면은 L의 변형들이 대칭, 비대칭, 병치 등의 조합관계를 이루며 주택의 생성과정(生成過程)을 암시한다.

U형의 진입로는, 주택을 동서 양측에서 접근하게 되어 있으며 주택의 남동쪽 L에서 떨어져 나간 볼륨으로 형성된 게이트 하우스는 실제적이면서도 개념적인 입구로 계획되었다. 그리고 주택의 남북으로 풀과 테니스코트 가 대치되고 있다. 풀(pool)과 테니스코트(tennis court) 즉 물과 토지는 인간과 자연의 관계에 대한 역전의 일부이다. 즉 인공과 자연요소간의 상호작용이 나타나는 것이다. 남북축에서 인공의 요소가 랜드 스케이프 중에서 확장되고 있다. 예를 들면 직사각형의 풀장이 남측에, 테니스코트가 북측에 놓이게 되며, 이와 같은 요소는 자연의 대립물과 상호작용하게 된다. 즉 풀장은 자연의 토지를 파서 양측을 자연적 토지로 둘러싸고 있으며(포도나무가 자라서 옹벽을 은폐하고 있다), 테니스코트는 부지에 있는 기존의 웅덩이를 잠식하고 있게 된다.

아이젠만의 생각

아이젠만은 **노암 촘스키(Noam Avram Chomsky 1928~)**의 구문론적 모델을 비롯한 의미전달체계에 많은 관심을 가지고 있었다. 은유적인 것이 아닌 구조적 체계 내에서 형태들 간에 생겨나는 구문론적인 관계에 의해서 발생되는 의미전달체로서, 언어에서의 심층구조와 같이 건축에서도 인간과 환경의 근본적 관계를 내포하는 형태의 내재적인 심층구조를 드러내는데 설계과정의 초점을 맞추었다. 하나의 정확한 형태를 특별한 한가지의 기능에 따라 만들려는 기능결정론적인 입장을 비판하고 형태를 만든다는 것을 논리적 일관성의 문제로 봤다. 기능이나 미학을 만족시키는 오브제의 창조가 아니라 형태의 구조 내에서 형식적 관계항들의 집합을 통해 형태의 본질을 노출시키려 했으며, 개념적 아이디어가 실제 오브제보다 우선권을 가지는 개념적 건축을 지향했다.

노암 촘스키(Noam Avram Chomsky 1928~)

미국 언어학자 · 사회운동가. 필라델피아 출생. 유대계 러시아 이민 2세로 펜실베이니아대학에 서 Z. 해리스로부터 구조주의 언어학을 배우고 그 자신의 이론을 발전시켜 1955년 「변형적 분석」이라는 논문으로 박사학위를 받았다. 55년부터 매사추세츠공과대학에서 언어학을 가르치면서 『통사론적 구조(1957)』『통사론의 여러 측면(1965)』『생성문법 이론의 여러 문제(1966)』등을 저술, 구조주의 언어학을 주류로 하는 미국 언어학계에 <변형생성문법>이라는 새 연구 방향을 제시하여 언어학의 혁신을 일으켰다. 이 저작들에서 그는 경험주의적 견해에 바탕을 둔 구조주의언어학을 비판하고, R. 데카르트를 비롯한 합리주의철학에서 언어학의 기초를 찾으려 하였다. 즉 모든 언어는 인간의 마음에 주어진 보편적인 생득적(生得的) 능력의 결과로 볼 수 있는데, 이 생득적 능력의 해명이야말로 언어학의 궁극적 목표라는 것이다. 촘스키의 이 이론은 언어학뿐 아니라 철학 · 심리학 · 사회학 등의 분야에도 광범위한 영향을 미치고 있다. 언어학 이외에 정치학 · 철학 · 인지과학 · 심리학 등 여러 분야에서 70여권의 저서와 1000여 편의 논문을 발표했다.

주택 제2호에서는 기저구조(Underlying Structure)를 설정해 두고 연속적인 변형의 방법을 진행하면서 기저구조와 실제 환경의 관계를 대립시킨다. 켜에 의해서 실제 기하와 내재적인 기하를 대립시키고, 과다한 구조로서 기둥구조와 벽 구조를 동시에 사용함으로서 둘 중에 하나가 구조체가 아닌 것으로 읽혀지게 하여 그것이 표시의 의미를 갖게 한다. 지각의 구조에 대하여 개념의 구조가 우위로 병행되면서 주택이 지각과 개념의 이중적인 가치체계를 가지게 하는 것이다.

모더니스트들의 완벽한 구조는 오히려 하나의 완성된 체계가 그 속의 필연적인 미완성을 드러내려고 하는 경향을 보여주고 있다. 아이젠만은 근사화(Approximation) 기법으로 이성적 변형의 과정이 아닌 탈 구성의 전략으로 어떤 완벽한 체계의 미완성을 보여주고 바로 이 미완으로부터 새로운 질서를 세우려 했다. 교외의 주택에서 도시적인 그리드를 근간으로 삼으면서 미완적인 L형을 불안정한 형태로 집합시켜 놓은 것이 주택 제10호이다.

"신은 죽었다"라는 니체의 외침과 함께 시작된, 서구의 가장 근본적인신념인 신에 대한 믿음의 상실이 세계대전 전까지는 진보에 대한 신념, 국수주의와 전체주의 등에 대한 신봉에 의하여 가려져 있었다. 그러나 유례없는 큰 대전을 치른 후, 모든 것이 산산조각이 나게 되고, 지금까지 "중심(center)", 또는 "오리진(origin)"이라고 믿어 온 것이 사실은 환상이었음이 현실 속에서 보다 분명해졌다. 이 세계를 유지해 온 구심점이 그 권위를 상실하게 된 이러한 상황에서의 인간의 실존적인 상태는, 아버지를 잃은 고아와 같은 처지, **까뮈(Albert Camus 1913~1960)**의 이방인과 같은 처지로서 비유된다.

여기서 데리다(Jacques Derrida 1930~2004)의 해체주의는 편협하고 경화된 이데올로기의 대립과

억압이 치열해진 1960년대 말과 70년대를 시대적 배경으로 하여 등장한 탈구조주의의 근간이 되는 이론이라고 할 수 있다. "부재"하는 "중심"의 상실감으로 인하여 향수와 죄의식에 사로잡혀 있는 상태에서 벗어나 더 이상 "중심"을 추구하지 않고, "중심"의 "부재"를 인정하자는 것이 데리다(Jacques Derrida 1930~2004)의 해체주의의 기본을 이룬다고 하겠다. 그의 "중심", "오리진"이라는 용어는 "초월적 시니피에 transcendental signified", 신(God), 존재(Being) 등으로 바꾸어 쓸 수도 있다. 데리다에 의하면, 서구 형이상학의 기본개념이 되는 이분법적인 사고방식은 " 초월적 시니피에 "가 현존하고 있다는 낙관주의에 근거하고 있다. 이분법적 구분이란 결국 어느 한쪽을 다른 한 쪽에 종속시키기 위한 구분, 다시 말해 이데올로기의 형성을 위한 구분이라고 할 수 있다. 따라서 해체이론은 이러한 이분법적인사고의 모순점을 찾아내어 지적하고 공격함으로써, 그리고 자체 내의 논리적 모순을 파헤침으로써 서구 형이상학의 전통을 해체시키는 전략을 통해 서구의 권위적인 형이상학 전통에 대한 도전과 그로부터의 해방을 가능하게 해준다고 긍정적인 평가를 내릴 수 있다.

전통적인 주택의 중심은 사람이 살 수 없이 그저 비어있는 곳이 되어 버리고, 수평면이 부재하기도 하고, 내외부공간의 경계와 스케일 개념을 흐리게 만든다. 이렇게 우리가 가지고 있는 주거와 인간성의 개념들이 가지는 필연적인 불안정과 모순을 드러내 보이는 반 건축으로서 주택 제10호는 인본주의에 대한 비평적 오브제를 자처한다.

아이젠만에게 건축가는 발굴한 오브제를 자의적으로 변형할 수 없는 고고학자처럼 오브제의 자율적인 생성과정을 좇으면서 주거 만들기를 거부하고 그것을 기록할 따름이다.

인간의 필요를 만족시키려 서비스하는 역할에서 기로자로서의 새로운 역할로 물러서게 함으로써 창조자로서의 인간중심적인 주체성을 부정하는 것이다.

그리고 주택 제10호는 주택 제2호와 같이 외태적이고 은유적 지표와는 다른 기호로서의 기능과 자기 환원적이고 자율적인 오브제성을 부각시키려 한다. 기능과 형태와의 불완전한 관계에서 벗어나 자율적인 구조체계 내에서 가장 객관적 소재로서의 형태를 통해서 자기지시적인 의미를 생성시키려 하는 것이다.

카뮈의 이방인: 프랑스 작가 A. 카뮈의 소설. 1942년 발표되었다. 카뮈의 처녀작으로, 그는 이 작품으로 세계적인 명성을 얻었다. 평범한 샐러리맨인 뫼르소는, 양로원에서 죽은 어머니의 장례를 치른 다음날 여자 친구인 마리와 해수욕을 하고 희극영화를 본다. 그리고 밤에는 마리와 정사(情事)를 가진다. 며

칠 뒤 일요일에는 해변에서 우연히 친구 레이몽과 다투고 있는 아랍인을 권총으로 쏘아 죽인다. 체포되어 재판에 회부된 그는 왜 죽였느냐는 재판관의 질문에 "햇빛 때문"이라고 대답한다. 그는 재판관 · 검사 · 변호사는 물론, 일상의 모든 것에 무관심한 태도를 나타내고 사형이 선고된다. 그는 재판과 세상의 부조리를 느끼며, 속죄의 기도와 교계사(敎戒師)를 거부하고, 고독한 이방인으로 사형집행일을 기다린다. 감방의 창을 통해 보이는 별과 하늘과 자연이 인간에 대해 무관심한 것이, 그가 인생에 대해 무관심한 것과 일치한다는 것을 깨닫고 행복을 느낀다. 그리고 처형되는 날은 많은 군중이 밀려들 것을 기대하며 이 소설은 끝난다. 논리적 일관성이 결여된 뫼르소의 행동을 그려, 근원적인 인생의 부조리를 나타낸 작품이다. A. 말로에 의해 발간되었다.

자크 데리다(Jacques Derrida 1930~2004): 프랑스 철학자. 알제리 엘비아르 출생. 에콜 노르말 쉬페리외르 철학과를 졸업하고 1960~1964년 소르본대학, 1965년 이후에는 모교에서 철학을 가르쳤다. E. 후설의 현상학(現象學)을 공부하고 구조주의 방법을 철학에 도입하였다. 서양철학이 대부분 궁극적인 형이상학적 확실성이나 의미의 근원을 모색해 왔음을 비판, 어떤 확립된 철학이론을 갖는 것을 피하고 언어의 기호체계가 자의적인 것이라는 인식 아래 <해체(解體)>의 방법을 통해 언어를 분석, 철학적 테제의 기본 개념을 재검토하려 하였다. 또한 시차성(示差性)이라는 개념을 도입, 실체(實體)와 직결된 것이라고 인식되었던 개념들이 사실은 시차적 특징에 의해서만 의미를 지니는 것이라 하여, 이를 재구성하려 했다. 저서로 『언어와 현상(1967)』『문체와 차이(1967)』『문자학에 대하여(1967)』『조종(弔鐘, 1974)』『회화의 진리(1978)』『다른 곶(1991)』『파락호-이성을 둘러싼 두 시험론(2003)』 등이 있다.

통사론(Syntax)의 場

건축에 있어서 형태는, 대체로 무엇에 의해 결정되어지는가?

과거양식의 배제를 그 출발점으로 했던 근대건축에 있어서 이것은 큰 문제가 아닐 수 없다. 특히 과거로부터의 절충주의에서 나타나는 건축의 유형과, 사회적인 요구와의 관습적인 결부에 의해 건축에 형태가 부여되어지는 것은 신중하게 다루지 않으면 안 된다. 결국, 근대건축에서 중요한 것은, 인간과 "사물"과의 사이에서 나타나는 관습적인 상징성을 모조리 없애버리고, 백지로 환원하는 것에 의해 새로운 관계성을 확립시키려는 것이며 극히 추상적인 기하학형태가 사용되어지는 것은 그 때문이다.

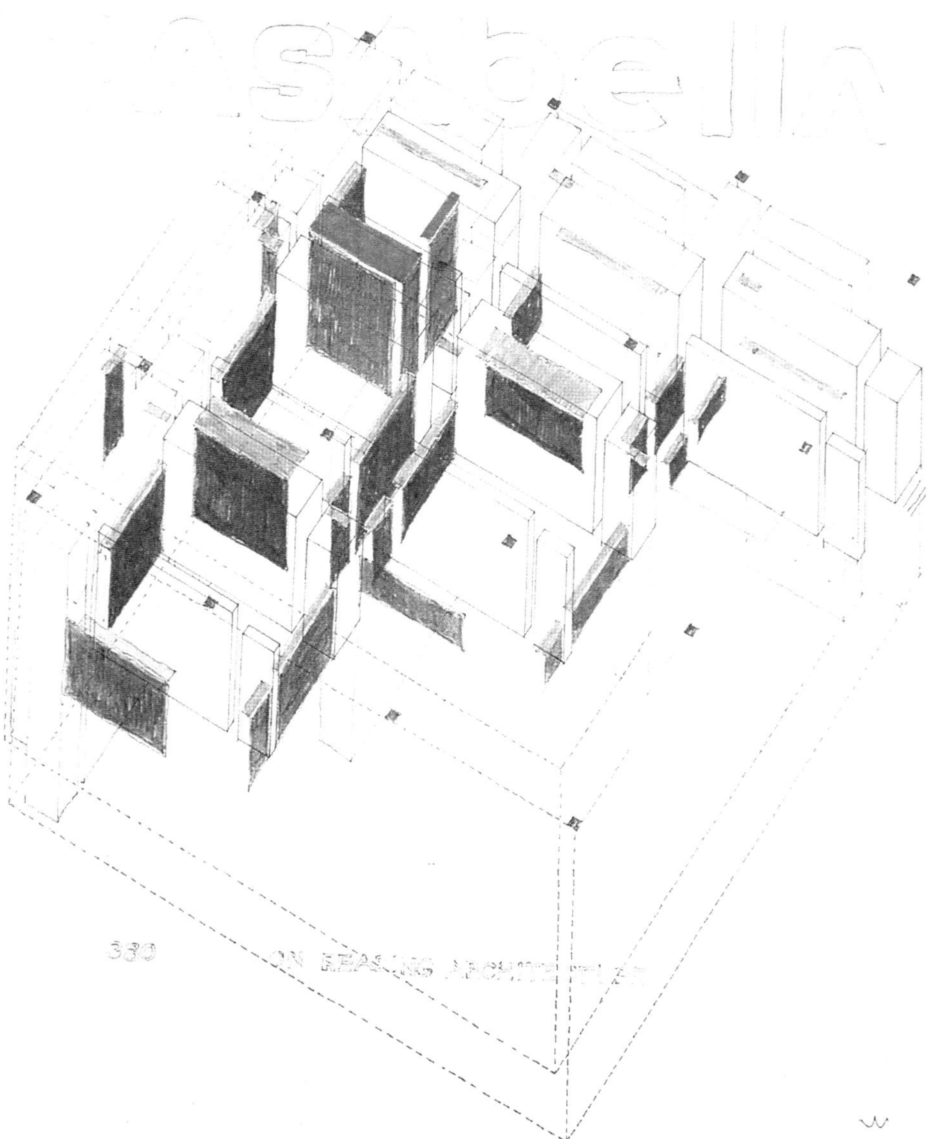

그림 12-13 카사벨라 표지, 주택 제2호

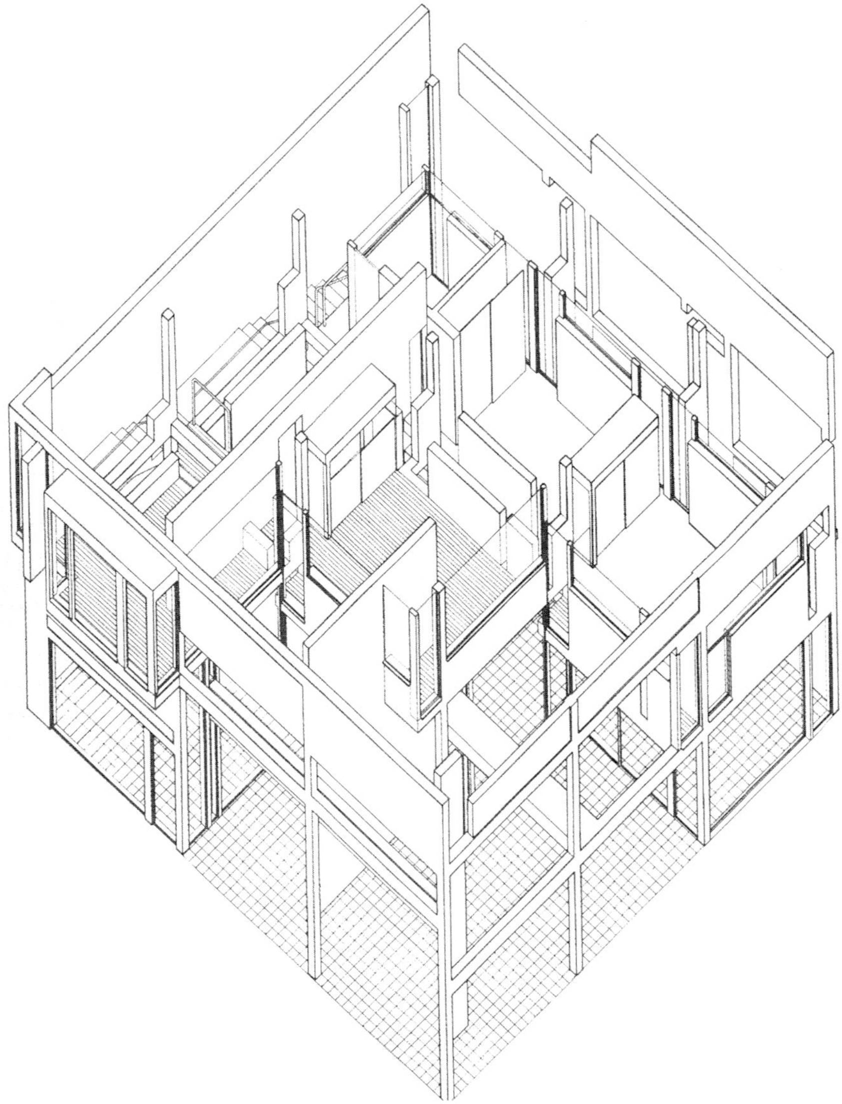

그림 12-14 주택 제2호 액소노메트릭

그림 12-15 주택 제2호 개념모델

그리고 당연히, 이와 같은 형태언어를 그와 같이 사용함에 따라, 새로운 의미(상징)를 만들어 낼 수가 있는지, 그 문법이 분명 추구할 것이다. 거기에 "기능적 필연성"과 "구법적 필연성"이라는 실증과학적인 근거가 존재한다는 것은 말할 필요도 없다.

그러나 정확한 체계가 확립되지 않은 상태에서, 건축가는 사회적 이데올로기로서의 존재를 강하게 하는 한편, 형태나 사회적인 이데올로기에 의해 각색되어지게 된다. 근대건축은 그 원리에 있어서 배제주의적이었지만, 이와 같은 과정 중에서 더욱이 윤리성을 강조하고 있다. 후에 "건축의 해체"가 나타나면서 공격의 실면에 세웠던 것이, 이와 같은 부분이며, "포스트모더니즘"이라는 명칭을 갖고 등장했던 건축의 다수가, 과거의 양식과 토착적인 형태를 의도적으로 사용했던 것은 필시 그 반동이었을 것이다.

그리고 때마침 구조주의가 사상의 세계를 풍미했었다. 언어학, 기호론의 논리를 모델로 한 근대건축의 해석 작업은 첨예한 건축가, 평론가가 열중하는 결과를 낳았다. 그들은, 그것을 통해서 근대건축의 철저한 객체화를 의도했던 것이다. 객체화는 만드는 측에 대해서는 극히 의식적인 동시에 비평적인 방법론이 요구되어질 것이다.

피터아이젠만의 "주택 제2호"는, 이와 같은 문맥위에서 성립하고 있다. 그가 주장했던 것은, 근대건축에 있어서 소홀히 했던 형태의 체계를 확립하려 했던 것이며, 더 한층 문화적, 사회적, 관습적인 의미를 완전히 제거함으로 해서, 형태만의 관계성으로부터 새로운 의미를 도출하려 했던 것이다. 그렇게 함으로 해서 이와 같은 관심은 언어학에 있어서 통사론(Syntax)의 모형 중에서 논해지며, 전개되어지게 되었던 것이다.

구조언어학이라는 말은 보통 1920년대에서 50년대에 걸쳐 유럽과 미국에서 생긴 혁신적인 언어학의 여러 유파를 총칭하는 것으로 쓰였다. 프라하 음운론학파, 코펜하겐 언어학그룹, 미국의 구조언어학그룹들이 대표적인 학파로, 여기에 제네바 학파를 넣어 4학파로 나누기도 한다. 구조언어학은 F. 드 소쉬르의 공시론(共時論)과 1930년대를 전후한 구조주의철학을 배경으로 하여 싹트기 시작하였으며 게슈탈트 심리학의 영향을 받기도 하였다. 이들의 특징은 언어의 특정 현상에만 주의하는 것이 아니라 관련 있는 다른 현상에도 유의하여 그 양상을 체계적으로 파악해 내고(기호학적 체계로 인식) 언어 전반에 보편적인 일반법칙을 추구하는 것이다.

소쉬르의 사후 16년에 제자들이 그의 필기 노트를 모아서 스승의 이름으로 펴낸 『일반언어학 강의』

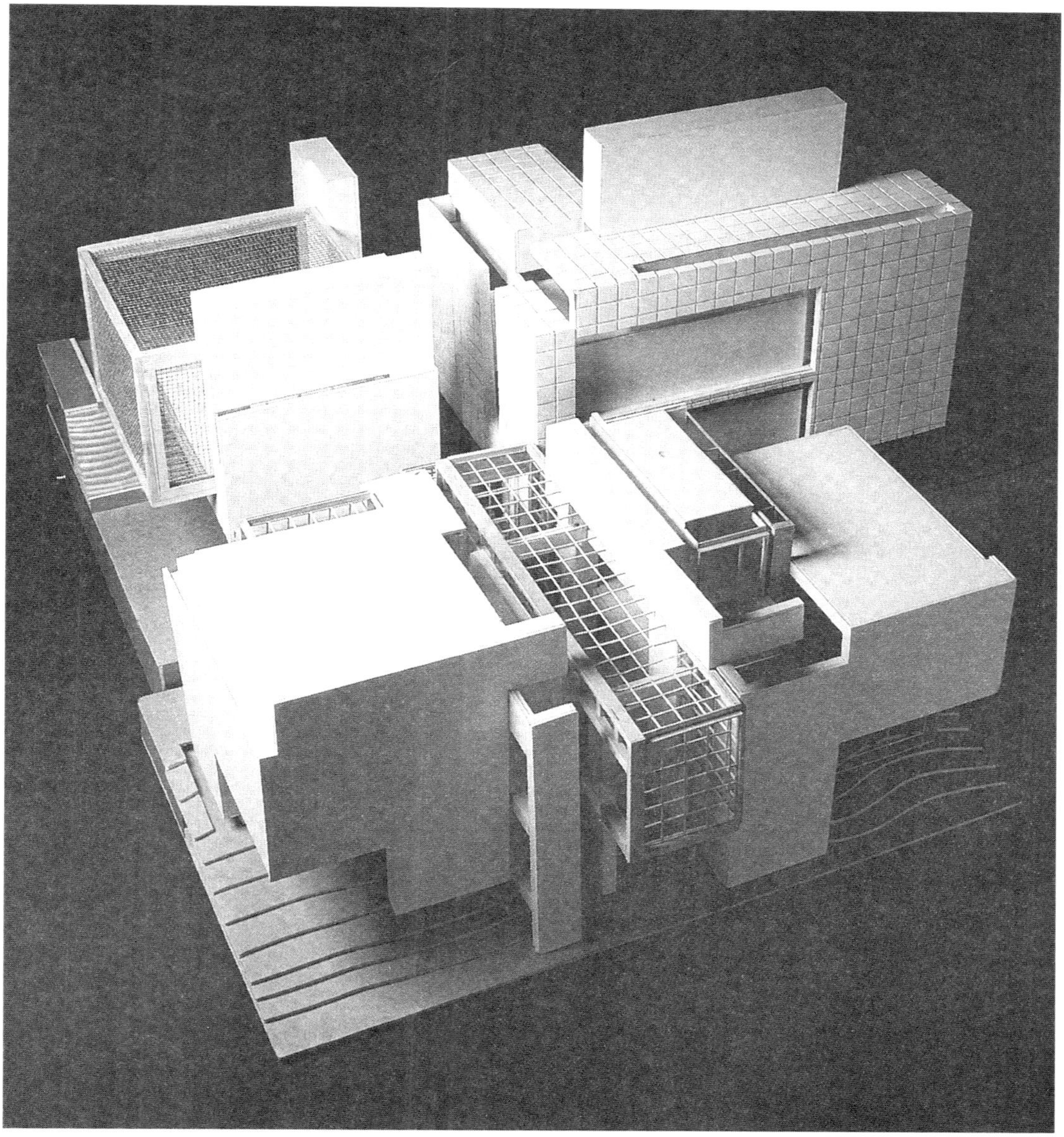

그림 12-16 주택 제10호 모델

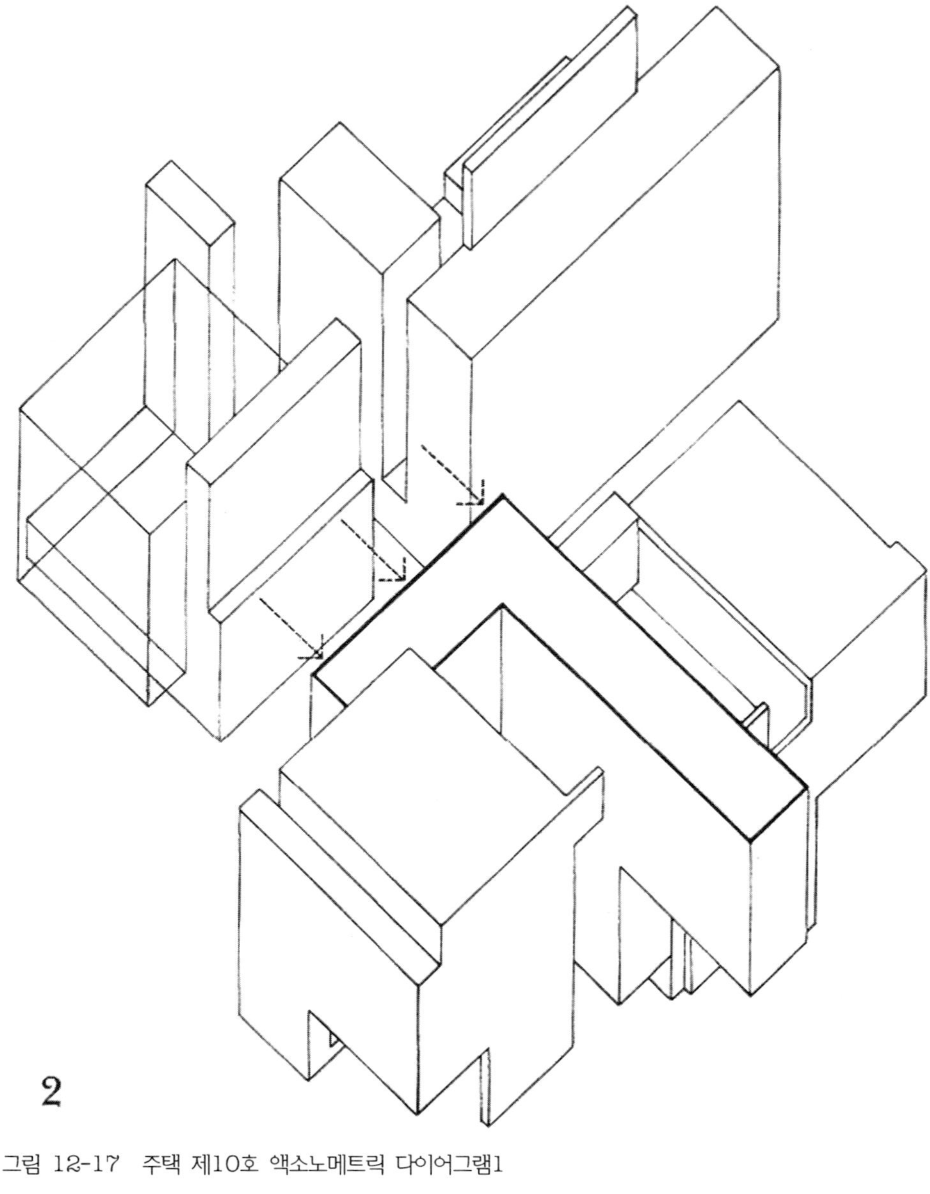

2

그림 12-17 주택 제10호 액소노메트릭 다이어그램1

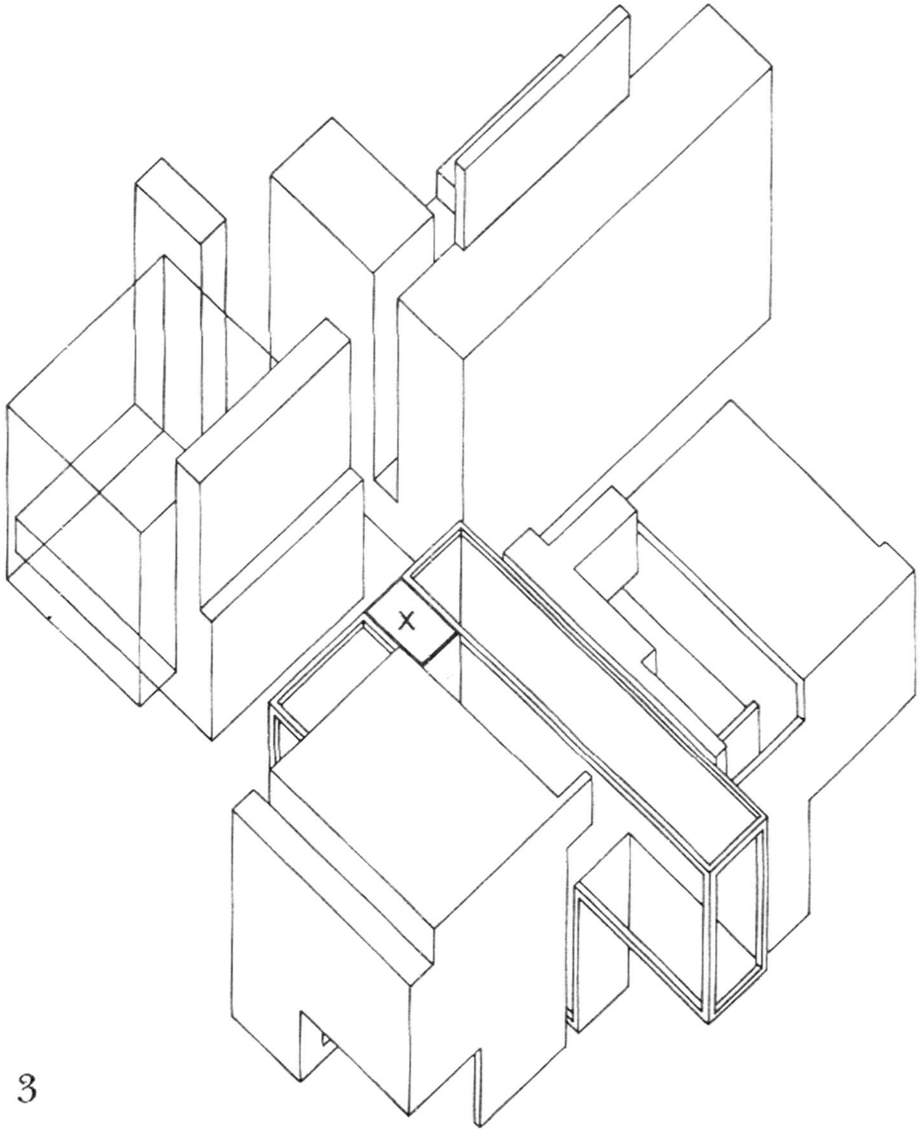

3

그림 12-18 주택 제10호 액소노메트릭 다이어그램2

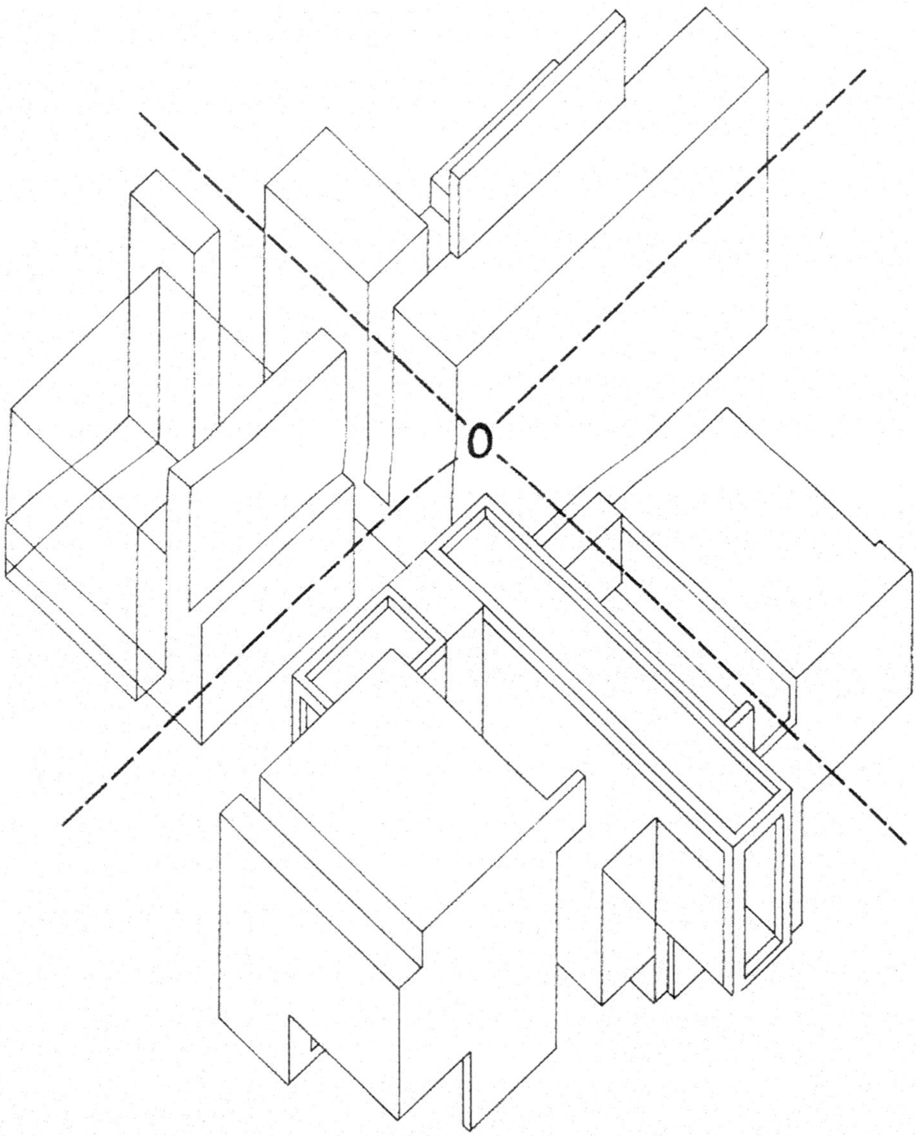

그림 12-19 주택 제10호 액소노메트릭 다이어그램3

를 보면, 소쉬르는 새로운 언어학의 대상과 방법을 쿠르테네 등보다도 훨씬 명쾌하고 당당히 제시하고 있다. 예를 들면 유명한 <랑그(langue)>와 <파롤(parole)>의 구별을 비롯하여 언어의 기호학적 성질, 언어기호의 자의성(恣意性)과 그 선적(線的) 성질 및 이산적(離散的) 성질, 랑그의 공시태(共時態)와 통시태(通時態)의 구별 등 당시로서는 매우 혁신적인 견해를 보여준 바가 있다.

의미론, 언어기호론

찰스 피어스(Charles S. Peirce)가 그의 『논집(1931~35)』에 의해서 기초를 닦았으며, 특히 지로 돌프레스(Gillo Dorfles: 1910년생 미학자, 미술평론가, 현대예술, 현대미학, 공업디자인의 발전을 위해 많은 활동을 했다), 조반니 크라우스 케니그(Giovanni Klaus Koenig: 1924년 토리노태생, 피렌체대학 건축사 교수 역임), 크리스찬 노르베르그 슐츠(Christian Norberg Schulz: 1926년 오슬로태생, 오슬로 대학 교수, 건축가, 건축사가, 건축이론가), 막스벤제(Max Bense: 1910년생의 독일 철학자 미학의 정보 이론적 기초와 텍스트의 실험적 기계적 생성에 관한 연구에 종사) 그리고 움베르토 에코(Umberto Eco: 1932년 알렉산드리아 태생, 토리노 대학, 밀라노대학, 볼로냐 대학, 콜롬비아 대학 등에서 미학, 기호론 등을 강의했다)에 의해서 건축에 도입된다. 구성적 기능적 사회적인 국면에 있어서 건축화된 형태의 의미(의미론)가 관심이 된다. 그 결과는 기능주의적인 경향의 극복이다. 기능주의가, 건축은 오로지 그 내부에서 작용하는 기능을 반영하는 것이라고 주장한다면, 오늘날 극단적인 경우 그 건물의 용도에 대한 표현도 방치될 수 있는 것이며 보다 다양화되고 복잡한 표현 그 자체의 추구가 우선하게 된다. 동시에 사고의 깊이는, 상당히 주관적이고 어린애 같은 신 매너리즘(Neo-Mannerism)의 알레고리와 유사하게 된다.

통사론(Syntax)은 낱말이 결합하여 형성되는 구(句) · 절(節) · 문장의 구조나 기능을 연구하는 문법의 한 분야이다. 구문론 · 문장론 · 월갈 · 통어론(統語論) 등으로도 부른다. 형태론(刑態論)과 함께 문법을 이루는 2대 기둥이며, 학파나 학자에 따라 연구대상이 조금씩은 다르다. 덴마크의 언어학자인 J.O.H. 예스페르센은 통사론을 언어의 의미내용(inner meaning)이 어떠한 외형(Outward form)으로 나타나는가를 다루는 분야로 규정하였다. 예를 들면 숫자 · 시간이 어떻게 표시되는지를 연구하게 된다. 구조언어학에서는 최소자립형식인 단어가 결합하여 이루어지는 형식을 연구한다. 변형문법에서는 개별 언어의 문장 형성과정과 그 원리를 연구대상으로 한다.

표백되어진 의미

사진에서 볼 수 있는 것처럼, 이 주택은 황량한 들판에 지어졌으며, 더욱이 모형과 같이 보인다. 그 외관은 르 꼬르뷔제와 테라니를 방불케 하지만, 주위의 환경에 있어서, 주택이라고 부르기에는 왠지 차가운 느낌 그리고 비인간적인 표정을 하고 있다. "주택 제2호"라고 불리는 것 이외에, 거기에는 우리의 "집"에 대한 이미지가 완전히 다루어지고 있는 것은 아닐 것이다.

평면은, 생각처럼 복잡하지는 않다. 테라스를 주위로 해서 1층에는 거실과 주방이 그리고 2층에는 욕실과 그것과 이어지는 침실 그리고 서재라는 사적인 공간이 만들어지고 있다. 그것에 비해, 기둥과 보, 벽에 의한 내부공간의 구성은 대단히 복잡하다. 마찬가지로 외관과 똑같이, 기둥과 보, 벽에는 일절 외적인 참조물을 통해서 인식되는 "의미"를 배제하고, 극히 추상도 높은 표현이 이루어지고 있다.

우선 무엇보다도 아이젠만에게는, 이와 같은 추상적인 표현이 필요했었다. 여기에는, 우리가 보통 "의미"라고 부르는 것이 결여되어 있다. 그러므로 이 주택을 경험하는 자는, 기둥과 벽, 보가 만들어내는 형태간의 관계성만으로 의거하는 것에 의해서 새로운 의미를 만들어내지 않으면 안 되며, 또 그 능력을 요구하게 되는 것이다.

그는 언어학자 노암 촘스키의 생성변형문법이론을 직접 다루어, 실제의 기둥과 벽(표층구조)을 지각하는 것으로부터 시작해서, 그 깊이에 있어서, 그 현실의 형태를 지지하는 구조(의미를 만드는데 필요한, 형태자체에 겸비되어진 구조(심층구조)를 인식하는 능력이 부여되어진 건축을 "컨셉츄얼 아키텍쳐"라고 부른다.

그리고 표층으로부터 심층으로, 심층으로부터 표층으로라는 프로세스가, 변형(transformation)이다.

아이젠만의 작품에서 주체의 문제

아이젠만은 근대운동의 명백한 주체성에 반발해서 적어도 초기의 작품에 있어서는 주체에 대해 어떤 말도 하지 않았다. 이 현상은 주목되지 않고 있지만, 그것은 주체의 자연발생적 현전을 통사론의 이론에서는 억제하지 않기 때문이다. 통사론에서는 그것을 "일부분"으로 밖에 보지 않는 것이다. 그 현상은 듀랑의 사서(lexicon)와 소쉬르(Ferdinand de Saussure 1857~1913)의 분류 중심적 이론(classificatory theory)처럼 배제되지 않는다.

소쉬르 (Ferdinand de Saussure 1857~1913) 스위스 언어철학자. 제네바 출생. 제네바대학에서 강의한 「일반언어학강의」는 죽은 뒤인 1916년 같은 제목으로 제자들에 의해 출간되었다. 그 내용에서 간파되는 언어의 본질을 둘러싼 다양한 사색은, 모든 인간과학의 방법과 인식론에서 <실체론에서 관계론으로>라는 패러다임 변환의 계기가 되었다. 그는 우선 인간이 가지는 보편적인 언어능력 · 상징화 활동을 랑가주(langage)라 하고 이것을 그 사회적 측면인 랑그(langue)와 개인적 측면인 파롤(parole)로 나누었는데 이때 랑그와 파롤은 상호의존적이다. 사람들 사이에 커뮤니케이션이 성립하기 위해서는 간주관적(間主觀的)인 침전물로서 가치체계 · 사회제도가 전제되지만, 역사적으로는 항상 개개인의 발화행위(發話行爲)가 선행해 파롤이 랑그를 변혁하기 대문이다. 그리고 언어의 동태면의 연구를 통시언어학(通時言語學), 정태면의 연구를 공시언어학(共時言語學)이라 하고 이 두 방법론상의 혼동을 경고했다. 또 플라톤이나 성서 이래 전통적 언어관인 언어명칭목록관(언어는 사물이나 관념의 명칭목록이라는 견해)을 부정하고, 언어 이전에는 명백한 인식대상이 존재하지 않는다고 밝혔다. 언어란 인간이 그것을 통해 혼돈하는 외계를 비연속화하는 프리즘이며 자의적 게슈탈트(형태)이다. 따라서 말의 의미는 언어기호 밖에 있는 것이 아니고 그 시니피앙(signifiant ; 표현)과 시니피에(signifi ; 내용)는 시뉴(signe ; 기호)의 분절(分節)과 함께 공기적(共起的)으로 산출된다. 이것은 그리스 이래 서유럽의 형이상학을 지배하고 있던 로고스 중심주의에 대한 근본적 비판으로 20세기 문화기호학의 기반이 되었다.

그렇지만, 건축의 지식으로부터, 그 주체는 노암 촘스키 언어학의 유사이론주의(quasi-theoretical subject)와 같이 작용한다. 이 주체의 역할은 다음 두 가지가 있다. 첫째 그것은 발견 장치로서 작용한다. 즉 통사론적 과정의 발명자가 된다. 둘째 그것은 건축적 직관에 의한 형상의 도입을 검토하고 억제하는 작용을 한다. 주체는 형태의 산출 중에 그 현전을 창조하고 있지만, 그것은 고전주의에 있어서 우리가 알고 있는 것과 근대주의에 있어서 돌연변이만큼은 차이가 없는 것이다. 그러나 이미 아는 바와 같이 고전주의가 그 관심을 표상(representation)하기 위해 상상적 스크린에 대립하는, 시각적 피라미드의 정점에 주체의 암시적 현전을 존재 시키며, 그리고 근대주의의 투시도(perspective)에 대한 암시적 비판이 그 한계를 도저히 피할 수 없다는 면에서 아이젠만의 건축은 커뮤니케이션(communication)과 관계가 있는 것이다. 그의 작품에 있어서, 형태는 해석자-사용자간의 선적인 의사전달 관계를 수립하며, 그것이 명료하게 인식되고 이해되는 데는 시각적 구성을 해석하는 그의 능력을 요구한다.

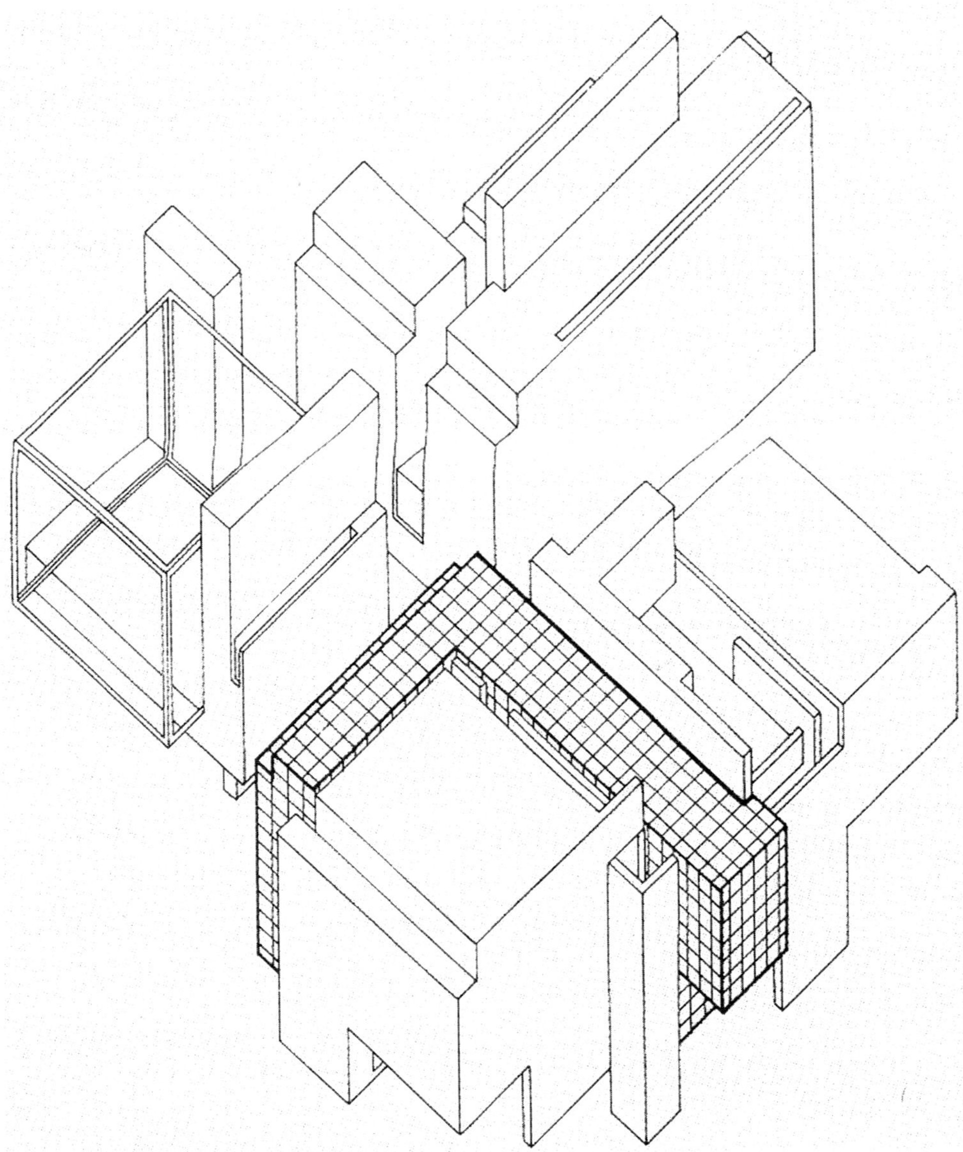

그림 12-20 주택 제10호 액소노메트릭 다이어그램4

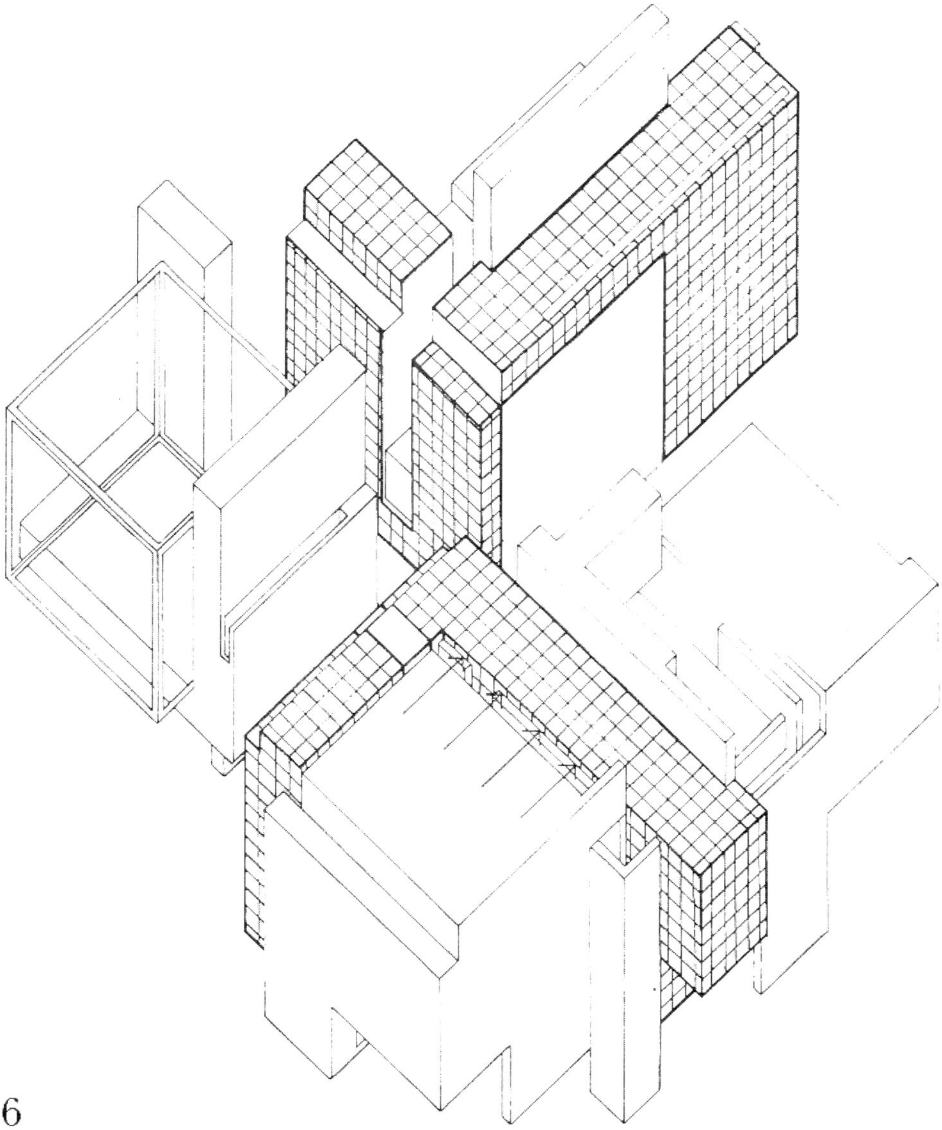

6

그림 12-21 주택 제10호 액소노메트릭 다이어그램5

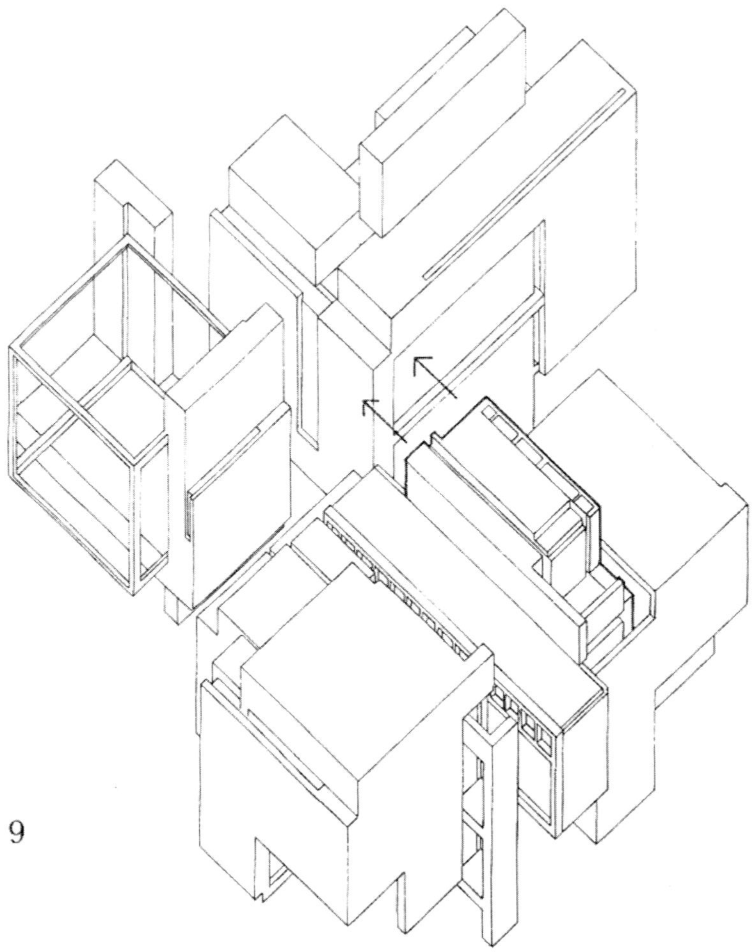

그림 12-22 주택 제10호 액소노메트릭 다이어그램6

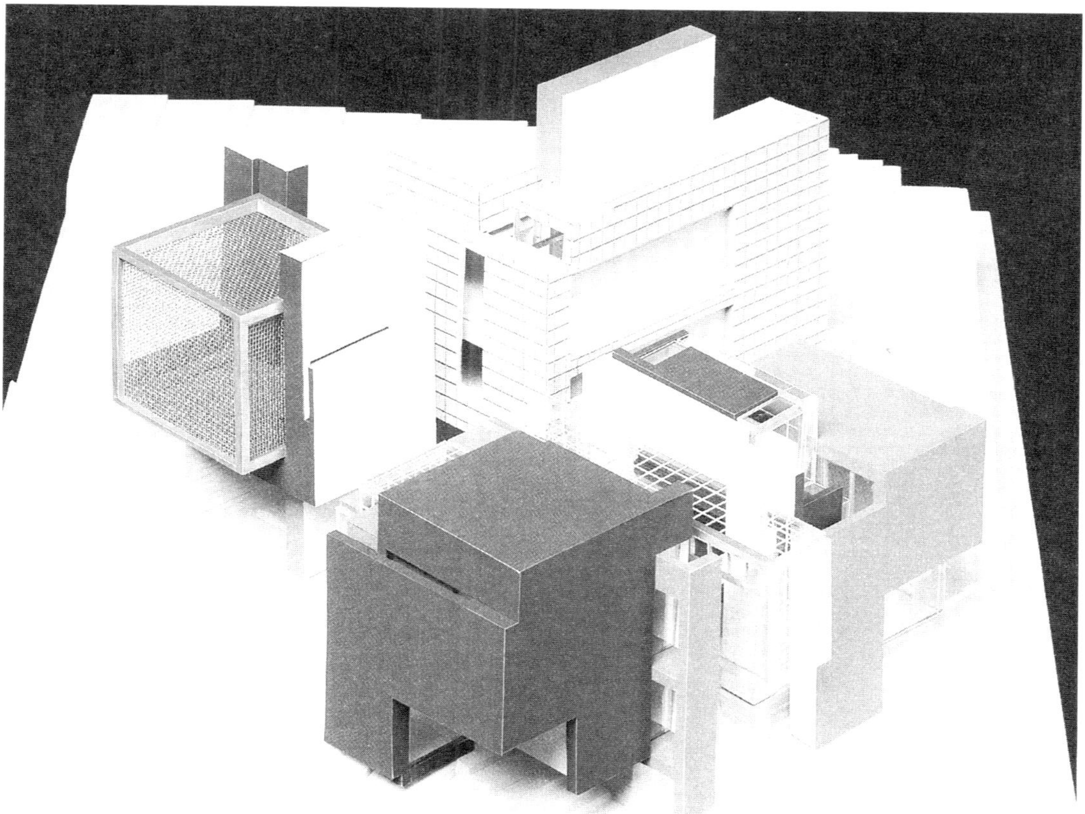

그림 12-23 주택 제10호 북 동측 액소노메트릭 모델

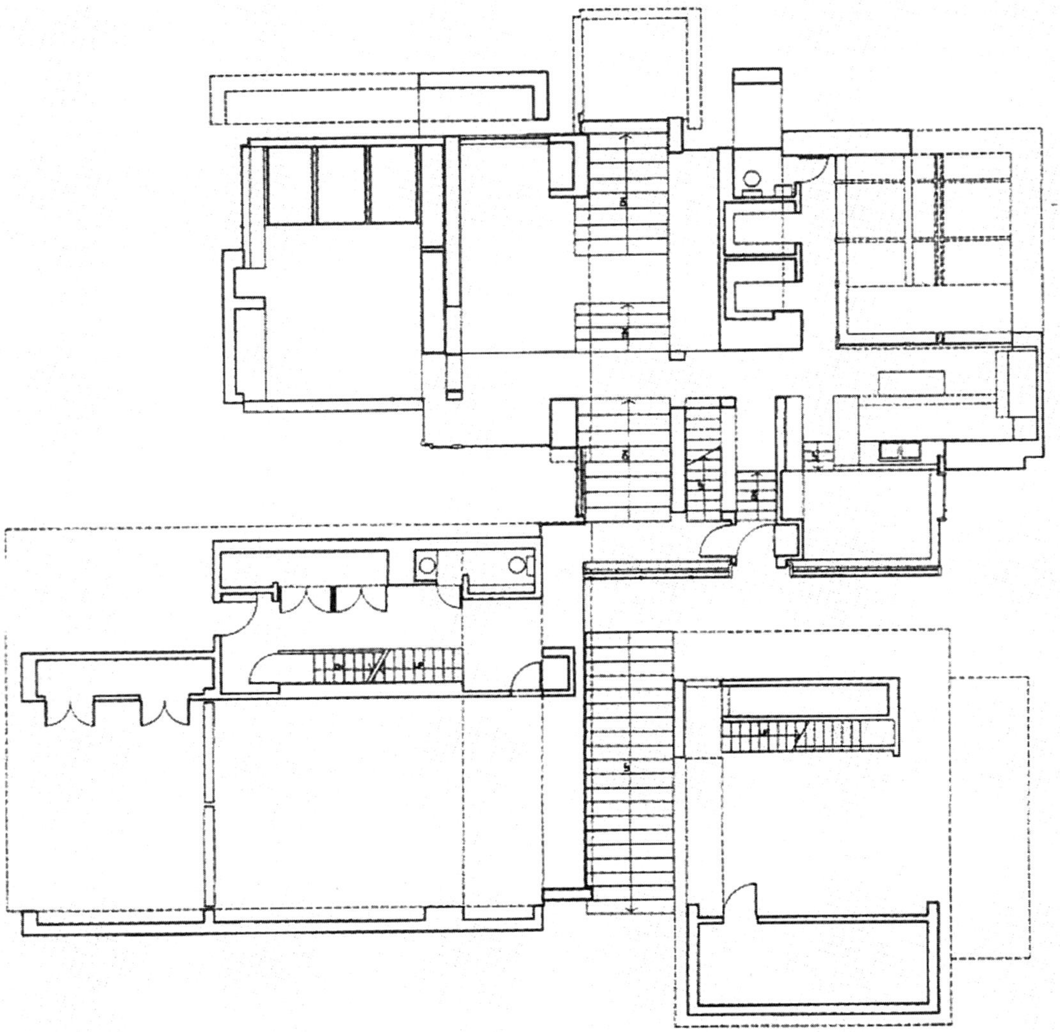

그림 12-24 주택 제10호 1층 평면도

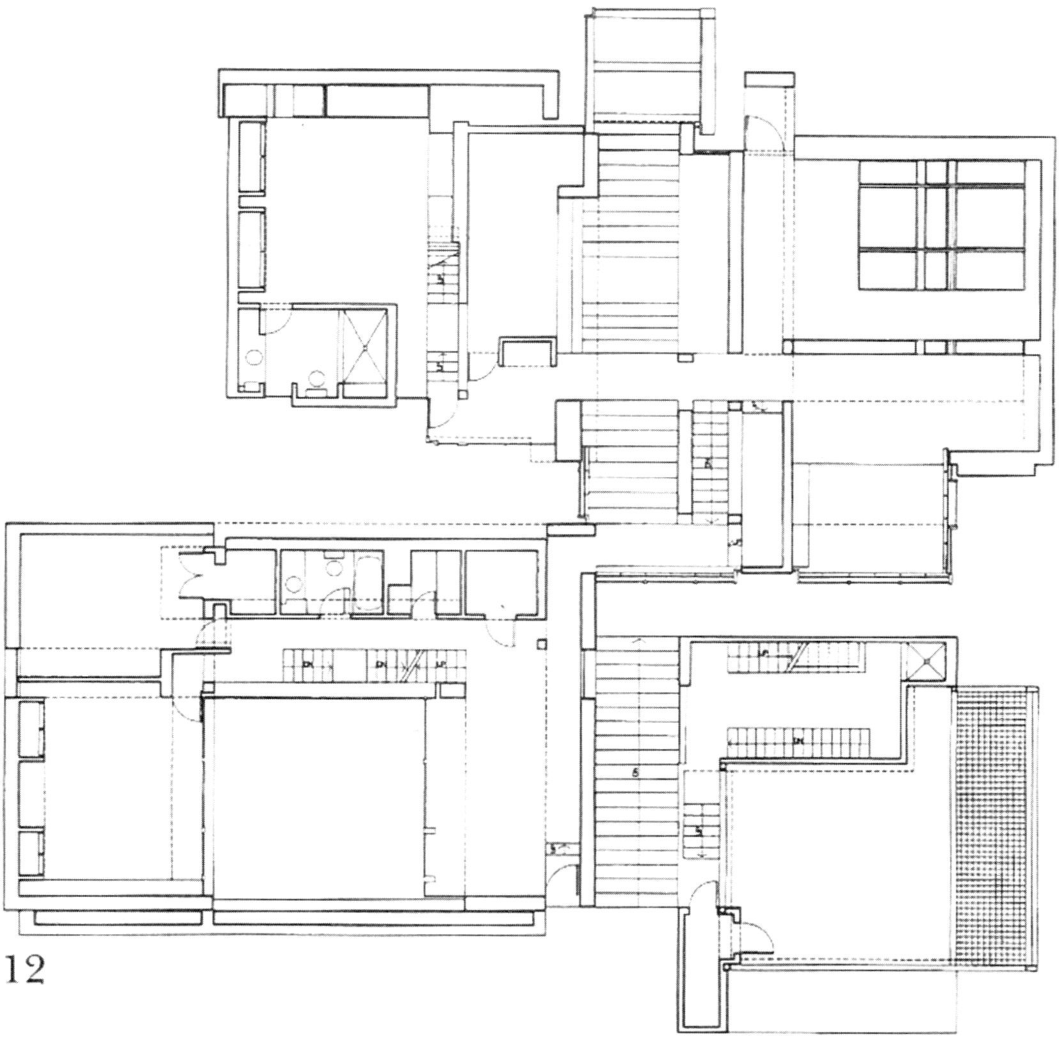

그림 12-25 주택 제10호 2층 평면도

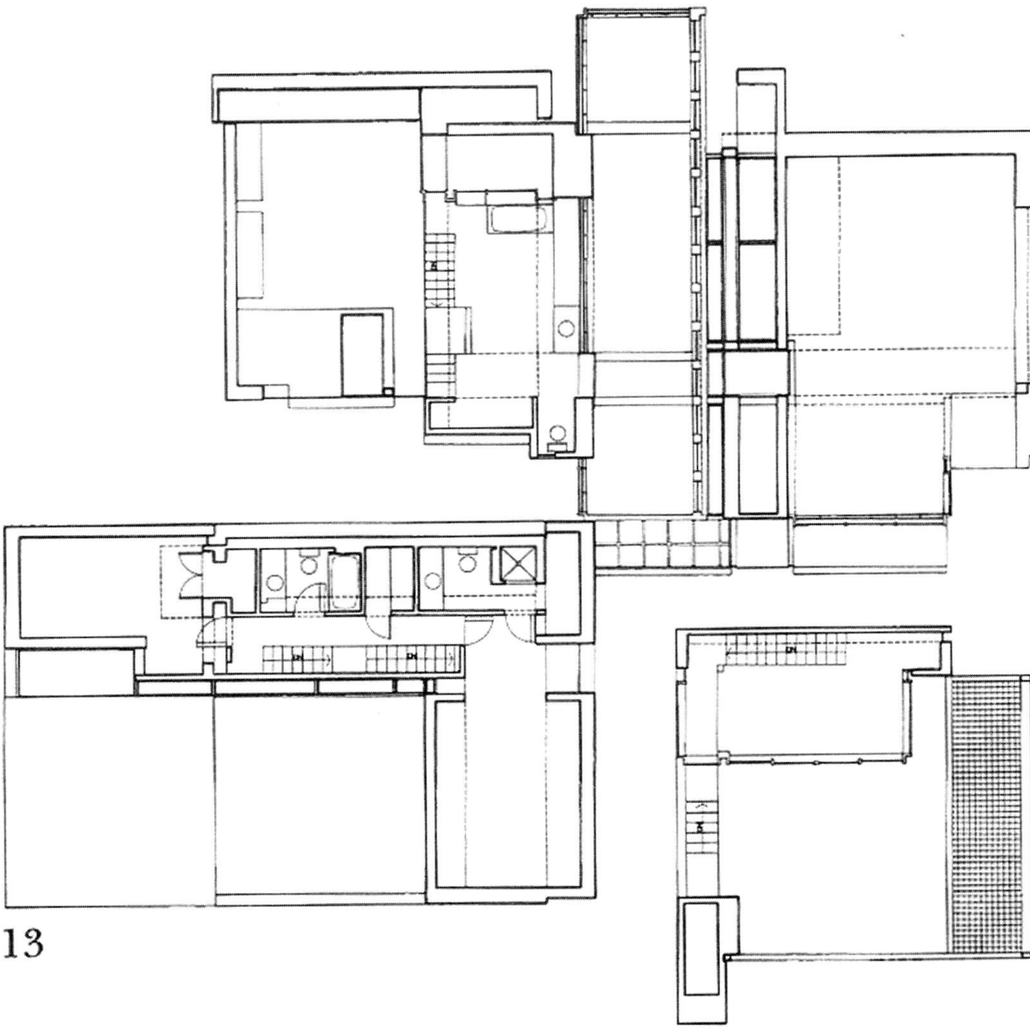

13

그림 12-26 주택 제10호 3층 평면도

이것은 시각적 전개와 언어적 논단 사이에 평행관계를 만든다. 그러나 가능한 것은 출발점으로부터 종착점에 이르는 편도 적 해설만이 아니라, 출발점을 재구성키 위해 종착점으로부터 반대로 해석할 수도 있다. 거기에는 적어도 이 과정이 재구성될 수 있다는 환상이 강하다. 시각적, 선적 연계는 또 하나의 선적 연계 즉 이론적 논단의 표시라고 볼 수 있다. 그것은 완전한 설계과정에 대한 나머지이며, 반대의 경우도 가능한 설명을 산출하려는 시도인 것이다. 이 과정의 중요성은, 그 과정이 연속하는 어떤 단계의 어떠한 요소도 이전의 비슷한 단계로부터 파생시키는 능력을 가지는 것이다. 단순한 것으로부터 복잡한 것으로, 일반적 혹은 추상적인 것으로부터 특수적 혹은 구체적인 것으로, 개념적인 것으로부터 지각적인 것으로라는 흐름의 논단이 확립되는 것이다.

이와 같이 촘스키의 모델에 집착하는 것은, 그 모델이 촘스키가 규정하고 아이젠만이 가능하게 한 것처럼, 주체의 생성능력에 관계하고 있는 이상은, 특히 완벽하다는 것이다. 주체의 존재를 부정한 듀랑(Durand)의 정태적 레퍼토리는 유동을 시작해서 근대주의의 주관적, 직관적, 가동적 관찰자가 이론의 수준까지 이동한다. 그러나 아이젠만의 주체는 객체와 근대건축이 제시한 "사회성" 간에 새롭고 동시에 변증법적인 분절을 상실했으며, 듀랑과 같이 정태적이며 제로(zero)의 자율성 중에 떨어진다든지, 생성적 상상의 폐지 중으로 떨어지지는 않는다. 그것은 필시, 팔라디오의 개념에 대해 무엇인가를 회복시킨다.

여기서 우리는 어떤 상황에 직면하게 될 것이다. 거기서는, 분명히 새로운 주체가 옛 주체와 연합해서 존재하는 것이다. 이것이 의미하는 것은 이중적이다. 객체와 통사론이 설명용 모델로서 작용하는 것은, 문제가 통사론적 메커니즘의 연구를 데카르트적, 상상적 주체에 의해 명료하게 알 수 있도록 표명될 때이다. 결국 전 의식적 메커니즘인 것이다. 그리고 이것은 이론적 전제와 비판의 기초에 대하여 작용하는 것이다. 그러나 이 모델은 그것이 확실히 주체의 개념에 대해 어떠한 이론적 협력도 거절하기 때문에, 구조체계 중에서, 철저하게 억제될 수 없는 상황을 설명할 수는 없다. 따라서 필연적으로 의미론적(semantic) 개념, 무의식의 작용에 대한 문은 열려져 있는 것이다.

13 유동하는 공간 05 : 해체된 공간개념

-렘 쿨하스의 넥서스 월드/ Rem Koolhass, Nexus World

Rem Koolhaas/OMA

"Rem Koolhaas and the Office for Metropolitan Architecture (OMA)"

"In Europe, Koolhaas has completed a number of projects that have won high praise from critics, including a residence in Bordeaux, France; the Educatorium, a multi function building for Utrecht University in the Netherlands; and the master plan and Grand Palais for Lille, France which is his largest realized urban planning project." Rem Koolhaas Wins Pritzker Prize 2000, Architecture Week, June 7, 2000 (includes project photos) A Dutch graduate of the AA School in London, Rem Koolhas is both a rhetorical architect and a creator of real physical buildings. He has been considered a noted De constructivist at least since the major MOMA exhibition in New York during 1987 or 1988, although Koolhaas tends perhaps toward the more humanist, less absolute branch of the De constructivist school.

1

1944 년 네덜란드의 로테르담(Rotterdam)에서 태어난 렘 쿨하스는 유년기인 8살 때부터 12살이 되던 1956년까지 인도네시아에서 성장하였다. 그 후 그는 자신의 조국인 네덜란드로 돌아와 고등교육을 받고는 암스테르담(Amsterdam)에 정착하며 헤이그 포스트(the Haagse Post)의 신문기자로 또 영화작가로 활동하기도 하였으며, 이 작업은 1980년대 초까지 계속되었다. 이후 그는 다양한 분야의 전문적 자기경험 획득을 위한다는 이유로 건축을 공부하기 위해 런던의 명문 건축학교인 AA School(Architectural Association School)로 떠났으며, 1972년에 학위취득과 함께 'Exodus'라는 계획안을 디자인하며 자신의 건축관을 형상화하게 된다.

그림 13-1 렘 쿨하스(Rem Koolhaas)

학교를 마치고 바로 미국으로 건너간 쿨하스는 뉴욕의 건축에 매료되며 거대도시의 문화가 건축에 미치는 영향에 대해 심취하게 되었고, 『S, M, L, XL』만큼이나 유명한 그의 첫 번째 저작물인 『정신착란증의 뉴욕: 맨해튼의 회고적 선언』이 뉴욕, 런던, 파리에서 동시 출판되었다.

그 내용에서 볼 수 있는 명석한 이론 전개는 쿨하스의 이름을 일약 유명하게 했으며 출판과 동시에 개최된 구겐하임미술관에서의 〈스파클링 메트로폴리스〉전과 함께 건축사에 명확한 궤적을 남기고 있다. 이 같은 과정을 거친 그는 그동안의 이론적 건축관의 추구나 푸념적 도시문화 비판으로부터 벗어나 자신이 구축한 이론이나 건축관을 진보된 실천적 건축으로 구현하기 위해 다시 유럽으로 돌아왔고, 1975년에 젱겔리스(Zenghelis) 등의 동료 건축가와 함께 OMA(Office for Metropolitan Architecture)라는 설계사무소를 런던에 개설하였다.

Office for Metropolitan Architecture

The Office for Metropolitan Architecture, in short OMA, is the Rotterdam based architecture firm of Dutch architect Rem Koolhaas. The firm was founded in 1975 by Rem Koolhaas and Elia Zenghelis with Madelon Vriesendorp and Zoe Zenghelis.

Founding

Rem Koolhaas and Elia Zenghelis started working together in the early seventies at the Architectural Association, the London based architecture school where Koolhaas was a student and Zengelis a tutor. Their first major project was the utopian/dystopian project Exodus, or the Voluntary Prisoners of Architecture (1972) This project proposed a linear structure, cutting through London like a knife. Other pre-OMA projects include City of the Captive Globe(1974), Hotel Sphinx (1975), New Welfare Island/Welfare Palace Hotel (1975~76), Roosevelt Island Redevelopment (1975), all 'paper' projects that were not (intended to be) built, and all located in Manhattan, the subject of Rem Koolhaas' famous book Delirious New York, A Retroactive Manifesto for Manhattan (1975). The actual start of OMA and the setup of the Rotterdam office coincided with their entry to the architectural design competition for a new Dutch parliament building in The Hague (1978, with Zaha Hadid). OMA was one of the first prize winner (among some 10 others) and the project was widely discussed and published. The commission however was given to an architect who did not participate in the competition. The entry for the Dutch parliament competition would be the first of a series of controversial and successful international competition entries by OMA in the 1980's that would not be built by OMA.

OMA in the 80's

OMA's first mayor commissions were The Netherlands Dance Theatre (1981) in The Hague and IJ-Plein Urban planning (1981~1988) in Amsterdam. Due to change of location a second design for the Dance Theatre was made in 1984. Once completed in 1987, the building received international attention. Although full of 'first mistakes', the Dance Theatre is the first realised design in which the ideas of Rem Koolhaas were made apparent. IJ-plein is located at the IJ river, opposite the city center. The masterplan consists of 1300 dwellings and several facilities. OMA designed the school, the community center and two blocks of housing. Although IJ-plein was a success, Koolhaas hardly ever mentions the design anymore. Apart from these two noteworthy projects few designs were realised in the 80's: a police station in Almere (1982~1985), a bus station in Rotterdam (1985~1987, demolished in 2005), Byzantium apartment block in Amsterdam (1985~1991) and Checkpoint Charlie Housing in Berlin (1984~1990). None of these designs however could match the two houses, one in Rotterdam, one in Paris. The first house was a duo of 'Miesian' patio villa's (1985~1988) inserted in a dike in Rotterdam. The second and arguably the best, most full-grown design of OMA until that date is Villa Dall'Ava in Paris (1984~1991). The client according to Koolhaas - asked for 'masterpiece'. He wanted a glass house. She wanted a swimming pool on the roof. They got both, and the masterpiece in the bargain. But it took some time. So many delays plagued the house that it 'became a record of our own (OMA's) growing up'(Koolhaas in S,M,L,XL). Several important studies were made during the 80's: Study for the renovation of a panopticon prison in Arnhem in 1979, Boompjes tower slab in Rotterdam (1979), Housing for Berlin IBA (1980, not realised and the reason OMA would not design anything in Berlin anymore in the 20th century, the Dutch Embassy Building being the come-back), masterplan for a world exhibition in Paris (1983). Much more important however were the competition entries OMA designed in this period. They gained the office international fame (but not one design was actually built).

이 사무소는 매우 독특한 것으로서 다른 설계사무소와는 달리 '이론과 실천'(혹은 '건축과 현대문화')을 동시에 추구한다는 취지로 만들어진 것이었으며, 1978년부터 헤이그 의사당 증축설계 등 설계 일이 점증되며 로테르담 사무소를 별도 개설하였는데 현재는 런던 사무소보다는 로테르담 사무소가 OMA의 중추적 역할을 담당하고 있다. 로테르담 사무소 개설과 함께 그는 '건축과 현대문화의 동시적 추구'라는 런던 사무소 개설 때의 취지를 그대로 유지하되 폭주하는 건축설계 일과 문화관련 업무를 분리하기 위해 '대도시 재단(Groszstadt Foundation)'을 별도 법인으로 만들어 주로 전시와 출판을 이 재단이 담당하게 하였다.

그 뒤로 시대의 문화와 건축이 이론과 실천 양쪽에서 밀접하게 결부될 것을 주장해 왔다.

최근의 대표적인 설계안으로는 로테르담의 타워 브리지계획(1980), 파리의 라 빌레트 공원 현상공모계획(1982)과 네덜란드 무용극장(1987), 시트로앵 공원계획(1985), 암스테르담 재개발계획(1986), 프랑스 국립도서관 현상설계(1989), 벨기에의 해안터미널 계획(1989) 등이 있으며, 후쿠오카 NEXUS World의 집합주택 9, 10호동(1991), 파리의 빌라 달라바(1991), 유러릴 프로젝트의 하나인 Congrexpo(일명 그랑 빨레, 1991), 네덜란드 현대미술관인 로테르담의 Kunsthal(1992) 등을 1990년대의 대표적 설계 작품으로 꼽을 수 있으며, 2000년대 들어와서 **서울의 리움 미술관**과 **시애틀 공립도서관(Seattle Public Library, 2004)** 등이 있다. 런던에서 살며, 로테르담의 사무실을 운영하고 하버드대학에 앉아 중국의 프로젝트를 구상하는 렘 쿨하스는 분명 네덜란드 최고의 현대 건축가이자 세계화의 기수이기도 하다.

The Villa dall'Ava is located in a suburb of Paris, named St. Cloud. With a pool on the roof, the owners are given a panoramic view of the city-including the Eiffel Tower. My collage exaggerates the view of the Eiffel Tower by placing the house right into the monument. Essentially, my concept is a satire of the placement of the house and site because the Koolhaas home is given more recognition for its view than for its design.

The Netherlands Dance Theater (1987) in The Hague was one of the first completed projects to garner critical acclaim for OMA. A foyer shared with an adjacent concert hall consists of three levels: the lowest slotted beneath the auditorium tiers, above it a half-moon balcony, and at the top, a 'floating skybar.'

Seattle Public Library 2004

Architect Rem Koolhaas (Seattle, Washington, United States)

The library sits on a steep urban site with a 29-foot (8.8-meter) height difference between its boundaries on Fourth and Fifth Avenues. At the corner of Fifth and Madison, the wedge-shaped base of the library diminishes nearly to a point. A further dramatic change of scale occurs at the Fifth Avenue entrance to the building. The visitor enters a vast "Living Room," a large unprogrammed space that offers Seattleites an alternative to brand-name coffee shops as a place to relax, socialize, read, and connect wirelessly to the Internet. "Straight ahead are the stacked and overlapping platforms that support the reading rooms and open areas equipped with computer work stations. Central to the building is a four-tier "Books Spiral" housing the nonfiction collection. This gently sloping pedestrian route, with stairs, ramps, and escalators, is sequenced according to the Dewey Decimal System. It has a capacity for 1.4 million books and other materials."

2

S, M, L, XL.

Index Sheer size, or Bigness as Koolhaas refers to it, generates its own logic. Although the concept suffers from neglect in architectural discourse, it has prospered on its own. The exemplary case, for O.M.A. at least, is Manhattan, and the exemplary strategy to use is Manhattanism. The program for Manhattanism has been established in 'Delirious New York'. The book S,M,L,XL gives a record of the actual implementation of Manhattanism throughout the various (un)realized projects and texts O.M.A. members have generated. The book is set up according to the demands of Bigness. In over 1300 pages S,M,L,XL documents the work of

O.M.A. but it does not want to yield to the standard strategy of 'life and work of architect X'. A multitude of frameworks serves to present the ideas that count for O.M.A. Foremost is the title of the book itself – definitely a working title – which orders the projects and texts on the basis of their scale: Small, Medium, Large, and Extra Large. Second is the alphabet, which displays a series of short comments, ideas, quotes, and notions that are remarkable enough to put in the book. Third is the chronology offered at the end of the book which lists the projects as they are executed in time. Fourth is the separation between projects and texts. Fifth is the dense mixture of images and typography. As is argued in the underpinnings of 'Bigness' (essay 494–517), 'old' architectural principles (composition, scale, proportion, detail) no longer apply when a building acquires Bigness. Therefore it is surprising to note that the structure for ordering S,M,L,XL is inherently architectural. Smal, medium, large, and extra large acknowledge the concept of level of scale, which, although its limits are not set sharply, makes a rather clear division into matters of architecture, urbanism, size, complexity, and way of treatment. O.M.A. has developed a very specific approach towards urbanism and architecture. Instead of denial of complexity, lack of control, opposition, contradiction, and bigness, they embrace these conditions and declare them as the starting point for their projects. The urban context specifically, they state, no longer can be controlled in the 'classical' manner of Modernism. What counts is a sensitivity to the issues that are denied existence: the tabula rasa, the void, the grid, and contingency. These issues serve as the structural means to accommodate what cannot be controlled. They are the new instruments of urbanism and architecture. S,M,L,XL separates between projects and texts. Each project is considered an instance, quite separate from the others, unless specified explicitly in the introductory texts which explain something of the context. The texts are considered as instances as well, quite isolated from the projects, unless... etc. The comments and the structure of the book provide only the tiniest explanatory structure and demonstration of the link between ideas and practice.

흔히 볼 수 있는 이 기호는 소품종 대량생산 시대의 부산물로서 Small, Medium, Large, Extra-

Large로 불리는 옷의 사이즈를 각각 영문의 머리글자로 상징화하여 상용하는 일종의 약속으로 최근 여성들의 옷 사이즈를 55, 66, 77 등으로 호칭하는 것과 마찬가지인 셈이다. 그러나 건축계에서 의미하는 S, M, L, XL은 네덜란드 태생의 세계적 건축가 렘 쿨하스(Rem Koolhaas)를 등식화하는 상징으로 쓰이고 있다. 이 같은 연상 작용이 더욱 분명해지도록 한 사건은 미국의 시사주간지 TIME 1996년 12월 23일자에서 선정한 '1996년의 디자인 베스트 10'이었다. 의상 디자이너 캘빈 클라인의 이브닝 가운, 맥도널드의 M자형 로고, 캐논 카메라 ELPH 490Z 모델, 건축가 **프랭크 게리(Frank O. Gehry)**가 몰다우 강변에 설계한 보험회사 빌딩 등과 함께 렘 쿨하스와 그래픽 디자이너 브루스 모(Bruce Mau)가 함께 엮은 건축서적 'S, M, L, XL'가 1996년 최고의 디자인 작품으로 선정되었기 때문이다.

Frank Gehry(Toronto, Ontario, Canada 1929)

Frank Gehry was born in Toronto, Ontario, Canada in 1929. He studied at the Universities of Southern California and Harvard, before he established his first practice, Frank O. Gehry and Associates in 1963. In 1979 this practice was succeeded by the firm Gehry & Krueger Inc. Over the years, Gehry has moved away from a conventional commercial practice to a artistically directed atelier. His deconstructed architectural style began to emerge in the late 1970s when Gehry, directed by a personal vision of architecture, created collage-like compositions out of found materials. Instead of creating buildings, Gehry creates ad-hoc pieces of functional sculpture. Gehry's architecture has undergone a marked evolution from the plywood and corrugated-metal vernacular of his early works to the distorted but pristine concrete of his later works. However, the works retain a deconstructed aesthetic that fits well with the increasingly disjointed culture to which they belong. In the large-scale public commissions he has received since he converted to a deconstructive aesthetic, Gehry has explored the classical architecture themes. In these works he melds formal compositions with an exploded aesthetic. Most recently, Gehry has combined sensous curving forms with complex deconstructive massing, achieving significant new results.

그림 13-2 유리와 스틸의 1층 상가와 위층의 외벽재료와의 대비를 나타낸다. 넥서스월드, 후쿠오카

그림 13-3 도로 측 파사드 각층의 요소가 틀리게 나타나고 있다. 넥서스월드, 후쿠오카

그림 13-4 최상층의 하늘로 열려진 정원은 투명한 유리에 의해 만들어지지만, 외부에서는 볼 수 없다. 넥서스월드, 후쿠오카

그림 13-5 불규칙한 형태로 만들어진,20세기 중반의 모더니즘적 처리가 보이는 지붕은 메탈로 처리되어 있다. 넥서스월드, 후쿠오카

그림 13-6 렘 쿨하스의 주거는 곧 지어지게 될 저 뒤편 이소자키의 초고층 집합주거의 초석으로서의 상징적 역할을 수행할 것이다. 넥서스월드, 후쿠오카

그림 13-7 리빙 다이닝 스페이스. 그 위에 잔디언덕이 있다.

그림 13-8 사다리를 이용하는 발코니. 외부에 데크와 하늘로 열린 정원이 있다.

그림 13-9 경사진 지붕은 창고와 같은 분위기의 주방을 만들어내며 흰색의 내벽처리는 우아한 리빙 스페이스를 만들어내고 있다.

두께 7.2cm에 쪽수가 자그마치 1,340여 쪽에 이르는 형형색색의 내용물을 어마어마한 크기의 검정색과 황금색 고딕체 타이틀이 각인된 화려한 은박 표지가 덮고 있는 'S, M, L, XL'은 지난 20여 년간 이루어진 OMA에서의 건축 작업, 현대도시에 대한 여러 가지 단상, 각국의 문화적 충격을 직설적으로 그려낸 에세이와 사진, 선언서, 일기, 알 듯 모를 듯한 명상적 언어 등이 그저 꾸러미처럼 묶인 책(그래서 그런지는 몰라도 쿨하스는 이 책을 꾸러미라 스스로 칭하고, '건축에 관한 소설'이라고 부르고 있다)이지만 그 안에 담긴 내용이나 사진 등을 훑어보면 현대 도시문화의 다양한 면면과 함께 그의 건축철학이나 설계에 임하는 태도를 간간이 엿볼 수 있다. 그동안 수도 헤아릴 수 없을 만큼 많이 출판되었던 다른 건축서적의 구성형식과 내용을 이 책이 탈피하고 있는 것과 마찬가지로 그의 건축은 흔히 '자유'나 '새로움'으로 상징화된다. 따라서 반(反)형식주의(Anti-Formalism)로 축약되기도 한다. 그런 까닭에 렘 쿨하스의 건축은 컬럼비아 대학의 건축이론가이자 비평가인 **캐네스 프램프턴(Kenneth Frampton)**의 말처럼 '건축을 어떻게 하는 것인가를 진정으로 모르는, 그래서 건축을 그저 일종의 게임으로 생각하는 건축가'로 폄하될는지도 모른다. 그러나 해체주의 건축의 기수이자 미국 건축계의 무서운 아이(enfant terrible)로 통하는 프랭크 게리의 표현을 빌자면, '그는 도시에 대한 희망적 존재인 동시에 건축계에서 가장 폭넓은 사고를 하고 있는 건축가'로 치켜세워지기도 한다. 이 같은 양면적인 평가는 우리가 매일 대하는 현대 도시문화에 대한 해석을 해달라는 요구를 받는다면 개개인이 부정적이거나 긍정적인 태도를 취할 수밖에 없는 상황과 같은 것이라 하겠다.

3

쿨하스는 '속박으로부터의 자유, 구조로부터의 자유, 정형화된 모델로부터의 자유, 이데올로기로부터의 자유, 질서로부터의 자유, 프로그램으로부터의 자유, 그리고 계통이나 계보로부터의 자유'를 외치는 건축가이다. 이 같은 뚜렷한 건축적 자기 확인 때문에 그의 작품은 어느 한 가지 흐름을 일관하는 것으로 파악되지 않는다. 경우에 따라서는 아주 점잖은 건축으로 이념이 표현되기도 하지만 어떨 때에는 도무지 종잡을 수 없을 정도의 난해함이 구현되기도 한다. 이 같은 경향은 여러 건축비평가들의 평가대로 몽상가적 상념에서 탈피하여 비로소 진정한 건축가로 탈바꿈하는데 지난 20여년이 걸렸기 때문일 런지도 모른다. 그러나 분명한 것은 현재의 유명세와 지위를 획득하는데 얼마만큼의 시간이 걸렸는가가 문제가 아니라 오늘의 문화적 현상에 대한 그의 해석이나 그 같은 해석을 기반으로 창조되는 건축이 오늘날의 문화적 맥락을 얼마나 이해하고 있는가가 훨씬 중요할 것이다. '세계화'로 불리는 작금의 추세는 이런 까닭에 그의 '자유로움'에 아주 잘 들어맞는 것이기도 하다.

렘 쿨하스가 잘 사용하는 재료, 스페이스 만들기, 형태 또는 스타일 (양식) 등은, 그 논의의 대상이 건축인 만큼 시각에 호소하도록 표현되는 경우가 많지만 쿨하스(R. Koolhaas)의 경우에는 그것이 잘 보이지 않는다. 왜냐하면 그의 아이텐티티(identity)는 그의 "만드는 방법"에 있기 때문이다. 그 방법이란, **콜라주(collage)** 또는 **몽타주(montage)**라 불리는 것으로 서로 다른 요소를 한 화면 위에서 대비시키는 구성을 만들어 각 요소가 지니고 있던 본래의 효과의 총합 이상의 새로운 효과를 탄생시키는 방법이다.

콜라주 collage

현대 회화기법의 한 종류. 본래 <풀로 붙인다>는 뜻으로, 1912년 P.R. 피카소 · G. 브라크 등이 화면 위에 여러 가지 것을 붙였던 파피에콜레에서 시작되었다. 현실적 물체의 도입이라는 획기적 기법의 발명이었으나 입체파에서는 아직 종이 따위를 붙이는 정도로 2차원 회화에서 벗어나지 못하였다. 그 뒤 다다이즘의 K. 슈비터스 · R. 하우스만 · M. 레이 등과 이탈리아 미래파의 C. 카라 · G. 세베리니와 쉬르리얼리즘의 M. 에른스트 · J. 미로 등이 여러 가지 물체를 모아 입체적 작품을 실현하게 되자 콜라주 개념이 확대되어 제2차 세계대전 후 아상블라주까지 이어지게 되었다. 콜라주는 20세기 미술기법 상 가장 큰 발명의 하나로, 미술뿐 아니라 사진 · 디자인 등의 분야에도 큰 영향을 주었다. 무엇보다도 현실의 물체를 도입함으로서 종전의 미술작품 개념을 근본적으로 변화시킨 점에 큰 의의가 있다.

앙상블라주assemblage

폐품이나 일용품을 비롯한 다양한 사물을 끌어 모아 조각하거나 삼차원적 입체작품을 만들어내는 방법. <모아 쌓음, 긁어모으다>라는 뜻이다. 종이 조각이나 헝겊 자투리를 화면에 붙이는 입체파의 콜라주에서 발단되었으나 콜라주가 평면적인데 비하여 아상블라주는 입체적이다. 1961년 뉴욕에서 열렸던 아상블라주전의 기획자 W. 시츠에 의하면 그것은 무엇보다 우선 예술품으로 만들어진 것이 아닌 물체로 구성된 것이어야 한다. P. 피카소의 『압생트병(1912)』이 선구적인 작품이라고 할 수 있지만 본격적으로는 다다이즘이나 초현실주의, 특히 제2차 세계대전 후의 네오다다이즘 · 팝아트 · 누보레알리슴 · 환경예술(인바이런먼트)에 이르러서 이루어졌다고 할 수 있다. D. 스페리 · F. 아르망 등은 주로 폐품을 소재로 예술작품을 만드는데, 이는 <잡동사니>가 가진 그 자체의 표현력을 이끌어내려는 시도이다.

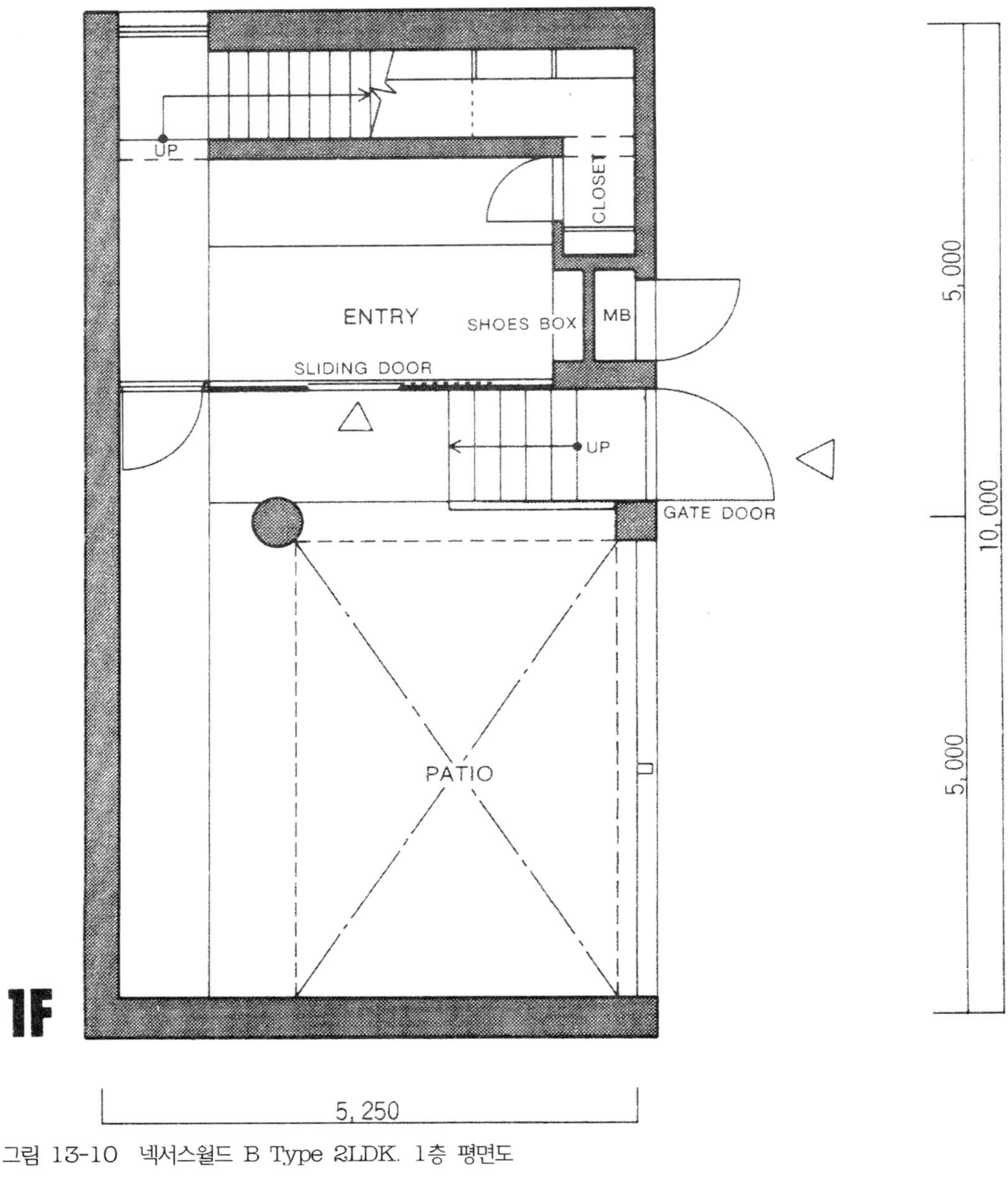

그림 13-10 넥서스월드 B Type 2LDK. 1층 평면도

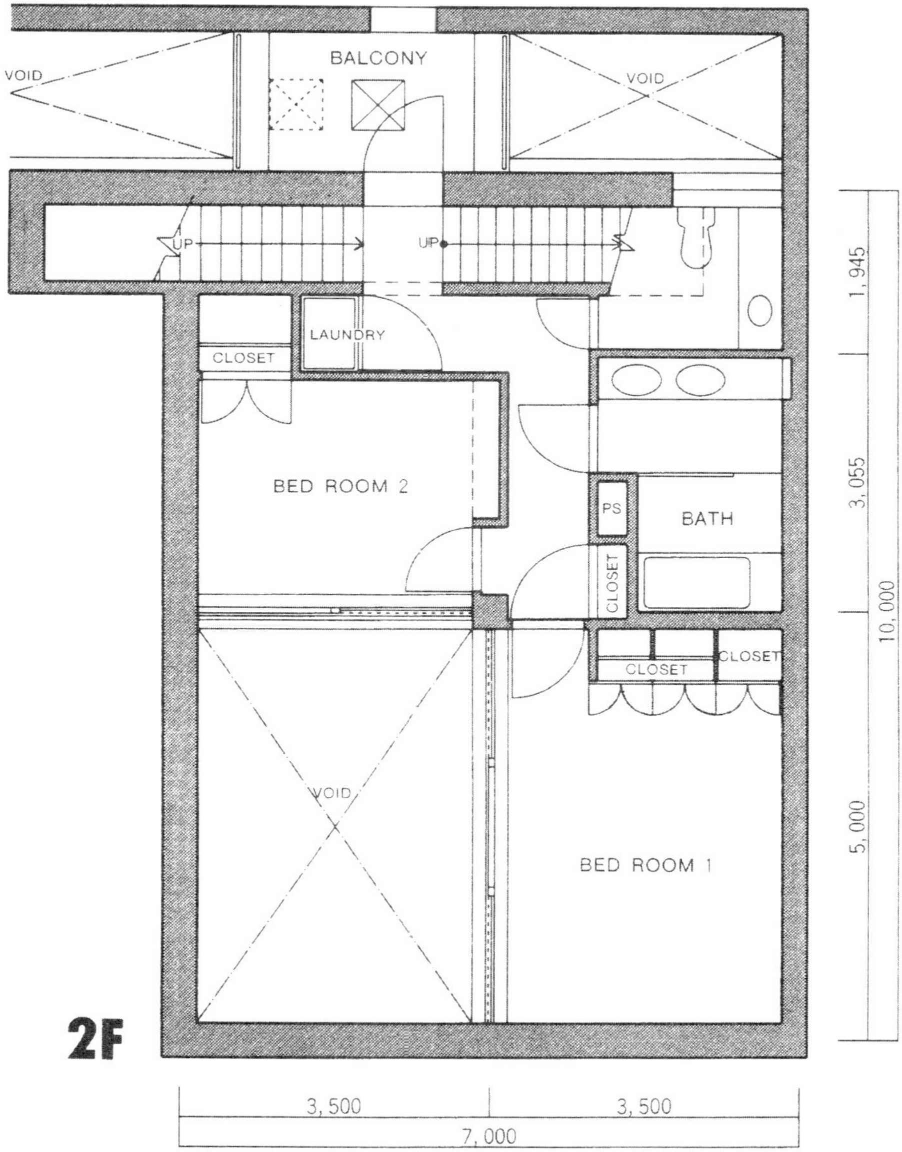

그림 13-11 넥서스월드 B Type 2LDK. 2층 평면도

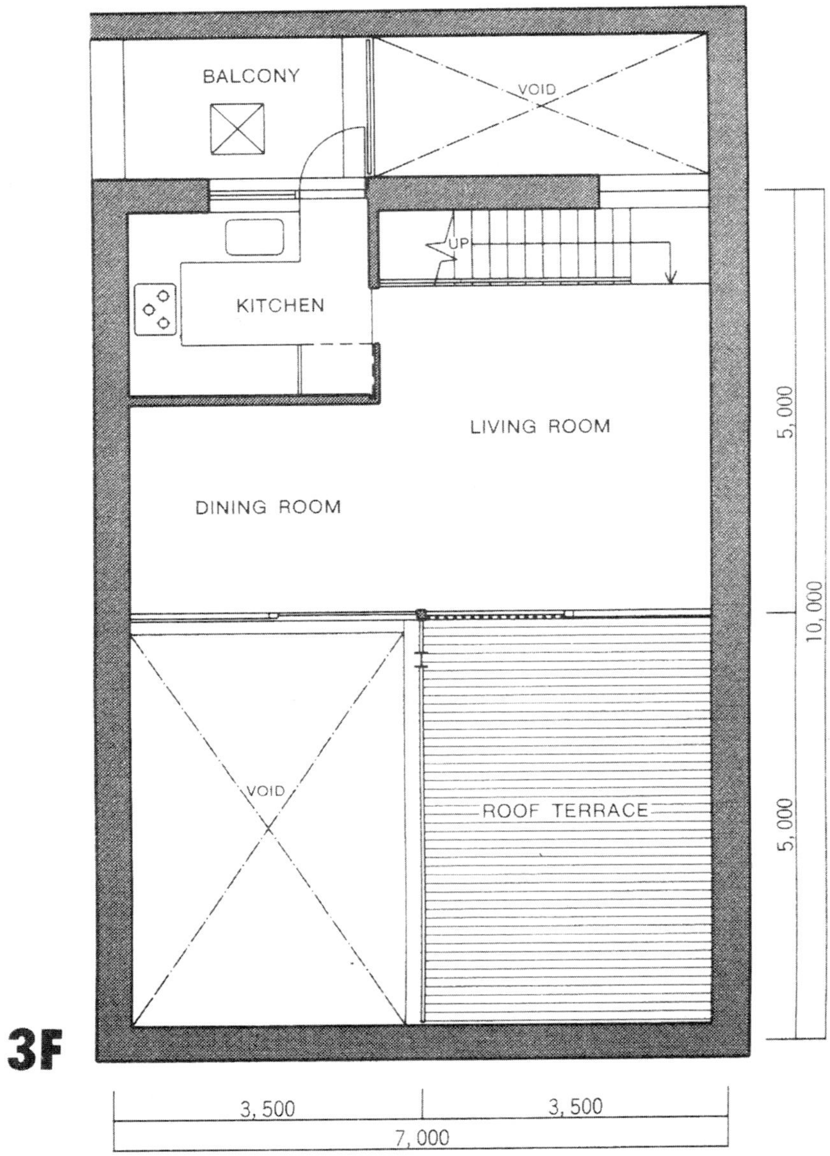

그림 13-12 넥서스월드 B Type 2LDK. 3층 평면도

몽타주montage

한 토막 한 토막 산발적으로 촬영된 필름 단편(斷片)들을 계획된 목적에 따라 접합(接合)해서 한 편의 완전한 작품으로 완성하는 것. 프랑스어 <조립하다(monter)>라는 건축용어에서 온 단어로서 영화에서는 <편집>이라는 의미로 쓰인다. 일찍이 1915년 독일의 다다이스트 사진작가 J. 하트필드가 사진의 단편들을 종이에 오려 붙여서 그것을 포토 몽타주라 명명하였으며, 영화에서는 20년대 초반에 프랑스의 영화이론가 L. 무시나크에 의하여 처음으로 사용되었다. 그 뒤 몽타주는 편집이라는 좁은 의미에서 단순한 기술적 작업의 범주를 뛰어넘어 몽타주론(論)으로서 무성영화의 대표적 이론으로 부상되었다. V.I. 푸도프킨의 이론에 의하면 장면 하나하나는 문자이며 그것을 결합시킴으로써 문장이 성립된다는 것이다. 그것이 바로 영화언어이며 영화문장이라고 주장한다. 그러므로 몽타주는 영화의 문법이라 불리었다. 일찍이 1896년 메리에스는 몽타주의 영화적 문자인 롱숏으로부터 클로즈업에 이르기까지의 여러 가지 화면 크기를 발견했으나 그것들은 단지 트릭영화의 기교로만 사용되었을 뿐이다. 그러나 1916년 미국의 D.W. 그리피스가 그의 작품 『인톨러런스』에서 그와 같은 전경(全景) · 중경(中景) · 대사(大寫) 등 각종 화면 크기를 의식적으로 결합시켜서 동작의 고조감이나 극적 박력을 창조하는 방편으로 썼다. 이것이 바로 몽타주의 창시가 된 셈이다. 세계의 영화인들은 이 영화에 크게 감동을 받아 러시아에서는 푸도프킨과 S.M. 에이젠슈테인이 주축이 되어 몽타주에 대하여 구체적이며 이론적인 탐구가 시작되었다. L. 쿨레쇼프의 실험은 단순히 소박한 기술론에 불과했으나 푸도프킨은 몽타주를 영화 창작의 기본적 이론으로 생각했다. 쿨레쇼프의 제자인 그는 현실을 하나하나의 필름으로 분석하고 그 단편 중에서 불필요한 것을 제거한 후 그것들을 편집해서 관객에게 현실감을 줄 수 있는 새로운 구성을 시도했다. 푸도프킨은 몽타주 분류를 ① 대조(對照) ② 유사(類似) ③ 근사(近似) ④ 동시성(同時性) ⑤ 반복(反復) 등 5가지로 나누고 각각의 장면을 <생(生)의 원료>로 생각한 반면, 에이젠슈테인은 몽타주를 장면의 <충돌> 혹은 <상극>으로 확신하고 충돌은 A+B의 두 장면이 AB가 되는 것이 아니고 전혀 새로운 개념 C가 탄생한다고 주장했다. 충돌의 분류를 보면 ① 도형(圖形)의 충돌 ② 양(量)의 충돌 ③ 그림의 충돌 ④ 공간의 충돌 ⑤ 템포의 충돌 ⑥ 재료와 각도의 충돌 ⑦ 재료와 그 공간적 성격의 층돌 ⑧ 과정(過程)과 그 공간적 성질의 충돌 ⑨ 시각적 종합체(綜合體)와 어느 다른 분야(청각의 세계 등)와의 충돌 등을 들고 있다. 또한 그는 4차원의 영화를 주장하였는데, 즉 ① 리듬을 창조하는 장면 길이의 몽타주 ② 길이에 내용 요소를 가한 리듬의 몽타주 ③ 내용을 하나의 지배적 음조(音調)로 통일하는 톤의 몽타주 ④ 모든 내용요소를 종합 · 일원화하는 오버톤의 몽타주 등을 들고 있다. 이들이 세운 이론체계가 몽타주론의 기본이 되어 각국의 영화이론가들을 자극하였다. 그러나 이들 이론은 변증법적 유물론과 사회주의리얼리즘에 빠져, 그 뒤 프랑스에서는 프랑스적 몽타주로 변형된 포토제니론이 나왔고, 영국에서는 다큐멘터리 영화론이 나왔다.

실제 설계과정에서 나타나는 여러 가지 갭 즉 시공주의 요구, 기술 · 법규 · 코스트 · 시간 등으로 인한 제한을 만날 때마다 그것을 대비(contrast)라는 방정식으로 만들어 프로그램에 계속 입력한다. 그렇게 아우트라인이 확장되면 동시에 내부에서도 여러 가지 요소와 요소가 조직화되고 충실해진다. 그 요소와 전체 사이에 예상하지도 않았던 출력이 탄생되나. 단순에서 복잡, 규칙성에서 랜덤, 섬세에서 호쾌, 구상에서 추상 등……

이렇게 만들어진 장치는 이윽고 판타지(fantasy)를 생산하면서 혼자 걷기 시작한다. 거기에서 일상생활이 영위되고 거주자의 갖가지 아이덴티티가 다시 입력되어 시간의 흐름과 함께 푸르름이 자라며, 여러 가지 재료는 비바람에 바라고, 그 결과물은 더욱 발전하게 될 것이다.

이 방법의 또 하나의 특징은 수학적으로 방정식을 풀듯 추상적 조절에 기인하고 있기 때문에 유효범위가 넓다는 점이다. 마치 "프랙털(fractal)"(어느 스케일로 볼 수 있는 특징적 현상이 그 부분을 확대하고 스케일을 대상으로 하고 있으며 각기 고유의 특성을 갖는)한 문제가 있기 때문에 일관된 방법으로 대처하기란 어렵다. 그러나 콜라주(collage)의 방법은 별도이다. 초고층과의 관계를 생각하는데서 비롯하여 각 방의 인테리어의 대비에 이르기까지 유효하다.

프랙털 fractal

수학적(數學的)인 형태의 명칭. 자연계에 존재하는 형태 즉 리아스식 해안의 해안선, 구름, 눈의 결정, 동물체내 혈관의 분포형태, 나뭇가지의 형태 등은 수학의 초등기하학에서 다루는 원 · 삼각형 · 구 · 직육면체 등과는 달리 불규칙적이며 복잡한 도형이다. 예를 들어 원둘레는 전체적으로는 휘어 있지만 만약 이것을 작은 원호로 세분하고 다시 미세하게 분해하면 세분된 원호의 각 부분은 선분(線分)에 근사하게 된다. 결과적으로 세분됨에 따라 전체적으로 휘어 있다는 성질을 잃어간다. 한편 리아스식 해안은 곶이나 만이 무수히 뒤얽혀 있어 전체가 갖는 복잡함은 부분이 되어도 없어지지 않는다. 원둘레의 경우도 실제로 원둘레와 똑같은 형태가 존재하는 것이 아니고, 안과 밖이 근사한 정다각형에서, 그 변의 수가 무한하게 되어 극한으로 이상화(理想化)된 곡선이다. 여기서 자기상사도형(自己相似圖形)이라고 하는 수학적인 도형을 가정한다. 자기상사도형은 전체가 몇 개의 부분으로 분리될 수 있고 그 때 부분은 전체의 축소상(縮小像)이 되며, 무한히 세분될 수 있는 도형을 말한다.

R. Koolhass 자신도 매우 다의적인 사람이며 마치 콜라쥬 방법에 의해 만들어진 것 같다. 그의 천재적이라고 도 할 수 있는 예리함 , 풍부한 심미 면은 이탈리아의 많은 천재예술가, 건축 나아가서는 스포츠카에까지도 통하는 데가 있다. 또한 때로 엘리건트(elegant) 하면서도 시니컬(cynical)하고 쿨(cool)한 부분을 상실하지 않으면서도, 정치적 교섭이 능숙한 부분은 프렌치(French)하다. 그리고 논리적으로 데이터를 쌓아 올려 정리해 가는 자세, 실제로 실험하며 여러 가지 발견을 해가는 자세는 바로 아메리칸(American)이다. 또한 약간이기는 하지만 그의 완강함, 결단 할 때의 용기는 그의 나라 즉, 네덜란드적 부분이라 할 수 있을까.

최근에는, 후쿠오카(Fukuoka)의 프로젝트를 통해 여기에 일본적 측면-예절바름과 델리키트한 감정의 기미를 더하는 능력이 더해졌다.

4

넥서스, 그것은 NEXT US. 즉, 다음 세대의 우리들을 의미한다. 이 말이 후쿠오카에 데뷔한 것은 1988년 3월. 우리들 최초의 도시디자인 "넥서스 카시이"에서였다. 우리는 그때까지의 획일적이며 개성이 없는 집합주택으로부터의 탈피를 지향하여 보다나은 디자인과 개인의 감성을 소중히 하는 다음 세대의 도시주택을 제안했다. 그리고 그곳은 도시생활에 대한 새로운 생활 제안임과 동시에 후쿠오카의 거리를 보다 더 멋지게 하자는 거리 만들기에 대한 우리의 제안이기도 했다. 거리 만들기 즉 도시를 디자인하는 것은 개발일변도가 되어 대도시화를 촉진하는 것은 아니다. 어디까지나 그 도시에 사는 사람들의 인간성을 소중히 여기면서 그 고장 "다움"에 걸 맞는 도시의 개성을 창출하는 것이라 생각한다. 우리가 태어나고 자란 후쿠오카는 그러한 가능성이 풍부하며 매우 포텐셜이 높은 도시라고 할 수 있다. 앞에는 아름다운 바다가 펼쳐지고 뒤에는 푸른 산들이 펼쳐지는 여유 있는 시선의 랜드스케이프, 경제와 문화의 활기에 넘치면서도 역사와 전통의 향기를 전해주는 휴먼사이즈의 스케일. 다른 대도시들이 상실해버린 인간성을 아직 이 거리는 남기고 있다. 세계에서 인기가 있는 도시란 공통적으로 그 도시의 독자적 분위기 혹은 개성을 지니고 있다. 후쿠오카의 기업테마는 그 도시밖에 없는 매력 즉 "하카다"의 개성을 소중히 하는 도시 공간 만들기의 추진이다. 그러한 테마 속에 한 사람 한 사람이

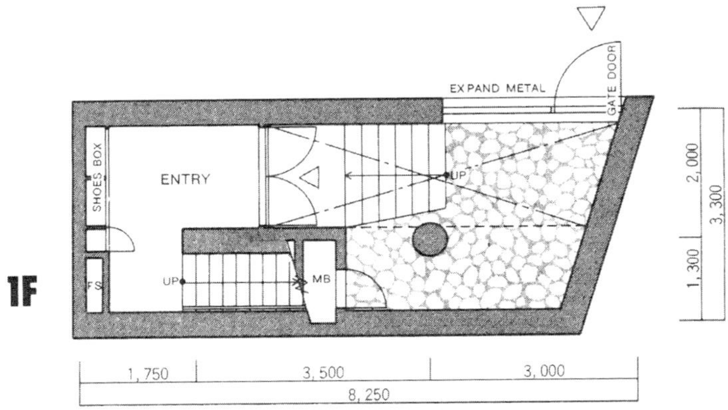

그림 13-13 넥서스월드 B4 Type 4LDK. 1층 평면도

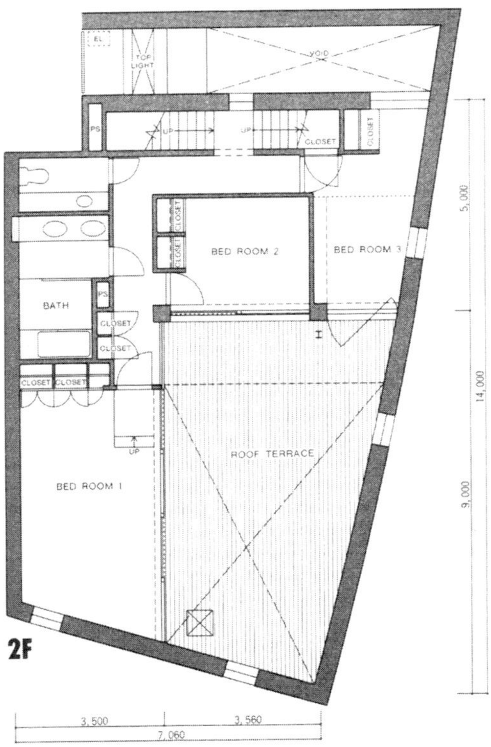

그림 13-14 넥서스월드 B4 Type 4LDK. 2층 평면도

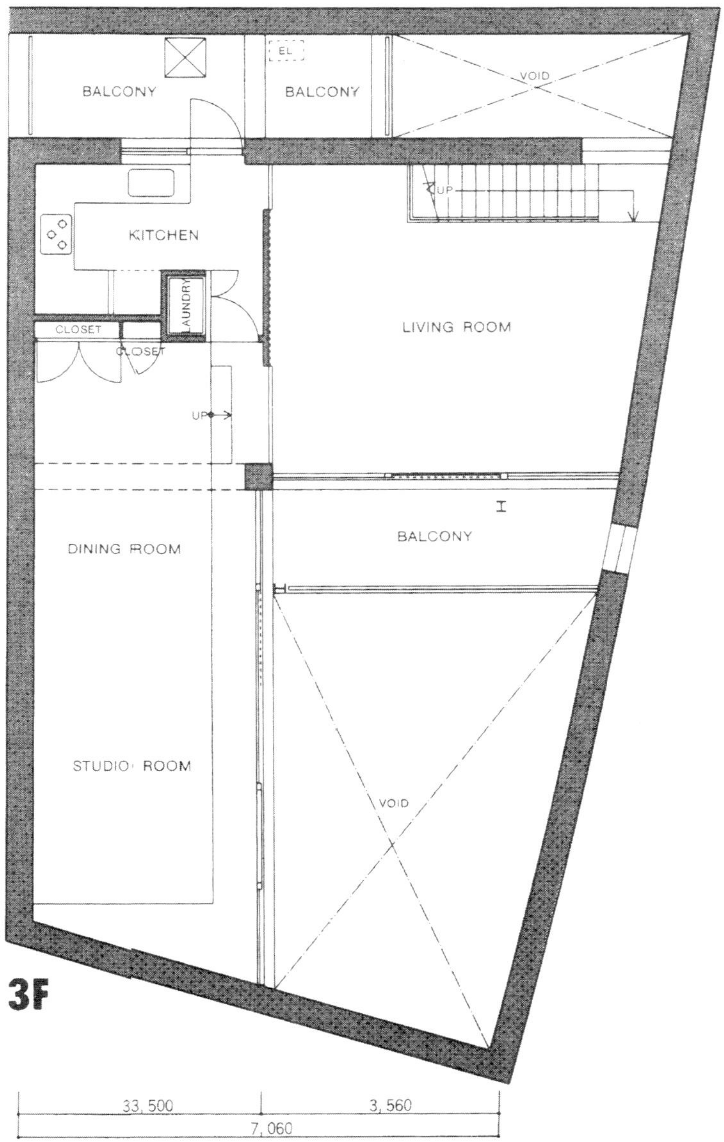

그림 13-15 넥서스월드 B4 Type 4LDK. 3층 평면도

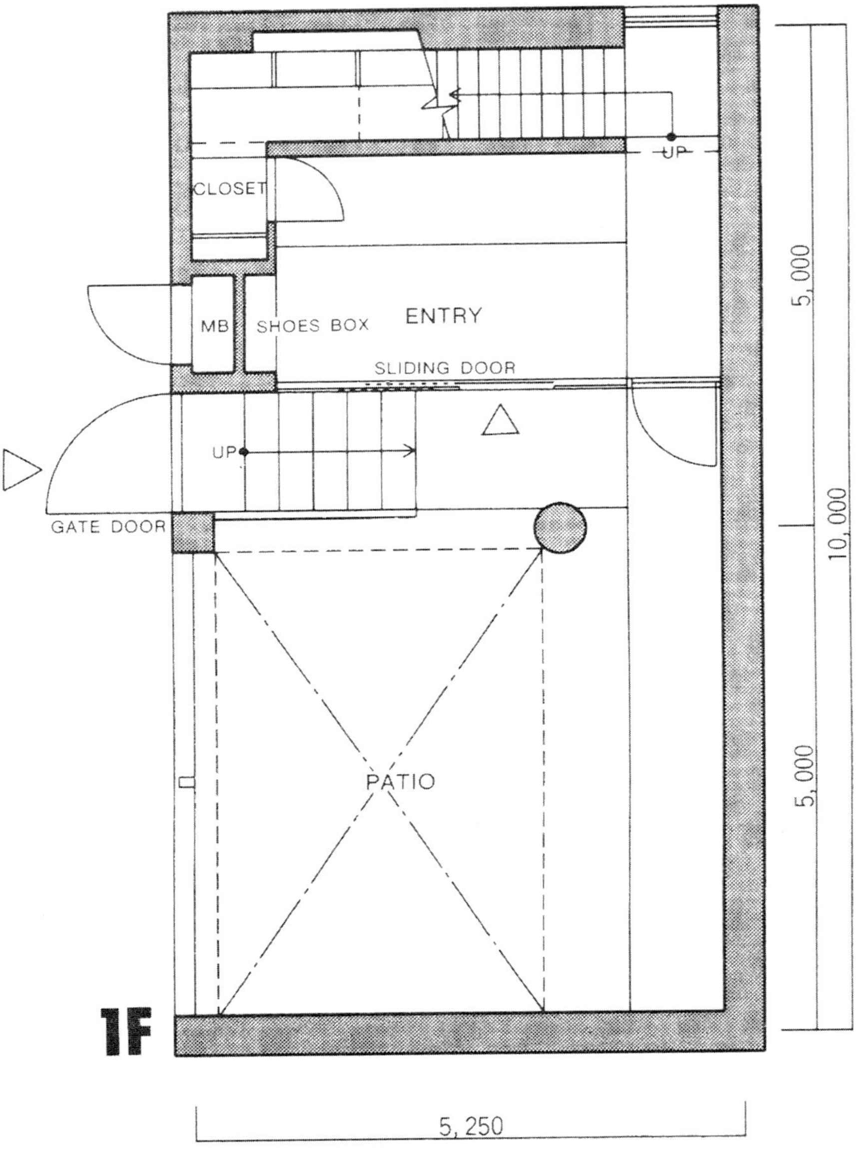

그림 13-16 넥서스월드 A Type 4LDK. 1층 평면도

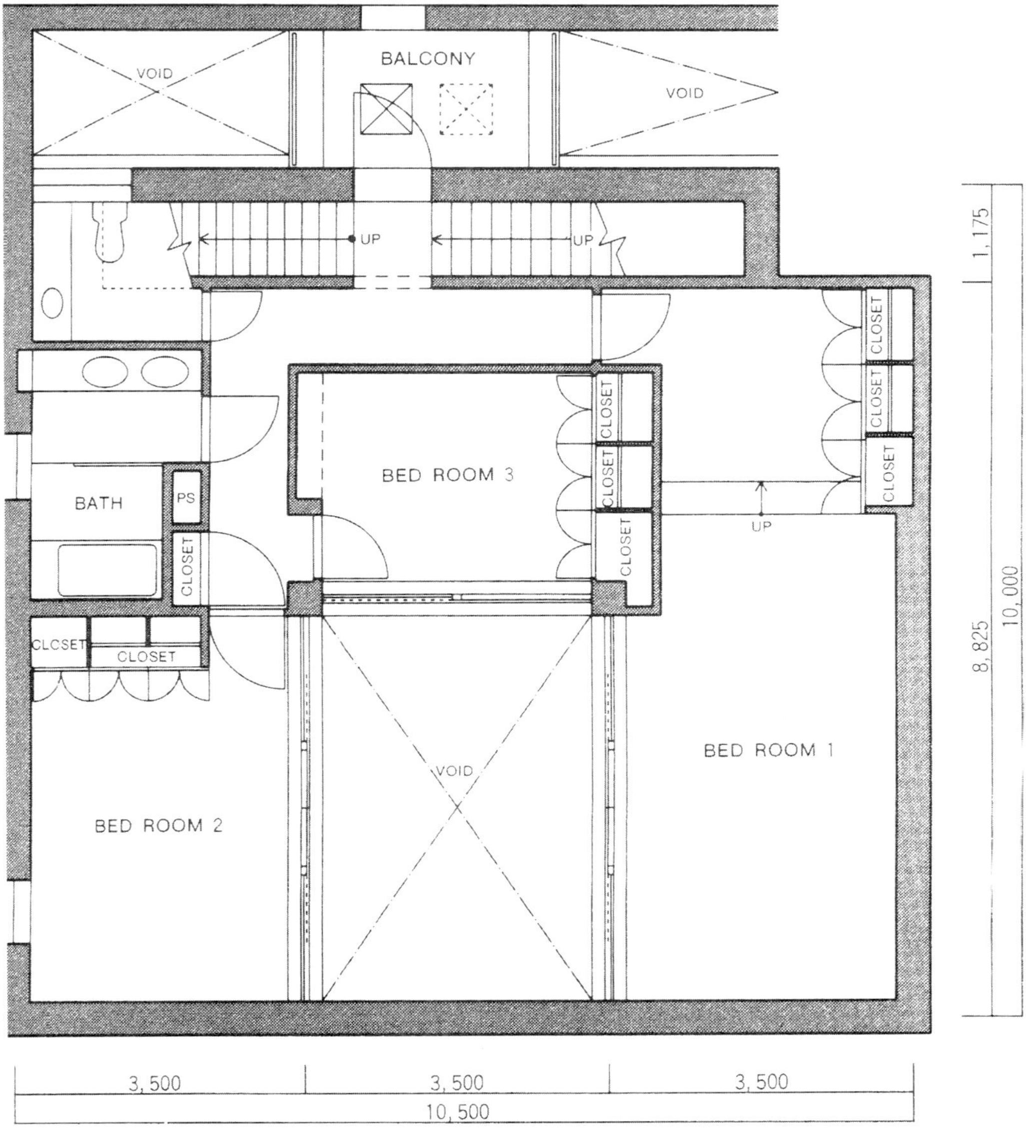

그림 13-17 넥서스월드 A Type 4LDK. 2층 평면도

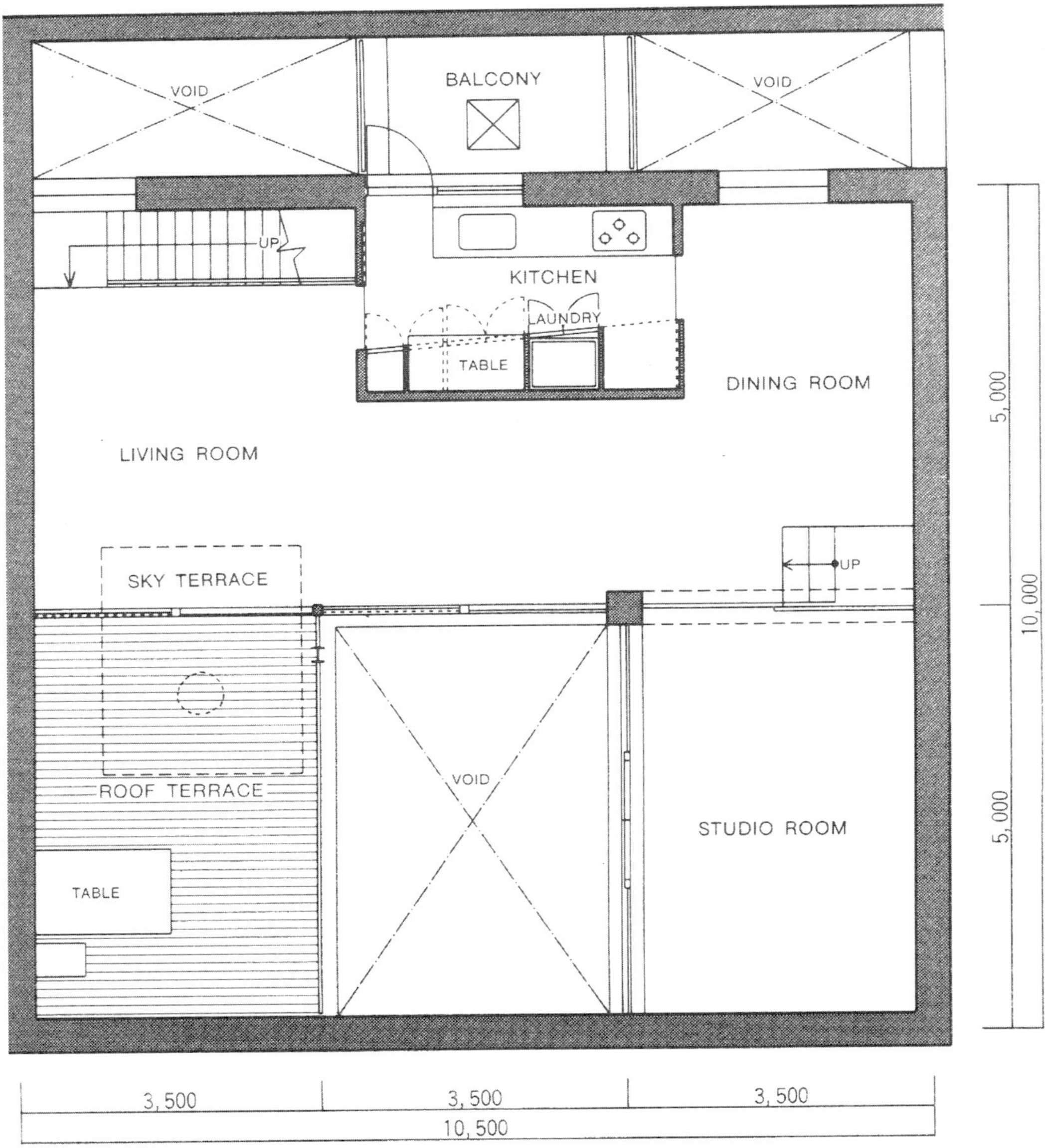

그림 13-18 넥서스월드 A Type 4LDK. 3층 평면도

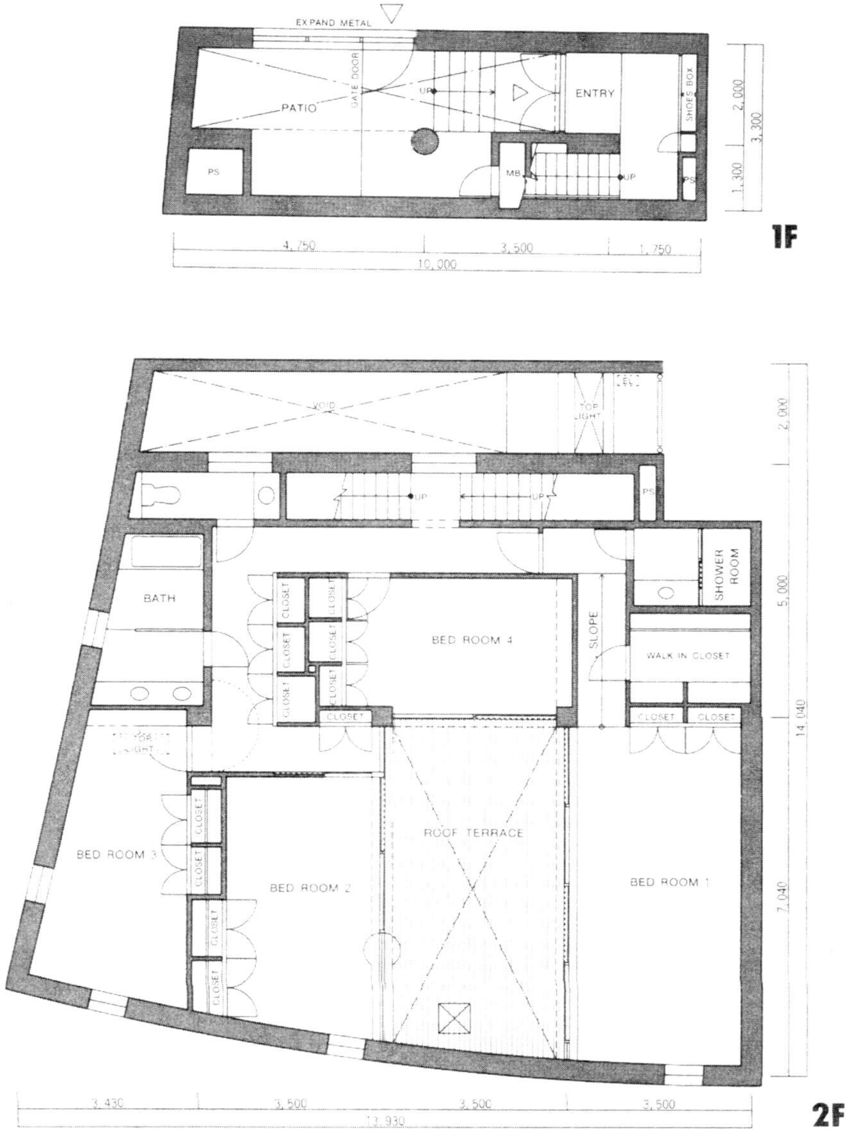

그림 13-19 넥서스월드 A Type 5LDK. 1층, 2층 평면도

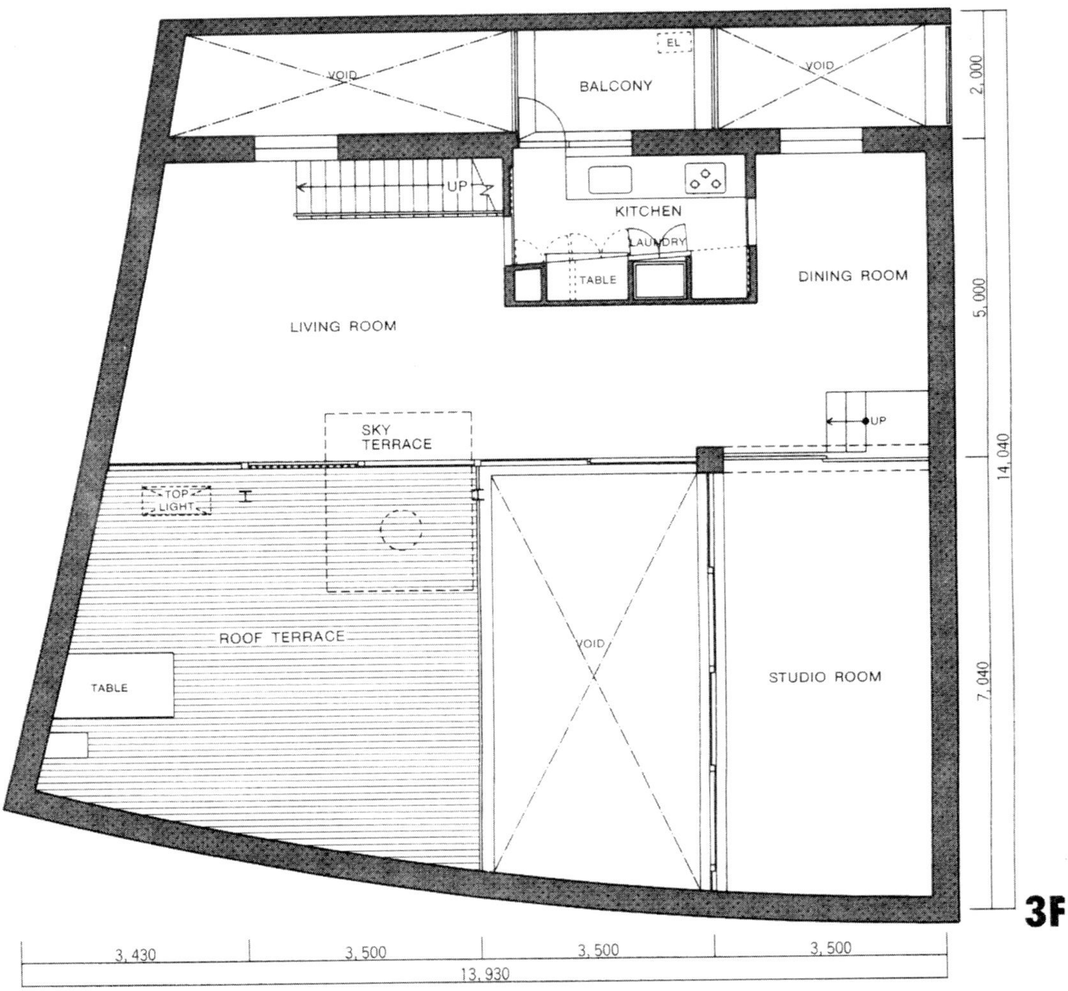

그림 13-20 넥서스월드 A Type 5LDK. 3층 평면도

도시에서의 거주형태가 앞으로 어떻게 되어야 하는가, 우리는 3년 전 "넥서스 카시이" 이래 줄곧 생각해 왔다. 그리고 1991년 3월. 21세기가 10년밖에 남지 않을 현재 우리는 "앞으로의 도시거주"라는 과제에 대해 하나의 해결수법을 제안하고자 한다. 한 사람 한 사람의 삶의 방법이나 감성을 도시공간에 매몰시키는 일없이 선명하게 복돋아 주는 새로운 도시주택 – 넥서스 월드, 하카다를 무대로 세계를 향해 발신하는 프리젠테이션이었다.

프로듀서로서의 이소자키는 전 세계에서 선정된 약 20명 정도의 건축가 중 6명의 건축가를 선정했다. 선정기준으로는 이미 건축계에 확고한 지위가 구축된 이른바 대가가 아니라 40대 정도의 다음세대 건축가를 리드할 수 있는 의욕적인 건축가일 것, 작풍이나 개성이 서로 다른 다채로운 멤버 구성으로 할 것, 그리고 서로 다른 역사와 풍토의 거주공간에서 성장한 여러 나라의 건축가를 모아 일본과 그들 여러 나라의 상호과제를 혼합시켜 해결방법을 도출해 내는 것 등 전 세계에서 되도록 많이 수집하는 것을 기준으로 삼았다. 그렇게 결정된 사람들이 스페인의 오스카 투스케, 프랑스의 크리스티안 드 폴잠파크, 일본의 오사무 이시야마, 미국 서해안으로부터 마크 맥, 네덜란드의 렘 쿨하스 그리고 미국 뉴욕으로부터 스티븐 홀 이상 6명이었다.

Christian de Portzamparc(Casablanca, 1944)

Portzamparc studied architecture at the Ecole Nationale des Beaux Arts in Paris form 1962 to 1969, first under Eugene Beaudouin, a formal expressionist, and then under George Candilis who emphasized systematic design. His Brazilian wife Elizabeth is a notable furniture designer.

5

이소자키(A. Isozaki)가 처음 보내온 베이직 인포메이션 (basic information)은 비 일본적이었다. 계획지는 후쿠오카 시 교외, 개발도상지역이며 혼돈을 이룬 도시는 아니다. 그리고 가구 주변에 각 건축가의 5층짜리 집합주택을 세우는 계획은 유럽에는 흔히 있는 구조이며 렘 쿨하스는 서양적으로 여유있게 설계를 시작했다.

그러나 가구 중앙에 있던 이소자키(A. Isozaki)의 2개의 초고층동이 그의 부지 바로 뒤로 왔을 때 상황은 순식간에 달라졌으며 현대의 일본적인 환경이 되었다. 그는 역경을 역수로 잡아 저층의 주거를 수평으로 늘어놓고 스스로 2동의 초고층빌딩에 대한 SOCKIE(礎石) 역할을 하게 만들기로 했다. 파티오하우스(patio house : 1. An outdoor space for dining or recreation that adjoins a residence and is often paved 2. A roofless inner courtyard, typically found in Spanish and Spanish-style dwellings. ETYMOLOGY: Spanish, from Old Spanish, possibly from Old Provenpatu, pati, pasture, perhaps from Latin pactum, agreement)를 4호×3열 줄지은 블록이 2개 만들어지고 그 안으로 들어가기 위해 블록 전체가 들어 올려졌다. 반지하인 주차장을 만든 결과 슬로프를 이루는 콩코스(concourse :1. A large open space for the gathering or passage of crowds, as in an airport)가 주거로의 액세스 스페이스(access space)가 되었다.

이렇게 건물의 구조가 명확해졌을 무렵 습기 많은 일본의 기후를 고려해 달라는 지적을 받고 동서방향으로 줄짓는 주거의 줄과 줄 사이에 스페이스를 두어 바람이 주거를 통과하도록 했다.

3층서 내부 공간 남쪽에 넓은 외부공간을 둠으로써 충분한 일조를 확보하게 했으며 커다란 테라스가 탄생되었다. 중앙의 주거는 사방이 인접 주거에 둘러싸이고 블록 바깥을 볼 수 없으며 다른 집보다 조건이 나쁘다고 생각하여 앞줄 주거의 지붕을 낮추었고 또한 전망대를 둠으로써 시계를 넓혀 그 폐쇄감을 해소했다. 이를 계기로 6열의 지붕라인은 춤추게 된다. 또한 1층에서는 같은 중앙의 주거를 위해 인공적으로 물을 흘려보내는 장치가 어트랙션(attraction)으로 콩코스(concourse)에 설치되었다. 해외에서 볼 때 일본이라는 나라는 일상생활 속의 여러 가지 불가능을 기술적으로 가능하게 만든 나라이다. 고장이 적은 자동차, 전기제품, 카메라, 시계…. 최근에는 디자인도 아주 좋아지고 있다. 그리하여 렘 쿨하스가 제기한 일련의 요구는 구체적으로 일본에 지금까지 있었던 방법 중에서 선택하여 지시하는 것이 아니라 따로 새로운 것을 개발하려는 것이었다. 제너럴 콘트렉터 측의 반응은 처음에는 소극적이었지만 우리의 집요한 열의에 응답하여 여러 가지 실험을 거듭하는 가운데 그 요구들은 어느 시점에서부터 일제히 가능해 졌다. 복잡한 형상의 지붕에 대한 CAD해석, 검은 착색 콘크리트, 특별주문 테라조 등 여러 가지 시도가 현실화되었다.

일본에서 건축을 할 기회를 가질 때 서양의 건축가는 한 가지 딜레마에 직면한다. 그 프로젝트는 "될 수 있는 대로 서양적"이어야 할 것인가? 즉, 고호의 그림, 메르세데스 벤츠, 루이뷔통의 가방처럼 그저 유럽에서 일본으로 수출만 하면 되는가? 아니면 일본에 건축한다는 사실을 반영해야 하는가?

넥서스 월드(Nexus World) 프로젝트의 경우 이 딜레마는 부지의 성격에 의해 한층 더 강화되었다. 부지 주변의 콘텍스트는 전형적인 일본 도시에 비해 보다 조직적이며 혼돈이 적었다. 유일하게 이소자키의 마스터플랜 중에서 유일하게 일본적인 측면이라 한다면 높이가 120m나 되는 한 쌍의 초고층빌딩 그것만 없다면 거의 유럽적이라 할 수 있는 주변저층 건물 군 중심에 계획되어 있는 점일 것이다.

일본에서의 최초의 프로젝트를 위해 우리는 새로운 타입의 집합주택을 도입하고 싶었다. 그것은 종래의 공동주택도 아니고 단독주택도 아니며 우리가 전부터 유럽에서 실험해 온 것으로 오늘날 일본의 경제사정 속에서 이제 실현할 수 있게 된 것이다.

이 계획은 24호의 개인주택으로 구성되어 있다. 각 주거는 3층으로 되어 있으며 12호씩 모여 두개의 블록을 형성한다. 주거의 콤팩트한 집합방법과는 대조적으로 각 주거 안을 프라이비트한 중정이 수직으로 관통하며 주거의 중앙에 빛과 공간을 끌어들인다. 각 블록의 외관은 폐쇄된 "거석 쌓기"의 벽에 의해 특징지어지며 이소자키가 설계하는 초고층 빌딩의 "SOCKLE(礎石)"으로서의 역할을 하게 된다. 검은 외벽에서 도피하듯 주거의 지붕라인이 그 상공을 떠돈다. 외벽은 들어 올려져 있으며, 블록 내부로의 액세스를 제공한다. 즉, 블록의 주의와 그 내부를 통하는 콘코스를 거쳐 개별적 주거로 이르게 되어 있는 것이다. 각 주거에서는 풍요한 버라이어티의 공간상태와 구조적인 콘트라스트가 제공되도록 노력했다. 닫힌 공간과 해방된 공간, 친밀성과 개방성, 공과 사, 고와 저, 조잡과 세련, 명과 암, 그리고 구상(具象 concreteness)과 추상(抽象 abstraction), 1층에는 사적인 石庭과 현관, 2층에는 거실과 식당과 또 하나의 예비 방인 콤플렉스가 있으며 스크린, 커튼, 기타 가동적 요소를 사용함으로써 여러 가지 시나리오(scenario)를 그릴 수 있다. 2층에서는 모든 방이 친밀하여 내향적(內向的)인데 비해 3층에서는 그때까지 축적된 긴장이 해방되며 일련의 외향적(外向的)인 공간을 이루고 옥상스페이스, 전망 그리고 하늘로 이어진다.

최초의 의문-서양적이어야 하는가? 아니면 일본적이어야 하는가? 그것은 아마도 이미 흥미의 대상은 아닐 것이다. 대륙을 초월하는 새로운 발명에 의해 즉, 서양에서도 일본에서도 공통되며, 쌍방요소의 몽타주에 의해 90년대의 성격이 규정되는 것이 아닐까?

쿨하스(Rem Koolhaas)는 대상 부지가 뒤편에 있는 두개의 타워(이소자키 설계)와 접해있는 관계로 여러 안을 검토한 끝에 타워의 초석을 암시하는 넓은 면적의 저층건물을 제안하였다. 각 주호의 중앙에 형성된 중정은 주거의 공간적 핵으로서 작용하게 하였는데, 이러한 독특한 개념이 많은 주목을 끌었다. 이 작품으로 그는 외국인으로서는 최초로 일본건축학회상을 수상하였다.

B TYPE 2LDK

이태리식 중정인 파티오의 굵은 흰자갈이 깔린 석정과 바닥의 대나무 밭을 지나 현관으로 들어서면

흰 돌이 박힌 테라조 타일의 바닥이 외부 중정과 신비로운 대비를 이룬다. 현관에서 2층으로 오르는 접근방식은 도시를 잊고, 정적 속으로 이르는 '틈'인지도 모른다.

B4 TYPE 4LDK

여유 있는 3층의 거실로부터 한발 밖으로 나가면 테라스로부터의 오픈스페이스를 바라보는 발코니가 있다. 난간에 기대고 하늘을 보며, 또 아래를 보며 조용한 풍경에 마음의 여유를 느끼게 된다.

A TYPE 4LDK

거실과 식당을 자연스럽게 구획하는 위치에 주방이 있다. 넓은 공간을 편히 다닐 수 있도록, 그리고 일을 효율적으로 할 수 있도록 생각한 평면계획이다.

A TYPE 5LDK

옥외의 공간과 일체를 이루는 오픈스페이스인 2층 테라스는 마당이라 부를 만한 공간이다. 천체관측에, 모임에, 도시에서 벗어나 자연으로 돌아가는 나날이 이어진다. 테라스에는 전망대가 뻗어 나와 사다리로 오르면 머리위에는 별이 가득하다.

6 Z. K. M. 예술미디어, 기술센터 콘페 우승안. 칼스루에, 독일 (1989년)

갖가지 미디어 예술실험장인 워크숍, 그 성과를 공표하기 위한 극장 · 홀 그 작품을 전시하는 현대미술 및 미디어의 미술관 그리고 그러한 정보를 집적하는 컴퓨터 도서관을 한자리에 모으는 거대한 시설은 참으로 유럽적인 표현을 탄생시키는 장치로서 계획되었다. 주최자는 「현대의 바우하우스」가 목표라고 한다. OMA의 제한은 높이 165m의 입방체 안에서 3차 함수인 X · Y · Z 축상에 공간을 배치하여 관계를 구성하는 것이다. 각기의 축 위에서 중심과 주변이, 여러 가지 스페이스와 서큘레이션이 그리고 창조와 데몬스트레이션이 서로 만난다.

프랑스국립도서관 콘페 특별상 파리, 프랑스(1989년)

방대한 볼륨의 수장고를 큐빅한 외형 안에 담고 그 속에 7개의 도서실 공간(퍼블릭 스페이스)이 자유롭게 부각된다. 전체를 정보의 블록으로 해석하고 퍼블릭 스페이스는 그 정보의 산더미 속에 뚫린 "空

間"으로 생각했다. 9개의 엘리베이터 샤프트는 규칙적으로 배치되었으며 그것들 퍼블릭 스페이스를 관통하고 그 결과 각 스페이스의 관계는 자유로우며 사람들은 갑작스럽게 스페이스와 만난다.

외관은 갖가지 그라데이션 유리에 덮이고 입방체의 경계를 명확하게 표시하며 그 표정을 예매하고 가벼운 것으로 만들고 있다.

LILLE

릴 재개발계획 릴, 프랑스(1989년~)

프랑스 북부에 위치하는 릴은 오늘날에도 르네상스 시대의 요새가 남아 있는 북유럽의 전형적인 도시이다. 제2차 세계대전이 시작되기 전에 성벽은 철거되고 도로 · 철도 등 근대적인 시설로 바뀌었다.

1992년에 이도시의 성격은 다시 근본적으로 바뀌게 된다. 왜냐하면 영국과 유럽대륙간의 터널이 개통되고 초특급열차의 네트워크(TGV)가 완성되고 릴은 대륙 쪽 최초의 역이 되며 파리(까지 50분) · 런던(까지 70분) 브류셀(까지 18분)이라는 유럽의 3대도시에 의해 형성되는 3각형의 중요한 중심에 위치하게 되기 때문이다. 이 새로운 시간적 거리 감각은 유럽의 심리적인 스페이스 감각을 뿌리에서부터 뒤집었으며 기존의 유럽 사회에 새롭게 초 응축된 근대적 설비 · 프로그램의 체계를 발생시키게 될 것이다.

OMA는 이 릴을 위해 주택시설 · 상업시설 · 전시시설 · 회의시설 · 사무소시설을 내포하는 150만㎡이라는 거대한 복합시설을 계획하고 있다. 계획의 일부인 TGV의 정거장 머리 위에 이들 프로그램 무리는 초근대적인 상황을 만들어낼 것이며, 그 바로 가까이에 역사적인 도시가 펼쳐질 것이다.

Zee brugge

제이브르프 페리터미널, 제이브르프, 벨기에(1989년)

1992년에 "해협터널"(도버해협 아래 영국과 유럽대륙을 잇는 해저터널)이 개통된 뒤에도 그것과는 별도의 즐거운 루트를 제공할 수 없을까 하고 영국과 대륙 간의 잇는 페리회사는 상상했다. 페리보트 자체를 보다 유쾌한 "낙원"으로 만들뿐 아니라 페리의 터미널도 오락시설 등 새로운 기능을 갖출 필요가 있게 된 것이다. 그리하여 이 벨기에의 제르브르흐 항에 계획된 터미널에는 사람과 자동차의 서큘레이션, 세관 등의 시설, 주차장뿐 아니라 오락시설, 레스토랑, 호텔, 회의장, 정보센터, 오피스 스페이스까지 단순한 한 형태에 담겨 있다. 이 방대한 프로그램 군을 위한 용기는 원갑과 구가 교차하는 형태

그림 13-21 예술미디어, 기술센터 콘페 우승안. 칼스루에, 독일. 1989년

그림 13-22 프랑스국립도서관 현상설계 특별상 파리, 프랑스. 1989년

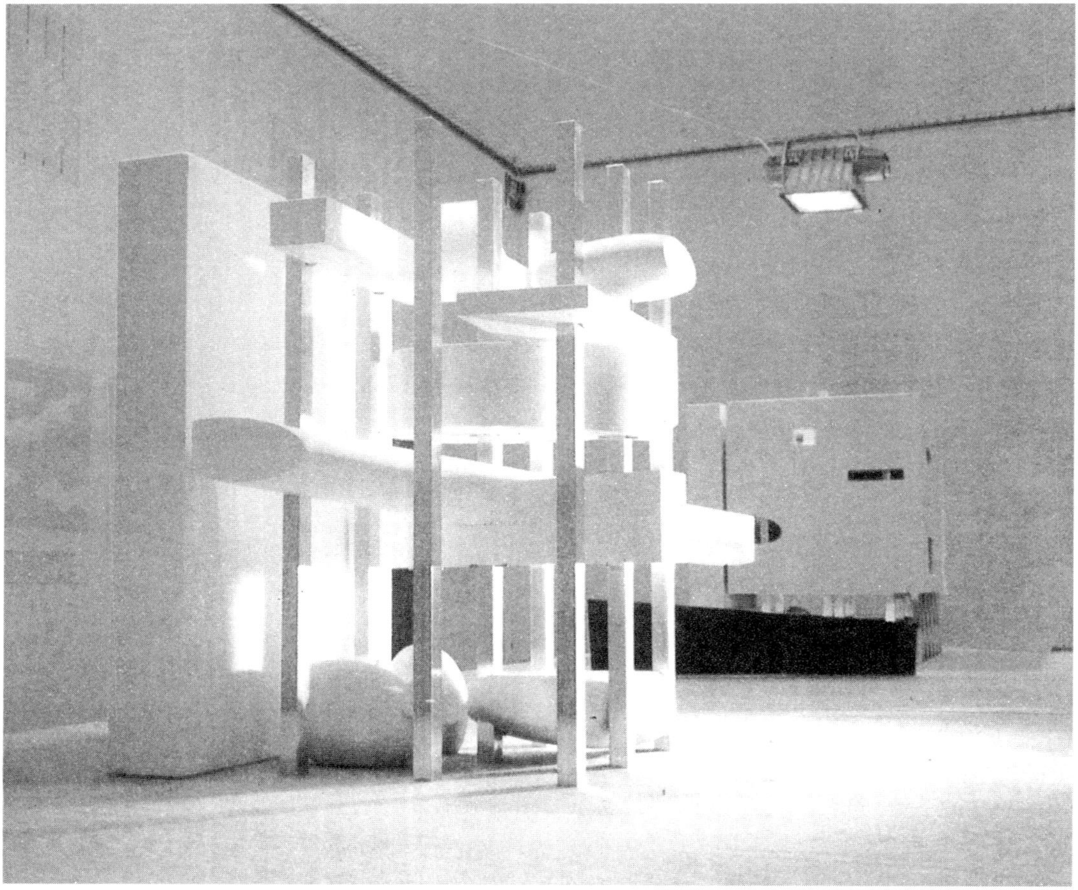

그림 13-23 프랑스국립도서관 현상설계 특별상 파리, 프랑스. 1989년

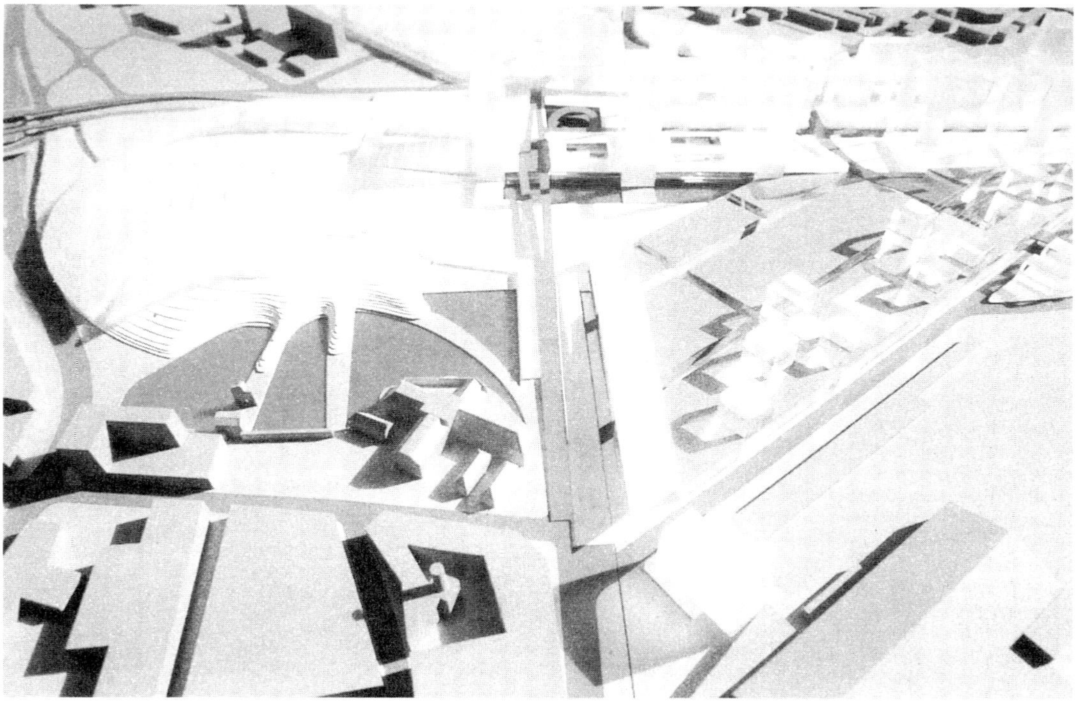

그림 13-24 릴(LILLE) 재개발계획 릴, 프랑스. 1989년~

그림 13-25 제이브르프(Zee brugge) 페리터미널, 제이브르프, 벨기에. 1989년

로 되어 있으며 높이가 85m이고 바다에서도 육지에서도 잘 보인다. 그 안쪽을 나선형 루트가 오르고 있으며 그 루트를 따라 여러 가지 기능이 배치되어 있다. 말하자면 "기능적인 바벨탑"인 것이다. 즉, 지상레벨에서는 페리터미널에 불가결한 사람, 차량, 물자들의 흐름, 주차장 등 가장 실용적인 기능이 나선형 루트를 따라 배치되고 더 올라가면 로비, 오락시설, 등 공공적인 스페이스가 되며 최종에는 호텔, 오피스 등으로 이어진다. 그리고 최상부에는 바다가 바라보이는 카지노와 회의장이 있다.

댄스 시어터, 네덜란드 헤이그 (1980~1987)

렘 쿨하스는 70년대에 러시아의 구성주의(構成主義)를 연구했다. 그의 작품 속에서 다양한 나라의 모더니즘을 만날 수 있다. 그는 에리아 젱겔리스와 협동으로 과밀화된 현대도시에서 건축의 사회적 역학을 고찰했다. 그의 어버니즘(urbanism)은 조화와 일관성을 포함해서 긴장과 모순을 좋아한다. 최근 탈 구축주의에 대한 해석이 좁은 의미로 이루어지는 것은 기울어진 벽과 단편적이라는 인상을 외장이 부여했기 때문이다.

이 프로젝트는 호텔, 콘서트홀, 댄스극장, 지하주차장 그리고 장래의 시청용지 등과 광장을 공유하고 있다. 헤이그의 새로운 도심에서 파사드의 형태가 내부를 표현하지는 않았다. 댄스극장은 1001석을 가진 댄스와 오페라 전용이며(프로세니엄은 18미터, 스테이지의 치수는 35미터×18미터), 네덜란드 댄스 시어터 컴파니아를 위한 기술적 설비와 시설을 가지고 있다. 그것은 사무소, 의상실, 세계의 리허설실, 분장실, 사우나, 풀, 금빛 원추형 안에 있는 독립된 레스토랑이 등이다 Foyer에는 세계의 층에 있으며 콘서트홀로 통한다. 극장의 구조는 철골조이며 외장은 시로크, 마감 재료는 스터코우, 대리석, 금박을 사용하고 있다.

내부공간에서는 색깔의 사용이 강조되고 있지만 외부에서는 흑색, 백색, 회색, 메탈릭의 색조가 사용되었다.

다양한 요소가 복잡하게 혼재하고 있기 때문에, 홀과 호텔에 감추어지고 조잡하고 범용하게 비추어 질지도 모른다. 그는 아름다운 외관이 아니라 상징(symbol)을 갖는 건물을 표현하려 했다. 금속의 원통체는 레스토랑이고 전체 구조의 중심을 점하고 있다. 홀이 만드는 파상선은 전체에 깊은 감명을 준다. 그리고 스테이지타워 벽면은 극장의 존재를 나타내고 있다. 강당의 숨겨진 공간은 스테이지와 일체화 되고 있다. 극장의 조명장치를 사용해서 네 개의 요소를 강조한다. 떠있는 텐트의 느낌을 주기 위해 천정을 비추고 있다. 그것에 의해 세 개의 금색 방음벽이 붉은색의 좌석을 비추게 된다. 더욱이 특수 가공된 커튼에는 빛의 물방울이 비추인다. 이 넓은 공간이 두개의 건물을 분리시키고 또 결합시키게 된다. 공간이 세단계로 나누어지는 것을 기둥이 나타내고 있다. 홀의 하부공간은 반대쪽 어두운 장소의 금색 기둥까지 이어지고 있으며 조명효과의 원인으로 그 모퉁이에 오히려 사람들이 모이게 된다. 모든 요소가 공중에 떠다니는 원반처럼 우주(宇宙)에 떠있는 것처럼 보인다. 건물에 부과된 제한 때문에 공공 공간은 굴곡 되고 있다. 쓸데없는 장식은 없다. 탈 구축주의를 특징짓는 것은 경사면, 비대칭성, 부유감 등이라 할 수 있다. 바(bar)는 무중력(無重力) 상태에 가장 가까운 예일 것이다. 스페이스셔틀(space shuttle)에 필적할 만한 것이다.

1910~20년대의 러시아 구성주의는 건축가들에게 영향을 주었다. 대담한 기하학(幾何學)을 구사한 새로운 혁명적 사회의 형성을 지향하였다. 구성주의(構成主義)의 시대는 건축이 국가에 우선하는 시대였다. 새로운 생활양식을 창조하는 국가적인 실험이었던 것이다.

저자약력

이 호 정

현재 공주대학교 건축학부 교수
인하대학교 건축공학과 졸업
인하대학교 대학원(석사, 박사)

저서 : 2000. 서양건축의 이해(도서출판 예문사)
2003. 건축형태분석(기문당)
2003. 주거학 강의(기문당)
2004. 건축담론(공주대학교 출판부)
역서 : 1986. 이상도시, 건축적 전개(태림문화사)
1987. 작가 시리즈, 피터 아이젠만(집문사)
1988. 근대건축의 조류(태림문화사)
1992. 넥서스 월드(서우문화사)

주거건축으로 본 근·현대건축

2006년 07월 10일 초판 인쇄
2006년 07월 15일 초판 발행

저 자 이 호 정
발행인 정 헌 준
발행처 태림문화사
서울 용산구 원효로 1가 128-13호
TEL 714-2478 / 716-2473
FAX 718-4580
E-mail taerim79@hanmail.net
등 록 1979. 3.27 (2-679)

ISBN 89-8205-216-X 정가 20,000 원